中国古代建筑文献集要

【宋辽金元】上（修订本）

程国政 编注 路秉杰 主审

同济大学出版社

内 容 提 要

　　本册按照时代顺序，精选宋辽金元的建筑文献，分上、下两本，共选文200余篇，内容涉及历史事件、城池营造、园林营构、著名建筑、典章制度、水利工程和技术等方面，力求通过文章的遴选勾勒出这一时期建筑历史发展的轨迹。

　　全书文字简约、精到。每篇由提要、正文、作者简介和注释等组成。本书为建筑文献读本，适合广大建筑专业本、专科生及古建筑工作者和爱好者阅读、收藏。

图书在版编目(CIP)数据

　　中国古代建筑文献集要. 宋辽金元. 上/程国政编注.
--修订本.--上海:同济大学出版社,2016.8
　　ISBN 978-7-5608-6517-1

　　Ⅰ.①中… Ⅱ.①程… Ⅲ.①建筑学—古籍—中国—
辽宋金元时代 Ⅳ.①TU-092.2

　　中国版本图书馆CIP数据核字(2016)第208788号

上海市"十二五"重点图书
上海文化发展基金会图书出版专项基金项目

中国古代建筑文献集要 宋辽金元 上(修订本)
程国政 编注 路秉杰 主审
责任编辑 封 云　　　责任校对 徐春莲　　　装帧设计 陈益平

出版发行 同济大学出版社　　www.tongjipress.com.cn
　　　　　(地址:上海市四平路1239号　邮编:200092　电话:021-65985622)
经　销 全国各地新华书店
印　刷 浙江广育爱多印务有限公司
开　本 787 mm×1092 mm　1/16
印　张 154.75
字　数 3 863 000
版　次 2016年10月第1版　　2016年10月第1次印刷
书　号 ISBN 978-7-5608-6517-1

定　价 980.00元(全8册)

序　言

　　1986 年前后,同济大学建筑与城市规划学院建筑历史与理论专业硕士、博士研究生导师陈从周教授,鉴于研究生古代汉语能力明显不足,甚至连普通的繁体字都不识,严重制约了中国建筑历史与理论研究的开展与深入,因此,建议设置"古代汉语"课,特聘海宁蒋启霆(字雨田)老先生授课,我具体负责依据考查研究需要选择合适的文章和组织上课。每周 2 学时,共计 32 学时,计 2 学分。

　　在教学过程中,我们逐步体会到所需要的并不仅仅是古代汉语,而是"古代汉文"。古代汉文实在太多了,汗牛充栋,时间有限,我只能选一些与建筑有关而又简单的文章。因此,直到 1996 年我将 10 余年来的讲课成果集结成书时,正书名还是用的《古代汉语》,副书名才是《中国古代建筑文选》。2000 年以后,才正式改成《中国古代建筑文献》。

　　因为博士研究生入学考试的专业课与硕士生的专业课原来都是三门:建筑历史(含中外)、建筑设计、建筑文献,现在国家规定只准考两门,三门课中的中外建筑史是必考的,因此,只能在古代汉语与建筑设计中选一门作为第二门考试科目。经过再三考虑和比较,最后我们保留了古代汉语即中国古代建筑文献课。因为考建筑历史与理论专业的几乎全是建筑学专业的,对建筑的认识和理解以及实际设计能力已达到了一定水平,所缺少的正是中国文化的兴趣与素养、语言文字的识别和理解能力。而要培养出优秀的中国古建筑研究家来,必须从根本上提高他们中国文化的素质和修养,只有这样,才有可能达到目的。最后,我们选择了古代汉语,也正式改称"中国古代建筑文献"课。

　　1986 年集结成书的教材,共计 87 篇。文章顺序按时代先后,由近及远,这是考虑到难易问题,最后才涉及青铜器、金石铭文,但也不是我们全部教学过的。此外,还考虑到有关中国建筑的文献散布零落且流布极广,极不易搜寻。易得易寻的,我们就少选或不选了,尽量选一些对我们很有意义又不太易搜寻到的,以减少同学们的搜寻之苦。有些选文直接和建筑相关,有些则间接相关,有些则纯粹是思想方法和理论指导性的。

到最后,我们仍是感到不能满足,后来又逐渐发现了许多很精彩的篇章,如南宋董楷《受福亭记》,可以说是上海有建制以来关于市镇记载的第一篇;杜佑《通典·食货志》"黄帝经土设井"段,完全是一篇小区规划理论……于是,我又补充了18篇。这些文章有的有注解,有的无注解,文字极不规范,也不统一。要想将其全部加以注解,非一两人短期内所能胜任,因此,长期以来仅是维持教学而已。我曾先后邀请几位专门研究古文、古文献的专家协助进行注释,结果也都没有完成。

幸而近年得识程国政同志,武汉大学古文献整理与研究专业1987届研究生毕业,从周大璞、李格非、宗福邦等师受业,受过较为严格的古文献整理、研究方法之训练。来同济大学,闻古建筑文献读本阙如之情形,立下宏愿,广搜典籍,汇文成册,矢志补建筑历史与理论专业长期无正式入门教材之憾。

这些年,程国政同志在繁重的工作之余,始终如一地坚持从浩瀚的文献海洋中搜寻、甄别散落的篇章段落。据我所知,他浏览过的古籍在万种以上,册数难以计数,寒暑假、节假日,他都跋涉在故纸堆里;近年,他的搜寻又扩展到古代各类营造文献,有些篇目已经选入这套书中了,他说"正在酝酿更大的计划"。

皇天不负躬耕人。令人欣喜的是,这套丛书得到了上海文化发展基金会图书出版专项基金的多次资助,并被列入"上海市重点图书"、"上海市'十二五'重点图书";同时还获得多个奖励,这些奖掖都有效地促进了这项工作的持续推进。这正应了"慧眼识珠"的老话,可喜可贺。

光阴倏忽,寒暑迭易,转眼间到了2013年的春天,"末日"没有来临,集腋终而成裘,数百篇、几百万字的《中国古代建筑文献集要》就要出版了。此书有幸面世,对中国古代建筑文化研究之作用,甚有益补。吾虽老眼昏花,犹朦胧望见矣!

壬辰冬腊月初六日
东郡小邑 路秉杰
谨撰于上海同济新村旧寓

修订本前言

光阴荏苒,一眨眼《中国古代建筑文献集要》出版已经 4 年了;更没想到的是,这样一部专业性、学术性极强的图书居然受到读者的热情支持和点赞,初版的图书很快就销售一空。

对于我而言,《中国古代建筑文献集要》的出版只是我漫长的古代营造文献整理研究工作的第一步,本人的研究整理工作一直在继续。这次,出版社资深编辑封云先生说该书列入出版计划,这几年的修订成果、部分增补篇目也可一并纳入。

这次新增的篇目大多以专题的形式,或是某个古代作家的专题,或为某一著名营造案例、某一地域里的集中大规模营造等。

像李邕,稍稍了解书法史的人都知道,他的行书碑堪称遗世独立,其《麓山碑》《李思训碑》,世人谓之“书中仙手”。但你可曾知道,他还写有国清寺、曲阜孔子庙、东林寺及五台山等著名寺庙的碑文,这些寺庙在唐高宗、武则天到唐玄宗时代,大多是国字号寺庙。

还有孙樵,对长安到四川这一带似乎独有情钟,其《兴元路记》《梓潼移江记》生动地记录了中古时期我国开道路、修水利的生动历史。《兴元路记》中,孙樵亲身实地考察之后,经过深入地比较研究,认为新修的文川驿道比褒斜道散关褒城线好。虽然新道也有需要改进的地方,但荥阳公“其始立心,诚无异于古人,将济斯民于艰难也。然朝廷有窃窃之议,道路有唧唧之叹,岂荥阳公之始望也!”但是,这条新道修成一年不到,就被废弃了。虽然文川驿道很便捷,但从眉县林溪驿到城固县文川驿,尤其是中段平川驿到四十八窟窿,道路蜿蜒于红岩河中流的深山峡谷中,激流陡崖,险阁危栈,困难万重。青松驿以南,又要连续翻越好几座高山峻岭,山深林密,野兽出没,居民稀少,给养供应十分困难。更加上仓促修成的道路,基础不固,设备不全,一遇暴雨水涨,山塌水冲,桥阁摧毁,修复尤难,常致道路阻绝,使命中断,行旅商贩搁而不通。所以修成之后不到一年,又回到散关褒城线的旧驿道了。而《梓潼移江记》记录的则是唐朝一位官员为涪江将郡(今四川三台)民众谋福利的故事。涪江将郡(县)紧紧缠绕,所以每到三秋涨水季节,就如蟠龙迫城,洪水卷着狂澜冲突堤坝,啃咬崖岸,吞屋噬人,地方官员深以为忧但也无可奈何。荥阳公郑复来了,他知道前观察使想凿江东软地另开一条新江,让怒号的江水不再祸害百姓。可是,就像许多新工程一样,这样的民生工程

"役兴三月，功不可就"。什么原因？原来是因为"江势不可决，讹言不可绝"。于是荥阳公说厚其值、戮其将、动其卒，种种方法都被认为不可。最后，荥阳公"视政加猛，决狱加断""杖杀左右有所贰事，鞭官吏有所阻政者"，扰政、懒政官吏都受到惩罚；对百姓，他下令称"开新江非我家事，将脱郏民于鱼腹耳。民敢横议者死。"新江修好了，事迹汇报上去之后，你猜猜什么结果？有关部门说：事先不报告就擅自开工，"诏夺俸钱一月之半"。

著名的工程像诸葛武侯祠的历代兴建，敦煌莫高窟、武当山、普陀山的营造，郧阳、安庆等新设省府营造，等等，还有石鼓书院、安庆府学，等等，都是以专题的形式呈现的。武当山的营造既罗列了历代帝王的诏书赐牒，也汇聚了赋文游记，等等。普陀山成为我国佛教四大名山，则与康熙、雍正和乾隆的襄助关系极大：南京明故宫的黄瓦龙宫都被移来，没有皇帝旨意谁能做到？法雨寺新造大铜镬，裘琏不但把锻造文字写得活灵活现，还把工匠锻造的"潜规则"描画得栩栩如生，这些都是方丈亲口告诉他的。看来，工匠的江湖一样水深啊！

还有郧阳府，其实就是明朝时的特区。当剿灭政策发生逆转，转为安抚和给予户籍之后，原本的流民就成为了郧阳（今天鄂陕豫交界一带）民众，于是郧阳府、郧阳府学、郧阳府学孔子庙、书院、藏经阁、提督军务行台（类似今天的军分区），还有供大家登高赏美的镇郧楼、春雪楼都得一一建起来，于是在很长时间内，营造便时时生发，郧阳也从特区渐渐变成了大明治域里的一个副省级行政区。

安庆府也一样，其成长的过程同样漫长而有序。造衙门，造城，先是安庆府，后来渐渐成长为清朝的一个省级行政区，处理公务、修桥筑路、登临游观、训教生民、教育后生，乃至求雨弥龙王、礼贤敬烈的祠庙建筑一一都得安阶就列，悉心建造。从康熙朝的《安庆府志》看，安庆的营造最为崇隆就是学校书院的建设了，可谓是历代沿袭，从未断绝，可见中华民族对教育、教化的重视。尤其需要指出的是，那时学校书院的建设是没有专门经费的，只有官员解囊、百姓捐助，加上羡银余络这样东拼西凑得来资金，并且一任接着一任干才能最后完成。看来古人的"立德立功立言"不是一句随便说说的话。

现在，有学者提出"中国需要重构社会科学"，在我看来，重构社会科学首先要回望、重估数千年支撑这个民族的传统文化价值。不能因为近代以来我们挨打了、落后了，我们就抛弃了民族的精神内核和日常人文。回望、评估，要从大处着眼、细处入手，而脚踏实地的开展古代文献的整理研究就是中华社会科学体系重塑的第一步。

拉拉杂杂，是为序。

编者于同济园
二〇一六年十月　丹桂飘香时节

前 言

中国地域广大,气候差异明显,农业文明长期作为社会的基础,宗法血缘制社会结构稳定,儒释道并存,政治文化的包容性极强……改朝换代不断,但秦汉以来中国古代建筑始终有着稳定的精神内核维系其发展、进化,尽管有转折、嬗变,而到宗法血缘制封建王朝结束,其间的积淀与渐变一直没有停歇。这种中华风从城市与建筑的布局、梁柱的多寡、构件的比例、兽吻的种类,甚至彩画、着色的规格,门簪、门钉的数量等等,都包含皇权到平民层层递减的制度安排。

此类信息,隐藏在代代传续、浩如烟海的典籍之中,只要耐心搜寻,就能不断有新发现。令人欣慰的是,这些发现,常常都能与建筑遗存不谋而合。

宋辽金元时期中国古代经济社会长足发展,尤其是江南得到持续而有成效的开发,西藏正式纳入统治体制之内;加上元朝疆域空前广大所带来的民族杂居、宗教并列,各地建筑手法均在大都(今北京)等政治、经济都会显露身手,可以说这一时期是中国筑城的技术成熟、内容大为丰富的时期,是宗教庙观遍布华夏的时期;这一时期,南方农田开垦、农业技术发展极为迅速,水利设施建设从北到南方兴未艾;娱山乐水的园林营造趋之者若鹜,从皇家、官员到隐者概莫能免。

这一时期的营造构筑大观姑以城池营造、建筑典章、园林营构、中外交流为例略述之。

宋辽金元时期,各地城池尤其是小城池的兴筑大有风起云涌之势,概其要大致有以下原因:一是经济的蓬勃发展,物品、信息的集散需求越来越深广和紧迫,于是,固定而聚集人气的街市店铺、娱乐场所等等商业建筑、公共设施催生了各地中小城市的广泛兴筑。二是宋辽金元时期,战备、边防需要的城池构筑延续时间长、布点多。南北宋时期与西夏、辽、金及蒙元的对峙,催生了边疆地区以战备为目的的城池大量出现,防御性城池特有的构筑形态和战具制造,边地军、民、商杂处的生活景象都影响到边境居住方式的选择;元朝末年,南方农民起义持续时间长、波及面广,南方各地的城池修筑出现了新的特点,如《金华府城记》所记;修城需要大量的人力物力,有的地方由于经济实力跟不上,但防守之需又非修不可,于是以竹为城、借水为城者不乏其例;和今天的面子工程一样,古代人也有追赶"时髦"者,见人修城不管地方有无必要也要赶一回浪头,苏轼的《乞罢宿州修城状》就是批评这种风气的;又如合川钓鱼城,竟因城而改变了历史的进程,这样的城在漫漫长河中并不多见,但它又是一座很长时间内几乎被遗忘了的城。中国人民革命军事博物馆古代战争馆特意制作了钓鱼城古战场的沙盘模型,以展示其在中国古代战争史上的重要地位。

宋辽金元时期,关于建筑营造的书籍典章、规范条例亦渐渐丰富、完备起来,《营造法式》就是在王安石变法的大背景下由政府颁布的一部旨在加强对官办建筑管理的行业条例,而近年发现的《营缮令》则是在唐律的基础上补充颁行的律令,它们共同组合成了宋代建筑行业的法律法规、技术规程体系的骨架,影响深远。

宋代园林营造开始从人工、技术型园林向自然靠近,借山水以彰显主人意趣、表达主人精神追求和境界渐为潮流。如《游芎林盘园记》中描述的大梅,我们所熟悉的堆假山、挖池渠、植奇树都不再使用,盘园就是一座专门的梅园;再如柳庄,其主人盖房子、垦田稼穑,房前屋后、河汊汀渚遍植柳树,于是这个地方渐渐变得柳树绕村、村在柳中、鸡鸭成群、稻浪翻卷如海,变成了主人怡情养性的"柳庄"。

宋代是中国建筑文化对日本、朝鲜半岛影响最为巨大的时代。那里的宫殿庙宇的构筑、建筑园林的书籍无不深深浸润着中华智慧,传播建筑文明的是那些僧人、那些友好的使者。如日本出现的造园专书《作庭记》中的日本园林,"可以让我们想象出中国宋园是什么样子"(冯纪忠《人与自然——从比较园林史看建筑发展的趋势》,载《建筑学报》1990 年第 5 期)。

特别要提的是,《受福亭记》在上海城市发展史上的地位非常重要,正如古建专家路秉杰先生所指出的那样,是上海城市发展的第一份"规划"文件。上海现已成为超级大都市,但在南宋,就是个小小的集镇,真是沧海桑田! 一千年以后的上海呢?

需要指出的是,欲系统而又全面地整理散落在浩如烟海古文献中的建筑文献,非几个文献家或建筑史家能单独完成的,它是一项浩瀚复杂的工程。但虽浩瀚而艰巨,披荆莽、辟蹊径的"先行"之事总还是要有人做的。

本书为《中国古代建筑文献集要》的第二卷,选文对象为宋辽金元建筑文献。仍以同济大学建筑与城市规划学院研究生古建专业路秉杰油印讲义《古建筑文献读本》之目录为基点,原篇目有筛酌,同时努力扩大文献征释范围;文章编排按作者生卒年代顺序,兼顾历史人物的时代顺序,如选自《宋史》《元史》中的篇章;作者等年代不详的文章遵循事件发生的年代等线索酌定先后顺序;每篇均按照提要、作者简介、正文及注释进行编排。全书共选文 200 余篇,力求涵盖重要历史事件、城池营造、园林营构、著名建筑、典章制度、水利工程和技术等,期望为有志于此类工作的人们提供一个入门读本。

希望我们的工作能为大家提供一个古建文献的基础读本,后出转精也是学术前进的规律,作为编者,我们乐于早见其果。

编　者
己丑年秋风起、天儿蓝之十月
再改于壬辰岁末

凡　　例

一、取材原则及范围

1. 以古代建筑文化及技术发展史中有代表性的篇目为主,兼及地域及时代特色。

2. 以经、史、集部典籍为主,兼顾子集。

3. 考虑到阅读对象特点,所选篇目出处均以书名、出版社及年份构成。如:《十三经注疏》(中华书局 1980 年影印本)。

二、选文顺序

大体按照作者生卒时间顺序排列文字;作者生平不详者,依帝王年代、事件发生年月等酌定次序。

三、提要及作者简介

1. 提要:为本文阅读提示,力求用简洁的文字厘清所选篇目的内容、价值及背景线索等。

2. 作者简介:除简要介绍其生平事迹外,尽量介绍与选文有关的内容。

四、注释体例

1. 注释对象及单篇注释数量

注释对象以建筑、当事者、时代背景的词语为主,兼及有关文意理解的关键词语;篇幅较大者注释数量限定在 100 个左右。

2. 注释格式

词语注释:先释词义,后释字义;注释用语力求规范、简洁。

注音:生僻词语先注意后释义;词语中单字注意则先释词义,后注单字音、释义;单字先注音,后释义。

例:① 词语。

鞑靼:音 dádá,我国古代北方一少数民族。

诡谲:阴险狡诈。谲,音 jué,欺诈,玩弄手段。

② 单字

耷,音 dā,向下垂,[书]大耳朵。

③ 句子

疑难句子先释全句句意,后释疑难词汇、单字。如,"儒其居"句:谓平常读书人家。槁腴:谓干枯丰腴。

3. 古今字

有些古文字简化后字义扞格者,保持原貌。如:"束脩","甚夥"等。

目　录

辽 金 上

北　宋

灵岩山寺砖塔记

北宋·孙承祐

【提要】

本文选自《古今图书集成·神异典》卷一二三（中华书局、巴蜀书社1985年影印本）。

灵岩山位于苏州西南的木渎。山南峭壁如城，相传吴王曾在山上筑有石头城，故又名石城山。春秋后期，吴王夫差在山巅建造园囿"馆娃宫"，安置越国进献的美女西施。这可能是世界上最早的山上园林。公元前473年，越王勾践从水路攻入吴国，将馆娃宫付之一炬。东晋时有人在灵岩山吴宫遗址修建别业。后舍宅为寺，南朝梁天监二年（503）扩建为寺院，名"秀峰寺"。唐代改称"灵岩寺"。灵岩寺现存殿宇大多是清末民国初的建筑，寺中灵岩塔也叫永祚塔，初建于南朝梁天监二年，为木构砖塔。

太平兴国二年（977），因姐姐（吴越王钱弘俶妃孙太真）的请求，平江节度使孙承祐为钱弘俶的另一名妃子黄氏祈冥福，在灵岩寺中建9层砖塔。宝塔修建历时76天，"基其岩，所以远骞崩之患；黜其材，所以绝朽蠹之虞"；不仅如此，还以"古佛舍利二颗，亲书《金刚》《般若》一编置彼珍函，藏诸峻级"。

塔成，孙承祐一干人临宝塔、登顶廊，感受"上耸地以千仞，塔拔山而九层；巍巍下瞰于娑婆，杳杳平观于寥沉。才疑涌出，或类飞来；如日之升，无远弗届"。有此塔，自然能报先妃之慈，荐先妃之福矣。

黄妃本姓王，吴越王钱弘俶最为宠爱的妃子。钱弘俶不愿归顺北宋，黄妃打消了他称帝的念头，避免了一触即发的战争。北宋开宝八年（975），钱弘俶因她生子并乞吴越生民平安，在西湖夕照山雷峰上建黄妃塔。钱弘俶毕生崇信佛教，为吴越国王时，在境内广种福田，建造佛塔无数，最为著名的有雷峰塔（黄妃塔后称此名）、梵天寺塔和灵隐寺经幢。王行之，下效之，于是孙承祐在平江（今苏州）亦大修佛寺、塔，寒山寺七层宝塔、灵岩塔都是他的成果。

明代，此塔被雷电击毁。现存砖塔为清乾隆十五年（1750）所建，塔平面呈八角形，7级，实心塔，塔壁有多处宋代铭文砖。每层四面辟门，逐层交错。

吴灵岩山即古吴王夫差之别苑也。太湖渺白涵其侧，虎丘点翠映其后，自余冈阜川渎、沃野土田环绕萦带，若视诸掌。代迁人异，倬为佛祠[1]。

愚守藩之七祀[2]，属丙子岁冬，先国妃居共气之亲，钟断臂之祸[3]。诗人罔极，聊可谕其哀；素王尚右，未足申其志。由是显营雁塔[4]，冥助翟衣于山之椒[5]，累砖而就。基其岩,所以远骞崩之患[6];黜其材,所以绝朽蠹之虞。不挥郢匠之斤,止运陶公之甓。自于经始迫尔贺成,凡七旬有六日,仍以古佛舍利二颗,亲书《金刚》《般若》一编置彼珍函,藏诸峻级。

美欤! 上耸地以千仞,塔拔山而九层;巍巍下瞰于娑婆,杳杳平观于寥沇[7]。才疑涌出,或类飞来;如日之升,无远弗届。可以高擎天盖,可以久镇地舆[8],实在报先妃之慈,荐先妃之福也。觉云承足,定水澄心。拂石仙衣,尚为游转。无垢佛土,终正菩提。抽毫直书,用备陵谷[9]。

【作者简介】

孙承祐(931—985),杭州钱塘人。吴越王钱弘俶纳其姊为妃,因擢处要职,累迁浙江东道盐铁副使、镇海镇东两军节度副使、知静海军节度使。多次入宋贡献。宋朝军队渡江,承祐从弘俶攻克毗陵(今江苏常州),军功居多,宋廷授其为平江军节度使。太平兴国五年(980),从幸大名(今北京),留知府事。雍熙二年(985),改知滑州,数月卒,赠太子太师,中使护葬。承祐在浙时,凭借亲宠,恣意奢侈,每一饮宴,凡杀物命千数。

【注释】

[1]代迁人异:谓时光流转,朝代更迭,人事不同。倬:音 zhuō,大,明。

[2]七祀:谓 7 年。祀:祭祀,一般一年一次,故称。

[3]共气:原指同胞兄弟。此谓黄妃与作者姐——孙妃同侍吴越王。钟:犹警。指黄妃劝止钱弘俶称帝之事。

[4]雁塔:佛塔。

[5]翟衣:古代贵妇用翟羽为饰或织以翟羽纹样的衣服。椒:音 jiāo,山顶。

[6]骞崩:谓塌损坍圮。

[7]寥沇:空虚幽静。沇,音 xuè。

[8]地舆:大地。《淮南子》:以地为舆,则无不载也。

[9]陵谷:丘陵和山谷。

言 水 利 疏

北宋·皇甫选

【提要】

本文选自《全宋文》(巴蜀书社 1990 年版)。

嬴政元年(前 246),秦王采纳韩国人郑国的建议,并由其主持兴修大型灌渠,它西引泾水东注洛水,长达 300 余里。泾河从陕西北部群山中冲出,流至礼泉进入关中平原。平原东西数百里,南北数十里,地形西北略高,东南略低。郑国渠充分利用这一有利地形,在礼泉县东北的谷口开始修干渠,使干渠沿北面山脚向东伸展,很自然地把干渠分布在灌溉区最高地带,不仅最大限度地控制了灌溉面积,而且形成了全部自流灌溉系统,可灌田 4 万余顷(约 280 万亩),使秦国从经济上完成了统一中国的战争准备。郑国渠开凿以来,由于泥沙淤积,干渠渠首逐渐因淤积而抬高,水流不能入渠,因此历代以来在谷口一带不断改变河水入渠处,但谷口以下的干渠渠道始终不变。

西汉太始二年(前 95),赵中大夫白公建议增建新渠,引泾水东行,至栎阳(今临潼东北)注于渭水,名白渠;此后,两渠灌区合称郑白渠。前秦苻坚(338—385),曾发动 3 万民工整修郑白渠。唐代的郑白渠有三条干渠,即太白渠、中白渠和南白渠,又称三白渠。灌区主要分布于今石川河以西,只有中白渠穿过石川河,在下邽(今渭南东北 50 里)注入金氏陂。唐初郑白渠灌田 1 万多顷,后来由于流域内大量建造水磨,加上水流入渠困难,灌溉面积减少到 6 200 顷。由于引水困难,后代曾多次将引水渠口上移。主要有北宋大观二年(1108)的改建工程,共修石渠 3 141 尺(宋元一尺约合今 31.68 cm)、土渠 3 978 尺,灌溉面积号称 2 万余顷,并改称丰利渠。

本文写于至道元年(995),那时以郑国渠为代表的水利设施情况如何?皇甫选说,引泾水的郑渠溉田 4 万顷,也引泾水的三白渠溉田 4 500 顷,两渠共溉田4.45 万顷。但到了太宗时,还能溉田"不及二千顷"。原因是"改修渠堰,渐隳旧防",也就是说,由于没有统一的管理、协调及调度,各地只顾自己利益,方导致"凿断岗阜,首尾三百余里,连亘山足,岸壁隤坏",皇甫选等人的现场勘察发现,这种破坏导致的水利设施瘫痪已经年深月久了。调查还发现,泾河原本平浅,"直入渠口",但"年代浸远,泾河日深,水势渐下",导致"与渠口相悬,水不能至"。

不仅如此,泾河中原来还有石堰,"修广皆百步,捍水雄壮",称之为"将军翣"。如今,它也损坏,当地年年造木堰,年年被冲毁,"数敛重困,无有止息"。

鉴于水利坏败如此,皇甫选疏言浚渠造堰,挑选能吏掌其事,找回"衣食之原",重造将军翣,并在泾阳县设立水利衙门,"以时行视"。而邓、许等 7 州之地的 22 万余顷土地,百姓不能尽耕,那里的陂堰如果尽数增筑,劳费甚烦,不如在"堤防未坏,可兴水利者,先耕二万余顷",此所谓有所为有所不为也。

先受诏往诸州兴水利,臣等先至郑渠相视旧迹。案《史记》郑渠元引泾水[1],自仲山西抵瓠口,并北山东注洛,裹三百余里,溉田四万顷,收皆亩一钟[2];三白渠亦引泾水[3],首起谷口,尾入栎阳,注渭中,裹二百余里,溉田四千五百顷:两渠共溉田四万四千五百顷。今之存者不及二千顷,乃二十二分之一分也。皆由近代改修渠堰,渐隳旧防[4],失其水利,故灌溉之功绝少于古。

臣等先至郑渠相视,用功最大。并仲山而东[5],凿断岗阜,首尾三百余里,连亘山足[6],岸壁隤坏,埋废已久。度其制置之始[7],泾河平浅,直入渠口。既年代浸远,泾河日深,水势渐下,与渠口相悬,水不能至。峻崖之处,渠岸摧毁,荒废岁久,实难致力。

其三白渠溉泾阳、栎阳、高陵、云阳、三原、富平六县田三千八百五十余顷,此渠衣食之原也。望令增筑堤堰以固护之。旧有斗门一百七十有六,以节制其水,皆毁坏,请悉缮治,令用水有准。渠口旧有六石门,谓之"洪门",今亦陨圮,若再议兴制,则其工甚大。且欲就近度其岸势,别开渠口,以通水道。岁令渠官行视岸之阙薄,水之淤损,即时缮修疏治之,严禁豪民[8],无令浚渠导水以擅其利。

泾河中旧有石堰,修广皆百步[9],捍水雄壮,谓之"将军翣"[10],废坏已久,基址具在。杜思渊曾献议,请兴此翣,而功不克就。其后止造木堰,凡用材一千三百余数,岁出于沿渠之民。涉夏,水潦荐至[11],渠暴涨,木堰遂坏,漂流散失。至秋,复率民以修葺之,数敛重困,无有止息。欲自今溉田毕,命工折堰木置于岸侧,可充三二岁修堰之用。所役沿渠之民,计田出丁,凡调万二千人,谓之"水利夫"。将军翣可造堰,各有其利,固不惮劳,不烦岁役其人矣。择能吏专掌其事,置于泾阳县,以时行视,往复甚便。

邓、许、陈、颍、蔡、宿、亳七州之地[12],其公私闲田凡三百五十一处,合二十二万余顷,盖民力不能尽耕。汉魏以来,杜预、召信臣、任峻、司马宣王、邓艾等立制垦辟之地[13]。由南阳界凿山开岭,疏导河水,散入唐、邓、襄三州以溉田。诸处陂塘坊埭[14],大者长三十里至五十里,阔二丈至八丈,高一丈五尺至二丈。其沟渠,大者长五十里至百里,阔三丈至五丈,深一丈至一丈五尺,可行小舟。臣等周行历览,若皆增筑陂堰,劳费甚烦。欲望于堤防未坏、可兴水利者,先耕二万余顷,他处渐图建置。

【作者简介】

皇甫选,生卒年不详。至道元年(995)官大理寺丞。咸平三年(1000),责授南剑州团练副使。景德间(1004—1007)历殿中丞、太常博士。大中祥符三年(1010)任两浙提点刑狱,六年知越州,八年四月替。

【注释】

[1]元:谓源自,源头。泾水:现称泾河,是渭河第一大支流。发源于宁夏六盘山东麓泾源县境,流经平凉、彬县,在陕西高陵县南入渭河,河道输沙量极大,水极浑浊,是渭河来沙量最多的支流。泾河下游水利工程较多,著名的郑国渠即是其一。

[2]钟:古代中国十合为一升,十升为一斗,十斗为一斛,一钟为六斛四斗。南宋末改五斗为一斛,二斛为一石。

[3]三白渠:亦称白渠,陕西关中地区古代著名水利工程。白渠开凿于西汉武帝太始二年(前95),因是赵中大夫白公的建议,故名白渠。白渠西起池阳谷口郑国渠南岸,引出泾河水流向东南,经池阳、栎阳向东折而注入渭河,全长200里,沿途受益农田4500余顷。唐时,由于郑国渠已废弃,白渠遂成为关中灌溉的主要河渠,分为三白渠:即太白渠、中白渠和南白渠。唐高宗永徽年间,白渠灌溉总面积达到一万多顷,成为关中农业命脉。唐中期之后,由于白渠上大量设立水车、水磨等水力机械,并且泾河上游用水增加,导致白渠来水量急剧减少,虽然经常疏浚,但灌溉面积还是逐渐减少至原溉田数的五分之一。北宋、金、元均设立专员对白渠进行管理,直属中央政府。

[4]渐隳:逐渐毁坏。

[5]仲山:在谷口县西。在今陕西泾阳县口镇。

[6]连亘:接连不断,绵延。

[7]制置:规划。

[8]豪民:地方上无官职,但有财势、不守法度、凌压百姓之人。

[9]修广:长度和宽度。

[10]翣:音 shà,古代帝王仪仗中的大掌扇。将军翣:谓拦水坝。

[11]水潦:大雨,雨水。荐:接连,重。

[12]"邓、许"句:在今河南南阳至安徽亳州一线。

[13]杜预(222—284),字元凯。西晋军事家、政治家、学者。咸宁四年(278)杜预任镇南大将军都督荆州事,其间兴修水利,有政绩。召信臣:汉代水利名人,字翁卿,九江寿春(今安徽省寿县)人。汉元帝时(前48—前33)为南阳郡太守。亲自勘查水源,开沟渠,修筑堤坝水门,建成水利工程数十处,灌溉面积年年增加,最多时达3万顷,使南阳地区成为当时全国富庶地区之一。所修工程中,最著名的是六门陂、钳卢陂、马仁陂等。司马宣王:即司马懿(179—251),字仲达,河内温(今河南温县)人。三国时期魏国杰出的政治家、军事家,西晋王朝的奠基人。历任曹魏的大都督、太尉、太傅,是辅佐魏国三代君主的托孤辅政之重臣,后期成为全权掌控魏国朝政的权臣。平生最显著的功绩是多次亲率大军成功对抗诸葛亮的北伐。其孙司马炎被封晋王后,追封懿为宣王,司马炎称帝后,追尊懿为晋宣帝。邓艾(197—264),字士载,义阳郡棘阳(今河南新野)人。三国时期魏国杰出的政治家和军事家。正始(240—249)初,魏国准备在东南一带进行屯田,积储军粮,对付吴国,派邓艾前往视察。邓艾从陈县(今河南淮阳)、项县(今河南沈丘)一直巡视到寿春(今安徽寿县)。经过考察,邓艾提出:第一,开凿河渠,兴修水利,以便灌溉农田,提高单位面积产量和疏通漕运。第二,在淮北、淮南实行大规模的军屯。意见被司马懿采纳并实施。从正始二年(241)起,魏国在淮南、淮北广开河道,大举屯田。同时,引黄河水注淮水和颍水,颍南、颍北修成众多陂田。淮水流域挖掘了三百多里长的水渠,灌溉农田二万顷,从而使淮南、淮北连成一体。几年之后,从京都到寿春,沿途兵屯相望,鸡犬之声相闻,一派繁荣富庶的景象。从此,淮水流域的水利和军屯建设得到飞速的发展,魏国在东南的防御力量也大大加强。每当东南有战事,大军便可军资粮草无忧,万帆齐发,直达江淮。

[14]坊埭:谓水库。埭,音 dài,土坝。

益州重修公署记

北宋·张 咏

【提要】

本文选自《全宋文》卷一〇七(巴蜀书社1989年版)。

益州,巴蜀重镇。秦惠王派遣张仪、陈轸伐蜀,灭了开明氏,开始"卜筑是城"。于是,战国以来益州城屡有增筑,屡建屡毁,至淳化甲午岁(994)李顺据有州城,被剿灭之后,"危楼坏屋,比比相望"。至道丁酉岁(997),张咏作为益州长官,提出改建公署,得到了太宗赵匡义的批准。

改建、完缮破败不堪的公署首先碰到的就是材料问题。"先二年，讨贼之始，林菁阴深，多隐亡命"，于是准许砍伐，得竹20万本，椽2万条。贼乱之时违禁之人因皇帝恩泽宽待，力效其命，"徒役之人，陶土为瓦"，不知疲倦，"岁得瓦四十万"，加上从前可用的旧瓦，府署所需的瓦"无所缺乏"。更添从那些行将倒塌的房屋上拆出的栋梁桁栌，梁柱材料也不用外求。平整先前的台殿基址，又获得"砖础百万之数"，材料准备充足完备。

尤值一提的是，从事水运货材运输的纤夫分按3组轮流倒班，"夏即早入晚归，当午乃息；冬即辰后起功，始申而罢"；造公署的工匠役夫，分为四组，"约旬有代，指期自至"。工程组织、安排、管理井井有条，参与工程人员如约而至所，"无游手，无逃丁"，民心所向可知。

公署什么模样？东面，以原先孟知祥的文明厅作为公署办公大厅，"廊有看楼，厅后起堂，中门立戟，通于大门"。中间，将原来王建的西楼作为后楼，"楼前有堂，堂有披室，室前回廊，廊南暖厅"，中间靠南有凉厅；凉暖两厅的东面有官厨40间；厨北越通廊，廊北为道院，一厅一堂。作者说，厨和道院本不应处公署院庭正位，但因"撙减古廊二础之外盈地所安也"。凉亭西面有都厅，院北有节堂，堂北有正堂，节堂西通兵甲库，凉厅、都厅南列四署以居同僚……按照作者的叙述，我们可轻松复原"大小七百四十间""疏篁奇树、香草名花"遍布院落的北宋时期益州官衙。张咏特别强调，通过此番修筑，"削伪为正"，"平僭伪之迹，合州郡之制"，中为臣之道。

张咏此文，为我们留下了北宋时期珍贵的州衙格局、构造以及旧筑缮修利用资料。

按《图经》：秦惠王遣张仪、陈轸伐蜀，灭开明氏，卜筑是城[1]。方广七里，从周制也。分筑南北二少城[2]，以处商贾。少城之迹，今并埋没。命郡曰蜀郡。自秦至汉，民户益繁，改郡曰益州。由汉至唐，逆顺增损，出诸史论，此不复言。隋文帝封次子秀为蜀王[3]，因附张仪旧城，增筑南西二隅，通广十里。今之官署，即蜀王秀所筑之城中北也。唐玄宗幸蜀，升为成都府。唐末政弛，诸蛮内寇，高骈[4]建节，即时驱除。以为居人围闭，多萦肿疾，始筑罗城，方广三十六里[5]。顾城之大小，足以知四民之治否。朱梁移唐鼎，远人得以肆志[6]。王建、孟知祥[7]，迭称伪号。

乾德初[8]，王师吊伐，申命参知政事吕余庆知军府事，取伪册勋府为治所。淳化甲午岁[9]，土贼李顺据有州城，偏师一兴，寻亦殄灭[10]。危楼坏屋，比比相望；台殿余基，屹然并峙。官曹不次，非所便宜[11]。

至道丁酉岁，某始议改作，计工上请，帝命是俞[12]。仍委使乎，以董于役。其计材也，先二年，讨贼之始，林菁阴深[13]，多隐亡命，许其剪伐，以廓康庄，得竹凡二十万本，椽二万条。贼乱之余，人多违禁，帝恩宽贷，舍死而徒。又以徒役之人，陶土为瓦，较日减工，人不告倦，岁得瓦四十万，新故相兼，无所阙乏。毁逾制将颠之屋，即栋梁桁栌之众，不复外求；平屹然台殿之址，即砖础百万之数，一以充足。

其计役也，得系岸水运二千人[14]，更为三番，分受其事。夏即早入晚归，当午乃息;冬即辰后起功,始申而罢[15]:所以养人力而护寒燠也。自夏徂冬,十月工毕,无游手,无逃丁,所谓不劳而成矣。其计匠也,先举民籍得千余人,军籍三百人。分为四番,约旬有代,指期自至,不复追呼。由台殿之土,资圬墁之用[16],与夫堑地劳人[17],省功殆半。

其东,因孟氏文明厅为设厅,廊有看楼,厅后起堂,中门立戟,通于大门。其中,因王氏西楼为后楼,楼前有堂,堂有掖室,室前回廊。廊南暖厅,屏有黄氏画双鹤花竹怪石在焉[18],众名曰双鹤厅。次南凉厅,壁有黄氏画湖滩山水、双鹭在焉[19],因名曰画厅。凉暖二厅,便寒暑也。二厅之东,官厨四十间。厨北越通廊,廊北为道院[20],一厅一堂。厨与道院本非正位,盖撙减古廊二础之外盈地所安也[21]。凉厅西有都厅,厅在使院六十间之中,所以便议公也。院北有节堂,堂北有正堂,与后楼前堂为次西位也。节堂西通兵甲库,所以示隐固也。凉、都二厅南列四署,同寮以居。前门通衢,后门通厅,所以便行事也。公库直室、客位食厅之列,马厩酒库、园果疏流之次。四面称宜,无不周尽。疏篁奇树,香草名花,所在有之,不可殚记。东挟成兵二营,南有资军大库,库非新建,附近故书。改朝西门为衙西门,去三门为一门,平僭伪之迹,合州郡之制,允谓得中矣。不损一钱,不扰一民,得屋大小七百四十间[22],有以利事矣。若俟木朽而后计役,耗官损民,何啻累百万计!

州郡兴修,无足纪录,且欲旌其削伪为正,无惑远民,使子子孙孙不复识逾僭之度。恭以给事圣门,上贤当朝,硕德立言,稽事理,合化元[23],不虚美,不隐恶,文成笔端,动即不朽,欲凭实录,以光远方。其兴修事迹,已述在前。

【作者简介】

张咏(946—1015),北宋名臣,字复之,自号乖崖,濮州鄄城(今山东鄄城)人。登进士科后授大理评事,知崇阳县。累官枢密直学士。两知益州,恩威并用,蜀民对其既敬畏又喜爱。咏在益州时,交子成为流通纸币。咏累官至礼部尚书。连续3次上书奏斩丁谓、王钦若,被贬知陈州。卒,谥忠定。有文集10卷传世,《宋史》有其传。

【注释】

[1] 秦惠王:名嬴驷,秦孝公之子。前338年惠王即位。采用张仪连横策略,为统一天下奠定了基础。前316年,灭蜀。开明氏:杜宇氏统治后期,以"荆人"身份在蜀国为相的鳖灵因治水有功,得到蜀人拥戴,使杜宇氏"禅位",建立开明王朝。时约公元前7世纪初,定都广都樊乡(今双流县境)。从开明二世卢帝开始,蜀王室致力于开疆拓土,一度攻至秦国都城雍(今陕西凤翔东南)。进入战国以后,又与秦国反复争夺南郑(今陕西汉中东)地区,终于得手,成为威震西南的霸主。约公元前4世纪,九世开明帝仿效华夏礼乐制度设立宗庙,又把都城从广都樊乡迁到今天的成都。秦惠文王更元九年(前316),秦国为获取巴蜀地区富足的物质、人力资源,继而东向伐楚与统一天下,遂遣大夫张仪、司马错、都尉墨从石牛道伐蜀,冬十月结束战争,又乘胜攻占巴国的国都江州。秦统一巴蜀后,先后设巴、蜀、汉中3郡利县。郡设郡守,掌郡治;设郡尉,辅佐郡守并典武职甲卒。县万户以上设令,不足万户设长,下设丞、尉,辅佐令、长。

少数民族较多的县则改称"道",巴蜀地区逐步实行秦国的制度、政令。

〔2〕少城:小城。在成都城西。

〔3〕次子秀:疑有误。杨秀(573—618),杨坚第四子。开皇元年(581),立为越王。未几,徙封于蜀,拜柱国、益州刺史总管24州诸军事。二年,进位上柱国、西南道行台尚书令,本官如故。岁余而罢。十二年,又为内史令、右领军大将军。寻复出镇于蜀。秀有胆气,容貌瑰美,多武艺,甚为朝臣所敬畏。后渐奢侈,违犯制度,车马被服,拟于天子。终废为庶人,幽内侍省。炀帝即位,禁锢如初。宇文化及弑炀帝后,害之,并其诸子。

〔4〕高骈(?—887),唐末大将。字千里。先世为渤海人,迁居幽州(今北京)。世代为禁军将领。高骈累仕为右神策都虞侯。僖宗乾符二年(875),移镇西川,刑罚严酷,滥杀无辜。但有干才,他筑成都府为砖城。黄巢起义时,坐守扬州,城陷,被杀。

〔5〕原注:清远江元在州前,固筑罗城,开移今所。

〔6〕朱梁:唐末大将朱温,篡唐称帝,史称后梁。肆志:快意,随心,纵情。句谓后梁国小力弱,对蜀等偏远之地鞭长莫及。

〔7〕王建:五代十国前蜀皇帝,护唐僖宗驾入蜀。后梁开平元年(907)在成都称帝,国号蜀,史称前蜀。孟知祥:五代十国后蜀皇帝。后唐明宗李嗣源死后,于应顺元年(934)在成都称帝。建国号蜀,史称后蜀。

〔8〕乾德:宋太祖赵匡胤年号,963—968年。

〔9〕淳化甲午岁:994年。按:李顺起事应为993年冬。王小波、李顺在灌州起义,占据成都。次年五月,北宋大将王继恩攻破成都。

[10] 原注:是年降府为州。

[11] 官曹:官吏办事机关。便宜:便利,方便。

[12] 俞:文言叹词,犹"然"。表示答应或首肯。

[13] 林菁:谓树木茂密,林浓阴深。菁,音 jīng,华采。

[14] 系岸:谓拉纤。

[15] 辰:早晨7~9时。申:下午3~5时。

[16] 圬墁:涂抹墙壁,粉刷。

[17] 埏:挖掘。此谓不因前基,另起炉灶。

[18] "黄氏"句原注:名筌。按:黄筌(约903—965),五代时西蜀画院的宫廷画家。字要叔,成都人。历仕前蜀、后蜀。入宋,任太子左赞善大夫。早以工画得名,擅花鸟,兼工人物、山水、墨竹。所画禽鸟造型优雅,骨肉兼备,形象丰满,赋色浓丽,描画精细,几乎不见笔迹,似轻色染成,谓之"写生"。与江南徐熙并称"黄徐"。黄筌多画宫中异卉珍禽,徐熙多写汀花水鸟,故有"黄家富贵,徐熙野逸"之谚。《写生珍禽图》卷现藏北京故宫博物院,《雪竹文禽图》册页藏台北故宫博物院。

[19] 原注:其画二壁,泊鹤屏皆于坏屋移置。

[20] 道院:道士居住的地方。

[21] 捇减:减裁节省。盈地:多余的地,犹空地。

[22] 原注:二营不在数。

[23] 化元:造化,教化。

黄州新建小竹楼记

北宋·王禹偁

【提要】

本文选自《王黄州小畜集》(国家图书馆出版社 2004 年版)。

"吾以至道乙未岁,自翰林出滁上,丙申移广陵;丁酉,又入西掖。戊戌岁除日,有齐安之命。己亥闰三月,到郡。"这是晚年王禹偁的为官"路线图":995 年升翰林学士,当年贬为滁州刺史,996 年做扬州知府,997 年恢复知制诰的职位,998年贬为黄州刺史。被贬黄州是因为他在撰写《太祖实录》时"实录"了赵匡胤篡周的事。这种行为是当朝皇帝不能容忍的。

可是,宁屈其身而"不屈其道"的王禹偁到了黄州便随遇而安,享受生活。大者如椽的黄冈毛竹,代作陶瓦,充任房屋顶上铺盖。房子虽然地处"雉堞圮毁,蓁莽荒秽"的黄冈城西北隅,但一点也不妨碍其"远吞山光,平挹江濑"的居高望远之势。

更可喜者,急雨时有瀑布声,密雪落下时有碎玉声,鼓琴、咏诗、围棋、投壶……冬夏皆有浓浓期待,静谧喧闹均可适我之意,"六宜"相助,竹楼生活实乃"谪居之胜概也",其得意于自然之情溢于言表。

竹楼于是成为王氏潇洒人格、拓落天性的外化物。在这里,"公退之暇,披鹤氅,戴华阳",王禹偁或手执《周易》,焚香默坐;或倚窗而立,见风帆沙鸟,烟云竹树。"待其酒力醒,茶烟歇,送夕阳,迎素月。"落得是,天地间闲人一个!

心欲闲而风又起。就在写完这篇文字后,黄冈出现老虎相斗、群鸡夜间乱鸣、冬天打雷等事,朝廷降旨要他承担责任。不久,王禹偁病卒。

黄冈之地多竹,大者如椽。竹工破之,刳去其节[1],用代陶瓦,比屋皆然,以其价廉而工省也。

子城西北隅,雉堞圮毁[2],蓁莽荒秽,因作小楼二间,与月波楼通。远吞山光,平挹江濑[3],幽阒辽夐[4],不可具状。夏宜急雨,有瀑布声;冬宜密雪,有碎玉声。宜鼓琴,琴调虚畅;宜咏诗,诗韵清绝;宜围棋,子声丁丁然;宜投壶[5],矢声铮铮然:皆竹楼之所助也。

公退之暇[6],披鹤氅[7],戴华阳巾[8],手执《周易》一卷,焚香默坐,消遣世虑。江山之外,第见风帆沙鸟、烟云竹树而已[9]。待其酒力醒,茶烟歇,送夕阳,迎素月,亦谪居之胜概也[10]。

彼齐云、落星[11],高则高矣!井干、丽谯[12],华则华矣!止于贮伎女,藏歌舞,非骚人之事,吾所不取。

吾闻竹工云:"竹之为瓦,仅十稔[13],若重复之,得二十稔。"噫!吾以至道乙未岁[14],自翰林出滁上;丙申[15],移广陵;丁酉,又入西掖[16]。戊戌岁除日[17],有齐安之命。己亥闰三月[18],到郡。四年之间,奔走不暇;未知明年又在何处!岂惧竹楼之易朽乎?幸后之人与我同志,嗣而葺之,庶斯楼之不朽也。

咸平二年八月十五日记。

【作者简介】

王禹偁(954—1001),字元之,济州钜野(今山东巨野)人。登进士第后,累官翰林学士、滁州、扬州、黄州、蕲州等地知州。居官清正,秉性刚直,关心民生疾苦,直言敢谏,颇为朝中权贵所不容,因而前后三次被贬。晚年贬于黄州,后世因而多称其为"王黄州"。咸平四年(1001)移知蕲州。卒,年四十八。有《小畜集》三十卷、《小畜外集》残卷传世。

【注释】

[1] 刳:音 kū,剖开,剔除。

[2] 雉堞圮毁:谓城墙坍塌毁坏。圮,音 pǐ,坍塌。

[3] 挹:音 yì,舀。江濑:江滩上的急流,此谓江流。

[4] 幽阒:幽静。阒,音 qù,静无人声。辽夐:辽阔宽广貌。夐,音 xiòng,远,辽阔。

[5] 投壶:古人的一种游戏,在宴会间举行,宾主向一个瓶状壶中投箭,中者胜。

[6] 公退:公事完毕回来。

[7] 鹤氅:用羽毛编织的外套。氅,音 chǎng,外套。

[8] 华阳巾:曹魏时,韦节隐居于华山之阳,自称华阳子。其所制头巾样式,称华阳巾。

[9] 第见:谓次第见。

[10] 胜概:美景。

[11] 齐云、落星:均为楼名。齐云楼,在今江苏苏州,即古月华楼,唐曹恭王李明所建。落星楼,在今南京市东北临江之落星山上,三国吴嘉禾元年(232)建。

[12] 井干、丽谯:均为楼名。井干楼,在长安,汉武帝时所建。干,音 hán。丽谯,魏武帝时曾筑一楼,名"丽谯"。

[13] 稔:音 rěn,谷子一熟称一稔,引申谓一年。

[14] 至道乙未:即宋太宗至道元年,995 年。这一年,孝章皇后卒,丧礼不够隆重,因议论此事,王被贬谪至滁州。

[15] 丙申:至道二年(996),王禹偁因为郑褒买马事徙广陵。王在滁州,闽人郑褒来谒,王爱其儒雅,为其买马。有人告其压价购马,皇帝未听信,但改其知扬州。

[16] 丁酉:即至道三年(997)。西掖:中书或中书省的别称。

[17] 戊戌:宋真宗咸平元年(998)。岁除日:农历腊月最后一天。这年,王因在参编的《太祖实录》中直书赵匡胤篡夺事,贬知黄州。

[18] 己亥:咸平二年(999)。

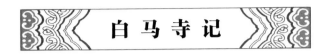

白马寺记

北宋·苏易简

【提要】

本文选自《古今图书集成·职方典》卷四四一(中华书局、巴蜀书社1985年影印本)。

这篇寺记是宋太宗赵光义下令重修的白马寺竣工时,命苏易简撰写,淳化三年(992)刻碑立于寺内的。寺碑现立于白马寺山门西侧,碑铭《重修西京白马寺记》。

史料记载,东汉永平十年(67)的某天晚上,汉明帝刘庄做了一个梦,一位神仙,金色的身体有光环绕,轻盈飘荡从远方飞来,降落在御殿前。汉明帝非常高兴。第二天一早上朝,他把自己的梦告诉群臣,并询问是何方神圣,傅毅以佛对。于是明帝派使者去西域,访求佛道。3年后,使者同印度僧人迦叶摩腾、竺法兰抵洛阳,一批经书和佛像随之而来。明帝下令在洛阳建造了中国第一座佛教寺院,以安置印度僧人及经像等,此寺即今天的洛阳白马寺。因白马驮载经书、佛像,寺称"白马",白马寺也成为中国佛教的"祖庭"。

东汉到北宋已经900余年历史,虽然历代朝廷都很重视白马寺缮修,但唐武宗、后周世宗的灭佛以及连年战乱,寺院凋敝、僧人零落亦为常理。太宗赵匡义"端拱北辰","恭己虚怀","探元象外,访道毫端","乃命鼎新纬构,寅奉庄严",开始重修白马寺。采文石,求环材,集工匠,"辟莲宫而洞开,列绀殿而对峙。图八十种之尊相,安二大师之法筵"。这些工作的成果是"灵骨宛如""金姿穆若",再"周之以缭垣浮柱,饰之以法鼓胜幡"。最后,太宗命中书舍人、太平兴国五年(980)亲拔为状元的苏易简为之记。

现存的白马寺坐北朝南,是一座长方形的院落,占地约4万平方米。寺大门之外,广场南有近年新建的石牌坊、放生池、石拱桥,左右两侧为绿地。门前左右相对有两匹石马,大小同真马,温和驯良,为宋代石雕作品。山门为明代重建,并排三座拱门,代表三解脱门,佛教称之为涅槃门。部分门洞券面上刻着工匠姓名,为东汉遗物。山门内东西两侧有摄摩腾和竺法兰二僧墓。五重大殿和四座大院以及东西厢房。五重大殿由南向北依次为天王殿、大佛殿、大雄殿、接引殿和毗卢殿。每座大殿都有造像,多为元、明、清时期的作品。毗卢殿在清凉台上,清凉台为摄摩腾、竺法兰翻译佛经之处。东西厢房左右对称。整个建筑宏伟肃穆,布局严整。此外,还有碑刻40多方,对研究寺院的历史有重要价值。

白马寺大门东走300余米,有一座13层的齐云塔,直插云霄。齐云塔始建于五代时期,原为木塔,北宋末年金兵入侵时烧毁。金朝大定年间(1164—1189)重建此塔,至今已有800多年历史。

东周旧壤,西洛名都,景气澄清,风物奇秀。长源渺渺,元龟负书之川[1];平隰依依,白马驮经之地[2]。考其由为中国招提之始[3],语其要居西京繁会之间[4]。

历累朝而久郁祯符,偶昌运而荐陈灵贶[5]。不有兴葺宁绍[6],德音法天崇道。皇帝端拱北辰[7],垂裳南面[8],步摄提而重张岁纪[9],把钩陈而再纽乾纲[10],实异俗于藁街,纳生民于寿域[11]。尚或探元象外,访道毫端。恭己虚怀,法㳽沦无为之化[12];凝神静想,忆灵山授纪之言。省鸿名,崇十号之空王[13];卑皇居,峻三休之妙观[14]。坐致华胥之境[15],平登安养之方。慈云远覆于冰天,法浪遐滋于桂水[16]。东逾涨海扬帆,颁贝叶之书[17];西泊流沙刻石,记金刚之座[18]。勤行之能事著矣,阴骘之元功大焉[19]。

一日,谓近臣曰:"朕尝探索造化,穷研载籍,视彼河海犹分其先后,譬诸水木尚本其根源。观大象教斯来[20],真乘下济[21],诚由彼摩腾、竺法兰者扬奈园之末绪[22],越葱岭之修程[23],百千亿佛,始演其性宗四十二章[24]。初宣其密义,则何必伯阳道德,止留关令之家[25];倚相典坟,传自伏生之口而已[26]哉?瞻彼邙洛,灵踪尚存。未旌胜缘,良谓阙典[27]。"

时属单阏岁,值勾芒驭辰,龙星虽耀于雩坛,兔魄罕离于毕宿[28]。询于黔首,未兴云汉之谣;轸彼皇情,已甚桑林之祷[29]。命中使以驰驿谒仁祠而致诚,忧勤上通,灵应如响,岂独商羊鼓舞[30],但闻阙里之言[31]。

力士沾濡,惟纪开元之代;乃命鼎新纬构,寅奉庄严[32]。采文石于他山,求环材于邃谷。离娄骋督绳之妙,冯夷掌置臬之司[33]。辟莲宫而洞开,列绀殿而对峙。图八十种之尊相,安二大师之法筵。灵骨宛如,可验来仪于竺国;金姿穆若,犹疑梦现于汉庭[34]。天风高而宝铎锵洋,晴霞散而雕拱辉赫。周之以缭垣浮柱,饬之以法鼓胜幡。远含甸服之风光,无殊日域;旁映洛阳之城阙,更数天宫。

时则郏鄏游客[35],轘辕遗俗,或黄发鲐背之老[36],或元髫稚齿之童[37],途谣巷歌而谓曰:"吾皇帝之稽古务本也,为苍生而祈福。"致金仙之降灵,遂使权舆圣教之津将壅而复决,经始福田之所已废而更兴。未睹时巡弥坚,望幸伫听。建圭立极,逾姬公洛食之符[38];检玉升中[39],越孝武山呼之瑞。

以臣生逢尧禹,职逊严徐[40]。自追阆苑之胜游,粗得楞伽之真趣[41]。爰承诏旨,命纪岁时。虽磬没荒芜[42],欲继金声而莫及;然勒于琬琰[43],期将大德以弥新。

【作者简介】

苏易简(958—996),梓州铜山(今四川绵阳玉河)人,字太简。易简少年聪颖好学,风度奇秀,才思敏捷。太平兴国五年(980),举进士时,太宗责考生皆临轩复试,易简洋洋三千余言,一挥而就。太宗览毕,甚为赞赏,擢为甲科第一,时年仅22岁。累官右拾遗知制诰、翰林学士、同知京朝官考课,迁中书舍人,充承旨。不久,知审官院,改知审刑院,掌吏部选,迁给事中,参知政事。至道元年(995),以礼部侍郎出知邓州,移陈州后,抑郁而终。有《文房四谱》《续翰林志》及文集 20 卷传世。

【注释】

[1]长源:谓洛河。元龟负书:相传禹时洛河中浮出神龟,背驮洛书献给禹。禹依此治水成功,遂划天下为九州。洛书与河图历来被认为是河洛文化的滥觞。

[2]平隰:平原湿地。

[3]招提:寺庙。

[4]繁会:繁华荟萃之处。

[5]祯符:祥瑞,吉兆。灵贶:神灵赐福。

[6]兴葺:兴建修理。宁绍:谓安宁相续。

[7]端拱:恭敬有礼,庄重不苟。北辰:谓帝都朝廷。一说端拱为宋太宗年号,988—989年。然不甚通顺。

[8]垂裳:常作"垂衣裳"。谓衣服之制,示天下以礼。后以称颂帝王无为而治。

[9]摄提:即"摄提格"。岁阴名。古代岁星纪年法中的十二辰之一。相当于干支纪年法中的寅年。岁纪:指年代。此犹新纪元。

[10]钩陈:星官名。

[11]藁街:汉时街名,在长安城南门内,为属国使节馆舍所在地。寿域:谓人人得尽天年的太平盛世。

[12]沩汭:音 wéi ruì,犹"妫汭"。舜的居地。在今山西永济蒲州南。此指舜帝。庄子称,舜以无为治天下。

[13]十号:佛的十种名号。即如来、应供知法界、正遍知、明行足、善逝、世间解、无上士、调御丈夫、天人师、佛世尊。

[14]三休:谓亭台之高峻、登攀之难。贾谊《新书》:翟王使使至楚,楚王欲夸之,故飨客于章华之台上。上者三休而乃至其上。

[15]华胥:谓理想中的安乐和平之境。《列子》:(黄帝)昼寝,而梦游于华胥氏之国……其国无帅长,自然而已;其民无嗜欲,自然而已……黄帝既寤,怡然自得。

[16]慈云:佛教语。谓慈悲心怀如云般广被世界。

[17]贝叶之书:即贝叶制的经书。古代印度,佛教徒将经文刻在贝多罗树叶上,装订成册,称"贝叶书"。

[18]金刚之座:金刚跏趺坐的略称,亦称"结跏趺坐"。如来佛多为此坐,故又称"如来坐"。坐姿约有两种:一为吉祥坐,一为降魔坐。

[19]阴骘:阴德。

[20]象教:释迦牟尼离世,诸大弟子想慕不已,刻木为佛,以形象教人,故称佛教为象教。

[21]真乘:佛家谓真实的教义。

[22]摩:按,字下原有缺字,据《后汉书》等补"腾"字。奈园:《维摩诘经》载:一时佛游于维耶离奈氏树园,与大比丘众俱。据《奈女经》,维耶离国梵志园中植奈树,树生一女,长大后颜色端正,天下无双。佛至其国,奈女率弟子五百出迎,佛与诸比丘乃到奈女园,具为说本原功德。后因称寺院为奈园。奈,同"奈"。

[23]葱岭:即今帕米尔。汉时,中土由此西去波斯、罗马,今人称为"葱岭古道"。

[24]性宗:法性宗的简称。与法相宗同为大乘两大宗派。以破相显性为宗旨。

[25] 伯阳道德:即老子所著《道德经》。老子字伯阳。过函谷关时,关令尹喜以师礼奉迎,恳求老子为其著书,老子便在太初宫写下《道德经》五千言。

[26] 伏生:一作伏胜,生卒年月不详,字子贱,章丘(今济南)人。伏生系孔门传人。秦统一后,朝廷设博士以备顾问,伏生居其一。始皇焚书坑儒时,伏生冒险暗将述录唐尧、虞舜、夏、商、周史典的《尚书》藏在墙壁夹层内,由此免于焚烧之难。秦亡汉立,儒家学派逐渐复兴,惠帝四年(前191),除"挟书律",伏生掘开墙壁发现尚有29篇保存完好。此事传到朝廷,汉文帝欲召伏生入朝,但此时他已年逾九十,不能出行。于是,文帝派晁错至其家中,当面授受。因年迈伏生的话语只有女儿羲娥能懂,于是先由伏生言于其女羲娥,再由羲娥转述给晁错。自此迄后,《尚书》之为学,伏生为传授渊源。

[27] 阙典:谓憾事。

[28] 单阏:岁阴名。卯年的别称。古代的天文学家将木星称之为"岁星"。岁星由西向东十二年绕天一周,叫"一周天"。岁星自西向东每年行经一个星次,运行到哪个星次范围,就用"岁在某某(该星次名)"来纪年。但是,岁星运行的方向和人们所熟悉的十二辰的概念相反,即把黄道附近一周天十二等分后,由东向西配以子、丑、寅、卯等十二地支,因此,为了和十二辰一致,古代天文学家便设想出一个假岁星,称之为太岁,或称岁阴、太阴。假定太岁与真岁星背道而驰,从而与十二辰的方向顺序取得了一致,并为此十二个太岁取了年名,即"困敦、赤奋若、摄提格、单阏、执徐、大荒落、敦牂、协洽、涒滩、作噩、阉茂、大渊献"。单阏:音dān è。勾芒:古代传说中主管树木的神。雩坛:古代祈雨所设的高台。兔魄:月亮的别称。毕宿:二十八宿之一。古人以为其主兵主雨。

[29] 轸:音 zhěn,怜悯。

[30] 商羊:传说中的鸟名。传说大雨前常屈其一足翩翩起舞。

[31] 阙里:孔子故里。在今山东曲阜城内阙里街,因有两石阙,故名。后借指儒学。

[32] 寅:恭敬。

[33] 离娄:谓雕镂交错分明。冯夷:传说中的黄河之神,其营之水府称冯夷宫。

[34] 穆若:和美貌。

[35] 郏鄏:音 jiá rǔ,周朝东都名。故地在洛阳。

[36] 黄发鲐背:谓高寿之人。鲐,音 tái,一种体侧有斑纹的海鱼。人老背亦有如鲐斑纹。

[37] 元髫稚齿:谓儿童。元髫,本作"云髫",黑发。

[38] 洛食:谓周公(姬姓)营东都,先卜地,洛得吉兆,于是定为都。食:周秉钧《易》解:谓吉兆。

[39] 检玉:谓封禅。古时封禅有金策、石函、金泥、玉检之封。升中:祭天。孝武:谓汉武帝封禅泰山,拜谒祭天之事。

[40] 严徐:严安、徐乐的并称。汉武帝时二人上书言事,皆拜郎中。

[41] 楞伽:谓佛理。

[42] 罄没荒芜:谓自己才疏学浅。罄没:谓腹空才劣,默默无闻。

[43] 琬琰:音 wǎn yǎn,碑石之美称。

真州水闸记

北宋·胡 宿

【提要】

本文选自《全宋文》卷四六六(巴蜀书社 1990 年版)。

真州水闸在今江苏仪征市淮扬运河南端,建成于天圣四年(1026)。

淮扬运河南端真州(治今江苏仪征市)与长江交汇的运口段,长江高于运河,依靠真州港口修筑潮闸引潮和堰埭节水行运。但是,江水水位低浅时这些工程设施就难以发挥作用。"万里连樯,自上流而并至,将乘高堰之险,必俟灵潮之来。浅涸贻忧,引挽甚苦,守卒达旦而不寐,严鼓终夜而有声,人相告劳,官不暇给。"而这里"号为万商之渊","万艘衔尾,岁乃实于京师",这样一个重要的漕粮转运交通枢纽,没有方便的水闸以资通行肯定是不行的,于是兴建真州复闸就提上了议事日程。

天圣中,监真州排岸司、右侍禁陶鉴开始提出建复闸调节水流,以省舟船过埭之劳的动议。工部郎中方仲荀、文思使张纶为发运使、副,上表奏议,朝廷恩准,于是真州复闸开始兴建。

复闸是宋代在长江两岸运口上出现的新型工程设施。复闸的运行与现代船闸——三峡船闸等的工作原理一样,其辅助设施则集中了引潮和蓄水的功能。

胡宿为我们展现了复闸设计、结构及运用绝妙之处:真州闸有外闸和内闸两闸,"扼其别浦,建为外闸",外闸面临长江闸;"即其北偏,别为内闸。凿河开奥(澳),制水立防"。外闸主要蓄积潮水,平衡运河与长江的水位高差,"砻美石以礱其下,筑强堤以御其冲。横木周施,双柱特起,深如睡骊之窟,壮若登龙之津。引方舰而往来,随平潮而上下"。外闸室以砌石修筑,闸室较深,既可蓄积更多水量,也能适应闸室内较大的水位差。内闸继续调整运河江口段地形所形成的水位差,"瞰下泽而迥深,截澄流而中断。月魄所向,潮势随大。上连漕渠,平若置梁。湍无以悍其激,地不能露其险。木门呀开,羽楫飞渡。不由旧埭,便达中河"。外闸室引江潮入内,地形高差较大,水流湍急。内闸室水位差减小,水流平稳,随水面上升与运河平顺衔接,两闸启闭间,船只顺利进入闸室,随后内闸"木门呀开,羽楫飞渡",船只顺利驶入运河。从文字描写来看,与运河相通的内闸下闸应是平面开启的门式平板闸。这类船闸在欧洲古代运河中常见。闸门是整体的,启闭困难,但便利船只出入,通常用在水位差较小地方。胡宿描写的宋真州闸与 17 世纪意大利米兰的船闸有异曲同工之妙。

复闸是水利枢纽工程,集蓄潮、升船越岗等功用为一体。水澳是真州闸的创造,它的出现让船在有落差的航道中航行成为现实。复闸是由相距不远的多个闸门组成多级闸室,有效地平衡了由于地形形成的航道水位差。复闸的辅助设施同样引人注目。它包括向闸室供水的输水道和蓄水的水澳,胡文中的外闸"巨防既闭,盘涡内盈,珠岸浸而不枯,犀舟引而无滞。用力浸少,见功益多",描述的就是向闸室输水的过程中水流涌动,以及充水完成后行船的水澳情形。船只过复闸的大致过程是:当船只入外闸后,外闸和腰闸关闭,闸室开始充水;当内外闸室水位持平后,开启腰闸,船只入内闸。如此腰闸和内闸做配合运行,再次爬升,开启运河闸,至此船只平顺进入运河正河。

沈括的《梦溪笔谈》记录真州闸建成后的情形称:"岁省冗卒五百人,杂费百二十五万。"沈括还说:"运舟旧法,舟载米不过三百石。闸成,始为四百石船。其后所载浸多,官船至七百石;私船受米八百余囊,囊二石。自后,北神、召伯、龙舟、茱萸诸埭,相次废革,至今为利。"

南宋嘉泰元年(1201)真州闸改石闸,南宋人追溯前代真州闸情况说:"门之广高丈有六尺,复为腰闸,相望一百九十五丈,规模高广,大略如之。"(《(光绪)仪征县志》载南宋张伯垓之《重建真州水闸记》)腰闸在首尾两闸之间,位置当视地形和潮水水位决定,据此,真州闸由三闸而形成内闸室和外闸室,全长约合今制608米。

设置堰埭以调节水量、控制水位差,是中国水利史上的一项重大创造。而用复闸代替堰埭,则是水利史上一项具有划时代意义的事件,标志着我国水利工程技术已达到了一个相当高的水平。

大权以济事,智在利人。邓训改石臼之河[1],前史谓有阴德;谢傅筑新城之埭[2],后人比之甘棠。猗忠利之在时[3],邈今昔而同贯。江汉纪于南国,设地险而称雄;舟楫济乎巨川,前民用而为急。若乃疏岩险之道,贯利涉之津,息肩乎风波之民[4],尽力乎沟洫之义,则建安水闸之制[5],其利溥哉!

国家神基万年,天宇一统。海隅日出,具为帝臣;域中地大,莫非王土。文轸所薄[6],赋舆攸共。自江之南,宝藏是出。有《禹书》金镠之贡,兼汉官盐铁之利。齿角羽毛之所产,资粮扉屦之所入[7]。固已府无虚用,而国有余财。维迎銮之奥区[8],乃濒江之剧郡。宝势横野,压楚地之五千;大浸稽天[9],吞云梦之八九。南逾五岭,远浮三湘,西自巴峡之津,东泊瓯闽之域,经涂咸出,列壤为雄。据会要而观来,大聚四方之俗;操奇货而游市,号为万商之渊。淳化中[10],始建外台[11],并置大使,领山海经画之重[12],督星火期会之严[13]。九赋敛财,日以商乎功利;万艘衔尾,岁乃实于京师。

先是水漕之所经,颇厌牛埭之弗便[14]。江形习下,河势踞高,斗绝一方,壁立万仞。每岁木叶秋脱,天根夕见[15]。七泽收潦[16],当涸水之有初;万里连樯,自上流而并至。将乘高堰之险,必俟灵潮之来。浅涸贻忧,引挽甚苦。守卒达旦而不寐,严鼓终夜而有声。人相告劳,官不暇给。

乾兴中,侍禁陶侯鉴寅奉辟命,掌临岸局,槃结必剖,精干有余。将划革于旧方[17],特起发于新意。按历长河之曲,行营大江之湄[18]。经始二闸之谋,关白一台之长[19]。

时制置发运使、工部方公仲荀,文思使张公纶,咸以硕望,注于上心。秉牙筹而笼货财,握金节而宣命令[20]。乐闻经画,肇敏成功。爰戁益于章程,旋条析于经费[21]。移属本部,调给治具。时太守、都官曾公乾度,前倅职方王公汝能[22],咸秉心勤瘁,协志赞襄。诸贤好谋而成,众材不戒而备。扼其别浦,建为外闸。砮美石以礩其下,筑强堤以御其冲。横木周施,双柱特起。深如睡骊之窟[23],壮若登龙之津。引方舰而往来,随平潮而上下。巨防既闭,盘涡内盈[24]。珠岸浸而不枯,犀舟引而无滞。用力浸少,见功益多。即其北偏,别为内闸。凿河开奥,制水立防。瞰下泽而迴深,截澄流而中断[25]。月魄所向,潮势随大。上连漕渠,平若置梁。湍无以悍其激,地不能露其险。木门呀开,羽楫飞渡。不由旧埭,便达中河。憧憧斯来,沾沾相喜。商旅息滞淫之叹,公私无怵迫之劳[26]。岁省之费甚多,邦储之运益办。

自天圣纪号三年之冬[27],庀徒皆作。越明年孟夏,僝工大毕[28]。材用所给,取于城守之余;力役所资,辍于篙工之暇。坯土不夺于稼地,秋毫咸出于县官。

未几,制置二公秉命圭,觐峣阙[29],表其功状,刻写规模。由东涂而进观,自中宸而简在[30]。复降温诏,奖劝勤略,且有天旨,申谕郡将[31]。饬其必缉,贻于无穷。

噫!自建隆之元[32],王涂日辟,五土反乎正色,天下号为重开。控于南邦,兹为北道。总揽众职,更历群公。求民之瘼则多[33],此川之阻未达。岂汉阴抱瓮,耻用于机心[34];将溱水脱车,未周于病涉[35]。承弊达变,踵在今乎?

是标舆地之图,书大事之策,作镇奥壤,垂法永年。俾神灵而支持,与天壤而相弊可矣。侍禁陶侯[36],思纪成绩,昭示方来,过闻画饼之名,俾记他山之石。重迫制置文思之命,史君都官之请。温教屡下,亟让弗皇。作器能铭,远惭于长笔;表年首事,始务于直书云。

天圣五年十一月十七日记。

【作者简介】

胡宿(995—1067),字武平,常州晋陵(今江苏常州)人。仁宗天圣二年(1024)进士。历官扬子尉、通判宣州、知湖州、两浙转运使、修起居注、知制诰、翰林学士、枢密副使。英宗治平三年(1066)以尚书吏部侍郎、观文殿学士知杭州。以居安思危、宽厚待人、正直立朝著称,谥文恭。有《文恭集》传世。

【注释】

[1]邓训(40—92):字平叔。东汉时南阳新野(今河南新野)人。明帝初年(58)为郎中,章帝时任乌桓校尉。永平中,理滹、石臼河,从都虑至羊肠仓,欲令通漕。太原吏人苦役,连年无成,转运所经三百八十九隘,前后没溺死者不可胜算。后长期奉命戍边,为张掖太守,治边取信于诸羌胡,叛乱匿迹,边关久安,为民敬重。永元四年(92),病卒。至闻训卒,羌胡莫不吼号,或以刀自割,又刺杀其犬、马、牛、羊,曰:"邓使君已死,我曹亦俱死耳。"吏士皆奔走道路,至空城郭。遂家家为训立祠,每有疾病,辄至此告祷求福。

[2]谢傅:即谢安(320—385)。安字安石,东晋著名政治家、军事家,陈郡阳夏(今河南太康)人。前秦苻坚南侵,守将屡次败退。直至苻坚率领百万军队抵达淮南淝水一带,朝廷加封谢安为征讨大都督。谢安安排妥善,指挥得当,将士奋力,以八万人马战胜了苻坚的数十万大

军。谢安欲乘胜进军,收复北方领土,于是上疏朝廷,要求亲自出征北伐。朝廷命他进都督扬、江、荆、司、豫、徐、兖、青、冀、幽、并、宁、益、雍、梁十五州军事。其时,会稽王司马道子专权,势利小人从中挑拨,谢安离开京城去广陵。广陵西去舆县(今江苏仪征),步丘是必经之路。谢安现场察看,前有长江天堑,后有蜀岗屏障,丘陵蜿蜒,腹地平坦广阔,河沟纵横,不仅地势险要,而且是土地肥沃的鱼米之乡。于是在此建城,取名新城。新城建好后,谢安还在城北建拦水坝,后人追思之,名为"召伯埭";开浚河道,建闸建港。后人又称新城为"谢公城"。甘棠:旧时颂扬离去地方官之德政。典出《诗经·周南·甘棠》,歌颂召伯。

[3]猗:音 yī,叹美之词。

[4]息肩:让肩头得到休息。喻免除劳役。

[5]建安水闸:谓洪泽湖治理。洪泽湖大堤始建于东汉建安五年(200),由广陵太守陈登主持建筑,初为 30 里,始称"高家堰"。大堤初为土堤,后改做砖堤、石堤。历代缮修不绝,至明永乐年间,督运陈瑄在武墩至周桥之间兴工修堤。明万历年间,河漕潘季驯将大堤延筑至蒋坝,大堤基本建成。大堤北起淮安市码头镇,南迄洪泽县蒋坝镇,全长 67 公里,全部用石料人工砌成。同时在堤线上建"仁、义、礼、智、信"五个减水坝以泄洪水。大堤始建于东汉建安年间,至清乾隆年间方全部建成。大堤的筑堤成库规划和直立条式防浪墙坝工程技术代表了当时世界水利技术的最高水平。

[6]文轸:文轨。谓文教制度。薄:及。

[7]屝屦:音 fèi jù,鞋履。

[8]奥区:腹地。

[9]大浸:大湖。

[10]淳化:宋太宗赵匡义年号,990—994 年。

[11]外台:官名。后汉刺史,为州郡长官,置别驾、治中、诸曹掾属,号为外台。

[12]经画:谓开发治理。

[13]星火:谓迫急(文书)等。期会:约期聚集;或谓在规定的期限内实施政令,多指有关朝廷或官府的财物出入。

[14]牛埭:设有用牛力拉船装置的土坝。

[15]天根:星名。即氐宿。东方七宿的第三宿,凡四星。

[16]收潦:谓水位下降。潦,积水。

[17]划革:铲除,革除。划,同"铲"。

[18]漘:音 chún,水边。

[19]关白:报告。

[20]牙筹:象牙或骨、角制成的计数筹。金节:皇帝或长官赐予臣属的符节。

[21]羡益:增益。羡:音 tǒu,增加。条析:细致剖析。

[22]倅职:副职。倅,音 cuì。

[23]骊:深黑色的马。

[24]盘涡:水旋流形成的深涡。

[25]澄流:谓清澈明净的水流。

[26]滞淫:长久停留。怵迫:诱迫。《文选·鹏鸟赋》:"怵迫之徒兮,或趋东西;大人不曲兮,亿变齐同。"李善注引曰:怵,为利所诱怵也;迫,迫贫贱,东西趋利也。

[27]天圣:宋仁宗赵祯年号,1023—1032 年。纪号:纪年。

[28]僝工:指建筑工程。僝:音 zhuàn,具备,齐集。

[29]命圭:亦作"命珪"。天子赐给王公大臣的玉圭。峣阙:皇宫大门。此谓朝廷。峣,音yáo,高貌。宫门高大,故称。

[30]中宸:朝廷。简在:犹存在。

[31]申谕:谓申明告知。

[32]建隆:宋太祖赵匡胤年号,960—963年。为北宋开国年号。

[33]瘼:音mò,疾苦。

[34]汉阴抱瓮:典出《庄子·天地》:子贡南游于楚,反于晋,过汉阴,见一丈人方将为圃畦,凿隧而入井,抱瓮而出灌,搰搰然用力甚多而见功寡。子贡曰:"有械于此,一日浸百畦,用力甚寡而见功多,夫子不欲乎?"为圃者卬而视之曰:"奈何?"曰:"凿木为机,后重前轻,挈水若抽,数如泆汤,其名为槔。"为圃者忿然作色而笑曰:"吾闻之吾师,有机械者必有机事,有机事者必有机心。机心存于胸中,则纯白不备;纯白不备,则神生不定;神生不定者,道之所不载也。吾非不知,羞而不为也。"子贡瞒然惭,俯而不对。汉阴,在汉水的南面。机心,取巧之心。比喻遇事投机取巧的心理。

[35]溱水脱车:典出《孟子·离娄下》。子产主持郑国的国政,用自己坐的大马车载行人渡过溱水和洧水。孟子听说此事,说:子产这只是小恩惠而不懂得政治。在十一月份,搭好徒步行走的独木桥;在十二月份,搭好可通行马车的大桥,人民就不会忧虑徒步涉水了。君子整治好自己的政务,外出时使行人避开道路也是可以的,又怎么能去把行人一个个渡过河呢?所以,治理国家政事的人,要讨每个人的欢心,时间也不够用啊。溱:音zhēn。

[36]侍禁:职官名。职在侍值禁中,故称。宋内侍官阶,有左侍禁、右侍禁。

常州晋陵县开渠港记

北宋·胡　宿

【提要】

本文选自《全宋文》卷四六六(巴蜀书社1990年版)。

常州晋陵有户二万,人丁十万,"列为大县"。该县"南趣湖,北倚江",原本有申港、戚墅、灶子三港,"都是往时溉田之川,所溉万余顷"。可是现在,坐拥大湖巨川的当地百姓却无法引水灌溉。

新县令许恢上任后,"环按四封,周咨野老",一番踏勘、调查后,请示上级,会商僚属,动员百姓,"开陈以利"。晋陵黎民一呼百应,"其集如云,乃畚乃锸",庆历二年(1042)冬十月动工,前后三个月就完成三渠港疏浚:申港38里,"引潮水抵城之西北隅,朝夕再至焉";离申港30里的灶子港"自江口浚之,凡四十里,斜趣县之东北",作者特别强调"不与申港合";戚墅港在县治东南二十里,"自湖口浚之,凡九十里",疏浚完成后,太湖之舟即可翩然而至了。

三大港浚毕,流域百姓听其自行引水,分流灌溉,形成"运渎、东函等十九小港"。

水利完备,自然坐收丰年,第二年"他田不粒,港旁独稔"。作者充满喜悦地说道:"华黍蕤蕤,清渠泱泱",并且嘱咐继任者:"嗣而浚之,绳而广之,使继继不绝。"为民谋利的官员总是受人爱戴、尊敬的。

常领四邑,治吴西境。晋陵户二万,丁十万,过江来东,列为大县。其土会之法[1],田第九,赋第七,帛宜丝枲[2],谷宜秔稻[3]。美川泽,饶鱼鳖。太湖底定其南,大江绕出其北。闲民无事,擅鱼采之利,以生其生。有二浸之大[4],而农不能引以灌,迹其所以,民非弃之,顾上谋之未及究,旅力之不能集尔。天时稍或亢缩[5],人心乘以焦瘁。

庆历辛巳,高阳许君恢以大理丞治于斯。既视邑事,审江湖之利,可以活夫田也,乃叹曰:"昔西门豹治邺,漳水在邺旁,豹不能用,故史起讥之,谓其不足以言智。今兹邑南趣湖,北倚江,据是美利,田其舍诸。委而弗谋,大惧后世之嗤予也。"因环按四封,周咨野老,乃得申港、戚墅、灶子三港,皆往时溉田之川,所溉万余顷。中间废不复治,绪余且在[6]。因伻图言状[7],列于外计[8],且曰湖水可以灌戚港,江水可以灌申、灶。计司移官,覆视其利,信然[9]。

比得符文,报从所请,始吁厥众[10],开陈以利。民饴其言,说以承使,不戒而廪食具,未几而蓥鼓兴[11]。其集如云,乃畚乃锸。

自二年冬十月浚申港,凡三十八里,引潮水抵城之西北隅,朝夕再至焉。灶子港去申港三十里,自江口浚之,凡四十里,斜趣县之东北[12],不与申港合。戚墅港东南去县二十里,自湖口浚之,凡九十里,太湖之舟艑至焉[13]。三港之溉,申港为最博。缘三大港之侧,听民自射其便,复引支水,分注运渎、东函等十九小港,以酾其利[14]。

长波之所贯,众渠之所杀,变堉土成腴壤,稽于大浸,畅于四肢。最凡计工二十六万,前后凡三月而罢。岁在鹑首[15],秋夏仍旱,他田不粒。港旁独稔[16]。华黍蕤蕤[17],清渠泱泱,未耨者赖焉,网罟者依焉。尔牛尔羊,来群来思。

噫,江湖以善利利万物,不私所利,至矣哉!从于政者,犹夫川也,据能济之势,操有为之资,胡利不可兴,曷害不可去?弃而弗营者,非力不足,由无志于民耳。从是而观,高阳之政,其惠之所字于民至矣[18]。后之长此邑者,当监前人之休[19],恤百姓之欲,嗣而浚之,绳而广之,使继继不绝,则三港之利,庸可竭乎?

庆历四年正月二十八日记。

【注释】

[1]土会:古代统计山林、川泽、丘陵、坟衍、原隰五类土地的物产,以制定贡税等级、额度。

[2]枲:音 xǐ,不结籽的大麻,即大麻的雄株。

[3]秔稻:粳稻。

[4]二浸:谓太湖、㴉湖(沙子湖、西太湖)。

[5]亢缩:谓反常。久旱或淫雨。

[6] 绪余:谓剩迹。

[7] 伻:音 bēng,使。句谓指图讲述情况。

[8] 外计:谓征求相关部门、官员的理解与支持、建议。

[9] 计司:古代掌管财政、赋税、贸易等事务官署的统称。覆视:谓核查。

[10] 吁:呼告,呼求。

[11] 鼛鼓:大鼓。古代用于役事。鼛,音 gāo。

[12] 趣:趋向。

[13] 艑:音 biàn,大船。

[14] 釃:音 shī,分,分流,分享。

[15] 鹑首:农历五月上旬。古人认为太阳至鹑首之初为芒种。芒种在五月初。

[16] 稔:音 rěn,谷物成熟。

[17] 薿薿:音 yǐ yǐ,茂盛的样子。

[18] 字:滋育。

[19] 休:恢复并发展国家或人民的生命力。

西太一宫开启立春青词(二首)

北宋·胡 宿

【提要】

本文选自《全宋文》卷四六六(巴蜀书社 1990 年版)。

西太一宫,北宋仁宗赵祯天圣年间(1023—1032)建造,位于今开封西八角镇。按照《容斋随笔》记载,《太一经》言太岁有阳九之灾,太一有百六之厄,皆在入元之终或复元之初。阳九、百六当癸丑、甲寅之岁,为灾厄之会,而得五福太一移入中都,可以消灾为祥。窃详五福太一自雍熙甲申岁(984)入东南巽宫,故修东太一宫于苏村;天圣己巳岁(1029)入西南坤位,故修西太一宫于八角镇。望稽详故事,崇建宫宇。

西太一宫什么模样? 王安石有诗:"柳叶鸣蜩绿暗,荷花落日红酣。三十六陂春水,白头想见江南。"此诗题在西太一宫的墙上,被苏轼看见,称其为"老狐狸精",广为流传。西太一宫究竟什么模样,依然不知。

立春,在古代是盛节,作为消灾祈福的道观自然要为生民祈祷。青词又称绿章,是道教举行斋醮时献给上天的奏章祝文。一般为骈俪体,用红色颜料写在青藤纸上。要求形式工整、文字华丽,无实在内容。唐人李肇《翰林志》:"凡太清宫、道观荐告词文用青藤纸,朱字,谓之青词。"青词作为一种文体产生于唐朝。明嘉靖皇帝好青词,善写青词者能够得到重用,夏言、严嵩、严讷、郭朴、袁炜等均通过此途位列显赫。《明史·宰辅年表》显示,嘉靖十七年后,内阁 14 辅臣中,9 人是通过撰写青词平步青云的。最有名的还是李春芳,称"青词宰相"。

胡宿的两段青词,同样属消灾祈福之作。

其一

伏以天道施生,春元回复,日行苍陆,气至青郊[1]。眷太上之威神,有下都之真馆,来祐京甸,蒙福朝家。祗率旧章,寅修毖祀[2],冀飙游之降格,乘阳德之布宣,祁雨融甘,条风播粹,百荷消弭,五福敷施,大佑蒸黔,密资命历[3]。

其二

伏以嘉平交腊[4],苍陆回春,瞻言致养之方[5],厥有集灵之馆[6]。奉若厥典,遣兹侍臣,往处斋荐之仪,用导施生之气[7]。伏冀行斻临况[8],弭节居歆。布宣五福之休,消弭百苛之慝[9]。条风振滞,嘉霆融日[10]。施洽民区[11],庆流邦祚。

【注释】

[1]春元:正月初一。苍陆:谓莽莽原陆。青郊:春天的郊野。
[2]毖祀:谨细慎重的祝祀。毖,谨慎。
[3]蒸黔:百姓。命历:命运际历。
[4]嘉平:腊祭、腊月的别称。
[5]瞻言:有远见的言论。
[6]集灵馆:皇帝祀神、求仙之所。
[7]施生:谓生育万物。
[8]斻:按:似为"旂",音 qí,《说文》:旂,旗有众铃以令众也。
[9]慝:音 tè,隐匿。
[10]霆:音 zhù,"注"的分别字。大雨灌注。
[11]施洽:施洒浸润。

禁创修寺观院宫诏

北宋·赵 恒

【提要】

本文选自《全宋文》(巴蜀书社 1990 年版)。

佛教能够在中国广泛传播,与世俗政权的支持是分不开的。但是,在佛教的发展过程当中,由于寺庙广占良田、大兴土木、滥铸金铜佛像,逐渐影响到了国家的财政收入;大量青壮年男子入寺为僧,也威胁到了国家的兵源;而寺庙之间严密的组织,也构成了政治上的不稳定因素。因此,北魏太武帝、北周武帝和唐武宗相继出台打击佛教的政策,史称"三武灭佛"。

北宋初年,在较长时间内继续沿用后周世宗的政策,"诸道铜铸佛像,悉辇赴京毁之"(《续资治通鉴长编》卷八"乾德五年七月",中华书局版),此一时期,政府陆续出台了许多抑制佛教发展的政策:

严禁滥建寺庙。司马光就谈道:"国家明著法令,有创造寺观百间以上者,听人陈告,科违制之罪,仍即时毁撤。"(《续资治通鉴长编》卷一九七"嘉祐七年九月")又,"雍熙中,太宗尝诏天下乡村不得创修寺观;天禧中,真宗尝诏,公主、贵戚、近臣不得以建寺为请"(赵汝愚《宋朝诸位奏议》卷84之岑象求《上哲宗论佛老》)。

限制僧尼人数。规定出家者必须得到官府的批准,交付一定的费用,领受官府特制的度牒之后,才有资格为僧。为防止出家人数过多,北宋制定了许多苛刻的条件,像凡僧百人,方得岁度弟子一人(参见《续资治通鉴长编》卷一八九"嘉祐四年三月");"男子愿出家为僧道者,限年二十以上,方得为童行。若祖父母在,须别有亲戚兄弟侍养,方得出家"(《宋会要辑稿》道释一之二七)等等。

宋真宗对佛教呵护有加。澶渊之盟后,宋真宗赵恒更加笃信佛道。景德三年(1006),诸王府侍讲孙奭提出"请减修寺度僧",对寺庙修得太多、僧人数量增加太快,加以限制。真宗反驳:"至于道释二门,有助世教,人或偏见,往往毁訾,假使僧、道士时有不检,安可废其教耶?"(《宋会要辑稿》释道一之三八,中华书局1956年版)肯定了佛教对世人的教育作用。君王的大力提倡,寺观兴造之风大盛,度牒为僧尼者大兴,据宋人孔平仲记载,"景德中,天下二万五千寺";《宋会要·道释》记载,天禧五年(1021),全国僧徒397 615人。

真宗笃信,下则效仿。由于真宗对各地建造寺院的政策较为宽松,州县甚至出现了未经州县批准的寺院,乃至其间多聚奸盗,骚扰乡里,影响社会的秩序稳定。在这种情形之下,真宗诏告天下,不准修建寺观院宫。真宗天禧二年,有人举报说:"诸处不系名额寺院多聚奸盗,骚扰乡间。诏悉毁之,有私造及一间已上,募告者论如法。于是诏寺院虽不系名额,而屋宇已及三十间,见有佛像,僧人住持,或名山胜境高尚庵岩不及三十间者,并许存留,自今毋得创建。"(《续资治通鉴长编》卷九一)但就在这一年的十一月,"迎道、释经赴三宫观及都城寺院。先是,上令选藏教中精妙者凡五十八卷,绚校摹印,至是而毕。"(《续资治通鉴长编》卷九二)

不许创修寺观院宫,州县常行觉察[1]。如造一间以上,许人陈告,所犯者依法科罪[2]。州县不切觉察,亦行朝典。公主、戚里、节度至刺史已上[3],不得奏请创造寺院,开置戒坛,如违,御史弹奏。

【作者简介】

宋真宗(968—1022),名赵恒,原名赵德昌,太宗第三子。曾被封为韩王、襄王、寿王。997—1022年为北宋皇帝。统治前期的咸平、景德年间因勤于政事,经济发展,号称治世。景德元年(1004)辽国进犯澶州,真宗亲征,澶渊一役宋辽订立城下之盟,开始了纳岁币求和平的时代。后期任用王钦若,大兴祥瑞,东封泰山,西祀汾阳,又广建佛寺道观,劳民伤财。1022年病逝,终年55岁,在位25年,葬于永定陵。

【注释】

　　[1]觉察:检举揭发。
　　[2]科罪:定罪。
　　[3]戚里:谓外戚。

处州龙泉县金沙塔院记

北宋·杨 亿

【提要】

　　本文选自《全宋文》(巴蜀书社1990年版)。

　　处州金沙塔与院是当地民间大户李文进、李仁禄共同襄举建成的。李文进发愿造塔,"施财百万,造塔七层",可是塔造成了,禅院却还没有着落,杨亿说"货泉之费已殚,土木之功未毕"。于是,大姓李仁禄参与进来,加之"薄敛于人",禅院终于"基局环回而固护,堂陛崛起以穹崇",百堵大屋耸然矗立。

　　杨亿眼里,处州是个地处偏僻,"民性犷悍""土风妖讹"的地方,但佛教东来之后,此地就渐渐变得"含福畏祸,革音迁善",以致"倾财破产,争修浮图之舍"。

　　金沙院华严塔建于北宋太平兴国二年(977),塔分7级、高11丈,建成后,藏岳阳王感应舍利、《华严合编》于塔内。此塔历经风雨近千年,1956年初,因龙泉县城修建道路,华严塔与当地崇因寺的双塔先后被拆毁,塔砖被用来铺垫新华街,其内藏佛经、舍利悉被烧毁,金佛被熔化,酿成建国后震惊全国的文物被毁大案。第二年,有关拆塔人员被处理。此塔一拆千古成憾。

　　金仙氏之教[1],有自来矣。天毒之国,实纪于《山经》[2];竺乾之师,尝闻于柱史[3]。西京名将,得休屠天祭之人[4];东汉诸王,为蒲塞桑门之馔[5]。道之行也,源远乎哉!三吴奥区[6],控带闽粤,鱼盐所出,生齿实繁[7]。昔仲雍之剪发文身,参以殊俗[8];刘濞之即山煮海,放于末游[9]。加以勾践之好兵,民性犷悍;益之东瓯之事鬼,土风妖讹[10]。自像法西来,渐被诸夏,此方士庶,佞佛尤谨[11]。毁形变服,竞为苾刍之饰[12];倾财破产,争修浮屠之舍。含福畏祸,革音迁善。水火或蹈,徽缠罔惧[13],而怵报应之说,坚信向之心。奸轨用衰[14],民德归厚。《易》所云"神道设教"者,其是之谓乎!

　　缙云西鄙之邑曰龙泉[15],实瓯冶子淬剑之地[16]。土田膏腴,居人杂错,山谷环合,习俗豪举。版图所载,提封万井;舟楫仅通,悬流千仞。

　　县之南有精舍曰金沙,林岭襟束,烟霞亏蔽,地形四塞,靡通鸟道。石门中豁,迥非人境,香火不绝,钟呗相闻。聿为道场[17],多历年所,徒众弥盛,堂构益隆。求之东隅,盖有隙地,邑人李文进施财百万,造塔七层。货泉之费已殚[18],土木之功未毕。桑门延通,与其徒鸿显,暨大姓李仁禄,共倡其事,薄敛于人。经斯营斯,载朴载斫,基扃环回而固护,堂陛崛起以穹崇[19]。斫材也必取山木之良,砻之以密石;购匠也必择云梯之巧,赏之以兼金[20]。极刲剧之工[21],加丹腹之饰。筑室斯广,盖百堵之有余;为台甚高,非三休而能诣。鸟鼠攸去[22],燕雀是依。名翚轩而欲飞,巨鳌兀以方抃[23]。由余谓之使鬼,土苴疑其胜人。殆岁星之周天,始祇园之讫役[24]。凡堂以陈宾主之次,室以备晏息之所,高门洞启,回廊翼舒,庖厨载严,井榦攸设,举其成数[25],凡四十间。涌塔屹于中庭,反宇耸于天半[26]。泛朝日以增丽,蒙夕霭而如失。作镇兹壤,垂厥方来。且以岳阳王感应舍利[27],李长者《华严合论》,匮而藏之,目之曰华严宝塔。举其一而称焉,亦取夫百宝庄严之义也。

　　夫诚不果者物不应,志不笃者事不集。故霜陨燕地,风击齐台,诚之谓也;精卫填海,愚公移山,志之谓也。若通师者,奋空拳,刱曾构。秉心固,必异石席之卷转;致功微,渐同水素之钻锯[28]。于是名豪居士,捐千金而不疑;织妇贩夫,拔一毫而无惜。聚财致用,积日累劳。物力告穷,形势总萃[29]。非夫挺鸡鸣不已之操,用蚍蜉时术之功,磨涅靡渝[30],颠沛于是,固将九年治水,厥功弗成,一篑为山,中道而止。迹其所自,夫岂偶然。予乃知夫西方之言,有益于化,大雄之教,不虚其传。矧于海隅[31],崇尚尤笃。以通师之善诱,以邑人之悦随,譬诸灵台,既克成于不日[32],将比棠树,永见爱于斯民[33]。岂只轩邱之独神,孔堂之不坏而已。

　　汝南周启明者,郡之造秀[34],占数是邦[35],致书于予,恳请为记。聊叙始末,以附诸地志焉。

【作者简介】

　　杨亿(974—1020),字大年,建州浦城(今福建浦城县)人。少时即有诗名,年十一,宋太宗诏送阙下,试以诗赋,授秘书省正字,淳化中又赐进士及第。曾任翰林学士和史馆修撰,制诰多出其手,官至工部侍郎。性耿介,尚节气,力主抗辽,反对宋真宗大兴土木、求仙祀神。其诗学李商隐,在史馆时,与钱惟演、刘筠等17人诗歌唱和,结集为《西昆酬唱集》,故有"西昆体"之称,有明显的唯美主义倾向。又以骈文名世,其诗文著作多佚。今存《武夷新集》20卷。

【注释】

[1]金仙氏:谓佛教。

[2]天毒之国:《山海经》:"西方有天毒国。"

[3]竺乾师:谓和尚。柱史:御史。因常立于柱下,故名。

[4]"西京"句:金日磾(jīn mì dī,前134—前86),字翁叔,西汉武威郡休屠(今甘肃民勤)人。本名为日磾,汉武帝赐姓金,故称金日磾。原是匈奴国休屠王的太子,西汉元狩年间(前122—前117)霍去病奇袭休屠王,休屠王被杀,年仅14岁的金日磾从昆邪王投汉,沦为官奴,被送到黄门署养马。后升马监、侍中、驸马都尉、光禄大夫,深受宠爱,以功拜车骑将军。武帝去世时,与霍光、上官桀、桑弘羊共同受遗诏辅政。后元元年,揭发侍中仆射莽何罗与弟重合侯谋反有功,被封为侯,官至太子太傅,其子孙世受封侯,卒谥敬。

[5]"东汉"句:东汉楚王英祀浮屠,供养伊蒲塞(优婆塞)桑门(沙门)。据《后汉书·楚王英传》云,永平八年(65),诏令天下死罪入缣赎。英遣郎中令奉黄缣白纨三十匹诣国相曰:"托在蕃辅,过恶累积,欢喜大恩,奉送缣帛,以赎愆罪。"国相以闻,诏报曰:"楚王诵黄老之微言,尚浮屠之仁祠,洁斋三月,与神为誓,何嫌何疑,当有悔吝? 其还赎,以助伊蒲塞、桑门之盛馔。"

[6]奥区:腹地。

[7]生齿:人口。

[8]仲雍:生卒年不详。又称虞仲、吴仲、孰哉。商末周族领袖古公亶父(后称周太王)之次子。古公亶父生有三子,钟爱幼子季历之子昌(后称周文王),仲雍与兄太伯体父意,主动避位,从渭水之滨(今陕西岐山)来到今无锡、常熟一带,断发文身,与民并耕,当地人民拥戴太伯为勾吴之主。太伯身后无子,仲雍继位。仲雍殁,葬于虞山。

[9]刘濞(前216—前154):沛县(今江苏沛县)人,汉高祖刘邦侄子,获封吴王。封广陵,建立了吴国,"即山铸钱""煮海为盐",盐铁两大"官工业"迅速发展,扬州出现了历史上第一次发展高峰。这成了晁错主张削藩的理由。

[10]妖讹:怪诞虚妄。

[11]佞佛:谄媚佛,讨好佛。

[12]苾刍:亦作"苾刍",即比丘。本西域草名,梵语以喻出家的佛弟子。

[13]徽缰:亦作"缰徽"。绳索。颜师古:"缰徽,井索也。"古时常特指拘系罪人者。引申为捆绑、囚禁。

[14]奸轨:常作"奸宄"。犯法作乱。

[15]缙云:今属浙江丽水。

[16]瓯冶子:常作"欧冶子"。春秋末至战国初越国人。史载其为越王铸了湛卢、纯钧、胜邪、鱼肠、巨阙5剑。相传瓯冶子汲水淬剑,忽然出现了"五色龙纹",七星斗像,人们把他铸剑的地方称为"龙渊",剑也称为"龙渊剑"。唐避李渊讳,改"渊"为"泉"。

[17]聿:音 yù,助词。

[18]货泉:王莽时货币名。后称货币。

[19]基扃:泛指城阙。此谓院基。陛:宫殿的台阶。

[20]兼金:价值倍于常金的好金子。

[21]剞劂:音 jī juè,刀。

[22]鸟鼠攸去:出《诗经·斯干》。毛序:斯干,宣王考室也。诗歌描写宫室的修建及规模的宏大、壮丽。没有风雨、鸟兽之忧,只有乐也陶陶。

[23]抃:音 biàn,击,搏。

[24]岁星:木星。古人认识到木星约12年运行一周天,其轨道与黄道相近,因将周天分为十二分,称十二次。木星每年行经一次,即以其所在星次来纪年,故称岁星。祇园:此谓金沙院。祇园精舍是古印度佛教创始人释迦牟尼传法的另一重要场所,它比王舍城的竹林精舍要稍晚一些,是佛陀在世时规模最大的精舍,是佛教史上第二栋专供佛教僧人使用的专用建筑物,也是佛教寺院的早期建筑形式。

祇园精舍在舍卫城郊,是佛陀在世时规模最大的精舍,占地约七甲(一甲约当今一公顷),七层楼高,庄严富丽,环境优美。僧房计有数百栋,此外礼堂、讲堂、集会堂、休养室、盥洗室、储藏室、诵读室、运动场、总会所等,应有尽有。佛陀在这里安居二十四年,教化度众无数,祇园精舍因之闻名遐迩。

[25]成数:整数。

[26] 反宇:屋檐上仰起的瓦头。

[27] 岳阳王:萧詧(519—562),南朝后梁皇帝。字理孙。梁昭明太子第三子。555—562年在位。受祖父萧衍影响,尤好佛,精通佛理。中大通三年(531)封岳阳王。中大同元年(546)为雍州刺史。太清三年(549),兄湘州刺史河东王誉为荆州刺史湘东王绎所攻,因率众伐江陵(今属湖北),败归,遂称藩于西魏。承圣三年(554),西魏伐江陵,以师会之。江陵平,次年被立为梁主,年号大定。西魏资之以江陵一州之地,上疏称臣,奉西魏正朔,是为后梁。詧:音 chá。

[28] 钻锯:谓以(水绳)钻孔锯割。

[29] 总萃:会合聚集。

[30] 磨涅:打磨涂染。渝:改变。

[31] 矧:音 shěn,何况,况且。

[32] 灵台:台名。故址在今西安西北,相传周文王时所造。《诗·大雅·灵台》:"经始灵台,经之营之。庶民攻之,不日成之……"这是一首在大型宴会上唱的雅歌,是在周文王修建灵台池沼落成后的庆功宴上唱的。周文王被商纣王释放后,为迷惑商纣王,佯装沉迷酒色,修建灵台池沼。当人民百姓听说周文王要修建灵台池沼,不用号召,不用征役,争先恐后地来为他修建,灵台池沼不几天就完成了。

[33] 棠树:即甘棠。《诗经·甘棠》:"蔽芾甘棠,勿翦勿伐,召伯所茇。蔽芾甘棠,勿翦勿败,召伯所憩。蔽芾甘棠,勿翦勿拜,召伯所说。"诗以对甘棠树的爱护,表达对曾在甘棠树下歇息的召伯的爱戴。因此,甘棠后世便多用来称颂地方官的政绩,称"甘棠遗爱"。

[34] 造秀:俊才。

[35] 占数:谓占卜术数。宋代占卜术数盛行,社会各阶层对此需求繁巨。

任氏家祠堂记

北宋·穆 修

【提要】

本文选自《全宋文》卷三二二(巴蜀书社 1990 年版)。

祠堂,旧时常称"祠庙"或"家庙",多建于墓所,故又称为"祠室"。按,《礼记》规定,只有帝王、诸侯、大夫才能自设宗庙祭祖。"惟家庙事,自唐人修尚旧礼,粗复其制"。

宋代出现新型祠堂,如本文所记。文中说,康懿公任中正临终前克命中孚、中行、中立诸弟在"其第之侧隅起作新堂","敞三室而辟五位,前后左右,皆有宇以引披之,华以丹刻之饰"。新堂之上"其严慈之尊,长幼之序,煌煌遗像,堂堂如生"。这个新堂取名曰"家祠堂"。作者认为这间祠堂"信适事中而允时义","家庙者,岂可不复矣乎!"

其时为北宋早期。

祠堂建筑之制《朱子家礼》中有详细的描述:祠堂之制,三间,外为中门,中门外为两阶,皆三级,东曰阼阶,西曰西阶,阶下随地广狭以屋覆之,令可容家众叙立。又为遗书、衣物、祭器库及神厨于其东,缭以周垣,别为外门,常加扃闭。若家贫地狭,则止为一间,不立厨库,而东西壁下置立两柜,西藏遗书、衣物,东藏祭器,亦可正寝,谓前堂也,地狭则于厅事之东亦可。凡祠堂所在之宅,宗子世守之,不得分析,凡屋之制,不问何向背,但以前为南,后为北,左为东,右为西。

祠堂建筑要遵循以下几个基本原则:一是建筑面积适当,至少要能容纳家族成员;二是要有收藏祖先遗物的房间或地方;三是祠堂所在的房屋由本族宗子世代守护,不得拆分。其中最重要的是第三条,只有这样,才能保证家族祠堂的世代延续。至于神主供奉、大小宗神位位置、祭器备具《家礼》中都有详细的规定。

在朱熹心目中,祠堂是神圣之所,是一个家族的核心,在日常居家礼仪中,家族成员的活动都是围绕祠堂进行的。

穆修这篇《祠堂记》是宋代家礼、祠堂的早期记录,文献意义重要。

今上之元年[1],尚书康懿公由参知政事出领太平郡[2]。居一年,以齐国太夫人春秋益高,至陈恳言,以求本州,以便其养,诏寻从之,于是复自郓而即曹[3]。既至未期岁,属齐国艰忧[4],公遂去位而以私馆居,则尽斥绝粮肉弗视,惟菜茹食以终日。公魁硕人也,至是顿被瘠毁,体躯不支,家人忧其惫甚,争谏止之,乞稍进荤茹以是持助[5]。公曰:"吾顷服从王事,有家靡居,左右承颜,情至阙违[6]。今日得请以终养,尚敢不率尽子道耶?"皆不听。越三月,竟以毁瘠而不起,呜呼!公其可谓孝德有闻也矣。

将终,顾谓其弟都官员外郎中师曰:"吾年逾六十,寿不为少;官至开府[7],位不为轻。令得收其躬以获没于先人之庐,亦幸矣。然独所恨者,不克及吾之存,毕先茔事耳[8]。吾俸赐之余力足以举,尔其勉之,惟速无缓。都官念康懿戒付刻切[9],时虽齐国在殡,求欲苫庐守礼[10],斯亦不得,即以缞服画而从事于外[11],始卜其阡于曹之南近郭,未及葬也。日往自视,树墓柏或数千,疲心瘁躬,事以遽立。既而治其第之侧隅起作新堂者,敞三室而辟五位,前后左右,皆有宇以引掖之[12],华以丹刻之饰。

六年春,某东行见同年都官兄于曹,一日目是宇而言:"顾我无以致孝爱于先亲先兄,将以是升画像而荐岁时焉[13]。苟无述也,其何以贻厥闻?请以是属诸子。"某辱兄之命不敢让,乃言曰:"兹宇之设,其近于家庙者邪。惟家庙事,自唐人修尚旧礼[14],粗复其制,时衣冠家袭行之始著[15]。唐德而既往,旋又废于五代之兵兴。自是以来,将相文武之家,无复有言之者。增筑第产之盛,则始患其不崇且广,终莫患其先庙之阙而不立。古君子不敢以私亵交于神明[16],故制器服、立宗庙以祀其先,示诚洁也。今人既用常所器服而又祭之于寝,盖亦不知事神之道,使士君子之祭疑于匹庶人之祭久矣。倘非世蹈名矩、率礼敦教之族,其孰克思之。其族维何?其在康懿公之门乎。

康懿公姓任氏,自唐后五代晋、汉、周,传官不息,以入国朝是兴。赠开府仪同三司、太师、尚书令兼中书令。讳载[17]。仪同高才伟识,籍闻当世,德丰以约,委羡厥后。实有贤子五人,皆齐国太夫人白氏之出。兵部尚书、赠左仆射谥康懿,讳中正,其长子。次中孚,西头供奉官、阁门祗候[18]。次中行,尚书兵部员外郎。次今都官郎中也。最季中立,左侍禁、阁门祗候。供奉逮兵部皆先康懿并终,今从享于仪同、齐国左右。仪同特立于中室,以东室为齐国之坐。康懿位西室,而清河郡夫人张氏陪焉。兵部、供奉各处二侧位。其严慈之尊,长幼之序,煌煌遗像,堂堂如生[19]。宗属以之视瞻,精爽以之冯附[20],烝祀有所不溃[21]。其虔斯肃,其神斯飨,孝之至也。《礼》称:"有其财,有其礼,无其时,君子不为也。"

庙祀之事不作已久,求矫行之,必取世让,时所牵制,礼不独伸,则家庙之名,既罔得而有,其昭穆之位,固无因而列。是以显考王父神次不敢尽陟,而时享合叙[22],抑有常焉。矧案前代私庙,并置京师,今本不从庙称而复设于居里,敢请号曰"家祠堂"者,信适事中而允时义矣。

噫,家庙者,岂可不复矣乎! 苟复之则已,如未之复,则斯堂也,于奉先之道,得一时之礼矣。

【作者简介】

穆修(979—1032),字伯长,郓州(今属山东)人,后居蔡州(今属河南)。曾师事陈抟,传其《易》学,又长于《春秋》之学。大中祥符二年(1009),登进士第,为泰州司理参军。早年"心壮气锐","不能与俗相俯仰",以致"毁官丧禄"。后遇赦,为颍州文学参军。世称"穆参军"。文推崇韩、柳,但存者不多。有《河南穆公集》3 卷传世。

【注释】

[1]"元年"句:北宋仁宗赵祯 1023 年登大位,年号天圣。

[2]太平郡:今属山西,故城在今山西宁武县东北。

[3]郓:今山东郓城。曹:今山东定陶西南。

[4]艰忧:亦作"忧艰",谓居父母之丧。

[5]荤茹:本指葱韭等辛辣的蔬菜,后指吃鱼肉等。

[6]阙违:谓礼节上欠缺或违背。

[7]开府:古代的高级官员,如三公等成立府署,选置僚属。

[8]先茔:先人坟茔。

[9]刻切:苛刻严厉。

[10]苫庐:谓在亲丧中所居之室。

[11]"缞服画"句:谓尽孝礼只能在露天野外进行。

[12]引掖:引导扶持。此谓庇护。

[13]荐:进献,祭献。

[14]修尚:谓修编推崇。

[15]衣冠家:谓仕宦绅贵之家。

[16]私亵:谓个人轻慢、不严肃的态度。

[17]讳载:此处疑有缺文。

[18]阁门祗候:宋代祗候分置于东、西阁门,与阁门宣赞舍人并称阁职,祗候分佐舍人。

[19]堂堂:容貌庄严大方貌。

[20]冯附:依附,附从。

[21]烝祀:古代祭祀,把整头牲畜作为祭品放在俎上奉祭。

[22]合叙:合其次序。此谓合祭。

岳 阳 楼 记

北宋·范仲淹

【提要】

本文选自《古文观止》（中华书局 1959 年版）。

《古文观止》的编者评价《岳阳楼记》："岳阳楼大观，已被前人写尽。先生更不赘述，止将登楼者览物之情写出悲喜二意，只是翻出后文忧乐一段正论。"就是这不着"大观"一字的"记"却流传近千年的原因。

宋仁宗庆历五年（1045），范仲淹因政治改革的主张触动了朝廷中保守派的利益，被罢夺参知政事（副宰相）的职务，贬放邓州（今属河南）。第二年六月，谪守巴陵的滕子京重修岳阳楼行将落成，受命而为的《岳阳楼记》就是在这年九月十五日写成的。

岳阳楼耸立在今天湖南省岳阳市西门之洞庭湖畔，始建于公元 200 年前后。最初是以三国"鲁肃阅军楼"为基础，1 700 多年间代代沿袭发展而来。唐以前，其功能主要是军事。唐朝以降，逐步成为文人骚客、风流韵士登临游览、吟诗作赋之所。

岳阳楼的建筑风格可用"纯木，四柱，三层，飞檐"来描述，整个楼体结构工艺精巧，造型端庄。主楼 3 层，楼高 15 米，以 4 根楠木大柱承负全楼重量，再用 12 根圆木柱子支撑 2 楼，外以 12 根梓木檐柱，顶起飞檐。梁柱斗拱彼此牵制，所有架构全靠榫头衔接，相互咬合。楼顶酷似一顶将军头盔，既雄伟又别致。

登临之楼的美全在于极目远眺的宽度与深度。"衔远山，吞长江，浩浩汤汤，横无际涯"，范仲淹的笔下，登楼之人或"心旷神怡，宠辱偕忘"，或"满目萧然，感极而悲"，何以如此？是则"进亦忧，退亦忧"，由之引出千古佳句："先天下之忧而忧，后天下之乐而乐"。

楼有品，格自高！岳阳楼因了范仲淹此言，成为楼中翘楚。

庆历四年春，滕子京谪守巴陵郡[1]。越明年，政通人和，百废具兴。乃重修岳阳楼，增其旧制，刻唐贤今人诗赋于其上。属予作文以记之。

予观夫巴陵胜状[2]，在洞庭一湖。衔远山，吞长江，浩浩汤汤[3]，横无际涯；朝晖夕阴，气象万千。此则岳阳楼之大观也。前人之述备矣。然则北通巫峡，南极潇湘，迁客骚人[4]，多会于此，览物之情，得无异乎？

若夫霪雨霏霏，连月不开，阴风怒号，浊浪排空；日星隐耀，山岳潜形；商旅不行,樯倾楫摧[5];薄暮冥冥,虎啸猿啼。登斯楼也,则有去国怀乡[6],忧谗畏讥,满目萧然,感极而悲者矣。

至若春和景明[7],波澜不惊,上下天光,一碧万顷;沙鸥翔集,锦鳞游泳[8];岸芷汀兰[9],郁郁青青。而或长烟一空,皓月千里,浮光跃金,静影沉璧[10],渔歌互答,此乐何极!登斯楼也,则有心旷神怡,宠辱偕忘[11],把酒临风,其喜洋洋者矣。

嗟夫!予尝求古仁人之心,或异二者之为,何哉?不以物喜,不以己悲。居庙堂之高则忧其民;处江湖之远则忧其君。是进亦忧,退亦忧。然则何时而乐耶?其必曰"先天下之忧而忧,后天下之乐而乐"乎。噫!微斯人[12],吾谁与归?

时六年九月十五日。

【作者简介】

范仲淹(989—1052),字希文,吴县(今苏州)人。北宋名臣,政治家,文学家。少时即常以天下为己任,有敢言之名。宋仁宗时官至参知政事。

住在甘州和凉州(今甘肃张掖、武威)一带的党项族人,本臣属于宋朝。从宝元元年(1038)起,其首领李元昊宣布建西夏国,自称皇帝,并调集十万军马,侵袭宋朝延州(今陕西延安)等地。范仲淹以龙图阁直学士与夏竦经略陕西,号令严明,夏人不敢犯,羌人称其为龙图老子,夏人称为小范老子。庆历三年(1043),范仲淹针对弊政提出"十事疏",主张建立严密的仕官制度,注意农桑,整顿武备,推行法制,减轻徭役。宋仁宗采纳了他的建议,陆续推行,史称"庆历新政"。可惜不久因为保守派的反对而不能实现,范仲淹被贬,历邠州(今陕西彬县)、邓州(今河南邓州市)、青州(今属山东),皇祐四年(1052)移颍州(今属安徽阜阳),他坚持扶疾上任。但只赶到徐州,便溘然长逝。有《范文正公文集》传世。

【注释】

[1]滕子京:名宗谅,北宋时人,与范仲淹同于大中祥符八年(1015)中进士。巴陵郡:晋武帝太康元年(280)立巴陵县,治所即今湖南岳阳城。后或称巴州、岳州。

[2]胜状:最美的景色。

[3]浩浩汤汤:水势盛大貌。汤,音 shāng,水势浩大、水流湍急貌。

[4]迁客:贬谪之人。骚人:失意文人。

[5]樯倾楫摧:指船桅杆倒下,船桨断折。船舶损坏。樯,桅杆。楫,船桨。

[6]去国:离开国都、朝廷。

[7]景:阳光。

[8]锦鳞:谓各色各样的鱼儿。

[9]岸芷汀兰:岸上的香草和水边的兰花。

[10]静影沉璧:谓月亮倒映在静静的水中如圆圆的玉璧。

[11]偕忘:一起忘掉。按:亦有作"皆忘"者。

[12]微:非。斯人:谓古仁人。

福善院铸钟记

北宋·吕 谔

【提要】

本文选自《全宋文》卷三三一(巴蜀书社 1990 年版)。

福善院在秀州华亭县。始设于唐天宝十年(751)的华亭县,在海盐、嘉兴、昆山之间,以今松江古城所在地为县治,辖今上海市的大部分地区。后晋天福五年(940),吴越王钱元瓘设秀州于嘉兴,华亭县改隶秀州,宋沿之。

福善院建于贞明六年(920),由吴越国所建。大中祥符元年(1008)帝赐新扁额。福善院"台殿轮奂,廊庑完备,象设孔严,缁徒栉比",就是钟没有。陇西人童仁厚知道后,"首施净财三十万"。天圣二年(1024),青龙镇巡检王继赟监督铸造,十二月"设良冶而锻炼",盛大的场面让"境邑士女观者如堵":铜既山积,火亦烟炽。宏大的炉膛,巨硕的橐扇,"凝煎沸渭,翕赫宵壤"。很快,华钟铸成,"揭修台而弥奂,发鲸作而大鸣",其声音"激起人天,声闻遐迩"。

这篇记写于天圣三年(1025)二月。

昔黄帝命伶伦氏铸十二器[1],盖钟之始也。名从律之气,扬治世之音。上同和于天地,下协赞于神人。暨西域圣人化浸中国[2],海贮真教,星罗梵宫,方袍之士,佛肆之间,亦建钟焉。大者数万斤,小者数千斤,或谓振丰隆之响,鼓铿锵之声[3],警六和之众[4],息三涂之苦[5]。天下之人信服斯语,悉务蠲施[6],曾无间然矣。

福善院属秀州华亭县之西北隅内熏浦之阳,伪吴贞明六年之所建,旧曰尊胜,皇宋大中祥符元年肇锡新额。斯院也,台殿轮奂,廊庑完备,象设孔严[7],缁徒栉比[8],惟钟阙如。

院主沙门遇来大师,幼脱尘网,素演竺书,内明醇明,外貌芳润。忽一日喟然笑曰:"凡燕居兰若[9],式远邪郭,苟无钟梵之音,曷为我晨昏之号命邪?"遂命门弟子绍谔与耆宿僧德成,历冒云霜,遍诱檀信。陇西童仁厚欣然乐善,首施净财三十万,由是近者远者靡不悦随。

天禧四年冬十月,谔乃抵郡荐状,乞闻天庭。寻诏下,许输钱易铜以铸斯器。明年值洪水方割[10],下民昏垫[11],亟就兹缘,时不我与。洎天圣二年,岁之丰和,俗稍苏息[12]。谔复率众聚财,载闻郡政,乃命青龙镇巡检、侍禁太原王公继赟莅而铸之。公芳猷兰秘,峻节霜明,干局有闻[13],从事无旷。

十二月己巳,凫氏设良冶而锻炼焉[14],境邑士女观者如堵。铜既山积,火亦烟炽。洪炉启而祝融奋怒[15],巨橐扇而飞廉借力[16]。凝煎沸渭,翕赫霄壤。俄而烟飞焰歇,豁然中度,华钟告成,厥功斯就。揭修台而弥奂,发鲸作而大鸣。激起人天,声闻遐迩。不柞不郁[17],不搲不窕[18]。匪独导我之真侣,抑亦聪彼之群聋。纵使汉宫千石,感崩山而发秀;丰岫万钧,应严霜而振响,岂得同日而语乎?

谔下制滁阳,退居江左,承命叙事,牢让弗遑[19],谨直书其实云耳。时皇宋天圣三年二月十五日吕谔记。

【作者简介】

吕谔,生卒年月不详,嘉兴(今属浙江)人。真宗天禧三年(1019)进士。

【注释】

[1] 伶伦氏:中国古代传说中的音乐人物。相传为黄帝时代的乐官,是发明律吕据以制乐的始祖。《吕氏春秋·古乐》载,伶伦模拟自然界的凤鸟鸣声,选择内腔和腔壁生长匀称的竹管,制作了十二律,暗示着"雄鸣为六",是6个阳律,"雌鸣亦六",是6个阴吕。《古乐》篇还记载,自伶伦作《咸池》起,始有专用乐名。伶:伶人,乐官。伦:姓氏。

[2] 化浸:化生浸渍。

[3] 铿铪:音 kēng hōng,声音洪亮。

[4] 六和:佛教语。谓身和(共住)、口和(无诤)、意和(同事)、戒和(同修)、见和(同解)、利和(同均)。

[5] 三涂:地狱、鬼、畜生、阿修罗、人、天六道中,鬼、畜、地狱三道,以因中多为恶故,果报则劣,名三恶道,又称三途。"涂"含二义:一是涂炭,取残害义,此中众生,多受残害;二是途道,取所趣义,为造恶众生。

[6] 蠲:音 juān,捐资。

[7] 象设:谓佛像。后泛指遗像。

[8] 缁徒:僧侣。

[9] 燕居:闲居。兰若:梵语"阿兰若"的省称。寺庙。

[10] 方割:普遍为害。

[11] 昏垫:谓困于水灾。

[12] 苏息:更生,恢复。

[13] 干局:谓办事的才干器局。

[14] 凫氏:《周礼》官名。职掌作钟事。

[15] 祝融:神名。帝喾时的火官,后尊为火神。

[16] 飞廉:风神。《吕氏春秋》:风师曰飞廉。

[17] 柞:通"咋"。声大。《周礼·考工记·凫氏》:"钟……侈则柞,弇则郁,长甬则震。"郑玄注:柞读为咋。咋然之咋,声大外也。郁:谓(钟声音)郁闷压抑。

[18] 搲:音 huà,宽。窕:细。

[19] 牢让:坚决辞让。

泗州重修水窦窗记

北宋·宋　祁

【提要】

本文选自《全宋文》卷五一八(巴蜀书社 1990 年版)。

水窦窗,即在水道上设置的木栅栏,"内水方淹,则导焉以恣其出;外水或暴,则筑焉以遏其入"。泗州当淮汴汇流处,所以当二流合涨,"乘四窦之久敝,入垫区舍",泛滥的洪水让州内支渠洪水肆溢,给百姓造成极大损失。"越明年(景祐三年)春,作城之外堤,因其旧而广之,度为万有九千二百尺,用人之力八万五千。"(欧阳修《泗州先春亭记》)泗州守张侯在洪水过后,即带领百姓修长堤,重修堤上关隘处的水窦窗:"规以墨文,臬其高下。更镵石千枚,代木作楗,并固窦门。"仔细测量高下水平,以石柱代替木头充为楗格;加上 16 万片瓦贴护沟壁,于是"视洫无阻流,涉逵无停潦"。

水窦窗修好的这年夏天,"水复泛溢,几高民屋,而新堤蟠如,新窦呀如",水虽大而民安然无恙。于是,欧阳修"记其大者详焉",宋祁便记重建水窦窗事。

景祐二年,泗上守清河张君缮防成城。既弭水患,部刺史交章言状[1],治在异等[2],帝庸嘉之,荣劳增秩。未几,又以江南漕使之节界即受焉[3]。骈牡焜煌[4],改辕而东。泗人郁陶以叹[5],佥谓君有大造于我邦,式克还定。巨功细役,咸有方略,粲焉可纪。虽向之建台门,增治署,集贤南阳叶君道卿前述其概;联长堤,捍怒流,尚书外郎武功苏君仪甫嗣襃其最。琟[6]刻相望,驿声无穷,而水窦窗惟新底绩[7],忽而不记,则后之人无以知君精心长利,推行弥密者已。乃咨余求文,以信其传。

州内旧有支渠,受水流恶,股引回注,放于外隍。穴墉为空,植木如楗。内水方淹,则导焉以恣其出;外水或暴,则筑焉以遏其入。由是无曲劳之困,无重腌之疾[8]。元年淮汴合涨,啮堤传,乘四窦之久敝,入垫区舍[9]。君搴菱执扑,亲督其役,培薄增庳,仅胜厥灾[10]。

及水复旧道,君曰,吾知防御之要矣。明年,遂议改作。撤坏之朽,易瓴之苦。规以墨文,臬其高下。更镵石千枚[11],代木作楗,并固窦门。运甓十六万,以护沟溷[12]。课员二十六,以总役要。月再朔而功告成,由是视洫无阻流,涉逵无停潦矣[13]。其夏水复泛溢,几高民屋,而新堤蟠如,新窦呀如。三老序长,或持一秉菅焉[14],或操一篑土焉,据坚室要,守有余壮。水留十二日而去,民皆按堵[15],有备故也。

《礼》:"仲春达沟渠,利堤防,以时儆人。"思召公之风,爱所憩之棠,《春秋》有所褒者,其文繁而不杀。若张君补弊图久,克勤小物,合乎《礼》之"时儆"[16];邦人受君之赐,不忘刊美,订乎《诗》之爱树[17]。是美也,由君以勤民得之,异乎人之求之也。予敢不申二君之余咏,衰偻工之纤悉,用《春秋》不杀之义乎?噫!继而共治者,嘉作窦之劳,勿替而引之可也。

明年为记[18],乃刊石云。

【作者简介】

宋祁(998—1061),字子京,安陆(今属湖北)人,徙居开封雍丘(今河南杞县)。北宋文学家、史学家。仁宗天圣二年(1024)与其兄宋庠同举进士,礼部奏名第一,章献太后以为弟不可先兄,乃擢庠第一而置祁第十,时号"大小宋"。历官龙图阁学士、史馆修撰、知制诰、工部尚书,历知寿、陈、许、亳、成德、定、益、郑等军州,终翰林学士承旨。卒,谥景文。曾与欧阳修同修《新唐书》。因其词《玉楼春》中有"红杏枝头春意闹"之句,人称"红杏尚书"。有文集150卷,已佚。清人辑有《宋景文集》。

【注释】

[1]交章:谓官员交互向皇帝上书奏事。
[2]异等:特等。
[3]畀:音 bì,赐予。
[4]骓牡:指马。焜煌:明亮,辉煌。
[5]郁陶:忧思积聚貌。
[6]瑉:音 mín,美石。
[7]底绩:谓获得成功,取得成绩。
[8]曲劳:草药浸制的酒。此指水淹村郭。劳,音 qióng,香草名。重腄:脚肿病。重,通"肿"。腄,音 zhuì。
[9]元年:指景祐元年(1034)。
[10]搴菱执扑:拔去菱荷,执握扑打。谓临阵指挥,奋勇当先。庳:音 bì,两旁高中间低的房屋。谓低矮。
[11]镵:音 chán,凿。谓凿磨成石条。
[12]沟泐:沟漕。泐,音 lè,水石之纹理。
[13]洫:水沟。逵:大道。
[14]菅:音 jiān,茅草。句谓巡堤长者嘴衔茅草,悠然自得。
[15]按堵:常作"安堵"。安居,安定。
[16]时儆:适时地警告。
[17]爱树:推爱及树。用以称颂好官的德政。《诗·召南·甘棠》:"蔽芾甘棠,勿剪勿伐,召伯所茇。"
[18]明年:即景祐三年(1036)。

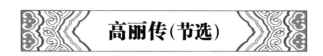

高丽传(节选)

北宋·欧阳修　宋　祁

【提要】

本文选自《新唐书》(中华书局1975年版)。

高丽,即高句丽,其历史开始于前37年,由扶余人朱蒙(又作邹牟王)所建。不久便开始了作为东北地区一名较强大部落酋长(该部落最初是汉朝郡县体制中的行政单位,并在随后的几百年中渐渐发展成为一个割据一方的王国)的历史。

隋唐时期,高句丽势力渐强,与突厥等边疆民族政权联合,严重威胁到中原的安危;不断与南部的百济、新罗混战。隋唐中央政府都对试图独立的地方政权进行征讨。668年(唐高宗李治总章元年),高句丽被灭。在其故地,唐设立安东都护府,最终确立了在这一时期中国对朝鲜半岛的羁縻统治体系。

作为中国古代东北地区最具特色与影响的民族和地方政权之一,高句丽曾创造了辉煌的历史。其主要的历史遗迹大量地存续于中国的吉林省和辽宁省,具有重要的历史文化价值。其中的王城、王陵和贵族墓更弥足珍贵。

王城中,五女山山城承袭了中国北方民族构筑山城的传统,但在选址布局、城墙筑法、石料加工等方面有很大的突破;国内城是石筑城墙的平原型都城的代表作,保存下来的城墙依然坚实牢固、美观庄严;丸都山城的布局因山走势、规划合理,自然风貌与人类创造浑然一体。

此外,在群山环抱的通沟平原上,现存近7 000座高句丽时代墓葬——洞沟古墓群,堪称东北亚地区古墓群之冠。古墓群中的将军坟、太王陵为代表的十几座陵墓及大量的王室贵族壁画墓,是高句丽建筑技艺、艺术成就的缩影。尤值一提的是,矗立于太王陵东侧汉字镌刻的好太王碑,是反映高句丽历史渊源的一篇珍贵文献资料。地方文化底蕴与周边特别是中国中原文化因素的有机交融在碑中得到充分的展现。

高丽,本扶余别种也[1]。地东跨海距新罗[2],南亦跨海距百济,西北度辽水与营州接[3],北靺鞨[4]。其君居平壤城,亦谓长安城,汉乐浪郡也[5],去京师五千里而赢[6],随山屈缭为郭[7],南涯浿水[8],王筑宫其左。又有国内城、汉城,号别都。水有大辽、少辽:大辽出靺鞨西南山,南历安市城[9];少辽出辽山西,亦南流,有梁水出塞外,西行与之合。有马訾水出靺鞨之白山,色若鸭头,号鸭渌水,历国内城西,与盐难水合,又西南至安市,入于海。而平壤在鸭渌东南,以巨舻济人,因恃以为堑……

分五部:曰内部,即汉桂娄部也,亦号黄部;曰北部,即绝奴部也,或号后部;曰东部,即顺奴部也,或号左部;曰南部,即灌奴部也,亦号前部;曰西部,即消奴部也。

王服五采,以白罗制冠[10],革带皆金扣。大臣青罗冠,次绛罗,珥两鸟羽,金银杂扣,衫筒袖,袴大口,白韦带,黄革履[11]。庶人衣褐,戴弁。女子首巾帼。俗喜弈、投壶、蹴鞠[12]。食用笾、豆、簠、簋、罍、洗[13]。居依山谷,以草茨屋,惟王宫、官府、佛庐以瓦。窭民盛冬作长坑[14],煴火以取暖。其治,峭法以绳下,故少犯[15]。叛者从炬灼体,乃斩之,籍入其家[16]。降、败、杀人及剽劫者斩,盗者十倍取偿,杀牛马者没为奴婢,故道不掇遗。婚娶不用币,有受者耻之。服父母丧三年,兄弟逾月除。俗多淫祠,祀灵星及日、箕子、可汗等神。国左有大穴曰神隧,每十月,王皆自祭。人喜学,至穷里厮家,亦相矜勉,衢侧悉构严屋,号局堂,子弟未婚者曹处,诵经习射[17]。

隋末,其王高元死,异母弟建武嗣。武德初[18],再遣使入朝。高祖下书修好,约高丽人在中国者护送,中国人在高丽者敕遣还。于是建武悉搜亡命归有司,且万人。后三年,遣使者拜为上柱国、辽东郡王、高丽王。命道士以像法往,为讲《老子》,建武大悦,率国人共听之,日数千人。帝谓左右曰:"名实须相副。高丽虽臣于隋,而终拒炀帝,何臣之为?朕务安人,何必受其臣?"裴矩、温彦博[19]谏曰:"辽东本箕子[20]国,魏晋时故封内,不可不臣。中国与夷狄,犹太阳于列星,不可以降。"乃止。明年,新罗、百济上书,言建武闭道,使不得朝,且数侵入。有诏散骑侍郎朱子奢持节谕和,建武谢罪,乃请与二国平。太宗已禽突厥颉利,建武遣使者贺,并上封域图。帝诏广州司马长孙师临瘗隋士战胔,毁高丽所立京观[21]。建武惧,乃筑长城千里,东北首扶余,西南属之海。久之,遣太子桓权入朝献方物,帝厚赐赉,诏使者陈大德持节答劳,且观釁[22]。大德入其国,厚饷官守,悉得其纤曲。见华人流客者,为道亲戚存亡,人人垂涕,故所至士女夹道观。建武盛陈兵见使者。大德还奏,帝悦。大德又言:"闻高昌灭,其大对卢[23]三至馆,有加礼焉。"帝曰:"高丽地止四郡,我发卒数万攻辽东,诸城必救,我以舟师自东莱帆海趋平壤,固易。然天下甫平,不欲劳人耳。"

十九年二月[24],帝自洛阳次定州[25],谓左右曰:"今天下大定,唯辽东未宾,后嗣因士马盛强,谋臣导以征讨,丧乱方始,朕故自取之,不遗后世忧也。"帝坐城门,过兵,人人抚慰,疾病者亲视之,敕州县治疗,士大悦。长孙无忌白奏:"天下符鱼[26]悉从,而宫官止十人,天下以为轻神器。"帝曰:"士度辽十万,皆去家室。朕以十人从,尚恶[27]其多,公止勿言!"帝身属橐鞬,结两箭于鞍[28]。四月,勣济辽水,高丽皆婴城守[29]。帝大飨士,帐幽州之南,诏长孙无忌誓师,乃引而东。

勣攻盖牟城,拔之,得户二万,粮十万石,以其地为盖州[30]。程名振攻沙卑城[31],夜入其西,城溃,虏其口八千,游兵鸭渌上。勣遂围辽东城。帝次辽泽[32],诏瘗隋战士露骼。高丽发新城、国内城骑四万救辽东[33]。道宗率张君乂逆战,君乂却[34]。道宗以骑驰之,虏兵辟易[35],夺其梁,收散卒,乘高以望,见高丽阵嚣,急击破之,斩首千余级,诛君乂以徇。帝度辽水,彻杠彴,坚士心[36]。营马首山,身到城下,见士填堑,分负之,重者马上持之,群臣震惧,争挟块以进……

有诏班师,拔辽、盖二州之人以归。兵过城下,城中屏息偃旗,酋长登城再拜,帝嘉其守,赐绢百匹。辽州粟尚十万斛,士取不能尽。帝至渤错水[37],阻淖,八十里车骑不通,长孙无忌、杨师道等率万人斩樵筑道,联车为梁,帝负薪马上助役。十月,兵毕度,雪甚,诏属僚以待济。始行,士十万,马万匹;逮还,物故裁千余[38],马死十八。船师七万,物故亦数百。诏集战骸葬柳城[39],祭以太牢,帝临哭,从臣皆流涕。帝总飞骑入临渝关[40],皇太子迎道左。初,帝与太子别,御褐袍,曰:“俟见尔乃更。”袍历二时弗易,至穿穴。群臣请更服,帝曰:“士皆敝衣,吾可新服邪?”及是,太子进絮衣,乃御。辽降口万四千,当没为奴婢,前集幽州,将分赏士。帝以父子夫妇离析,诏有司以布帛赎之,原为民,列拜欢舞,三日不息。延寿既降,以忧死,独惠真至长安[41]。

明年春,藏遣使者上方物,且谢罪;献二姝口,帝敕还之,谓使者曰:“色者人所重,然愍其去亲戚以伤乃心,我不取也。”初,师还,帝以弓服赐盖苏文[42],受之,不遣使者谢,于是下诏削弃朝贡……

男建以兵五万袭扶余,勣破之萨贺水上[43],斩首五千级,俘口三万,器械牛马称之。进拔大行城[44]。刘仁愿与勣会,后期,召还当诛,赦流姚州[45]。契苾何力会勣军于鸭渌,拔辱夷城,悉师围平壤[46]。九月,藏遣男产率首领百人树素幡降,且请入朝,勣以礼见。而男建犹固守,出战数北[47],大将浮屠信诚遣谍约内应。五日,阖启,兵噪而入,火其门,郁焰四兴,男建窘急,自刺不殊[48]。执藏、男建等,收凡五部百七十六城,户六十九万。诏勣便道献俘昭陵,凯而还。十二月,帝坐含元殿,引见勣等,数俘于廷。以藏素胁制,赦为司平太常伯,男产司宰少卿;投男建黔州,百济王扶余隆岭外;以献诚为司卫卿,信诚为银青光禄大夫,男生右卫大将军,何力行左卫大将军,勣兼太子太师,仁贵威卫大将军。剖其地为都督府者九,州四十二,县百。复置安东都护府[49],擢酋豪有功者授都督、刺史、令,与华官参治,仁贵为都护,总兵镇之。是岁郊祭,以高丽平,谢成于天。

总章二年,徙高丽民三万于江淮、山南[50]。

……

仪凤二年,授藏辽东都督,封朝鲜郡王,还辽东以安余民,先编侨内州者皆原遣,徙安东都护府于新城[51]。藏与靺鞨谋反,未及发,召还放邛州,斯其人于河南、陇右,弱寠者留安东[52]。藏以永淳初死,赠卫尉卿,葬颉利墓左,树碑其阡[53]。旧城往往入新罗,遗人散奔突厥、靺鞨,由是高氏君长皆绝。垂拱中,以藏孙宝元为朝鲜郡王[54]。圣历初[55],进左鹰扬卫大将军,更封忠诚国王,使统安东旧部,不行。明年,以藏子德武为安东都督,后稍自国。至元和末[56],遣使者献乐工云。

【作者简介】

欧阳修(1007—1072),字永叔,自号醉翁,晚年号六一居士,谥号文忠,世称欧阳文忠公。吉安永丰(今属江西)人,自称庐陵人。幼年丧父,在寡母抚育下读书。天圣八年(1030)进士。次年任西京(今洛阳)留守推官,与梅尧臣、尹洙结为至交,经常切磋诗文。景祐元年(1034),召试学士院,授任宣德郎,充馆阁校勘。景祐三年,范仲淹因批评时政被贬,他为其辩护,被贬为夷陵(今湖北宜昌)县令。康定元年(1040),召还。庆历三年(1043),范仲淹、韩琦、富弼等人推行"庆历新政",欧阳修参与革新,提出了改革吏治、军事、贡举法等主张。庆历五年,范、韩、富等相继被贬,欧阳修也被贬为滁州(今安徽滁州)太守。后又知扬州、颍州(今安徽阜阳)、应天府(今河南商丘)。至和元年(1054)八月,奉诏入京,与宋祁同修《新唐书》。嘉祐二年(1057)二月,欧阳修以翰林学士身份主持进士考试,录取苏轼、苏辙、曾巩等人。嘉祐五年(1060),欧阳修拜枢密副使。次年任参知政事。后又相继任刑部尚书、兵部尚书等。英宗治平二年(1065)后数年间,因被蒋之奇等诬谤,多次辞职,均未获准。神宗熙宁二年(1069),王安石实行新法,欧阳修对其青苗法曾表异议。熙宁三年(1070),除检校太保宣徽南院使等职,坚持不受,改知蔡州(今河南汝南)。这一年,改号"六一居士"。熙宁四年(1071)六月,辞官居颍州。卒谥文忠。有《欧阳文忠公文集》等传世。

【注释】

　　[1]扶余:古国名。位于松花江平原。西汉初,这里出现了我国东北地区第一个地方民族政权部落国家。晋太康年间为鲜卑族所破,后复受他族频频袭扰,至南朝宋、齐间消亡。

　　[2]距:邻,接壤。

　　[3]辽水:即辽河。位于中国东北地区南部,流域地跨河北、内蒙古、吉林、辽宁四省、自治区。营州:北魏置。治所在今辽宁朝阳。

　　[4]靺鞨:音 mò hé,我国古代少数民族名,各时期称呼不一。分布在松花江、牡丹江流域及黑龙江下游,东至日本海。

　　[5]乐浪郡:汉武帝所置朝鲜四郡之一,属幽州辖管。治所在朝鲜县(今平壤大同江南岸),辖朝鲜半岛西北部。

　　[6]赢:有余。

　　[7]屈缭:曲折起伏。

　　[8]浿水:在今平壤城东,今名大同江。

　　[9]安市城:在今辽宁海城东南。

　　[10]白罗:一种白色、质地柔软稀疏的丝织品。

　　[11]珥:音 ěr,插戴。筩:音 tǒng,通"筒"。

　　[12]投壶:中国古代投掷游戏。士大夫宴饮间,以酒壶为靶,参与者立离壶5—9尺处,轮流朝壶口或壶耳投射一定数目的无镞箭,中数多者为胜。蹴鞠:音 cù jū,我国古代的一种足球运动,用以练武、娱乐、健身。

　　[13]笾:音 biān,我国古代用竹编成的盛食器。簠:音 fǔ,我国古代祭祀时盛食物的方形器具,有耳和盖。簋:音 guǐ,我国古代青铜或陶制盛食物的容器,圆口,两耳或四耳。罍:音 léi,古代盛酒器,形状像壶。

　　[14]窭民:贫民。窭,音 jù。

　　[15]峭法:谓严刑酷法。

　　[16]丛炬:谓多支火炬。籍:名,户口。

　　[17]穷里斯家:谓穷乡僻壤,贫苦人家。曹处:谓群处。

　　[18]武德:唐高祖李渊年号,618—626年。

　　[19]裴矩(547—627):隋及唐初政治家,河东闻喜(今山西闻喜东北)人。其一生最重要的活动是为隋炀帝经营西域。归唐,官至民部尚书。温彦博(573—637):并州祁县(今山西祁

县东南)人,唐初宰相。其彪炳史册的是提出对待突厥开明的民族同化政策。

[20] 箕子:名胥余,因封国于箕(今山西太谷县东北),爵为子,故称。箕子与纣同姓,是殷商贵族,辅纣任太师。纣奢靡不理政,屡谏不听,披发佯狂而隐。商亡,箕子率遗老东渡至朝鲜,创立箕子王朝。

[21] 瘗:音 yì,埋葬。骴:音 zǐ,残骸。京观:古代战争中,胜者为炫耀武功,收集敌人尸首,封土而成的高冢。

[22] 观衅:谓观察真实情况。衅,音 xìn,同"衅"。

[23] 大对卢:高丽官阶设十二级,最高等级为大对卢,总知国事。

[24] 十九年:唐太宗贞观十九年,645 年。

[25] 定州:今河北保定辖境。

[26] 符鱼:古代官员、军队所用的一种凭证。《唐律疏议》规定,调兵遣将,必须以鱼符为凭证。

[27] 恧:音 nù,惭愧。

[28] 櫜房:收藏衣甲或弓矢的地方。櫜,音 gāo。箙:音 fú,盛箭器。

[29] 婴:触犯。

[30] 盖州:位于今辽东半岛西北部。

[31] 沙卑城:今辽宁瓦房店市。

[32] 辽泽:今辽宁北镇与辽中之间的沼泽地,泥淖绵延二百余里。

[33] 新城:今辽宁抚顺北。国内城:今吉林集安。

[34] 却:退却。

[35] 辟易:退避。

[36] 彻:通"撤"。杠彴:泛指桥。彴,音 bó。

[37] 渤错水:在今辽宁海城西北,辽泽中。

[38] 物故:死亡。

[39] 柳城:今辽宁朝阳。

[40] 临渝关:即山海关。

[41] 延寿、惠真:均姓高,高丽大将。贞观十九年(645)六月,唐军至安市,二将率 25 万军依山驻扎拒唐军。薛仁贵白衣白甲冲入其阵中,唐军大举跟进,高丽军大败。二将后被俘。

[42] 盖苏文:又名渊盖苏文,避唐高祖李渊讳而改姓为"泉"。

泉氏家庭出于早期高句丽五部中的顺奴部。渊盖苏文父为高丽东部大人、大对卢(宰相)。盖苏文继父职为大对卢,仍掌高句丽军政大权。642 年,盖苏文发动政变,手弑其王高建武,更立其年幼的弟弟高藏为王,自为"莫离支"专权,藏王形同虚设,兵权国政皆由盖苏文独揽。

唐朝对于新任高句丽王仍按惯例予以册封。643 年,唐太宗遣使专程前往,册封高藏为上柱国、辽东郡王、高句丽王。是年,高句丽大举攻伐同为唐册封的属国新罗国,唐遣使携诏往调解,遭盖苏文拒绝。唐太宗认为盖苏文杀君欺臣,残虐民众,今又违诏,侵略邻国,不可不讨,遂引发唐征伐高句丽之战。

644 年,唐太宗发兵攻打高句丽,遇辽河水大涨,不得渡。渊盖苏文遣使贡白金谢师,不受。645 年,唐太宗亲征之,大攻安市,久不能下,遂还师。

661 年,唐高宗再次派出数十万大军进攻高句丽,再次遭渊盖苏文顽强抵抗,无功而返。渊盖苏文成为挽救高句丽的一代名将。

[43] 萨贺水:又称薛贺水。鸭绿江支流,即今辽宁丹东西南赵家沟河。

[44] 大行城:今辽宁丹东西南。

[45] 姚州:今云南姚安。

[46] 契苾何力(? —677):铁勒人,铁勒可汗之孙,随其母投奔唐朝。635年,契苾何力与李大亮、薛万彻、薛万均讨吐谷浑于赤水川,在唐军不支时,率众奋力击退敌军。屡战骁勇,忠心耿耿。645年,随李世民征高丽,曾在战斗中被刺伤,仍奋勇作战。651年,率军平定西突厥叛乱部落。661年,率军征高丽,在鸭绿江履冰而进,大破泉男生率领的高丽军,歼敌3万。666年,再征高丽,在辽水打败高丽15万大军,斩首万余级,再抵鸭绿江。与徐世绩会合后,契苾何力率军南下,率先攻抵高丽首都平壤,后与徐世绩合兵攻破平壤,灭高丽。契苾何力是唐朝外族名将中的佼佼者。辱夷城:今朝鲜永柔境。

[47] 北:败北。

[48] 阖:音hé,门。郁焰:浓烟大火。不殊:谓自杀未死。

[49] 安东都护府:属河北道。总章元年(668)九月薛仁贵平定高句丽,唐在平壤城置安东都护府。管辖范围最大时至黑龙江下游及乌苏里江以东地区。由于新罗不断蚕食,渐渐弃部分高句丽旧地,676年迁至辽阳,697年废。后时废时续。安史乱起,都护府废置。

[50] 山南:谓今太行山南。

[51] 仪凤:唐高宗李治年号,676—679年。藏:即高藏。

[52] 邛州:今四川邛崃。弱婺:老弱贫穷。安东:今辽宁丹东。

[53] 永淳:唐高宗李治年号,682—683年。阡:墓道。

[54] 垂拱:武则天年号,685—688年。

[55] 圣历:武则天年号,698—700年。

[56] 元和:唐宪宗李纯年号,806—820年。

百济传(节选)

北宋·欧阳修 宋 祁

【提要】

本文选自《新唐书》(中华书局1975年版)。

高丽学者金富轼用古汉语撰成的朝鲜现存的最古史书《三国史记》言:"温祚都河南慰礼城,以十臣做辅翼,国号十济……后以来时百姓乐从,改号百济。"

百济(前18—660)是古代朝鲜半岛西南部的国家。中国东汉建安年间,公孙康置带方郡后,百济王迎其女为妃,因带方郡的协助,国力逐渐强盛。公元6世纪,在北进的共同目标下,百济与新罗结成联盟,于551年收复汉江下游地区,但旋于553年被新罗攻占。百济为夺回失地,又联合高句丽,频繁进攻新罗。唐朝应新罗的请求出兵干预,在新罗的配合下,于660年灭百济。

百济使用汉字,4世纪时建立儒学教育制度,一些儒学家获博士称号。384

年,佛教自南朝传入百济。541 年,百济向梁武帝"请《涅槃》等经义、《毛诗》博士并工匠、画师等"(《南史》卷七十九),表明了百济同中土文化联系的密切程度。

百济,扶余别种也。直京师东六千里而赢[1],滨海之阳,西界越州,南倭,北高丽,皆逾海乃至,其东,新罗也。王居东、西二城,官有内臣佐平者宣纳号令,内头佐平主爵聚,内法佐平主礼,卫士佐平典卫兵,朝廷佐平主狱,兵官佐平掌外兵。有六方,方统十郡。大姓有八:沙氏、燕氏、劦氏、解氏、贞氏、国氏、木氏、苩氏。其法:反逆者诛,籍其家;杀人者,输奴婢三赎罪;吏受赇及盗[2],三倍偿,锢终身。俗与高丽同。有三岛,生黄漆,六月刺取沥[3],色若金。王服大袖紫袍,青锦裤,素皮带,乌革履,乌罗冠饰以金花[4]。群臣绛衣,饰冠以银花。禁民衣绛紫。有文籍[5],纪时月如华人。

武德四年,王扶余璋始遣使献果下马,自是数朝贡,高祖册为带方郡王、百济王[6]。后五年,献明光铠,且讼高丽梗贡道。太宗贞观初,诏使者平其怨。又与新罗世仇,数相侵,帝赐玺书曰:"新罗,朕蕃臣,王之邻国。闻数相侵暴,朕已诏高丽、新罗申和,王宜忘前怨,识朕本怀。"璋奉表谢,然兵亦不止。再遣使朝,上铁甲雕斧,帝优劳之[7],赐帛段三千。十五年,璋死,使者素服奉表曰:"君外臣百济王扶余璋卒。"帝为举哀玄武门,赠光禄大夫,赗赐甚厚。命祠部郎中郑文表册其子义慈为柱国,绍王……

永徽六年[8],新罗诉百济、高丽、靺鞨取北境三十城。显庆五年[9],乃诏左卫大将军苏定方为神丘道行军大总管,率左卫将军刘伯英、右武卫将军冯士贵、左骁卫将军庞孝泰发新罗兵讨之,自城山济海[10]。百济守熊津口,定方纵击,虏大败,王师乘潮帆以进,趋真都城一舍止[11]。虏悉众拒,复破之,斩首万余级,拔其城。义慈挟太子隆走北鄙,定方围之[12]。次子泰自立为王,率众固守,义慈孙文思曰:"王、太子固在,叔乃自王,若唐兵解去,如我父子何?"与左右缒而出,民皆从之,泰不能止。定方令士超堞立帜[13],泰开门降,定方执义慈、隆及小王孝演、酋长五十八人送京师,平其国五部、三十七郡、二百城,户七十六万。乃析置熊津、马韩、东明、金涟、德安五都督府,擢酋渠长治之[14],命郎将刘仁愿守百济城,左卫郎将王文度为熊津都督。九月,定方以所俘见,诏释不诛。义慈病死,赠卫尉卿,许旧臣赴临,诏葬孙皓、陈叔宝墓左,授隆司稼卿。文度济海卒,以刘仁轨代之……

仪凤时,进带方郡王,遣归藩。是时,新罗强,隆不敢入旧国,寄治高丽死。武后又以其孙敬袭王,而其地已为新罗、渤海靺鞨所分,百济遂绝。

【注释】

[1]直:犹"正"。

[2]赇:音 qiú,贿赂。

[3]沥:音 shěn,汁。

[4]乌罗冠:即乌纱帽。

[5] 文籍:文字书籍。

[6] 武德:唐高祖李渊年号,618—626年。扶余璋:百济武王,姓扶余,百济第30代王。武王在位40余年,早期主要周旋于高句丽和隋朝之间,借其征战谋百济之利。隋亡后,努力保持与唐朝亲善关系,高祖封其为带方郡王。带方:带方郡。治所在今朝鲜黄海南道沙里院南。

[7] 优劳:嘉奖慰劳。

[8] 永徽:唐高宗李治年号,650—655年。

[9] 显庆:唐高宗李治年号,656—661年。660年,苏定方以古稀之龄统唐军征百济,平之。

[10] 城山:今山东荣成境内。

[11] 熊津:今韩国公州市境。百济旧都。真都城:百济后期都城。一舍:三十里为一舍。

[12] 义慈:武王璋长子,百济第31代王。义慈年幼孝声远播,即位后矢志改革,强化王权。率军攻新罗,取其数十城。但因内部分裂及王室穷奢极欲,国力迅速衰败。

[13] 堞:音dié,城上齿状矮墙。

[14] 渠长:首领。

新罗传(节选)

北宋·欧阳修 宋 祁

【提要】

本文选自《新唐书》(中华书局1975年版)。

新罗,朝鲜半岛三国时期国家。由三韩的辰韩斯卢部所建,都城为金城(今庆州)。935年被高丽所灭。

公元前后,斯卢部落以金城为中心,联合六部组成部落联盟。4世纪中叶起,王位由金姓世袭,王权逐渐得到加强。505年,新罗实行州、郡、县制。为与高句丽争雄,新罗与百济结盟,势力不断扩大。随后招致高句丽和百济的不断进攻。新罗吁请唐朝出兵。唐军在新罗的配合下,660年灭百济,668年灭高句丽。

4世纪末起,新罗先后与中国历代王朝通交,大力吸收中国文化,使用汉字并创造用汉字标音的吏读文。682年,新罗设立国学,读《论语》《礼记》等书。包括僧侣在内的新罗留唐学生很多,其中学有所成者不少。

新罗,弁韩苗裔也[1]。居汉乐浪地,横千里,纵三千里,东拒长人,东南日本,西百济,南濒海,北高丽。而王居金城[2],环八里所,卫兵三千人。谓城为侵牟罗,邑在内曰喙评,外曰邑勒。有喙评六,邑勒五十二。朝服尚白,好祠山神。八月望日,大宴赉官吏,射。其建官,以亲属为上,其族名第一骨、第二骨以自别。兄弟女、姑、姨、从姊妹,皆聘为妻。王族为第一骨,妻亦其族,生子皆为第一骨,不娶第二骨女,虽娶,常为妾滕[3]。官有宰相、侍中、司农卿、太府令,凡十有七等,第二骨得为之。事必与众议,号"和白",一人异则罢。宰相家不绝禄,奴僮三千人,甲兵牛马猪称之。畜牧海中山,须食乃射。息谷米于人,偿不满,庸为奴婢。王姓金,贵人姓朴,民无氏有名。食用柳杯若铜、瓦。元日相庆[4],是日拜日月神。男子褐裤。妇长襦,见人必跪,则以手据地为恭。不粉黛,率美发以缭首[5],以珠彩饰之。男子剪发鬻,冒以黑巾。市皆妇女贸贩。冬则作灶堂中,夏以食置冰上。畜无羊,少驴、骡,多马。马虽高大,不善行。

长人者,人类长三丈,锯牙钩爪,黑毛覆身,不火食,噬禽兽,或搏人以食;得妇人,以治衣服。其国连山数十里,有峡,固以铁阖[6],号关门,新罗常屯弩士数千守之。

初,百济伐高丽,来请救,悉兵往破之,自是相攻不置。后获百济王杀之,滋结怨。武德四年,王真平遣使者入朝,高祖诏通直散骑侍郎庾文素持节答赉[7]。后三年,拜柱国,封乐浪郡王、新罗王[8]。

贞观五年,献女乐二。太宗曰:"比林邑献鹦鹉[9],言思乡,丐还,况于人乎?"付使者归之。是岁,真平死,无子,立女善德为王[10],大臣乙祭柄国。诏赠真平左光禄大夫,赗物段二百。九年,遣使者册善德袭父封,国人号圣祖皇姑。十七年,为高丽、百济所攻,使者来乞师,亦会帝亲伐高丽,诏率兵以披虏势,善德使兵五万入高丽南鄙,拔水口城以闻。二十一年,善德死,赠光禄大夫,而妹真德[11]袭王。明年,遣子文王及弟伊赞子春秋来朝,拜文王左武卫将军,春秋[12]特进。因请改章服,从中国制,内出珍服赐之。又诣国学观释奠、讲论[13],帝赐所制《晋书》。辞归,敕三品以上郊饯。

高宗永徽[14]元年,攻百济,破之,遣春秋子法敏入朝。真德织锦为颂以献,曰:"巨唐开洪业,巍巍皇猷昌。止戈成大定,兴文继百王。统天崇雨施,治物体含章。深仁谐日月,抚运迈时康。幡旗既赫赫,钲鼓何锽锽[15]。外夷违命者,剪覆被天殃。淳风凝幽显,遐迩竞呈祥。四时和玉烛,七耀巡万方[16]。维岳降宰辅,维帝任忠良。三五成一德,昭我唐家唐。"帝美其意,擢法敏[17]太府卿。

五年,真德死,帝为举哀,赠开府仪同三司,赐彩段三百,命太常丞张文收持节吊祭,以春秋袭王。明年,百济、高丽、靺鞨共伐取其三十城。使者来请救,帝命苏定方讨之,以春秋为嵎夷道行军总管,遂平百济。龙朔元年[18],死,法敏袭王。以其国为鸡林州大都督府,授法敏都督……

玄宗开元中,数入朝,献果下马、朝霞䌷[19]、鱼牙䌷、海豹皮。又献二女,帝曰:"女皆王姑姊妹,违本俗,别所亲,朕不忍留。"厚赐还之。又遣子弟入太学学经术。帝间赐兴光瑞文锦[20]、五色罗、紫绣纹袍、金银精器,兴光亦上异狗马、黄金、美髢诸物[21]。初,渤海靺鞨掠登州[22],兴光击走之,帝进兴光宁海军大使,使攻靺鞨。二十五年死,帝尤悼之,赠太子太保,命邢璹以鸿胪少卿吊祭,子承庆袭王,诏璹曰:"新罗号君子国,知《诗》《书》。以卿惇儒[23],故持节往,宜演经谊,使知大国之盛。"又以国人善棋,诏率府兵曹参军杨季鹰为副。国高弈皆出其下,于是厚遗使者金宝。俄册其妻朴为妃。承庆死,诏使者临吊,以其弟宪英嗣王。帝在蜀,遣使溯江至成都朝正月……

【注释】

[1]弁韩:古国名。与马韩、辰韩合称"三韩"。

[2]金城:今韩国庆州。

[3]妾媵:谓侍妾。媵,音 yìng,古代贵族女子出嫁时陪嫁女子。

[4]元日:正月初一。

[5]缭首:谓缠绕在头顶。

[6]铁阁:铁门。

[7]武德:唐高祖李渊年号,618—626 年。真平:姓金名伯净,579—632 年在位,新罗第 26 代君主。在位期间建立和完善各种官制。与中国交往频繁。

[8]乐浪郡:是汉武帝设立的朝鲜四郡之一。治所在朝鲜县(今平壤大同江南岸),辖朝鲜半岛西北部。

[9]林邑:古国名。象林之邑的省称。故地在今越南中部。秦汉时为象郡象林县地。东汉末,象林功曹之子区连自立为王。8 世纪后改称环王。

[10]善德(?—647):姓金名德曼,号圣祖皇姑。真平王长女,史载其资质丰丽。即位后,即遣新罗子弟入唐习国学。

[11]真德(?—654):姓金名胜曼。新罗国第 28 代国王。即位后,随即派金春秋赴唐请攻百济,又号令全国服中国衣裳。

[12]春秋:新罗第 29 代君王。654—661 年在位。真德子。660 年与唐大将苏定方一起围攻百济都城,灭其国。其间,百济王手下大将福信遣使日本求援,但因其国天皇驾崩,至 663 年日军数百舰船方抵百济。唐将刘仁轨率海军在白江口迎战,日海军全军覆没。百济、高句丽相继灭亡,朝鲜半岛归于统一,成为唐属国。日本由这场战役亲身体验到与唐朝的差距,进而全面输入唐制度文化及科技成果。

[13]释奠:古代在学校设置酒食以奠祭先师的典礼。

[14]永徽:高宗李治年号,650—655 年。

[15]钲鼓:钲和鼓。古代行军时用以指挥进退的两种乐器。锽锽:音 huáng,钟鼓声。

[16]七耀:即七曜。日、月和金木水火土合称七曜。

[17]法敏(?—681):姓金,新罗第 30 代君王。在位期间,达成了朝鲜半岛的统一。

[18]龙朔:唐高宗李治年号,661—663 年。

[19]绌:音 chóu,丝织品。绌,古同"绸"。

[20]兴光:新罗王理洪弟。原名隆基,避唐玄宗讳改作兴光。长安二年(702)册立,仍袭兄辅国大将军、鸡林州都督之号。开元二十一年(733)加授开府仪同三司、宁海军使。二十五年卒,赠太子太师。

[21]美髢:漂亮的假发。髢,音 dí,假发。

[22]登州:今属山东。

[23]惇儒:厚道、诚实。

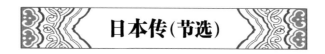

日本传(节选)

北宋·欧阳修 宋 祁

【提要】

本文选自《新唐书》(中华书局 1975 年版)。

日本,古称倭奴。咸亨元年(670 年),倭国遣使入唐,此时倭国已"稍习夏音,恶倭名,更号日本。使者自言,因近日出,以为名"。

4 世纪中期,大和政权统一了割据的小国。这个时期是中国许多知识和技术传入日本的时期。5 世纪,开始使用中国的汉字。6 世纪,正式接受儒教,佛教也传入日本。

7 世纪,以"大化革新"为契机,日本着手建立一个以天皇为中心的中央集权国家。至 9 世纪末,先后共派出 10 多次遣隋使和遣唐使。在随后的数百年时间内,日本持续不断地吸收中国物质与精神文明成果,并加以发扬光大,最终成为东亚文化圈的重要成员。

日本,古倭奴也。去京师万四千里,直新罗东南,在海中,岛而居,东西五月行,南北三月行[1]。国无城郭,联木为栅落,以草茨屋[2]。左右小岛五十余,皆自名国,而臣附之。置本率一人,检察诸部。其俗多女少男,有文字,尚浮屠法[3]。其官十有二等。其王姓阿每氏,自言初主号天御中主,至彦瀲,凡三十二世,皆以"尊"为号,居筑紫城[4]。彦瀲子神武立,更以"天皇"为号,徙治大和州[5]。次曰绥靖,次安宁,次懿德,次孝昭,次天安,次孝灵,次孝元,次开化,次崇神,次垂仁,次景行,次成务,次仲哀。仲哀死,以开化曾孙女神功为王[6]。次应神,次仁德,次履中,次反正,次允恭,次安康,次雄略,次清宁,次显宗,次仁贤,次武烈,次继体,次安闲,次宣化,次钦明。钦明之十一年,直梁承圣元年[7]。次海达。次用明,亦曰目多利思比孤,直隋开皇末,始与中国通[8]。次崇峻。崇峻死,钦明之孙女雄古立。次舒明,次皇极。其俗椎髻,无冠带,跣以行,幅巾蔽后,贵者冒锦[9];妇人衣纯色裙,长腰襦,结发于后。至炀帝,赐其民锦线冠,饰以金玉,文布为衣,左右佩银花,长八寸,以多少明贵贱[10]。

太宗贞观五年,遣使者入朝,帝矜其远,诏有司毋拘岁贡。遣新州刺史高仁表往谕,与王争礼不平,不肯宣天子命而还。久之,更附新罗使者上书。

永徽初,其王孝德即位,改元曰白雉,献虎魄大如斗,玛碯若五升器[11]。时新罗为高丽、百济所暴,高宗赐玺书,令出兵援新罗。未几孝德死,其子天丰财立。死,子天智立。明年,使者与虾蟆人偕朝[12]。虾蟆亦居海岛中,其使者须长四尺许,珥箭于首,令人戴瓠立数十步,射无不中。天智死,子天武立。死,子总持立。咸亨元年,遣使贺平高丽[13]。后稍习夏音,恶倭名,更号日本。使者自言,国近日所出,以为名。或云日本乃小国,为倭所并,故冒其号。使者不以情,故疑焉。又妄夸其国都方数千里,南、西尽海,东、北限大山,其外即毛人云。

长安元年[14],其王文武立,改元曰太宝,遣朝臣真人粟田贡方物。朝臣真人者,犹唐尚书也。冠进德冠,顶有华花四披,紫袍帛带。真人好学,能属文,进止有容。武后宴之麟德殿[15],授司膳卿,还之。文武死,子阿用立。死,子圣武立,改元曰白龟。开元初,粟田复朝,请从诸儒受经,诏四门助教赵玄默即鸿胪寺为师,献大幅布为贽,悉赏物贸书以归[16]。其副朝臣仲满慕华不肯去[17],易姓名曰朝衡,历左补阙,仪王友,多所该识,久乃还。圣武死,女孝明立,改元曰天平胜宝。天宝十二载,朝衡复入朝,上元中,擢左散骑常侍、安南都护。新罗梗海道,更繇明、越州朝贡。孝明死,大炊立。死,以圣武女高野姬为王。死,白壁立。建中元年,使者真人兴能献方物[18]。真人,盖因官而氏者也。兴能善书,其纸似茧而泽,人莫识。贞元末,其王曰桓武,遣使者朝[19]。其学子橘免势、浮屠空海愿留肄业,历二十余年,使者高阶真人来请免势等俱还,诏可。次诺乐立,次嵯峨,次浮和,次仁明。仁明直开成四年[20],复入贡。次文德,次清和,次阳成。次光孝,直光启元年。

其东海屿中又有邪古、波邪、多尼三小王,北距新罗,西北百济,西南直越州[21],有丝絮、怪珍云。

【注释】

[1]五月行:谓境内东西距离为步行五个月的长度。

[2]苫:用茅草盖屋。

[3]浮屠法:佛教。

[4]筑紫城:在今日本福冈境内。

[5]神武:传说中日本第一代天皇,于前660年建国。大和州:今日本奈良一带。

[6]神功(170?—269?):仲哀天皇皇后,仲哀死后,长期摄政,为日本历史上首位女性统治者,三度出征朝鲜,开日本海外拓土之先例。

[7]承圣:梁元帝萧绎年号,552—555年。

[8]开皇:隋文帝杨坚年号,581—600年。

[9]椎髻:谓形状如棒椎的发髻。跣:音 xiǎn,赤脚。幅巾:古代男子以全幅细绢裹头的头巾。冒锦:穿着锦衣。

[10]文布:谓刺绣过的布。

[11]孝德(596—654):孝德天皇629—654年在位。博览中国典籍,在位期间推行政治、经济改革。645年定年号为大化,同年迁都难波(今大阪),随即仿隋唐制度宣布建立中央集权制,推行租庸调制、新官位制等。650年改年号为白雉。虎魄:即琥珀。码瑙:即玛瑙。

[12]虾蟆人:即虾夷人。古代日本人对以捕鱼虾为生的阿伊努人的通称。先散居日本四

大岛,后受挤逼,逐渐北迁。

[13] 咸亨:唐高宗李治年号,670—674 年。

[14] 长安:武则天年号,701—704 年。

[15] 麟德殿:在太液池西侧高地上,是唐大明宫的国宴厅。该殿始建于唐高宗麟德年间,毁于唐僖宗光启年间,使用了 200 余年。殿下有二层台基,殿由前、中、后三殿聚合而成,故俗称"三殿"。三殿均面阔九间,前殿进深四间,中、后殿约进深五间,除中殿为二层的阁外,前后殿均为单层建筑,总面阔 582 米,总进深 86 米。在中殿左右有二方亭,亭北在后殿左右有二楼,称郁仪楼、结邻楼,都建在高 7 米以上的砖台上。自楼向南有架空的飞楼通向二亭,自二亭向内侧又各架飞楼通向中殿之上层,共同形成一组巨大的建筑群。在前殿东西侧有廊,至角矩折南行,东廊有会庆亭。史载在麟德殿大宴时,殿前和廊下可坐 3 000 人,并表演百戏,还可在殿前击马球,故殿前极可能是开敞的广场。麟德殿是迄今已知唐代建筑中形体组合最复杂的建筑群。

[16] 赵玄默:唐国子监助教。开元初,日本使者请儒生授经学,国子祭酒阳峤荐玄默。玄默时与尹知章、范行恭等并称"名儒"。鸿胪寺:主掌朝会仪节等。贽:见面礼。

[17] 仲满:即阿倍仲麻吕(698—770)。开元五年(717)随遣唐使乘船赴唐,同年九月入长安太学学习。后中进士。在唐为官,累至左补阙、秘书监等。工诗文,与王维、储光羲、李白等友善。玄宗喜其才,赐名朝衡。天宝中归国遇暴风,漂流至安南(今越南北部),辗转再入长安。官至左散骑常侍、潞州大都督。73 岁客死长安。

[18] 建中:唐德宗李适(kuò)年号,780—783 年。

[19] 贞元:唐德宗李适年号,785—805 年。

[20] 开成:唐文宗李昂年号,836—840 年。

[21] 越州:今浙江绍兴。

丛 翠 亭 记

北宋·欧阳修

【提要】

本文选自《欧阳修全集》(中国书店 1986 年版)。

因山构亭历来为造园揽胜之要旨,丛翠亭亦不例外。

丛翠亭所在地洛阳"自古常以王者制度临四方",其中重要原因之一便是"山川之势雄深伟丽"。巡检史李君官署位处洛北山上,于是他便在官署西南山顶筑亭,"敞其南北向以望焉",只见:群山绵亘,峰岫层叠,或奔趋目前,或迤逦远去,"倾崖怪壑,若奔若蹲,若斗若倚",苍翠丛列,于是作者以"苍翠"名之。

宋代,文人雅士造园构亭之风大盛,层峦叠嶂、流水潺潺之山水间,得妙手,耸然出亭,士大夫们便可坐穷泉壑,听猿声鸟啼,阅山光水色,不理人间喧嚣了。

九州皆有名山以为镇,而洛阳天下中,周宫、汉都,自古常以王者制度临四方[1],宜其山川之势雄深伟丽,以壮万邦之所瞻。

由都城而南以东,山之近者阙塞、万安、辗辕、缑氏,以连嵩室,首尾盘屈逾百里[2]。从城中因高以望之,众山靡迤,或见或否,惟嵩最远最独出。其崭岩耸秀,拔立诸峰上,而不可掩蔽。盖其名在祀典,与四岳俱备天子巡狩望祭[3],其秩甚尊,则其高大殊杰,当然。

城中可以望而见者,若巡检署之居洛北者为尤高。巡检使、内殿崇班李君,始入其署,即相其西南隅而增筑之,治亭于上,敞其南北,向以望焉。见山之连者、峰者岫者[4],骆驿联亘,卑相附,高相摩,亭然起,崒然止[5],来而向,去而背,倾崖怪壑,若奔若蹲,若斗若倚,世所传嵩阳三十六峰者,皆可以坐而数之。因取其苍翠丛列之状,遂以丛翠名其亭。

亭成,李君与宾客以酒食登而落之[6],其古所谓居高明而远眺望者欤!既而欲纪其始造之岁月,因求修辞而刻之云。

【注释】

[1]制度:规格,样式。

[2]阙塞:在今河南洛阳南,伊阙山与香山夹持伊河,远观如塞状,形成一道天然要塞屏障,故称。万安:在今洛阳、偃师、巩义交界处。又名玉泉山、大石山。辗辕:辗辕山在今河南偃师县东南。有辗辕关,辟于五千年前,自古以来为兵家必争之地。缑氏:山名。又称缑岭。在今河南偃师东南,距洛阳约百里。嵩室:指嵩山少室。在今河南登封北。

[3]四岳:即泰、华、衡、恒四山。抑或以尧时分管四方的诸侯指称当时各地官员。

[4]岫者:谓翠郁之山谷。

[5]崒然:谓陡然。崒,音 zú,高耸而险峻。

[6]落之:谓落成(典礼)。

紫 石 屏 歌

北宋·欧阳修

【提要】

本诗选自《欧阳修全集》(中国书店 1986 年版)。

本诗亦名《月石砚屏歌寄苏子美》。紫石屏是庆历八年(1048)友人张景山所赠,石"中有月形,石色紫而月白,月中有树森森然",欧阳修形容说,"其文黑而枝叶老劲,虽世之工画者不能为",甚珍爱之。欧阳修认为这是"古所未有"之"奇物",又请画工来松在石上刻画怪松图案,"其树横生,一枝外出"。紧接着,欧阳修写了《月石砚屏歌》寄苏子美,苏轼看到后,写了一首气势恢宏的《欧阳少师令赋所蓄石屏》。

和欧阳师的"月下老松"不一样,苏轼把它想象成孤烟落日、崖崩洞绝的山景,并把它和家乡峨眉山西雪岭上的孤松联系起来,石屏越发超凡脱俗了;并且,苏轼突发奇想,说唐代擅长画松高手毕宏、韦偃,可能死后葬于虢山下,"骨可朽烂"而画未已,故"心难穷",灵感触发了"神机巧思",精魂遂在石屏上幻出烟云霏微、雪岭怪松的奇妙"烟霏"。

文人、诗画及唱和,原本顽劣的石头也带着三分明月、二分画境、抖不掉的诗情和挥不去的灵性,于是它成了建筑和园林不可或缺的养料。

张景山在虢州时,命治石桥。小版一石,中有月形,石色紫而月白,月中有树森森然,其文黑而枝叶老劲,虽世之工画者不能为,盖奇物也。景山南谪,留以遗予。予念此石古所未有,欲但书事则惧不为信,因令善画工来松写以为图。

子美见之,当爱叹也。其月满,西旁微有不满处,正如十三四时,其树横生,一枝外出。皆其实如此,不敢增损,贵可信也。

月从海底来,行上天东南。
正当天中时,下照千丈潭。
潭心无风月不动,倒影射入紫石岩。
月光水洁石莹净,感此阴魄来中潜。
从月入此石中,天有两曜分为三[1]。
清光万古不磨灭,天地至宝难藏缄[2]。
天公呼雷公,夜持巨斧隳嶻岩[3]。
隳此一片落千仞,皎然寒镜在玉奁。
虾蟆白兔走天上,空留桂影犹杉杉。
景山得之惜不得,赠我意与千金兼。
自云每到月满时,石在暗室光出檐。
大哉天地间,万怪难悉谈。
嗟予不度量,每事思穷探。
欲将两耳目所及,而与造化争毫纤。
煌煌三辰行,日月尤尊严。
若令下与物为比,扰扰万类将谁瞻[4]?
不然此石竟何物,有口欲说嗟如钳。
吾奇苏子胸,罗列万象中包含。
不惟胸宽胆亦大,屡出言语惊愚凡。
自吾得此石,未见苏子心怀惭。
不经老匠先指决,有手谁敢施镌鑱[5]。
呼工画石持寄似,幸子留意其无谦。

【注释】

[1] 两曜:谓日月。

[2] 缄:封闭。

[3] 隳:音 huī,毁坏。

[4] 扰扰:谓纷繁。

[5] 镌镵:雕刻。镵:音 chán,刺刻。

画舫斋记

北宋·欧阳修

【提要】

本文选自《欧阳修全集》(中国书店 1986 年版)。

康定元年(1040),欧阳修任武成军节度判官,庆历二年(1042)任滑州通判,此为二次任职滑州。按文中所叙,此文当作于滑州任上。

官署东边地窄,所以燕私之所只能修成面阔一室,进深七室的屋宇,名曰:画舫斋。斋名由蔡襄书。斋以户相通,人入予室如入乎舟中。画舫斋门前,一泓澄碧,波明如镜,名曰"文湖"。

爱花草的欧阳修在屋檐两侧广植佳花美木,居然有"泛乎中流"的体味。

作者说,前遭贬谪,"走江湖间,自汴绝淮,浮于大江,至于巴峡,转而以入于汉沔",穷羁绊,遭风波,常常"叫号神明以脱须臾之命"。而今列官于朝,"饱廪食而安署居",但是,往日狼狈于江湖,蛟龟出没,波涛汹欻,"寝惊而梦愕"的经历不能忘,要加倍珍惜今日"顺风恬波,傲然枕席"的舟行之乐。

所以要写《画舫斋记》。

予至滑之三月[1],即其署东偏之室,治为燕私之居[2],而名曰画舫斋。

斋广一室,其深七室,以户相通,凡入予室者,如入乎舟中。其温室之奥,则穴其上以为明[3];其虚室之疏以达,则槛栏其两旁以为坐立之倚。凡偃休于吾斋者,又如偃休乎舟中[4]。山石崦崒[5],佳花美木之植列于两檐之外,又似泛乎中流,而左山右林之相映,皆可爱者。因以舟名焉。

《周易》之象,至于履险蹈难,必曰涉川。盖舟之为物,所以济难而非安居之用也。今予治斋于署,以为燕安[6],而反以舟名之,岂不戾哉[7]?矧予又尝以罪谪,走江湖间,自汴绝淮,浮于大江,至于巴峡,转而以入于汉沔,计其水行几万余里[8]。其羁穷不幸,而卒遭风波之恐,往往叫号神明以脱须臾之命者,数矣[9]。当其恐时,顾视前后凡舟之人,非为商贾,则必仕宦。因窃自叹,以谓非冒利与不得已者[10],孰肯至是哉?赖天之惠,全活其生。今得除去宿负[11],列官于朝,以来是州,饱廪食而安署居。追思曩时山川所历,舟楫之危,蛟龟之出没,波涛之汹欻[12],宜其寝惊而梦愕。而乃忘其险阻,犹以舟名其斋,岂真乐于舟居者邪!

然予闻古之人,有逃世远去江湖之上,终身而不肯反者,其必有所乐也。苟非冒利于险,有罪而不得已,使顺风恬波,傲然枕席之上,一日而千里,则舟之行岂不乐哉!顾予诚有所未暇,而舫者宴嬉之舟也,姑以名予斋,奚曰不宜?

予友蔡君谟善大书[13],颇怪伟,将乞大字以题于楣。惧其疑予之所以名斋者,故具以云。又因以置于壁。

壬午十二月十二日书。

【注释】

[1]滑:即滑州。今河南滑县。庆历二年(1042),欧阳修任滑州通判。

[2]燕私:闲居休息。

[3]奥:屋子里的西南角。此谓室内深处。

[4]偃休:休息。

[5]崷崒:音 qiú zú,高峻貌。

[6]燕安:安宁太平。

[7]戾:音 lì,乖张。

[8]矧:音 shěn,况且。欧阳修仕途沉浮,夷陵、滁州、扬州,大江黄淮都留下了他的足迹。

[9]须臾:谓命悬一线。

[10]冒利:谓贪求名利。

[11]宿负:谓旧债。

[12]汹欻:谓势大速疾。欻:音 xū,忽然,迅速。

[13]蔡君谟:名襄(1012—1067),以书法名世。其书法浑厚端庄,淳淡婉美。苏轼认为他的字"心手相应,变态无穷"。流传至今的书品有《蒙惠帖》《茶录》《自书诗》等。

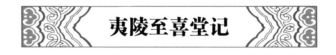

夷陵至喜堂记

北宋·欧阳修

【提要】

本文选自《欧阳修全集》(中国书店 1986 年版)。

欧阳修景祐三年(1036)被贬至峡州任夷陵令。时任知州的朱庆基是其旧友,在州府东边为他建了一所新房。欧阳修将其命名为"至喜堂",意即至而后喜。

文中,作者如实地记载了夷陵的面貌:峡为小州,夷陵下县,"州居无郭郭,通衢不能容车马",是一座没有规划,商铺、民居胡乱杂处的僻贫之地。城如此,百姓住房亦如此,"一室之间上父子而下畜豕",厨房、天井、谷仓杂乱拥挤在一起。而且,构建屋宇全是竹子、木板、茅草,民俗以为"作瓦屋者不利"。

比作者早一年赴峡州的朱庆基一上任,即开始规划城区,"甓南北之街,作市门、市区";还"教民为瓦屋,别灶廪,异人畜",改变旧风陋习。

这项工作自景祐二年至三年持续约一年多,还为欧阳修至喜堂的落成广召宾客举办典礼,于是,欧阳修"赖朱公而得善地,以偷晏安,顽然使亡其有罪之忧","日食有稻与鱼,又有橘、柚、茶、笋四时之味",体验夷陵的"江山美秀""邑居缮完",于是至喜。

峡

州治夷陵,地滨大江,虽有椒、漆、纸以通商贾[1],而民俗俭陋[2],常自足,无所仰于四方。贩夫所售不过鱐鱼腐鲍[3],民所嗜而已,富商大贾皆无为而至。地僻而贫,故夷陵为下县,而峡为小州。州居无郭郭[4],通衢不能容车马,市无百货之列,而鲍鱼之肆不可入。虽邦君之过市[5],必常下乘,掩鼻以疾趋。而民之列处,灶、廪、庰[6],井无异位,一室之间上父子而下畜豕。其覆皆用茅竹,故岁常火灾,而俗信鬼神,其相传曰作瓦屋者不利。夷陵者,楚之西境,昔《春秋》书荆以狄之,而诗人亦曰蛮荆,岂其陋俗自古然欤?

景祐二年,尚书驾部员外郎朱公治是州,始树木,增城栅,甓南北之街,作市门、市区。又教民为瓦屋,别灶廪,异人畜,以变其俗。既又命夷陵令刘光裔治其县,起敕书楼,饰厅事,新吏舍。三年夏,县功毕。

某有罪,来是邦。朱公与某有旧,且哀其以罪而来,为至县舍,择其厅事之东以作斯堂,度为疏絜高明,而日居之以休其心[7]。堂成,又与宾客偕至而落之。夫罪戾之人[8],宜弃恶地,处穷险,使其憔悴忧思,而知自悔咎。今乃赖朱公而得善地,以偷宴安,顽然使忘其有罪之忧,是皆异其所以来之意。

然夷陵之僻,陆走荆门、襄阳至京师,二十有八驿;水道大江、绝淮抵汴东水门,五千五百有九十里。故为吏者多不欲远来,而居者往往不得代,至岁满,或自罢去。然不知夷陵风俗朴野,少盗争,而令之日食有稻与鱼,又有橘、柚、茶、笋四时之味,江山美秀,而邑居缮完,无不可爱。是非惟有罪者之可以忘其忧,而凡为吏者,莫不始来而不乐,既至而后喜也。作《至喜堂记》,藏其壁。

夫令虽卑而有土与民,宜志其风俗变化之善恶,使后来者有考焉尔。

【注释】

[1]椒:花椒。

[2]俭陋:俭朴,粗陋。

[3]鱐鱼:干鱼。鱐,音 sù。

[4]郭郭:外城。

[5]邦君:谓刺史等地方长官。

[6]庰:音 yàn,厕所。

[7]疏絜:谓疏朗清洁。休:养。

[8]罪戾:谓罪过。戾:音lì,罪过,过失。

乞免差人往岢岚军筑城

北宋·欧阳修

【提要】

本文选自《欧阳修全集》(中国书店1986年版)。

岢岚军,在今山西岢岚县,宋太宗赵匡义太平兴国五年(980)置。

岢岚自古就是从太原到雁门关及内蒙古、陕北的交通要道,是保卫太原城的屏障。

赵匡胤发动兵变,建立宋朝,北方面临契丹、党项族的严重威胁。据《光绪山西通志》等记载:979年,杨业之妻佘太君(折氏)堂弟折御卿攻下位于太原西北的军事要地岢岚县,随即有了岢岚军,并在城北的天洞堡向东修筑了长城。专家现场考察后认定,这是我国首次发现宋代长城,这一发现填补了中国长城史研究的空白。岢岚境内现存的20多公里宋代长城,石头砌筑,上有女墙。

岢岚汉代建城,距今已有2 200多年历史,是一座军城。城周5里,气势恢宏,建有一整套防御体系。宋神宗元丰八年(1085)、明洪武七年(1374),城又相继拓广、加高,最后成为周围7里、城高3丈8尺、城形如舟的坚固城堡:城楼12座,上有旗杆、垛口;城门高大,四门都有瓮城;城外有一条宽5丈、深2丈的护城河;东、西、北门外各有吊桥一座,城外4关2堡。现仍存北、东、南3座城门瓮城和大部分残垣断壁,高大的城门令人叹为观止。

臣近准朝旨,令于河北差兵士二千人往岢岚军修城。本司寻曾奏乞于闲慢路分抽差[1]。今奉枢密院札子[2]:"奉圣旨,如委实人数不足,即仰抽差一千人者[3]。"虽蒙朝廷许减一千人,伏缘本路除祁、瀛、定、雄、霸等州见阙修城兵士外[4],近又节次据沧、博州状申,为河水泛涨,向着紧急,乞差人夫兵士应副功役[5]。本司为辖下例各阙人,已牒沧州[6],如河水大段泛涨,令应急量差人夫功役,博州即见于诸州军铲刷[7],例各无可抽差,方欲奏闻,乞朝廷于邻路抽差应副次。今准朝旨,令依前降指挥,于近便州军应急抽那[8]。

臣非不知河东、河北俱系边防路分,若本路实有兵数不少,臣亦岂敢自私一路,妄有占留?只缘本路实为阙人处多,今若朝廷须令差拨,即将辖下见役处罢役那往岢岚[9],纵河北事有阙误,缘臣已有奏请,朝廷必未深罪。其如于事有阙,在臣之职,不敢不言。

况今年黄河水势不类常年,即今五月,已泛涨如此,将来夏末秋初,必大段涨溢。本司方别具奏,乞于京东、西路差人次[10]。兼本路役兵多,惟河上及修城、西山采木等处各有人数。河上既不可抽那,若抽河北修城兵士与河东修城,又两地事体不异。而西山采木,盖为即今诸处分擘七百已上人禁军别立指挥,各要营房,及敌棚楼子防城器用,并是紧切不可阙用之物。若不于逐处功役内抽人,即辖下例各别无闲占之人可差[11]。

伏乞朝廷更赐体恤,且乞令河东路一面应副岢岚功役。

谨具再奏闻。

【再奏】

臣近准朝旨,令本路差兵士一千人往岢岚军修城。臣已再具札子,奏乞占留[12]。其本路黄河及修城、采木紧切功役浩大,及阙人次第[13],已具前奏札子。

臣伏详朝廷指挥,令于近便州军应副铲刷。勘会本路与河东近便,惟有成德军最近[14]。其路出土门[15],经天威军、平定军至并州[16],又出天门关[17],经宪州、飞鸢军入洪谷[18],方至岢岚,约一千五百余里。据明镐元奏称,向去二十二个月方了[19]。今纵河北差一千人往彼,远涉一千五百里山险到彼,卒未了当[20],将来冬月,岢岚苦寒,役兵各须归营歇泊,令一千人往来三千里苦寒山路,必致大段逃亡作贼[21]。

况北虏纵有事宜,必先河北。河北重地,莫如定州[22]。今定州所修城池,将元计工料及见役人数[23],亦须五六年方了。今若更抽减人往河东,即河北完缉御备[24],全然弛废。况除定州外,瀛、雄、祁、霸等州修城处,亦须向秋[25],兼用强壮,一二年内,期可了当。本司非不能张皇事体烦黩朝廷乞人[26],盖以北虏即今别无事宜,一二年间,幸可渐次了当。

今岢岚修城功限比定州全小,路分事宜紧慢又与河北不同,亦未销得远涉三千里于紧切处抽人[27]。所有德、博黄河,今年水势甚大于去年,今春朝廷差到河上兵士,全少如去岁。若旦夕逐州更有申报,须至烦朝廷乞人外,所有诸处修城功役虽见阙人,本司亦当斟量事体紧慢,只于本路渐次修葺。惟乞朝廷体恤,更不抽拨往别路,庶免本路阙误。其抽差一千人札子,臣亦未敢施行。取进止。

【注释】

　　[1]闲慢路分:谓军务清闲的地方。路分:宋元时路制的区域范围。宋代地方行政区分为三级,最高一级称为路。

　　[2]枢密院:官署名。唐承后梁设,宋沿置。枢密院掌军事机要、边防等,为最高国务机关之一。札子:古时官府用来上奏或启事的文书。

　　[3]仰:切望。古时公文中上级命令下级常用此语。

　　[4]祁:祁州,今河北安国。瀛:瀛州,今河北河间。定:定州,今属河北。雄:今河北雄县。霸:今河北霸州。阙:通"缺",缺少。

　　[5]沧:今河北沧州市。博:博州,今属山东。向着:古时河工用语。谓水流冲刷,亦指水

流冲刷之处。应副:应对,对付。

[6]牒:文书。此谓以文书通知。

[7]铲刷:搜括。

[8]抽那:抽调,调动。

[9]那往:调往。

[10]京东:即京东路。北宋太宗时的京东路包括今山东及河北、安徽一部,是一个重要的经济区。后来,京东路又分为东、西二路。

[11]逐处:各处,到处。闲占:闲人。

[12]占留:留下据为己有。

[13]次第:谓情形。

[14]勘会:审核议定。成德军:唐置,治所在今河北正定县治。宋因之,不久升为真定府。

[15]土门:《元和志》:镇州获鹿有井陉口,亦名土门口,即太行八陉之第五陉。土门口,又称井陉关,故址在今河北省井陉县北井陉山上。

[16]天威军:今河北井陉县。宋代地方行政体制分为路、州、县数级,与州级相等的有府、军、监。平定军:今山西平定。并州:今属山西。

[17]天门关:故址在今太原西北,山势险峻,沟壑深幽。

[18]宪州:今山西静乐县南。飞鸢军:在今静乐县西北。洪谷:在今山西岢岚东南。

[19]向去:谓今后,以后。

[20]了当:了结。

[21]大段:大量。

[22]定州:今属河北保定。北宋时为边境重镇,对辽作战前线。

[23]元计:谓估算。

[24]完缉:谓修缮停当。

[25]向秋:谓秋后,诸事渐息,便可一心修城。

[26]张皇:夸大。烦黩:打扰,冒渎。

[27]功限:谓工程量、规模。销得:谓消受。

论罢修奉先寺等状

北宋·欧阳修

【提要】

本文选自《欧阳修全集》(中国书店 1986 年版)。

宋太祖登基后,以汴梁(开封)为东京,日增不已,宫殿寺观极称繁富。加之后来诸帝日增月扩,土木之功渐渐成为百姓不堪之重负,国库也随之日渐空虚。

太祖赵匡胤虽未尝求奢,但动辄数百间以赐孟昶、钱俶,太宗、真宗朝,兴造日炽，真宗朝的玉清照应宫"凡二千六百一十楹，以丁谓为修宫使，调诸州工匠为之，七年而成"。殿宇外有山池亭阁之设，环殿及廊庑皆遍绘壁画。不仅工程浩大，其所用木石彩色颜料均由四方精选。

仁宗赵祯即位后，不仅年年用兵，土木之事仍然频繁。天圣八年（1030），玉清照应宫因雷雨毁坏，太后垂帘泣告辅臣，众恐有再葺意，力言如因其所存，又复修葺，则民不堪命。于是宫不复修，仅葺两殿。明道元年（1032），修文德殿成，宫中大火又烧毁紫宸、垂拱、福宁、集英、延和等大殿，朝廷很快任命宰相吕夷简为修葺大内使，发天下工匠力役，力事修葺。连续的大规模营造，致使天下疲惫不堪，朝中大臣纷纷上疏乞罢，欧阳修便是其中一位态度坚决的大臣。

文中，欧阳修直言不讳，殿宇寺观"盖造之初，务极崇奉，栋宇坚壮，莫不精严，虽数百年，未必损动"。可是近年以来，小有破损即大开缮修之门，原因就是"为小人图利"。他痛心疾首地指出：国家现在"民力困贫，国用窘急，小人不识大计，不思爱君，但欲广耗国财，务为己利，恣侵欺于官物，图酬奖之功劳，托名祖宗，张大事体"。

奏疏上，仁宗作何感想我们并不清楚，但他在位的四十年间"焚毁旧建，与重修劳费，适成国家双重之痛也"（梁思成《中国建筑史》）。

右臣近曾上言，为京师土木兴作处多，乞行减罢。寻准敕差臣与三司同共相度减定，续具奏闻次。今又闻圣旨下三司，重修庆基殿及奉先寺屋宇[1]。

臣伏见近年政令乖错，纪纲隳颓，上下因循，未能整缉[2]。惟务崇修祠庙，广兴土木，百役俱作，无一日暂停。方今民力困贫，国用窘急，小人不识大计，不思爱君，但欲广耗国财，务为己利。恣侵欺于官物[3]，图酬奖之功劳。托名祖宗，张大事体[4]。

况诸处神御殿，当盖造之初，务极崇奉[5]，栋宇坚壮，莫不精严，虽数百年，未必损动。近年以来，不住修换，昨开先殿只因两柱损，遂换一十三柱，前后差官检计，朝廷并不取信，只凭最后之言，遂至广张物料。盖缘广张得物料，即多图酬奖恩泽。窃以崇奉祖宗，礼贵清净。今乃频有迁徙，轻黩威灵，要其所归，止为小人图利。

臣见自古人君好兴土木者，自《春秋》《史记》，历代以来并皆书为过失，以示万世。今小人图一旦之利，黩祖宗之威灵，置人主于有过之地，谁忍为之？臣实痛惜。臣因准敕减定，于三司略见大概：开先殿初因两条柱损[6]，今所用材植物料共一万七千五百有零，睦亲宅神御殿所用物料又八十四万七千[7]，又有醴泉、福胜等处物料，不可悉数[8]。此外军营库务合行修造者，又有百余处。使厚地不生他物，惟产木材，亦不能供此广费。

自古王者尊祖事神，各有典礼，不必广兴土木，然后为能。臣窃见累年天灾，自玉清、昭应、洞真、上清、鸿庆、寿宁、祥源、会灵七宫，开宝、兴国两寺塔殿[9]，并皆焚烧荡尽，足以见天意厌土木之华侈，为陛下惜国力民财，谴戒丁宁[10]，前后非一。

陛下与其广兴土木以事神，不若畏惧天戒而修省[11]，其已兴作者既不可及，其未修者宜速寝停[12]。况睦亲神御殿,于礼不宜作,其事甚明,别无礼典讲求,乞更不下太常,便行寝罢。其庆基殿,如的有损漏[13],只令三司差官整补,不得理为劳绩。其奉先寺,乞勒寺家自修[14]。今垂拱殿是陛下常坐之处,近闻为无梁木,且止未修。诸皇亲自火烧居宅后,至今寄寓他所。陛下尊为天子,无梁木修一殿;富有四海,而皇族无屋可居。盖为将良材美木俯徇小人[15],并于不急处枉费,遂致合行修造处却至乏材。

伏愿陛下追思累次大火常发于土木最盛处,凡国家极力兴修者,火必尽焚。且天厌土木而焚之,又欲兴崇土木以奉之,此所以福应未臻而灾谴屡降也。

伏乞上思天戒,下察人言,人言虽狂而实忠,天戒甚明而不远。伏惟陛下圣德恭俭,不乐游畋[16],凡所兴修,皆非嗜好,但以难违小人一时之请,自取青史万世之讥,实为陛下惜之。伏望圣慈,广赐裁择。谨具状奏闻,伏候敕旨。

【注释】

[1]庆基殿:北宋东京汴梁城内有资福寺,宣祖赵弘殷(赵匡胤之父)及昭宪皇后神御殿——庆基殿坐落其中。资福寺创建于咸平三年(1000)。奉先寺:位于今河南洛阳龙门山南端伊水旁,为龙门石窟之第十九窟。此窟中卢舍那佛坐像高17.14米,长眉修目、面容丰腴、雄伟壮严,为龙门石窟中最大、最为恢弘的佛像。

[2]乖错:错乱,混乱。隳颓:衰败,毁败。因循:谓迟延拖拉,轻率随便。

[3]恣:音zì,放纵,肆意。侵欺:侵吞欺骗。

[4]张大:夸大,扩大。

[5]崇奉:尊敬祀奉。

[6]开先殿:位于太平兴国寺内。北宋太祖赵匡胤的神御殿之一。

[7]睦亲宅:北宋皇室宗学之一。北宋赵家宗学分为南、北两宅。北为广亲,秦王即太祖胞弟延美子孙读书处;南宅称睦亲,太祖太宗子孙读书处。

[8]醴泉:或谓九成宫之醴泉,在今陕西省麟游县城内;福胜:东京汴梁开宝寺有福胜院,又有福胜寺。

[9]开宝:北宋著名佛寺。其寺内有著名的铁塔。吴越王钱俶呈佛舍利,宋太宗命喻皓在开宝寺西隅福胜禅院构木塔以供奉。塔始建于太平兴国七年(982),历7年建成。塔呈八角形,13层,高约129米,塔身稍倾西北,名福胜塔。庆历四年(1044)遭雷电焚毁。皇祐元年(1049),按木塔样式,在福胜院东边夷山上重建宝塔,名为灵感塔。因塔身琉璃砖瓦颜色呈铁红色,世称"铁塔"。兴国:原名中兴寺。坐落于开封与朱仙镇之间。唐中宗李显复唐,中兴唐室,改古寺名"中兴寺"。后周世宗毁法时,被废作为官仓。宋太祖开宝二年(969)下令恢复,赐名太平兴国寺,并诏令寺内增设译经院,成为官设译经机构。

[10]丁宁:即叮咛。

[11]修省:谓修身省察。

[12]寝停:谓停罢。

[13]的有:谓的确有。

[14]勒:强制。

[15]俯徇:谓迁就。

[16]游畋:亦作"游田",出游打猎。畋,音tián,打猎。

论修河第一状

北宋·欧阳修

【提要】

本文选自《欧阳修全集》(中国书店 1986 年版)。

黄河决堤,史不绝缕。但人为造成灾难的加重,则以北宋仁宗赵祯嘉祐元年(1056)的黄河决堤天灾加上引黄北入六塔最为惨烈。

欧阳修曾经数次沿黄考察,河南、山西、陕西、河北、山东等地都留下他的足迹。

宋仁宗登基后,黄河连续决堤。庆历八年(1048),黄河在商胡埽(在今河南濮阳)决堤,河水漫过大名府、思州、冀州等地,在乾宁(今河北青县)东北入海;皇祐三年(1051)七月,黄河又在大名府馆陶县(今属河北)郭固决堤,至四年正月,河水之害仍疮痍满目。

为解国家及生民心腹之患,河北安抚史贾昌朝、河渠司李仲昌等纷纷建言。

贾昌朝在奏议中提出"塞商胡,开横垄,回大河于故道"。欧阳修立即在至和二年(1055)年上《论修河第一状》,指出"大不可"者五,人力、国力、塞商胡、通六塔河之大役,欧阳修说,"国力乏,民力疲,灾旱贫虚之际",逆水之性,障塞河道,"此大禹所不能"。抗章一出,河防之事遂搁置不议。

半年之后,河渠司李仲昌又提出引黄河水北入六塔河归横陇旧河,舒一时之急。欧阳修随即再次上书驳议,抗章反对。建议"选知水利之臣,就其下流,求入海路而浚之"。随后,欧阳修奉命出使契丹。朝中宰执大臣支持李仲昌等奏议,仁宗于是下诏"发三十万人修六塔河"。

嘉祐元年(1056)二月,欧阳修出使归来,看到六塔河开修工地热火朝天。焦急万分的他立刻写了《论治河第三状》,请求"速罢六塔之役"。文中他提出"三说"和"三患"之论,明确把李仲昌称作"小人",称大臣们切不可只忙着"贪建塞河"而忘掉"谨治堤防"。他再次强调,"治水本无奇策,相地势,谨堤防,顺水性之所趋尔"。他再次预言此次"功必不成,后悔无及者乎",强烈呼吁仁宗消"已萌"之人祸。

当朝不听其言,大祸随即临头。《论治河事三状》后不久,商胡决口堵塞,六塔河修成,黄河之水自北流入六塔河。由于六塔河河道狭窄,河水流泻不畅。当晚,商胡重新决口,"溺兵夫,漂刍藁,不可胜计","水死者数千万人"(《宋史》卷九一)。

人祸加剧天灾,黄河之患愈演愈烈。

右臣窃见朝廷近因臣寮建议[1],欲塞商胡[2],开横垄[3],回大河于故道,已下三司,候今秋兴役,见令京东计度物料次[4]。

臣伏以国家兴大役、动大众,必先顺天时、量人力,谋于其始而审,然后必行,计其所利者多,乃能无悔。伏见比年以来[5],兴役勤众,劳民费财,不精谋虑于厥初[6],轻信利害之偏说,举事之始,既已仓惶,群议一摇,寻复悔罢。

臣不敢远引他事上烦圣聪,只如往年河决商胡,是时执政之臣不慎计虑,遽谋修塞。科配一千八百万梢芟[7],搔动六路一百有余州军,官吏催驱,急若星火,民庶愁苦,盈于道涂。或物已输官,或人方在路,未及兴役,遽已罢修[8],虚费民财,为国敛怨,举事轻脱,为害若斯。虽既往之失难追,而可鉴之踪未远。

今者又闻复有修河之役,聚三十万人之众,开一千余里之长河,计其所用物力,数倍往年。当此天灾岁旱之时,民困国贫之际,不量人力,不顺天时,臣知其有大不可者五:

盖自去秋以及今春,半天下苦旱,而京东尤甚,河北次之[9]。国家常务安静振恤之,犹恐饥民起而为盗,何况于此两路,聚大众,兴大役?此其必不可者一也。

河北自恩州用兵之后[10],继以凶年,人户流亡,十失八九。数年以来,人稍归复,然死亡之余,所存无几,疮痍未敛,物力未完,今又遭此旱岁。京东自去冬无雨雪,麦不生苗,已及莫春[11],粟未布种,不惟目下乏食,兼亦向去无望,而欲于此两路兴三十万人之役。若别路差夫,则远处难为赴役;就河便近,则此两路力所不任。此其必不可者二也。

臣伏见往年河决滑州[12],曾议修塞,当时公私事力,未如今日贫虚,然犹收聚物料,诱率民财[13],数年之间,方能兴役。况今国用方乏,民力方疲,且合商胡塞大决之洪流,此自是一大役也。鉴横垄[14],开久废之故道,此又一大役也。自横垄至海一千余里,归岸久已废坏,顿须修缉[15],此又一大役也。往年公私有力之时,兴一大役,尚须数年。今并三大役,仓卒兴为于灾旱贫虚之际,此其必不可者三也。

就令商胡可塞,故道可回,犹宜重察天时、人力之难为。何况商胡未必可塞,故道未必可回者哉。臣闻鲧障洪水,九年无功。禹得《洪范》五行之书,知水趋下之性,乃因水之流,疏决就下,而水患乃息。然则以大禹之神功,不能障塞其流,但能因势而疏决尔。今欲逆水之性,障而塞之,夺洪河之正流,干以人力而回注,此大禹之所不能,此其必不可者四也。

横垄湮塞,已二十年,商胡决流,又亦数岁,故道已塞而难凿,安流已久而难回。昨闻朝廷曾遣故枢密直学士张奎计度,功料极大,近者再行检计,减得功料全少[16]。功料少则所开浅狭,浅狭则水势难回,此其必不可者五也。

臣伏见国家累岁灾谴甚多,其于京东,变异尤大。地贵安静,动而有声。巨嵎山摧[17],海水摇荡,如此不止仅乎十年,天地警戒,必不虚发。

臣谓变异所起之方,尤宜加意防惧[18]。今乃欲于凶旱之年,聚三十万之大众,于变异最大之方,臣恐地动山摇,灾祸自此而始。方今京东,赤地千里,饥馑之民,正苦天灾,又闻河役将动,往往伐桑拆屋,无复生计。流亡盗贼之患,不可不虞[19]。欲望圣慈特降德音,速罢其事,当此凶岁,务安人心。徐诏有司审详利害,纵令河道可复,乞候丰年余力,渐次兴为[20]。臣实庸愚,本无远见,得于外论,不敢不言。

谨具状奏闻。

【注释】

[1] 臣寮:同"臣僚"。

[2] 商胡:即商胡埽。在今河南濮阳东北。

[3] 横垄:在今河南濮阳。景祐元年(1034)七月,黄河在澶州横垄埽决堤,形成著名的横垄古道。

[4] 物料:物资材料。次:数量。

[5] 比年:近年。

[6] 厥初:最初。厥:代词,那个。

[7] 科配:指官府摊派正项赋税外的临时加税。梢芟:指树枝、芦苇之类的防汛护堤材料。芟,音 shān。

[8] 遽已:谓匆忙。

[9] 京东:京东路。北宋太宗时京东路包括今山东全境及河北、安徽一部。后分为京东东路、京东西路。

[10] 恩州用兵:1047 年 11 月,贝州(今河北清河)发生了震惊全国的王则大起义,建立安阳国。北宋朝廷派文彦博率兵前往平叛。两个月后,起义被扑灭,文彦博因此官升一品宰相。仁宗赵祯于 1048 年 2 月改贝州为恩州。

[11] 莫春:即暮春。莫通"暮"。

[12] 滑州:今河南滑县。

[13] 诱率:劝募,募集。

[14] 鉴:察看,审察。

[15] 修缉:修缮。

[16] 检计:谓审计。功料:人工、材料。

[17] 嵎:音 yú,山弯曲处。

[18] 防惧:谓高度戒备。

[19] 不虞:意料不到。

[20] 兴为:施为,实施。

真 州 东 园 记

北宋·欧阳修

【提要】

本文选自《欧阳修全集》(中国书店 1986 年版)。

宋代真州(今江苏仪征)东园为负责漕运的衙门发运使司所建的官衙园林。

宋庆历年间(1041—1048),先后任真州发运使的施昌言、许元等在城东一块原监军废弃营地上造园。园的规模很大,历时数年,至皇祐四年(1052)方建成,取名东园。

园成后,施昌言和许元先后调到京城,其老友欧阳修在京师,始终未能作东园之游。许元请人将东园绘成图,送给欧阳修,请他为园作记。欧阳修按图索词,却也写得绘声绘色,洋洋洒洒:"园之广百亩,而流水横其前,清池浸其右,高台起其北。"台池拂云澄虚,碧水浮以画舫,园中有清讌之堂,后庭为射宾之圃……至于荷花幽兰、佳卉美木,则列植于昔日苍烟荆棘之坡,随天光摇曳于水波之高甍巨桷,以前却是颓垣断堑之墟。显然,东园成了"嘉时令节,州人士女啸歌而管弦"的上佳之地。蔡襄的"东园"二字题额用颜鲁公笔法,书褚遂良体,字写得遒媚异常。

记与字一上,东园随即名声远播,慕名而来者络绎不绝,苏东坡、米芾、黄庭坚是其著者。宋金战争期间,东园毁于战火,后屡建屡毁。该园今已不存。

真州当东南之水会,故为江淮两浙荆湖发运使之治所[1]。龙图阁直学士施君正臣,侍御史许君子春之为使也,得监察御史里行[2],马君仲涂为其判官[3],三人者,乐其相得之欢,而因其暇日,得州之监军废营,以作东园而日往游焉。

岁秋八月,子春以其职事走京师,图其所谓东园者,来以示予曰:"园之广百亩,而流水横其前,清池浸其右,高台起其北。台,吾望以拂云之亭;池,吾俯以澄虚之阁;水,吾从以画舫之舟。敞其中以为清讌之堂[4],辟其后以为射宾之圃[5];芙渠芰荷之的沥[6],幽兰白芷[7]之芬芳,与夫佳花美木,列植而交阴:此前日之苍烟白露而荆棘也。高甍巨桷[8],水光日影,动摇而上下;其宽闲深静,可以答远响而生清风:此前日之颓垣断堑而荒墟也。嘉时令节,州人士女啸歌而管弦:此前日之晦冥风雨鼪鼯鸟兽之嗥音也[9]。"吾于是信有力焉。

凡图之所载,皆其一二之略也。若乃升于高,以望江山之远近,嬉于水,以逐鱼鸟之浮沉,其物象意趣,登临之乐,览者各自得焉。凡工之所不能画者,吾亦不能言也,其为吾书其大概焉。

又曰:"真,天下之冲也,四方之宾客往来者,吾与之共乐于此,岂独私吾三人者哉。然而池台日益以新,草木日益以茂,四方之士,无日而不来;而吾三人者,有时而皆去也,岂不眷于是哉? 不为之记,则后孰知其自吾三人者始也。"

予以为三君子之材,贤足以相济,而又协于其职,知所后先,使上下给足而东南六路之人,无辛苦愁怨之声。然后休其余闲,又与四方之贤士大夫,共乐于此;是皆可嘉也,乃为之书。庐陵欧阳修记。

【注释】

[1]水会:河流汇合处。发运使:官名。初设于唐。宋初置京畿东西水陆发运使,后有江淮两浙荆湖发运使等。南宋废。

[2]里行:官名。唐置宋因之。有监察御史里行、殿中里行等,皆非正官也不定员额。

[3]判官:唐宋时辅助地方长官处理公务的官员。

[4]清谧:亦作"清晏"。清平安宁。

[5]射宾:或作"宾射",射礼之一。起源于上古氏族社会军事教育。后渐渐成为社会各阶层拜揖礼仪之一。

[6]的沥:光鲜欲滴。

[7]白芷:多年生草本植物,伞形科。花白色,果实椭圆形。

[8]高甍巨桷:高高的屋脊,巨大的木椽。甍,音 méng,屋脊,屋栋;桷:音 jué,方形的椽子。

[9]鼪鼯:皆鼠类。

醉 翁 亭 记

北宋·欧阳修

【提要】

本文选自《欧阳修全集》(中国书店 1986 年版)。

醉翁亭坐落在今安徽滁州市西南琅琊山麓。

醉翁亭位于琅琊山半山腰的琅琊古道旁,是上琅琊寺的必经之地。《琅琊山志》载,北宋庆历六年(1046),欧阳修被贬为滁州太守,感怀时世,寄情山水。山中僧人智仙为他建亭饮酒赋诗,欧阳修自号"醉翁",并以此名亭,写下传世之作《醉翁亭记》。欧阳修在此饮酒,在此办公。"为政风流乐岁丰,每将公事了亭中""醉翁之意不在酒,在乎山水间也",都是个中情景的生动写照。

如今,醉翁亭已成江南园林特色鲜明的风景区了。翠山环抱中有九院七亭:醉翁亭、宝宋斋、冯公祠、古梅亭、影香亭、意在亭、怡亭、览余台……风格各异,互不雷同,人称"醉翁九景"。醉翁亭周边古树婆娑,亭台错落,青山如画,碧水潺流,诗情画意随风飘曳。

环滁皆山也。其西南诸峰,林壑尤美。望之蔚然而深秀者[1],琅琊也。山行六七里[2],渐闻水声潺潺,而泻出于两峰之间者,酿泉也[3]。峰回路转,有亭翼然临于泉上者[4],醉翁亭也。作亭者谁? 山之僧智仙也。名之者谁? 太守自谓也。太守与客来饮于此,饮少辄醉,而年又最高,故自号曰醉翁也。醉翁之意不在酒[5],在乎山水之间也。山水之乐,得之心而寓之酒也。

若夫日出而林霏开[6],云归而岩穴暝,晦明变化者,山间之朝暮也。野芳发而幽香,佳木秀而繁阴[7],风霜高洁,水落而石出者,山间之四时也。朝而往,暮而归,四时之景不同,而乐亦无穷也。

至于负者歌于途,行者休于树,前者呼,后者应,伛偻提携[8],往来而不绝者,滁人游也。临溪而渔,溪深而鱼肥;酿泉为酒,泉香而酒洌[9];山肴野蔌[10],杂然而前陈者,太守宴也。宴酣之乐,非丝非竹,射者中[11],弈者胜,觥筹交错,起坐而喧哗者,众宾欢也。苍颜白发,颓然乎其间者,太守醉也。

已而,夕阳在山,人影散乱,太守归而宾客从也。树林阴翳[12],鸣声上下,游人去而禽鸟乐也。然而禽鸟知山林之乐,而不知人之乐;人知从太守游而乐,而不知太守之乐其乐也。醉能同其乐,醒能述以文者,太守也。太守谓谁?庐陵欧阳修也[13]。

【注释】

　[1]蔚然:茂盛貌。深秀:葱郁秀远貌。
　[2]山行:谓在山上行走。
　[3]酿泉:泉水名。
　[4]翼然:谓像鸟张开翅膀一样。
　[5]意:意趣、情趣。
　[6]林霏:林中雾气。
　[7]繁阴:浓阴。
　[8]伛偻:音 yǔ lǚ,驼背。人渐老,背日弯曲。
　[9]洌:清澈貌。
　[10]野蔌:野生的菜蔬。蔌:音 sù,蔬菜的总称。
　[11]射:宴饮游戏之一,以箭投壶,入者胜。
　[12]阴翳:谓树木遮蔽成荫。翳:音 yì,遮蔽。
　[13]庐陵:今江西吉安。欧阳修祖籍吉州原属庐陵郡。

开 宝 寺 塔

北宋·欧阳修

【提要】

本文选自《欧阳修全集》(中国书店 1986 年版)。

现存开宝寺塔坐落在开封城东北隅铁塔公园内,是一座仿木结构仿楼阁式宋代琉璃佛塔。塔模仿原木塔(喻皓所建,成后仅存世 50 多年即遭雷击而烧毁)的平面、高层和可登临性,变木为琉璃面砖瓦,解除了木塔易遭受火灾的隐患。

现存铁塔建于北宋皇祐元年(1049),距今已有 900 多年历史,1961 年被国务院定为全国重点文物保护单位。铁塔成等边八角形,共 13 层,高 55.88 米,底层每面阔为 4.16 米,向上逐层递减。塔身遍砌花纹砖,上有飞天、麒麟、菩萨、乐伎、狮子等花纹图案50余种,造型优美,神态生动,堪称宋代造塔艺术杰作。古塔研究专家路秉杰先生称,开封铁塔的"仿木塔砖如同斧凿的小料一样,个个有榫有眼,有沟有槽,垒砌起来严丝合缝,其工艺水平之高让后人惊叹不已"。

"擎天一柱碍云低,破暗功同日月齐。半夜火龙翻地轴,八方星象下天梯。光摇潋滟沿珠蚌,影落沧溟照水犀。火焰逼人高万丈,倒提铁笔向空题。"元人冯子振笔下的铁塔荦荦俊朗,昂首向天今已近千年。

开宝寺塔在京师诸塔中最高,而制度甚精,都料匠预皓所造也[1]。

塔初成,望之不正而势倾西北,人怪而问之。皓曰:"京师地平无山,而多西北风,吹之不百年,当正也。"其用心之精盖如此,国朝以来木工一人而已,至今木工皆以预都料为法[2],有《木经》三卷行于世。世传皓惟一女,年十余岁,每卧,则交手于胸为结构状,如此逾年,撰成《木经》三卷,今行于世者是也。

【注释】

[1] 都料匠:古代称营造师、总工匠。预皓:即喻皓。北宋能工巧匠,著有《木经》。

[2] 预都料:即喻皓。

洛阳牡丹记(节选)

北宋·欧阳修

【提要】

本文选自《欧阳修全集》(中国书店1986年版)。

"洛阳地脉花最宜,牡丹尤为天下奇",这是欧阳修吟咏的诗句。景祐元年(1034),欧阳修亲睹洛阳人的好花之俗,"春时,城中无贵贱皆插花,虽负担者亦然"。士庶无论雅俗,竞作赏花之游。

于是,欧阳修遍访民间,对洛阳牡丹的栽培历史、种植技术、品种、花期以及赏花习俗等作了详尽的考察和总结,撰写了这篇《洛阳牡丹记》,全文包括《花品序》《花释名》《风俗记》等三篇。书中列举牡丹品种24种,是历史上第一部具有重要学术价值的牡丹专著。

牡丹,别名木芍药、洛阳花、谷雨花、鹿韭等。原产我国陕、川、鲁、豫以及西藏、云南等一带山区,散生于海拔1500米左右的山坡和林缘。牡丹花丰姿卓绝,形大艳美,仪态万方,色香俱全,观赏价值极高,在我国传统古典园林中广为栽培。

牡丹花系共分红色花系、绿色花系、蓝色花系、紫色花系、粉色花系、白色花系、黑色花系、黄色花系及复色花系等九大色系。

我国牡丹的种植可追溯到二千多年前。隋炀帝在洛阳"辟地周二百里为西苑……易州(今河北易县)进二十箱牡丹"。唐代牡丹栽培渐渐繁盛起来。"云想衣裳花想容,春风拂槛露华浓。""唯有牡丹真国色,花开时节动京城。""帝城春欲暮,喧喧车马度;共道牡丹时,相随买花去。贵贱无常价,酬值看花数;灼灼百朵红,戋戋步束素……家家习为俗,人人迷不悟……"从以上这些诗句中,我们不难看出当时帝都长安栽培牡丹的盛况。

宋代,中国牡丹栽培中心由之长安转到洛阳,牡丹的品种更多,栽培技术更加系统、完善。并出现了一批理论专著,对牡丹的研究有了很大的进步,欧阳修的《洛阳牡丹记》便是其中的代表作。

◇ 花品序第一

牡丹出丹州、延州[1],东出青州,南亦出越州,而出洛阳者今为天下第一。

洛阳所谓丹州花、延州红、青州红者,皆彼土之尤杰者,然来洛阳才得备众花之一种,列第不出三已下,不能独立与洛花敌。而越之花以远罕识,不见齿,然虽越人,亦不敢自誉,以与洛阳争高下。是洛阳者,果天下之第一也。洛阳亦有黄芍药、绯桃、瑞莲、千叶李、红郁李之类,皆不减他出者,而洛阳人不甚惜,谓之果子花,曰某花、某花。至牡丹,则不名,直曰花,其意谓天下真花独牡丹,其名之著,不假曰牡丹而可知也。其爱重之如此。

说者多言洛阳于二河间,古善地。昔周公以尺寸考日出没,测知寒暑风雨乖与顺于此,此盖天地之中,草木之华得中气之和者多,故独与他方异。予甚以为不然。夫洛阳于周所有之土,四方入贡,道里均[2],乃九州之中;在大地昆仑旁薄之间[3],未必中也。又况天地之和气,宜遍被四方上下,不宜限其中以自私。

夫中与和者,有常之气,其推于物也,亦宜为有常之形,物之常者,不甚美亦不甚恶。及元气之病也,美恶鬲并而不相和入[4],故物有极美与极恶者,皆得于气之偏也。花之钟其美,与夫瘿木雍肿之钟其恶,丑好虽异,而得分气之偏病则均。

洛阳城圆数十里,而诸县之花莫及城中者,出其境则不可植焉,岂又偏气之美者独聚此数十里之地乎? 此又天地之大,不可考也已。凡物不常有而为害乎人者曰灾,不常有而徒可怪骇不为害者曰妖,语曰:"天反时为灾地反物为妖。"此亦草木之妖而万物之一怪也。然比夫瘿木雍肿者[5],窃独钟其美而见幸于人焉。

余在洛阳,四见春。天圣九年三月[6],始至洛,其至也晚,见其晚者。明年,会与友人梅圣俞游嵩山少室、缑氏岭、石唐山、紫云洞,既还,不及见。又明年,有悼亡之戚,不暇见。又明年,以留守推官岁满解去,只见其早者。是未尝见其极盛时,然目之所瞩,已不胜其丽焉。

余居府中时,尝谒钱思公于双桂楼下,见一小屏立坐后,细书字满其上。思公指之曰:"欲作花品,此是牡丹名,凡九十余种。"余时不暇读之,然余所经见而今人多称者才三十许种,不知思公何从而得之多也。计其余,虽有名而不著,未必佳

也。故今所录,但取其特著者而次第之:

姚黄魏花　细叶寿安軽红〈亦曰青州红〉[7]　牛家黄潜溪绯

左花献来红　叶底紫鹤翎红　添色红倒晕檀心

朱砂红九蕊真珠　延州红多叶紫　粗叶寿安丹州红

莲花萼一百五　鹿胎花甘草黄　一搦红玉板白[8]

风俗记第三

洛阳之俗,大抵好花。春时,城中无贵贱,皆插花,虽负担者亦然。花开时,士庶竞为游遨,往往于古寺废宅有池台处,为市井,张幄帟[9],笙歌之声相闻,最盛于月陂堤、张家园、棠棣坊、长寿寺东街与郭令宅,至花落乃罢。

洛阳至东京六驿[10],旧不进花,自今徐州李相迪为留守时始进御,岁遣衙校一员[11],乘驿马,一日一夕至京师。所进不过姚黄、魏花三数朵,以菜叶实竹笼子藉覆之[12],使马上不动摇,以蜡封对花蒂,乃数日不落。大抵洛人家家有花而少大树者,盖其不接则不佳。春初时,洛人于寿安山中斫小栽子卖城中,谓之山篦子。人家治地为畦塍种之,至秋乃接。接花工尤著者,谓之门园子(盖本姓东门氏,或是西门,俗但云门。园子,亦由今俗呼皇甫氏多只云皇家也),豪家无不邀。姚黄一接头直钱五千,秋时立契买之,至春见花乃归其直[13]。洛人甚惜此花,不欲传,有权贵求其接头者,或以汤中蘸杀与之。

魏花初出时,接头亦直钱五千,今尚直一千。接时须用社后重阳前[14],过此不堪矣。花之木去地五七寸许截之,乃接,以泥封裹,用软土拥之,以箬叶作庵子罩之[15],不令见风日,惟南向留一小户以达气,至春乃去其覆。此接花之法也。〈用瓦亦可〉

种花必择善地,尽去旧土,以细土用白敛末一斤和之[16],盖牡丹根甜,多引虫食,白敛能杀虫。此种花之法也。

浇花亦自有时,或用日未出,或日西时。九月旬日一浇,十月、十一月,三日、二日一浇,正月隔日一浇,二月一日一浇。此浇花之法也。

一本发数朵者,择其小者去之,只留一二朵,谓之打剥,惧分其脉也。花才落,便剪其枝,勿令结子,惧其易老也。春初既去箬庵,便以棘数枝置花丛上,棘气暖,可以辟霜,不损花芽,他大树亦然。此养花之法也。

花开渐小于旧者,盖有蠹虫损之,必寻其穴,以硫黄簪之[17]。其旁又有小穴如针孔,乃虫所藏处,花工谓之气窗,以大针点硫黄末针之,虫乃死,虫死花复盛,此医花之法也。乌贼鱼骨以针花树,入其肤,花辄死。此花之忌也。

【注释】

[1]丹州:州治所在今陕西宜川县。延州:今陕西延安市。

[2]道里:路程,里程。

[3]旁薄:广大,绵延。

[4]鬲并:谓阻隔。泛指灾害频发。

[5]瘿木:外部隆起如瘤的树木。瘿:音yǐng,颈肿也。

[6]天圣:北宋仁宗赵祯年号,1023—1032 年。

[7]鞓红:皮色红。鞓:音 tīng,皮带。

[8]抷:音 yè,用手指按。

[9]幄帟:篷帐。帟:音 yì,张于上方以蔽尘埃的平幕。

[10]驿:驿站。供驿马、邮差等休息的地方。洛阳距郑州约 400 里,设六驿。驿间距离百里左右。驿的沿置,秦设邮亭。汉代,三十里一驿。至唐,改驿为馆驿,驿兼有迎来送往的馆舍功能。

[11]衙校:低级武官。

[12]藉覆:衬垫覆掩。

[13]直:通"值",钱。

[14]社后重阳前:谓秋分前后至重阳前。

[15]蒻叶:香蒲或藕叶。

[16]白敛:别名山地瓜。性苦辛,可入药。

[17]簹:谓熏杀。

韶州新置永通监记

北宋·余 靖

【提要】

本文选自《全宋文》卷五六八(巴蜀书社 1991 年版)。

余靖于皇祐年间任知广州兼广东经抚使(广东路最高长官)、提点银铜场时,曾参预创建永通钱监,皇祐二年(1050)写了这篇《监记》。

韶州铜产量自北宋仁宗嘉祐年以后,始终居于宋朝各州郡之首。岑水场是韶州的铜矿开采、冶炼、铸造区,在州城南面约八十里,集中了冶炼工匠数万人,连同管理、服务等,总数不下十万人。未设永通监前,每年转运北上用于铸钱的铜料达数十万斤。宋仁宗皇祐元年(1049)朝廷在韶州城设置铸钱监——永通监,永通监铸币厂拥有大约一千名工匠,是当时全国最大的钱币制造厂,铸造量长期占全国钱币产量的 80% 以上。

余靖在文中说,在韶州设永通监之议缘于叶清臣、宋祁。于是,余靖会同韶州知州等就既高且平的西州遗址,"乃相厥土","为屋八百楹,最材、竹、铁、石、陶瓯之用一百四十万"。因为是钱监,房屋构造与它署不同,"栋宇之制,管库之严,询于故实,断以心匠。模沙冶金,分作有八;刀错水鏊,离局为二。并列关钥,互有堤防,当其中扃,控以厅事"。"铅错之备用,薪炭之兼蓄,别藏异室,布于两序,出内谨密";"前为大阅,冶官列署于阅之南,群工屯营于垣之外"。按照作者的描述,新建的永通监以政事大厅为核心,分为冶官衙署、储物仓库、熔铸工场和工匠、役夫住地四大区域,是当时韶州规划科学、规模庞大的建筑组群之一。不仅如此,永通监的模具、库房、钱币等日常管理也极为严格。

八月,"栋宇完,范镕备,物有区,工有居"。于是九月举行了盛大的落成典礼,有了永通监,"何由崎岖百里",朝廷自可大大节约长途运输、异地铸造的无谓费用。

永通监冶铜用的是胆铜法。胆铜法是古代中国首创的炼铜方法,是世界化学史上一项重大的发明。它开启了现代水法冶金的先河。胆铜法也称"浸铜法"或"湿法炼铜",即以化学方法用铁置换铜。具体是把铁放在胆矾(硫酸铜)溶液里,人们把这种溶液称为胆水,以胆矾中的铜离子被金属铁所置换而成为单质铜沉积下来。《宋史·食货志》载:"以生铁锻成薄片,排置胆水槽中,浸渍数日,铁片乃为胆水所薄,上生赤煤,取括赤煤入炉,三炼成铜。大率用铁二斤四两,得铜一斤。"《宋会要辑稿·食货》载:北宋徽宗建中靖国元年(1101)提举江淮荆浙福建广南诸路铜事游经曾统计当时用胆铜法生产铜的地区,主要有 11 处,其中规模较大、生产持久的是韶州岑水、信州铅山和饶州德兴。《续资治通鉴长编》卷 26 记载:早在宋神宗熙宁年间(1068—1077),韶州岑水从事胆水炼铜的人多达十余万,所产胆铜数量之大,连官府"已患无本钱可买"。《宋会要辑稿·食货》上说:宋徽宗崇宁二年(1102),韶州岑水场产胆铜八十万斤,在东南九路胆铜场中产量居首位。

古之建国者,义以制事,材以聚人,八政之先,曰食与货,即山鼓铸[1],三代而然。禹铸历山之金以御水祸[2],汤造庄山之币以拯旱虐,周以金锡之利分隶虞衡[3],唐以郴桂之郡并建炉冶[4]。货之所产,本无定处,兴造之谋,期于便事而已。国家平一诸夏,宠绥四海[5],开宝、兴国之际,收复江闽,因其故区,作为泉布[6]。时移岁积,地产靡常,比年已来,冶民几废焉。

今天子嗣位之二十七年[7],特诏翰林学士叶公清臣、宋公祁经度山泽之禁[8],以资国用。乃金作奏曰:"谨校郡国产铜和市之数,惟韶为多,而敻处岭厄[9],由江淮资本钱以酬其直,实为迥远。谓宜即韶置监,分遣金工以往模之。岁用铜百万斤,可得成币三百万,三分其一以上供,余复市铜,几得二百万,如是则其息无穷矣。"诏下其议于广东。于时转运使、直太史傅公某知韶州,比曹副郎栾公某协恭承诏[10],以经厥始。

郡有故堞,号为西州遗址,高平宛出郛外,乃相厥土,墨则食焉。凡栋宇之制,管库之严,询于故实,断以心匠。模沙冶金,分作有八;刀错水銎[11],离局为二。并列关钥[12],互有堤防,当其中局,控以厅事,谁何警察[13],自无逃形。其铅错之备用[14],薪炭之兼蓄,别藏异室,布于两序,出内谨密。前为大阓[15],冶官列署于阓之南,群工屯营于垣之外。市材于山,市甓于陶,雇工于巧,凡手指之勤,筋力之用,率平价而与之金,不发帑赀[16],不徭民籍,而功用成。为屋八百楹,最材、竹、铁、石、陶瓴之用一百四十万[17],惟材木六千,资于连山,钉口十万,出自真阳,余悉办于韶之境,而民不知役。乃知循良之政,诚自有体哉。以皇祐冠年龙集己丑三月甲午始筑其基而饬其材,八月辛酉,栋宇完,范镕备,物有区,工有居。九月己亥,大合乐以落之。董旧巧,募新习,励怠励惰[18],绥以程准[19],日课千缗,不愆于素。

初，郡之铜山，五岁共市七万，前太守潘君一岁市百万，及栾公继之，乃市三百万，明年又差倍之，岁运恢之暇，以奇胜见招，何由崎岖百里，一届其域？及窥陈迹，则古以贤哲，寝处为常，乃知世称今人不如古，宜哉！

子京时又招摄尉唐某、进士谭某同游，既书名于壁，复镵石以志之。今天子亲享明堂之岁三月二十五日记。

【作者简介】

余靖(1000—1064)，本名希古，字安道，号武溪。北宋韶州曲江(今广东韶关)人。出身仕宦之家。少时聪慧，过目不忘，后师林和靖，学业大进。进士及第后入仕途为赣县尉。累官朝散大夫，守工部尚书，集贤院学士，知广州军州事兼广南路兵马都铃辖经略安抚使，柱国，始兴郡开国公。赐紫金鱼袋，赠刑部尚书。

景祐三年(1036)，上疏为被贬的范仲淹辩护，与尹洙、欧阳修同被贬，降职为监筠州酒税。庆历三年(1043)，复起为谏院右正言，专司进谏奏事。靖正直敢谏，曾多次为"轻徭薄赋"整顿户政，去除贪残之吏，抚疲困之民事而向皇帝抗声力争，以致唾液飞上皇帝"龙颜"却浑然不觉。庆历四年(1044)，受命出使契丹，三使而不辱使命。侬智高叛，经制南事；为帅十年，不载南海一物。广州有八贤堂，靖为其中之一。有《武溪集》20卷传世。

【注释】

[1] 鼓铸：鼓风扇火，冶炼金属，铸造器械或钱币。

[2] "历山"句：典出《管子·山权数》：汤七年旱，禹五年水，民有无檀卖子者。汤以庄山之金铸币，而赎民之无檀卖子者；禹以历山之金铸币，而赎民之无檀卖子者。

[3] 虞衡：古代掌山林川泽之官。

[4] 炉冶：谓冶炼。

[5] 宠绥：谓帝王对各地进行安抚。

[6] 开宝：宋太祖赵匡胤年号，968—976 年。兴国：太平兴国。宋太宗赵匡义年号，976—984 年。泉布：货币的统称。《周礼·天官·外府》："掌邦布之入出。"郑玄注："布，泉也……其藏曰泉，其行曰布。"

[7] 今天子：指宋仁宗赵祯，1023—1063 年在位。

[8] 经度：谓勘察筹划。度：音 duó，计算，规划。

[9] 夐：音 xiòng，远。岭厄：山岭险要处。厄：音 è，险阻之处，险要之地。

[10] 协恭：勤谨合作。

[11] 莹：音 yīng，磨。

[12] 关钥：谓控制，管约。

[13] 警察：警惕，察觉。

[14] 铅错：谓铅铸金涂。

[15] 大闳：大门。

[16] 帑赀：音 tǎng zī，钱财赋税。

[17] 冣：聚合，聚集。陶瓶：亦作"陶瓶"。烧制簋、豆等陶器器皿。

[18] 勗：同"勖"，音 xù，勉励。

[19] 程准：标准。

筠州新砌街记

北宋·余 靖

【提要】

　　本文选自《全宋文》卷五七〇（巴蜀书社1991年版）。

　　筠州治所高安（今江西高安市）。唐武德七年（624）改米州置，以其地产筠篁得名。次年即废入洪州。五代南唐保大十年（952）复置，北宋时缩小，辖境仅相当于今高安、宜丰、上高等地。筠州大道的修筑者是一位名叫体谦的僧人。体谦先是寓居筠州，后去了庐山，再来筠时已"募众得钱一千万"，发愿修路。这些钱"以道计者，自五百尺至百尺，凡若干人；以钱计者，自三十万至一万，凡若干人；一万而下，不可胜计"。

　　体谦召集徒工，"凿山陶土，得石与砖若干千万，砌成大道，北断于江，其南西缭于阛阓，凡若干万尺；横渠暗窦，为桥以通之，凡若干所"。余靖的笔下，这条大道横穿闹市，北达于江，桥梁数座，是一个不小的工程，所以"凡若干年而工毕"。

　　如此规模的工程，当地士绅百姓为何就信任一个和尚，让其董理？且看体谦的做法：麻衣草鞋董其役，夙夜匪懈，饥食于施者，暮宿于瓦舍，一毫之钱不入于私，皆交由某氏主掌，朱出墨入。体谦对自己的要求近乎苛刻，账务钱财严格实行收支"红黑"两条线管理，加上夙夜匪懈，工程自然干干净净，如期保质完成。

　　余靖1036年来筠州任职，第二年体谦"袖谒及门"，求他作记。余靖叹道：佛以因果诲未来，使人修福而避祸。所以"无刑而威，无爵而劝，归之者如川之流，壅之不停，去之不竭"。

　　唐宋以来，尤其是宋代，僧人牵头修桥、修路乃至修筑水利者屡见典籍，规模宏大，不绝如缕。修桥者，宋代湖州武康县崇武桥、万安桥、南津桥、普安桥等12座桥均为僧侣所建，福州长乐县善照桥、斗门桥、仙桥、灵源桥等8座桥成于僧人之手。

　　予至筠州之明年，道者僧体谦袖谒及门，既坐，遂言本永嘉人，寓筠二年，去居庐山。筠之崇善者曰吴太元命之复来，募众得钱一千万，召工凿山陶土，得石与砖若干千万，砌成大道，北断于江，其南西缭于阛阓[1]，凡若干万尺；横渠暗窦[2]，为桥以通之，凡若干所。

　　喜舍之士以道计者，自五百尺至百尺，凡若干人；以钱计者，自三十万至一万，凡若干人；一万而下，不可胜计。所得钱不以箸毫自私[3]，皆寄某氏之帑，朱出墨入，悉某氏主之。麻衣草屏[4]，以董众役，暮宿甄舍[5]，饥食于施者家，凡若干年而工毕，乞书其事而志之。

吁！今夫地征物赋,官司列榜笞[6],谨期会[7],上监下督,民犹有靳固而逋负者[8];至以西方之教,一呼于众,则发畜积割珍爱[9],欣然无所惜,其故何哉? 盖儒以礼法御当世,使人迁善而去恶;佛以因果诲未来,使人修福而避祸。

然世有积善而遇祸,积恶而蒙福者,虽有仁智,无如之何。释之徒则曰:彼前世之所为,今获其报耳;今世之修,报在来世。又言:没有天堂、地狱、苦乐之趣,次序纤悉[10]。故无刑而威,无爵而劝,归之者如川之流,壅之不停,去之不竭。其为教大抵若是。

其有窃佛之权,愚弄于众,财未入手,先营其私,衣华暖,居宏丽,啖甘脆,极力肆意无畏惮者,十六七焉。彼上人者,独弊衣粝食,苦其行而外其利,又能得开信同心[11],成此利益,使夫趋官曹、游旅肆者,出滓泥[12]、入清净之境,真奉佛事、励戒行而好方便者也,志之无愧词。

【注释】

[1] 阛阓:街市,街道。

[2] 窦:孔穴。

[3] 簪毫:纤毫。

[4] 草屩:草鞋。屩:音 juē,草鞋。

[5] 甄舍:指陶土之舍。

[6] 榜笞:鞭笞拷打。

[7] 期会:期限。

[8] 靳固:吝惜。逋负:拖欠赋税、债务。

[9] 畜积:犹"积蓄"。

[10] 纤悉:细致而详尽。

[11] 开信:犹开诚。

[12] 滓泥:污泥。滓:音 zǐ,渣子,污垢。

 庐山栖贤宝觉禅院石浴室记

北宋·余 靖

【提要】

本文选自《全宋文》卷五七一(巴蜀书社 1991 年版)。

你见过十一楹的浴室吗? 庐山栖贤院的浴室就是这个规模。浴室兴造自天禧庚辰岁(1020)开始谋划,至乾兴(1022)年完工,前后凡 3 年。主其事者为希昱、能湛,采用的"因缘相,一唱而就,募得缗钱二百万",于是"凿山筑基,砻石构堂,仍市美材,续成外室，凡十一楹"。壬申岁（1032），希昱请求余靖为其作记，于是成文。

栖贤寺，在石人峰下，是庐山五大丛林之一。此处，万木葱茏，溪涧争流，五老峰和汉阳峰峙其左右。栖贤寺最早建于南齐永明七年（489），当时的咨议参军张希奏置栖贤院，在今九江市城西。唐代宝历年间，刺史李渤将其迁往今址。

李渤曾在庐山白鹿洞隐居读书，也曾在庐山山南五老峰下读书。栖贤寺原名宝庵寺，后李渤曾任右拾遗、处州刺史、江州刺史，所以寺名也因之改名为栖贤。栖贤寺香火盛时栋宇栉比，楼阁繁复，寺僧达五六百人。山门额题"不二法门"，两旁楹联为："前赐紫衣，后留玉带，造泽千秋传不朽；百朝五老，背傍七贤，壮观万古并称雄。"现殿内有玉佛一尊，高约二尺，来自缅甸。殿后还有一座大明铜塔；玉佛前有玛瑙香炉。康熙年间，僧人石鉴重建寺庙时，从地下挖掘出一琉璃瓶，内有舍利 13 粒，"大如豆，小如荍，玉色莹澈"。后江苏布政使金世扬游此，请浙江画师许从龙绘 500 罗汉图共 200 幅，布施与寺。画像大的有三四尺，小者约一尺。

栖贤寺和其他寺庙一样兴废不断。曾遭遇两次浩劫：一为太平军焚毁寺庙，仅存数十间房舍；另一次就是 1938 年日军的炮火，焚毁殿、厅、阁以及库房。

栖贤寺附近著名的观音桥是国家级重点保护文物。观音桥建于宋大中祥符七年（1014），距今已有千年的历史。桥系石质单拱，长 24.4 米，宽 4.83 米，拱高 10.67 米。桥面以 144 块花岗石菱形平铺，拱则由 7 道拱券并列而成，券以大致规格的长方形花岗石排砌成一整体，拱券高 8.5 米。石块各重约 1 吨，共 107 块，皆为子母榫首尾凹凸相接。巧妙的构造方法使桥在悬崖峭壁上屹立千年，历经风雨曝晒却不曾有一丝毁坏，真可谓是"缔结雄壮，神施鬼设"。"入栖贤谷，谷中多大石，岌嶪相倚。水行石间，其声如雷霆，如千乘车行者，震掉不能自持，虽三峡之险不过也。故其桥曰三峡。渡桥而东，依山循水，水平如白练，横触巨石，汇为大车轮，流转汹涌，穷水之变。院据其上流，右倚石壁，左俯流水，石壁之趾，僧堂在焉。"苏辙在《庐山栖贤寺新修僧堂记》中如此描述。观音桥自古就吸引了大量的文人墨客，黄庭坚、唐寅、张之洞都对此桥此景大加赞叹。桥梁专家茅以升来此时，更是对桥梁的建造技术称赞不已。

我们现在看到的栖贤寺是江西省星子县 2003 年开始重建的。

大雄氏之为教也，即空无著之谓性，摄心自持之谓修。植因成果之说，所以道迷也[1]；施财获福之论，所以破贪也。兹道坦明，各随所证。自像法东被，诸华向风，塔庙庄严，遍我国土。凡所经始，人皆乐成者，非它也，彼既未悟于心，姑欲弛贪而出迷，当有导师掖而趋善使其然也。

栖贤寺新成石浴室，募众而植因也。浴室在寺之西南隅，寺在庐山之阳，山在浔阳郡之左，郡在大江之阴。山川佳丽[2]，栋宇轮奂[3]，梵刹废兴，则寺记存焉。

寺之始创于齐，盛于唐，赐名于皇朝。居之者不以昭穆伯仲相继，自智常至澄湜，皆海内有名高僧统其众。故建刹启基，布金流银，日月天宫，琉璃地界，霞鲜翼张[4]，翕赩相照[5]。唯兹温浴，屋老不支。

一之日，澄湜言于众曰："六时赞唱，当务洁斋[6]，若尘垢未除，则七福何聚？欲求精进比丘，备其七物，不亦善乎？"时则有浙僧希昱、能湛，行为上首，愿集其事。用因缘相[7]，一唱而就，募得缗钱二百万，凿山筑基，砻石构堂，仍市美材，续成外室，凡十一楹。其浣濯之所、苏膏之器[8]，罔不具焉。自天禧庚申岁矢谋[9]，至乾兴改元之初[10]，用浮图旧法饭僧以赞其成[11]。壬申岁[12]，昱师会某于豫章，求文而志之。

噫！佛之性也，开示悟人，各有所因，则知昱、湛二开士[13]，当于水因悟最上乘、入三摩地[14]，岂独使洗涤前尘、除去七病而已哉？按《十诵律》云："昔舍利弗隆暑行化[15]，执恼所著，有灌园者溉余之水，请以为浴，此人获报，生忉利天[16]。"由是观之，同捐货财，成此浴具，功又胜彼，如佛所说，其获福报，可思量哉！

其靡丽宏壮，则简而不书，聊记岁时而已。

【注释】

[1]道：通"导"。

[2]佳丽：谓风物美好壮丽。

[3]轮奂：谓建筑物雄伟壮观，富丽堂皇。轮，高大貌。奂，繁富貌。

[4]霞鲜：光艳鲜丽。翼张：谓如鸟展翅。

[5]翕赩：光色盛貌。赩，音 xì，大红色。

[6]洁斋：净洁身心，诚敬斋戒。

[7]因缘相：谓定资粮。

[8]浣濯：洗涤。苏膏：谓沐浴剂。苏，植物名。紫苏或白苏的种子，俗称苏子。

[9]天禧庚申岁：1020 年。矢谋：犹始谋。

[10]乾兴：1022 年。

[11]饭僧：向和尚施饭。信徒修善祈福的行为。

[12]壬申：1032 年。

[13]开士：佛教语。谓能自开觉，又可开示他人者。后用于敬称僧人。

[14]三摩地：即三昧。指止息杂念，使心专注于一境。

[15]隆暑：酷暑。行化：行教化。

[16]忉利天：佛教语。忉利天在须弥山顶，中央为帝释天所居，四面各有 8 天，总共 33 天。俗谓天堂。忉，音 dāo。

越州萧山县昭庆寺梦笔桥记

北宋·叶清臣

【提要】

本文选自《全宋文》卷五七七(巴蜀书社 1991 年版)。

《嘉泰会稽志》载，始建于南朝齐建元二年(480)的永兴(萧山)觉苑寺，为江淹子昭玄舍宅之寺。"梦笔桥之兴，与寺偕始。"宋王十朋在《会稽风俗赋并序》注中称："萧山梦笔驿（按：梦笔桥所在处）以江淹得名。"传江淹少时梦中得五色笔，故文采俊发。江之子舍宅为寺，是为纪念其父江淹羁旅永兴时留下"梦笔生花"故事。宋人华镇有《梦笔桥》诗："绿波照日晴无奈，碧草连天恨未消。欲向梦中传彩笔，桥丝低拂曲栏桥。"

叶清臣笔下的梦笔桥："晴虹倚空而半环，浮鼋跨波而欲渡。雕楹矗而端耸，钩楯缭而横绝。"桥北还修有驻楫亭，堪称美景。位于浙江杭州萧山城区现存的梦笔桥为清代重修，单孔石拱桥。南北走向，跨于江寺前城河（萧绍运河）上。桥长14.5米，桥面宽2.5米，桥孔跨径5米。拱券以纵联分节并列砌置。桥上设栏板、望柱。驻楫亭已经没有了。

南宋诗人陆游曾泊舟于此桥之东，写下如下诗句："梦笔桥东夜系船，残灯耿耿不成眠。千年未息灵胥怒，卷地潮声到枕边。"

这篇桥记写于天圣四年（1026），重立碑刻是景祐五年（1038）。

昔者昭明缀集，里巷开于东府[1]；子云著书，亭构揭乎西蜀[2]。席前修之能事，崇近古之殊称，此贤者所以飞令声、布嘉躅也[3]。若夫经星著象，牵牛列于关梁[4]；《周官》分职，司险达于川泽。观天根而庀事[5]，听舆谋而顺图，此作者所以启上功、广成务也。其或流风可挹，遂泯灭而无闻；陈迹有基，忽废坠而不举。斯亦平津之馆，永叹于屈牦[6]；宛丘之道，深讥于单子者已[7]。

浙河之东偏，会稽为右郡。伯禹启书而兴夏，勾践保栖而霸越[8]。青岩交映，佳山水之秀奇；茂林森蔚，美竹箭之滋殖。地方百里者八，而萧山居其一焉；县目伽蓝者五，而昭庆第为甲焉。梦笔桥者，乃直寺门，绝河流而建之也。

初，齐建元中，左卫江公归依法乘，脱略尘境，舍所居宅，为大福田[9]。则斯桥之兴，与寺偕始，其赋名索义，亦由此物也。

自会昌流祸，池台起倾平之怆[10]；大中再造，土木亟文绣之华。唯造舟之制，旷日不复。物岂终否，有时而倾。天圣纪号之二年[11]，冬十有二月，陇西李君以廷尉评实宰是邑。君明习吏事，详练理体。牵丝沿牒[12]，至必连最[13]；批郤导窾[14]，居多余地。其始至也，去害吏，抚瘝民[15]，激扬颓弊，慢振纮领[16]。越明年，政以凝，民用宁，讼无留牍，渔不改夜。于是以成法视文奏，以暇刻起墝圮，位署必葺[17]，邑居惟新。

一日，周爰井疆，铺观图籍，感释子之能志，惜二氏之渐微；且惧乎褰裳厉深，为斯民病，渐帷涉难，贻来者羞。乃谕居僧，俾募信施，其坐堂上之客，必得邑中之豪。寺僧智明利真有邦，德成有章；自南同与是谋，式干斯蛊[18]。三四佛之攸种，咸植善根；百千金之所直，悉归宝塔。府帑不费，里旅不烦。山虞致木而丛倚，郢人运斤而风集[19]。经始不日，而功用有成。

晴虹倚空而半环，浮鼋跨波而欲渡。雕楹矗而端耸，钩楯缭而横绝[20]。肩摩毂击，控夷路而下驰；飞艎鸣艣[21]，贯清流而直逝。以材之丰羡[22]，稽工之简隙[23]，又作驻楫亭于桥之北涘。艇子两桨，足以憩行者之勤；传车一封[24]，可以劳使臣之集。是知创桥以表寺，先贤之遗懿益光[25]；由亭而视桥，仁人之用心兼至。建一物而二美具，故君子谓李君为能。

若乃度群迷,超彼岸,演竺乾之筏喻[26];从善政,均大惠,易国桥之辀济。又岂止题柱伸马卿之志[27]。堕履纪黄石之书[28],临清水以缔材;从言吕母[29],架渭河而建利,止号崔公而已哉!

李君谓予《春秋》之流[30],可谨岁月之实,折简驰问[31],托辞传信。愧无马迁之善叙,聊传丘明之新作云尔[32]。时巨宋天圣四年春三月甲申日记。

东越吴则之书并篆额[33],钱塘赵世明镌。文林郎、守县尉兼主簿王式,儒林郎、行县尉兼主簿宋昌期,朝奉郎、行大理评事、知县事、飞骑尉李宋卿。景祐五年冬十一月既望[34],承奉郎、守大理寺丞、知县事苗振重立。

【作者简介】

叶清臣(1000—1049),字道卿,苏州长洲(一作乌程,今浙江湖州)人。天圣二年(1024)榜眼。历官光禄寺丞、集贤校理,迁太常丞,晋直史馆。论范仲淹、余靖以言事被黜事,为仁宗采纳,仲淹等得近徙。同修起居注,权三司使。知永兴军时,修复三白渠,溉田六千顷,后人称颂。有文集一百六十卷,已佚。著作今存《述煮茶小品》等。

【注释】

[1]昭明:南朝梁萧衍长子,太子,名统(501—531)。未及位而卒,谥昭明。少时即有才气,深通礼仪,性情纯孝仁厚。酷爱读书,过目皆忆。引纳才学之士,编成《文选》30卷。

[2]子云:即扬雄(前53—18),字子云,西汉蜀郡成都人。40岁后,入京师。王莽称帝后,校书于天禄阁。

[3]令声:美好的名声。嘉躅:美好的行迹。躅:音zhuó,足迹,踪迹。

[4]经星:旧称二十八宿等恒星曰经星。著象:谓明天象。牵牛:即牵牛星。牵牛六星,天之关梁,主牺牲事。关梁:关口和桥梁。指必经之地。喻关键。

[5]天根:星名。即氐宿。东方七宿的第三宿,凡四星。《国语》:天根见而水涸。

[6]平津馆:汉公孙弘为丞相,封平津侯,起客馆,开东阁,招请士人,后因以之称高级官僚延纳宾客之所。句谓原本高级场所日后荒芜,成为牛马吃草之所。屈牦:谓摇尾巴的牛。牦:音máo,牛马尾巴。

[7]宛丘之道:《诗经·陈风·宛丘》:"坎其击缶,宛丘之道。无冬无夏,值其鹭翿。"后人如郑玄、孔颖达称此诗刺陈灵公。单子:即单襄公。春秋时,单襄公受周定王委派,前去宋国、楚国等国聘问。路过陈国时,他看到路边杂草丛生,边境无迎送宾客之人;到了陈国国都,陈灵公跟大臣一起戴着楚国时兴的帽子去了著名的寡妇夏姬家,没人理会他这位周天子的使者。单襄公回来和周定王说,陈国一定会亡。事见《国语·周语(中)》。

[8]伯禹:即大禹。因治水而受舜禅让,以己之封国夏为天下之号,开启夏朝。勾践:越国王。以甲盾五千栖于会稽山上,勾践亲质于吴,卑事夫差。后成就霸业。

[9]福田:佛教语。佛教以为供养布施、行善修德,能受福报,犹如播种田亩,有秋获之利,故称。

[10]会昌:唐武宗年号。会昌五年(845),受赵归真、邓元超、刘元静、李德裕等劝说,四月,武宗李瀍下诏,祠部查核天下之寺院和僧尼。寺凡44 600所,僧共265 000余人。五月下诏,上都、东都各留寺4所,僧各30人。又天下之州郡寺各留一所,上寺住20人,中寺住10人,下寺住5人,余者悉令还俗。又毁天下诸寺,其钟、磬、铜像悉委盐铁使铸钱,铁像委本州铸农具,金、银、俞(鍮)石等像销付度支,士庶所有之金、银等像限一月纳官。八月又下诏,以昭废佛之意。六年三

月帝崩,宣宗即位,捕归真、元静、元超等12人。大中元年(847)三月,复天下之佛寺。

[11] 天圣:北宋仁宗赵祯年号,1023—1032 年。

[12] 牵丝:谓任官。沿牒:谓官员随选补之文牒而调迁。

[13] 连最:指政绩考评连年为上。

[14] 批郤导窾:《庄子·养生主》:"依乎天理,批大郤,导大窾,因其固然。"谓在骨头接合的地方批开,在没骨头的地方就势分解。喻抓关键。

[15] 瘝民:疾苦之民。瘝:音 zhài,病,疾苦。

[16] 悚振:耸振。悚:音 sǒng,耸立。纮领:谓纲要。纮,通"宏"。

[17] 位署:指官署,衙门。

[18] 式干斯蛊:谓干练有才能。

[19] 山虞:掌管山林的官员。郢人:谓泥水工匠。斤:斧。典出《庄子·徐无鬼》。

[20] 雕楹:饰有浮雕、彩绘的柱子。钩楯:谓弯曲如钩的栏杆。

[21] 艕:音 lǚ,一种划船工具。亦作"橹"。

[22] 丰羡:丰足有余。

[23] 简隙:犹空隙。

[24] 传车:古代驿站的专用车辆。

[25] 遗懿:先人留下的美德。

[26] 竺乾:佛教。筏喻:佛法度人,犹如船筏,谓之。

[27] 题柱:《华阳国志·蜀郡州治》,桥有送客观,司马相如离蜀赴长安时题辞于此:"不乘赤车驷马,不过汝下也。"

[28] 黄石之书:黄石公乃秦末汉初隐士。避秦乱居东海下邳。时张良亡匿下邳,桥上遇黄石公,三试后,黄石公授张良《太公兵法》,曰:十三年后,在济北谷城山下,黄石公即我矣。张良以黄石公所授兵书助高祖夺得天下。

[29] 吕母:未详。疑为汉高祖刘邦妻吕雉事。

[30] 《春秋》之流:谓文章之士。

[31] 折简:写信。

[32] 马迁:指司马迁。丘明:指左丘明。左丘明作《春秋左氏传》。

[33] 篆额:谓用隶字书写碑额。

[34] 景祐五年:1038 年。

重刊绛守居园池记序

北宋·孙 冲

【提要】

本文选自《全宋文》(巴蜀书社 1990 年版)。

绛守居园池遗址在今山西新绛县城西部高垣,现新绛中学后面(原州署后

面)。唐樊宗师作。现存的绛守居园池东西长 174.9 米,南北宽 95.45 米,总面积
16 000 余平米,为山西省重点文物保护单位。

绛守居园池系绛州衙署花园,太守、僚属及其妻儿游乐之所。

此园历代俗称"隋代花园""隋园""莲花池""新绛花园""居园池",始建于隋
开皇十六年(596),由内军将军临汾令梁轨开创。当时的新绛旱灾频频,井水又多
卤咸,于是他带领百姓从县城北 30 华里的"鼓堆泉"引来清凉的泉水,开了 12 道
灌渠,大部分浇灌沿途田地,小部分流入"牙城",经过州衙后院,流入街市和城郊,
百姓饮水和灌溉田园都有了水。大业元年(605),炀帝的弟弟汉王谅造反,绛州薛
雅和闻喜裴文安居高垣"代土建台"以拒隋军讨伐,因此形成了大水池。于是,中
建洄莲亭,旁植竹木花柳,故"豪王才侯"在此处建起"台亭沼池""袭以奇意相
胜",几经添建修饰,"居园池"便有了雏形。

绛守居园池历经隋、唐、宋、元、明、清各代官衙州牧的添建缮修,一千三百多
年的风云变幻,时尚流转,呈现出不同的格局和面貌。

隋唐时期的园林面貌已荡然无存,只能从唐穆宗长庆三年(823)绛州刺史樊
宗师的《绛守居园池记》中寻觅到大概。隋唐时期园池构建以水为主,水面积约占
全园的四分之一强,是我国北方典型的"自然山水园林"。园中有五个亭轩,一个
堂庑和一个入园门,建筑形制简洁明快。樊宗师文中描述,水从西北注入园池,形
成悬瀑,喷珠溅玉。水池中子午桥贯通南北,桥中一亭名曰洄莲亭,高高屹立,远望
如蜃景浮动。池边芳草、蔷薇、翠蔓、红刺相映成辉。池南是井阵形的轩亭,周以直
棂窗的木制回廊,"香亭"居中鳌立,与太守寝室相通。池西南有虎豹门与州衙连
通,左壁画猛虎与野猪搏斗图,右壁画胡人驯豹图。池东西分立"新亭"和"槐亭"。
东流的渠水穿过"望月渠",流到尽头,便是柏枝舒展、浓荫密布的"柏亭"。正东是
"苍塘",西望水面,倒映在水中的梨树林波光粼粼。正北是横贯东西的"风堤",倚
渠偎池,观望池南亭榭的栏杆楹柱倒映水中,如烛光摇曳,如蛟龙缠绕,如灵龟浮
波、攒花簇锦,色彩斑斓。"苍塘"西北的高地"鳌豕原",苍翠欲滴,露闪影浮,景色
奇瑰,开阔的天空与苍茫的水境园亭,配以箫声琴韵,尘嚣全无,心情水涤。

"苍塘"西是一片茂密的梨林——"白滨"。每至二三月,梨花盛开,如素衣女
郎翩翩起舞。唐代居园池布局以水为主,原、隰、堤、谷、壑、塘等地貌单元为骨架,
花木、柏槐等植物题材为主题,加上少数几个供游憩的园林建筑物,共同构成以自
然风光为主的特有风貌。

宋代居园池从宋景德元年(1004)绛州通判孙冲所作的这篇《重刊绛守居园池
记》中可以找到大致的轮廓。其时,园池水面大大缩减,"苍塘"已淹没,园中的建
筑物已由五个亭轩、一个堂庑、一个门增至十二个亭轩、一庙一门。水池上构起高
高的昂桥,池中亭亭玉立的芙蓉、穿梭来往的游鱼、精巧布置的山石……不一而
足,呈现出明显的人为构筑山水特征。所以范仲淹有《居园池》诗:"池鱼或跃金,
水帘常布雨。怪柏锁蛟虬,丑石斗驱虎。鲜花相倚笑,垂柳自由舞。静境合通仙,
清阴不知暑。"

宋以后,绛守居园池仍营建未歇。宋代复建的园池毁于宋末元初,明代稳定
之后,园池又开始复建。明正德元年(1506)知州韩辙重修洄莲亭,正德十五年
(1520)知州李文洁建嘉禾楼。到了清光绪二十五年(1899),知州李寿芝以园池遗
址为基础,"缭以周垣,重加建筑,亭榭渠塘,一如旧制"。

现存园池大体保存的是清代李寿芝重建旧貌。园池东西长、南北窄,一条子
午梁(甬道)高高隆起,横贯园池南北,将园池分为东西两部分。整个园林根据植

物花卉的不同,划分成春、夏、秋、冬4个景区,咫尺园林将游客带到写意的山水图画中。

尤值一提的是,国家文物局原局长王冶秋踏查绛守居园池后,于1960年在《人民日报》撰写《拨开涩雾看园池》一文,而日本《古代造园史》中辟有专门章节介绍它,绛守居园池是中国造园史的一个精彩符号。

可以说,绛守居园池刻上了中国园林从自然—构筑—写意发展脉络的鲜明烙印。

长庆中,樊宗师为绛州刺史[1],尝作《绛守居园池记》,其词句甚隐僻,不明白。□在京师得此文,颇与同人商榷,卒不能果然详其意旨句读。樊宗师又为皇唐名士,不知当时负此文走人门下,有谁与详解而知之也? 宗师与韩退之亲[2],且相推善,观退之之文大不如此。退之文集中有《答陈商书》,其意甚病商之所为文,不与世相上下,故喻以齐王好竽,商负瑟而干之。又不知退之终使宗师之文如是。唐室承齐、梁、陈、隋余弊,其文章最微弱,又变其体,使有声韵偶对。唐享年尤远,袭是鼓而成风。其间忽有韩愈独与张籍、皇甫湜、李翱辈更迭文体[3],高出秦、汉,亦大为当时众口排摈,谓之无用之文。韩愈死,其道弥光[4]。后来有学韩愈氏为文者,往往失其旨,则汩没为人所鄙笑[5],今则尤甚。尝有人以文投陈尧佐[6],陈得之竟月不能读。即召之,俾篇篇口说,然后识其句读。陈以书谢且戏曰:"子之道,半在文,半在身。"以为其人在则其文行,盖谓既成文而须口说之也,是知身死则文随而没矣,于学古也何有哉!

咸平六年七月,冲奉诏为绛州通判,月余,观《园池记》其石甚卑小,文字多椎缺[7],因熟读。及游览园池,考其亭台、池塘、渠窦、花木、隄原、川河、井闾、墙墉、门户,凡为宗师笔纪处所者,虽与旧多徙移,然历历可见,犹视其文未能过半。樊之《记》有亭個涟,曰香、曰新、曰望月、曰柏,有塘曰苍塘,有隄曰风隄,有原曰鳌蚸原[8]。惟正西曰白滨,今无遗址。又疑其指水涯为亭名也。冲登城西与北引望,所谓"黄原抉天,汾水钩带"者,在其《记》又得一二。其亭为今之所存者,惟香亭与望月焉,按其去处,又非旧也。其余皆非当时所名者也。得非遭梁、周间镇是郡者咸因循改易也? 苍塘堙没矣。风隄、鳌蚸原,虽问老吏故氓[9],是非难校。

今之亭有东南者曰四望,居高台,临廓市,可以望也。依斛律光庙之东曰望京[10],据北曰香,香之西北曰会宾。前垂岸之下,连柏阴曰水帘,池之中曰水心。跨昂桥、历虎豹门而西曰曲水。既北少西,夹池曰望月。又北限条竹沟水,曰礼贤。且西,密梨园曰感恩。南对远引曰射圃,可以习射也。前畦蔬,夏花新竹三四本,后压隄,屈律西北来。窦水上走,别一亭曰姑射,西北正与姑射山相对。最居北城上,西连废门台楼,东北可周览,人家依崖壑列屋高下,水竹葩花,老枣翳桑,阴密郁邃[11],硠响激流,引溉蔬圃,环折萦带,尤可登望。今题二亭曰浩气、菡萏[12],皆北向。浩气连仁丰厅后,当退时,可逍遥养浩然之气也。菡萏荫虎豹门,其下皆芙渠菡苔也。今之亭既异于樊文且多焉。

其余渠窦引决，花木荫滋，岁久且古，与《记》舛讹，不可验矣。《记》之易解者，在其文曰："西南有门曰虎豹"，其门犹在。左画虎，鼓怒扶力[13]，呀而人立，所谓万力千气，虓伏地，雹火雷风黑山，震将合[14]。右胡人髯，黄帑累珠，丹碧锦袄，身刀，囊靴树绺，悉如《记》[15]。白豹玄斑焉，皆非故物也，亦后来好事者图之。

又曰："考其室亭沼池之增，盖豪王才侯袭以奇意相胜，至今过客尚往往指可创起处。"如此不过数处，俾人再三读之，可晓□理。如曰："水本于正平轨。"正平，带郭县也。隋开皇十三年，内军将军梁轨为临汾令[16]，临汾即正平也，十八年改正平也。轨字世暮，材令也，患州民井滷，生物瘠瘦，因凿山原，自北三十里引古水[17]，地缺绝，经濠坎，则续之以槽。穿城塘，入衙注池，别分走街衕阡陌[18]，汩汩然鸣激沟渠，又溉灌畦町，迄入于汾河。其文多如此类，故欲使人昏迷，往往莫辩其理。顷县前有梁轨《遗记》，熟见其迹，则知"水本于正平轨"由此而发语也。余无遗据，则皆莫能知。

呜戏！文者道之车舆也，欲道之不泥，在文之中正。秦世以前，淳而不漓；炎汉之间，焕而不杂。□魏与晋，稍稍侵害。自兹而下，驱而折脊。隋唐以来，譬为二途，既不相近，颇甚攻毁。夫圣人文章，若八卦、象、繇、爻、象之体，虽不肤浅，然圣人之文，终能传解。孔子《系辞》，则皎然流畅。其《诗》《书》《礼》《乐》之文，披之皆可见意。是圣人于文章，本在达意垂法而已，不必须奇怪而难入也。由经书外，子、史、百家之言，固可通导。独扬雄《太玄》，准《易》而为之，当时之人或不肯一览。故文章在乎正而不杂，但如两汉风骨，则仲尼、周公复出，固无所嫌也。

太子中舍耿君说知是州将一年，常念《园池记》既历年岁，惜其文字缺落，因磨石别刊之[19]，以传其文。中舍世为儒家，故弟起居郎、直昭文馆望，博古有文章，爱急救民，竭力吏道，因滞外使，连漕运数道咸平六年四月死王事于河北[20]。是以中舍常喜人有名于世，故拂拭樊刺史所为□，俾不坠没，亦大好事者也。冲略而序之，冀后来者知文之指归。冲通治晋州时，尝与晋守何公亮书，论樊宗师所为文章，何以书答冲，剖析尤见为文之深旨。其二书今亦刊之记后。

景德元年九月五日序。

【作者简介】

孙冲，字升伯，赵州平棘(今河北赵县)人。举明经，历古田、青阳尉、盐山、丽水主簿。后举进士，登甲科，授将作监丞，历通判晋、绛、保州，因事降监吉州酒，累迁太常博士。历知棣州、襄州、河阳、潞州、河中府，累迁刑部郎中，历湖北、河东转运使、太常少卿，再迁给事中。有《五代纪》77卷，今不存。

【注释】

[1] 樊宗师，生卒年不祥。字绍述，河中(今山西永济)人，亦作南阳(今属河南)人。

唐散文家。元和年间举军谋宏远科,曾任绵州、绛州刺史,转任谏议大夫,病卒。为文力主诔奇险奥,流于艰涩怪僻,至不可句读,时号"涩体"。长庆三年(823)撰《唐绛守居园池记》。原有集,已失传,今仅存散文两篇,诗一首。

[2] 韩愈(768—824),唐代文学家、哲学家。字退之,河阳(今河南孟州)人。祖籍河北昌黎,世称韩昌黎。谥号"文",又称韩文公。他与柳宗元同为唐代古文运动的倡导者,主张学习先秦两汉的散文语言,破骈为散,扩大文言文的表达功能。宋代苏轼称他"文起八代之衰",明人推他为唐宋八大家之首,与柳宗元并称"韩柳",有"文章巨公"和"百代文宗"之名。有《昌黎先生集》。

[3] 张籍(约767—约830),字文昌。原籍苏州(今属江苏),迁居和州乌江(今安徽和县乌江镇)。经孟郊介绍,在汴州认识韩愈。时韩愈为汴州进士考官,张籍被荐,次年在长安进士及第。与白居易相识,互相切磋,是中唐时期新乐府运动的积极支持者和推动者。皇甫湜(约777—835),字持正。睦州新安(今浙江淳安)人。元和元年(806)进士,历陆浑县尉、工部郎中、东都判官等职。他与李翱都是韩愈的学生,与韩处于师友之间。李翱发展了韩文平易的一面;皇甫湜则发展了韩文奇崛的一面。有《皇甫持正文集》6卷,文30多篇。李翱(772—836),习习之。陇西成纪(今甘肃秦安东)人。一说赵郡人。贞元进士,官至山南东道节度使。哲学上受佛教影响很深。所著《复性书》,糅合儒、佛两家思想,认为人性天生本善,提出以"正思"方法,消灭邪恶的"情",达到"复性",成为"圣人"。曾从韩愈学古文,是古文运动的积极参加者,文风平易。有《李文公集》等。

[4] 光:光大。

[5] 汩没:埋没。

[6] 陈尧佐(963—1044),字希元,号知余子,阆州阆中人(今四川南充阆中)。北宋太宗端拱元年(988)进士,历县尉、通判、知州、转运使、知制诰、节度使、拜枢密副使、参知政事,同中书门下平章事、集贤殿大学士。为防钱塘潮,提出"下薪实土法",即先用木桩打入土中,再用树枝横放,实以泥土打紧;为堵黄河在滑州缺口,创"木龙杀水法",此法用木条织成长条形木笼,内实泥土、树枝、石块,集中向河堰缺口处投掷。引汾水潴湖泊,沿河环湖种植柳树数万,海棠、梨树布满沿岸,时人称为"柳溪"。诗作多写山水花木,寓志谈史,明白清丽。文集30卷等均佚。

[7] 椎缺:谓脱漏缺失。

[8] 鳌蚚:音 áo huī。鳌,海中大龟。蚚,猪拱地。

[9] 故氓:老居民。

[10] 斛律光(515—572),字明月,北齐名将。朔州(今山西朔县)人,高车族。出身将门,斛律金之子。初任都督,善骑射,当时号称"落雕都督"。后历任大将军、太傅、右丞相、左丞相等,封咸阳王。二女为妃子,其一为北齐后主高纬的皇后。光骁勇善战,在与北周近20年的征战中,多次指挥作战,均获胜利。少言刚急,治军严明,身先士卒,不营私利,为部下敬重。武平三年(572),后主高纬听信谗言,将其诱杀,时年五十八。

[11] 郁邃:浓郁深邃。

[12] 菡萏:古时荷花的别称。

[13] 鼓怒:鼓荡激动,气势沸盛。扶力:勉力。

[14] "所谓"句:引《绛守居园池记》原文。

[15] "右胡人髯"句,亦引樊文。髯,音 péng,本义头发披散。帴:音 yuān,旗幡。

[16] 梁轨:字世谟。隋开皇十三年(593)以内军将军为临汾令(新绛古称临汾)。到任后

实地调查,发现地干旱而水空流。于是发动民众,开发治理鼓堆泉12渠。又因地制宜,建造石闸激水灌田。经数年努力,终于完成。工程使全县自北至南的25个村庄直接受益,灌田500顷。余水流入县城,流经县衙后兴建的花园,后世称"隋代花园"。流入县城的水成为居民饮用水。

[17] 原注:《图经》云鼓堆水。

[18] 街衖:大街小巷。衖:音 xiàng,同"巷"。里中巷。

[19] 刊:刻。

[20] 咸平六年:1003 年。

奏论金明寨状

北宋·尹 洙

【提要】

本文选自《全宋文》卷五八七(巴蜀书社 1991 年版)。

西夏王李元昊于宋宝元元年(1038)正式称帝,随即对周边发动战争,宋朝于是加强西北防守。元昊立国之初,西夏总军力达 50 万人,尚不包括一旦开战便从各部落征民为兵之人,真可谓全民皆兵。

李元昊立国时,宋大将葛怀敏征召尹洙为经略判官。其职位仅次于经略使(宋代沿边各路所设长官,常兼安抚使,负责一路军事、行政)、经略副使,为边防高级属官。稍后,朝廷任夏竦为经略、安抚使,范仲淹、韩琦为副职,仍以尹洙为经略判官。尹洙多次上疏议论边防战事,请求"减并栅垒,招募士兵,省骑军,增步卒"。

修筑金明寨问题,尹洙称,"臣不知新城利害",但以功料计,修新城不如缮旧城,为何? 旧城有基础,省功省料;而新城的功与料几乎都是旧城缮修所费的 3 倍。"赵振等所屯兵马一万余人"是为了警备非常情况的,加上霖雨,从延州转搬粮草到金明寨需要 9 次涉水。如果调动他们,必然暴露;如果另想办法,修城必然拖延至冬天。按照尹洙的想法,自然是缮修旧城为上策。

宋朝在西北当时采取的国策是防御,所以修筑城池就成为头等大事。尹洙在《申和雇人修城状》中,提出就近在鄜州雇请人夫"修筑延州外寨"。这样,即使"一闻虏众虚声",也不至于纷然溃散,因为富民自募的修城民夫,其籍贯名谁全都知根知底,一目了然。此外,金明寨守城将士口粮的发放与管理,他也提出了合情合理的办法。

这两篇文字,让我们在近千年之后仍可见尹洙的赤心为国之情怀。可是,北宋仁宗康定元年(1040),西夏景宗李元昊统 10 万大军攻宋延州(今陕西延安)。西夏军先佯攻保安军(今陕西志丹),引延州军出援,元昊趁机攻占延州北面的金明寨,进围延州。宋延州知州范雍四处调兵,援救州城。宋将刘平、石元孙等领兵万余人,忙还救延州。西夏军伏兵于三川口(今陕西安塞东),将宋援军包围。夏军四面合击,宋军全线崩溃。夏军俘获刘平、石元孙等多名宋将,大获全胜,复乘势围攻延州。夏军连攻延州7日,恰逢天降大雪,只好撤军解围。回师途中又连克塞门、安远两寨,攻掠泾原路,于三川寨(今宁夏固原县城西北)等地,斩杀宋将杨保吉等。此次战役史称"延州之战"或"三川口之战"。此战为西夏的生存与发展奠定了军事基础。

城垣固然重要,但外敌来侵,真正固若金汤、克敌制胜的是人心齐、策略善,而非仅仅城垣固。

右,臣今月十三日到金明寨,问得添修旧城次第[1],已于九月下手修筑新城。臣不知新城利害,但以功料计之,旧城计功二十万,见役兵夫不及五千人,须四十余日方成。新城计功五十九万七千,须一百二十余日方成。即今赵振等所屯兵马一万余人[2],日夕披带,以备非常。加以霖雨,自延州转般粮草,凡九次涉水,方到金明。兵众暴露,惟宜责以近期。若或更张,必是迁延至冬,转恐不易。臣初闻移改新城,寻知张存已有奏论,臣此不敢更烦圣听。及臣自金明回,又知再降札子,兼内臣相次到州,切虑依禀圣旨[3],须至改移。伏望圣意详臣所奏,早赐指挥。

【作者简介】

尹洙(1001—1047),字师鲁。河南(今河南洛阳)人。天圣二年(1024)进士,授绛州正平县主簿,历河南府户曹参军、太子中允等。范仲淹因指责承相被贬饶州,尹洙上疏自言与仲淹义兼师友,当同获罪,于是被贬为崇信军节度掌书记,监郢州酒税。陕西用兵,尹洙被起用为经略判官,累迁至右司谏,知渭州,兼领泾原路经略公事。为其部吏诬讼,贬监均州酒税。喜谈兵事,精于史学,提倡古文,有《河南先生文集》。

【注释】

[1]次第:情形,情况。

[2]赵振:字仲戚,雄州归信(今河北雄县)人。景德中,从石普于顺安军。李元昊反,唯振所领环州无患,以功迁鄜延路副总管、知延州。抚民安边,众乐为用。

[3]切虑:谓迫切考虑。

附:申和雇人修城状

北宋·尹 洙

昨日曾闻欲和顾人夫[1],修筑延州外寨。某以谓虏众压境,必无应募者。若率富民自募,则取庸过多[2]。加之预借庸直[3],方有往者;既往之后,一闻虏众虚声,必纷然溃散,既无姓名收捕,须合富室再募。恐奸猾太幸,大族重困。不若令鄜州和顾人夫,或添富室自募。既非远役,则顾直有限,兼应募者必众,却那鄜州兵夫往诸寨应役,似得允当。

金明所驻兵士将合请口食二胜半[4],细计到白面一斤半,若作面饼三个,充一日食,众必大便,逐日依旧令火头煎汤俵食。即恐磨户只磨官麦,即白面大贵也。斟量所磨之数,官收其半庸,又给与麸,则磨户无校。若以面数少,即令间日或三日一次,令请白米。其自来军行非次,除口食合散馓糊数目,并依旧例支散[5],即不以此充数。或有疑难者,乞晓示诸军兵士。情愿请口食白米者,亦听,则众情可知。兼今后常作准备,每遇军行,各给与三两日食,免至途中作饭,或闻寇至则不暇食,又省得预办军储,以致不虞。

【注释】

　　[1]和雇:古代官府出钱雇用人力。

　　[2]取庸:招工。

　　[3]庸直:工钱。

　　[4]二胜半:谓二斤半。胜,谓超过。

　　[5]支散:发放,散发。

秦州新筑东西城记

北宋·尹　洙

【提要】

　　本文选自《全宋文》卷五八七(巴蜀书社1991年版)。

　　文中,尹洙认为城不可废,他说,"圣人以不教战为弃民",武库甲兵有其用。

　　尹洙说,庆历二年(1042)距西师设用已经16年,"边将增壁垒"。1026年以来,西夏犯边越来越频繁,破坏越来越大,宋夏边城修筑常常"严期办",于是,"削制度,苟谋亟成"。结果是,"豆腐渣工程"出现,不久就要改建,既伤民力,又耗财力。

　　秦州在宋、西夏边境,位于今甘肃天水市。北宋立国之初,秦州即被宋与吐蕃划为两半,秦州成为边境地区。北宋朝廷把秦州放在地当宋、吐蕃、金、西夏族战略要冲的位置,意欲以秦州为大本营,向西向北推进,以图大业。身为陕西经略安抚副使、主持泾原路的韩琦申请增筑秦州城,"公择材吏,授之规模,东西广城四千一百步,高三丈五尺","内与旧城连属,合为一城"。东西城连为一体,数万家城外暨屯营居民顿时有高墙大垣庇护矣。正因为如此,寒冬十月开始的筑城活动,百姓仍然杵舞如飞,歌声遏云,三个月就造好新城。

值得一提的是，韩琦还筑新堤以预导罗谷之水，虽然当时大家都觉得很奇怪，但"明年夏，大雨，水循新堤，绝不为城害"，众人终于信服韩公的远虑深谋。如尹洙所言，"如虏以吾城守既备，息其睨边之谋"，秦城实为边境要塞。

除了军事价值以外，秦州还是宋朝重要的边境口岸。宋仁宗时在秦州设立交易市场，年支银四万两，绸绢一万五千匹，向少数民族购买良马八千匹。熙宁七年（1074），宋神宗在秦州设立茶马司，负责与吐蕃、西夏的茶马交易。一时间，秦州商旅云集，"西人颇以善马至边，所嗜唯茶"（《宋史·食货六》卷一八四），西域麝香、水银、牛黄、珍珠源源而来，丝绸、茶叶、金器、银器、漆器汩汩向西。同时，秦州也是宋京师的木材基地，"渭河之南大洛门、小洛门多产良木……京师收获巨木之利"（引自《宋时期秦陇地区各部族及其居地考》，载《西北师大学报》社科版 1996 年第 2 期）。秦州还是北宋的铁、银重要产地和铸钱之所。宋神宗熙宁年间（1074—1077），仅秦凤路收开采矿课铁 13.76 万斤、银 483 两。于是，宋神宗元丰四年（1081）在秦州设铁钱监，专铸铁钱。秦州经济大兴，居民达到 4.86 万户，人数12.3万之多。

城，武备之一，譬于兵，为器之大者也。古圣王捍患底民[1]，弓矢甲胄，与城郭沟池交相为用，以利后世。世人不推究古始，以为王者专任德教，不必城守为固。果如是，武库甲兵将安用邪？圣人以不教战为弃民，兵不可得而废，犹城之不可废。呜呼！世人未之思也。

上之十六年，始用西师，边将增壁垒，浸为守备[2]。又二年，虏犯塞，震动鄜、延之师。自潼关以西，诸州悉城，群议靡然[3]，无复立异者。然而事暴起，严期办，甚者削制度，苟谋亟成[4]。既而不免改作，重伤民力，比之平时预为之图，劳费过半矣。

秦州自昔为用武地，城垒粗完，数十年戎落内属益众，物货交会，闾井日繁，民颇附城而居。韩公作镇之初年，籍城外居民暨屯营几万家。公曰："是所以资寇也。"乃上其事，以益城为请。诏从之。公择材吏，授之规模，东西广城四千一百步，高三丈五尺，基厚皆称是，内与旧城连属，合为一城。自十月至正月，以毕事闻，总工三百万，秦人壮之。是岁尽冬无甚寒，杵者声讴，以致其乐焉。

先是，郡有罗谷水[5]，自北山而下，公导之，使西塞故道以治城，众颇为疑。明年夏，大雨，水循新堤，绝不为城害，众乃服。

或者以虏数敌中国，今作城，只以自守，非制虏术。此大不然，今之所患，边垒未能尽固耳。果尽固，虽虏至，吾兵得专力于外，胜势多矣。如虏以吾城守既备，息其睨边之谋[6]，则《兵志》所谓"无智名，无勇功，善之善者"也。

公忠国爱人之心，其在兹乎！自始事，公宴犒慰劳，无日不至。既成，由诸校而上，天子又第其劳加赐焉[7]。

《春秋》，列国兴作皆以书。城之四月，某得以州事佐公，故详其实而书之。凡董役之长,暨勤事之吏,皆刻名于石阴。庆历二年八月十五日记。

【注释】

[1] 捍患:谓守护,防备。底民:底层百姓。

[2] 浸:音 qīn,渐。

[3] 靡然:草木顺风而倒貌。喻望风响应,闻风而动。

[4] 亟:急切。

[5] 罗谷水:源自大岳山,分流入于秦州。

[6] 睨边:窥视边境。

[7] 第其劳:谓排列功劳。

大宋兴州新开白水路记

北宋·雷简夫

【提要】

本文选自《全宋文》卷六六一(巴蜀书社 1991 年版)。

在甘肃略阳县白水江镇小河村青崖湾组与徽县大河乡瓦泉村高家山组交界处的徽白公路北侧石崖上,镌刻着北宋时期的摩崖碑刻《新修白水路记》,当地人称"大石碑"。

碑刻记述的是至和二年(1055)冬,利州路转运使李虞卿为便利河池(今徽县)、长举(今略阳白水江)、顺政(今略阳)三县和蜀道交通邮驿,避开青泥岭旧路高峻险难,决定一边修路,一边上书朝廷,即文中描述的"具上未报,即预画材费,以待其可"。

第二年春天,李虞卿命兴州巡辖马递铺、殿直乔达领"桥阁并邮兵"500 余人"因山伐木",参与修路,知兴州军州事虞员外郎刘拱总护督作,"一切仰给,悉令为具";兴州判官李良祐、顺政县令商应,测量距离远近,勘查险难坦易,督促参与修路的役夫。修路涉及多个州县,于是,知凤州河池县事王令图"首建路议,路占县地且五十余里,部属陕西,即移文令图,通干其事",各地通力协作;事兴未讫,李虞卿就被擢任东川路,田谅继任转运使,继续修路。正因为上下、各地、前后长官通力合作,白水路当年 12 月便正式开通了。

文中说道:"至秋七月始可其奏,然八月行者已新路矣。"即八月就可供行人商旅了。这条新路"十二月诸工告毕:作阁道二千三百九间,邮亭、营屋、纲院三百八十三间,减旧路三十三里,废青泥一驿"。不仅如此,由于新路平夷坦畅,通行快捷,还"除邮兵、驿马一百五十六人骑,岁省驿禀铺粮五千石、畜草一万围,放执事役夫三十余人"。作者感慨:"大抵蜀道之难,自昔以青泥岭称首。一旦避险即安,宽民省费,斯利害断然易晓。"白水路全长 60 余华里。

白水路的开拓,使"居天下之脊,山高水激"(杨昌浚《徽县大河店路碑记》)的秦陇蜀咽喉、陕甘川通道豁然畅通。《略阳县志》:白水路沿小河段"壁立百仞,长数十里,其上铁石山龟崖不可凿,其下河流湍急不可渡,其路则适当孔道不可断"。《汉中府志》评价此路说:"经营实难,继成不易,非有深心定识者,孰能为此? 读《白水路记》,不胜叹息!"

为褒扬其功绩,经奏请朝廷,曾任秦州监察判官的著名书法家雷简夫受命写了这篇路记并撰书篆额:"大宋兴州新开白水路记碑",以彰其功。嘉祐二年(1057)二月六日,碑镌刻于陡峻的白水路北崖壁上,金石学家称其为"白水路记摩崖"。摩崖碑刻呈长方形,距地面 7 米,碑通高 2.83 米,宽 1.83 米,碑面凹进石崖0.25 米。碑文楷书颜体字 26 行,满行 37 字,字径 25 厘米。因人迹罕至,虽已历900 多年,此碑独获保全,文字完整无缺,堪称金石档案的瑰宝,现已成为国家重点文物保护单位。

至和元年冬[1],利州路转运使、主客郎中李虞卿[2],以蜀道青泥岭旧路高峻,请开白水路,自凤州河池驿至兴州长举驿五十一里有半,以便公私之行。具上未报,即预画材费,以待其可。

明年春,选兴州巡辖马递铺、殿直乔达,领桥阁并邮兵五百余人[3],因山伐木,积于路处,遂籍其人,用讫是役。又请知兴州军州事、虞部员外郎刘拱总护督作,一切仰给,悉令为具。命签署兴州判官厅公事、太子中舍李良祐,权知长举县事、顺政县令商应,程度远近[4],按视险易,同督斯众。知凤州河池县事、殿中丞王令图首建路议,路占县地且十五余里,部属陕西,即移文令图,通干其事[5]。至秋七月始可其奏,然八月行者已走新路矣。

十二月诸功告毕:作阁道二千三百九间,邮亭、营屋、纲院三百八十三间[6]。减旧路三十三里,废青泥一驿,除邮兵,驿马一百五十六人骑,岁省驿廪铺粮五千石[7],畜草一万围,放执事役夫三十余人。

路未成,会李迁东川路。今转运使、工部郎中、集贤校理田谅至,审其绩状可成[8],故喜犹己出,事益不懈。于是斯役实肇于李,而遂成于田也。

嘉祐二年三月[9],田以状上,且曰:"虞卿以至和二年仲春兴是役,仲夏移去。其经营建树之状,本与令图同。臣虽承乏[10],在臣何力? 愿朝廷旌虞卿令图之劳,用劝来者。又拱之总役应用,良祐、应之按视修创,达之采造监领[11],皆有著效,亦乞升擢。至于军士什长而下[12],并望赐与,以慰远心。"朝廷议依其请。

初,景德元年尝通此路[13],未几而复废者,盖青泥土豪辈唧唧巧语,以疑行路。且驿废,则客邸酒垆为弃物矣,浮食游手,安所仰邪? 小人居尝争半分之利,或眭眦抵死[14],况坐要路无有在我,迟行人一切之急,射一日十倍之贵,顾肯默默邪? 造作百端,理当然尔。向使愚者不怖其诞说[15],贤者不惑其风闻,则斯路初亦不废也。大抵蜀道之难,自昔以青泥岭称首。一旦避险即安,宽民省费,斯利害断然易晓,乌用听其悠悠之谈邪! 而后之人见已成之易,不念始成之难。苟念其难,则斯路永期不废矣。

简夫之文虽磨崖镂石,亦恐不足其传。请附于尚书职方之籍之图[16],则将久其传也。嘉祐二年二月六日记。

前利州路诸州水陆计度转运使兼本路劝农使、朝奉郎、守尚书主客郎中、上轻车都尉、赐紫金鱼袋李虞卿,利州路诸州水陆计度转运使兼本路劝农使、朝奉郎、守尚书工部郎中、充集贤校理、轻车都尉、赐绯鱼袋、借紫田谅。

【作者简介】

雷简夫(1001—1067),字太简,同州郃阳(今陕西合阳)人。仁宗庆历二年(1042),杜衍荐为校书郎、秦州观察判官。历知坊(今陕西黄陵)、阆(今四川阆中)、雅州(今四川雅安)。嘉祐二年(1057)为辰、澧州安抚使。入为盐铁判官,出知虢、同二州,累迁职方员外郎。简夫为官,奖励贤才,政声卓著。撰书此摩崖碑时,在知雅州任上。

有意思的是,雷简夫最先发现了正"坎坷于场屋,失意于仕进","真王佐才也"的苏洵,并极力向镇蜀知益州府的张方平和翰林学士兼史馆修纂欧阳修推荐,才使"以懒废于世,誓将绝进取之意"的苏洵及其"不忍使之湮沦弃置"的苏轼、苏辙二子,于嘉祐元年(1056)三四月之交,取道正在修建中的白水路翻越秦岭,经长安到京师汴梁赴试,成为我国文坛上三颗巨星。雷简夫爱才荐三苏,传为佳话;白水路亦平添一段传奇。

【注释】

[1]至和元年:1054年。

[2]利州路:北宋至道二年(996),定天下为15路,有利州路。咸平四年(1001),分治利州、夔州二路,利州路治兴元府(今陕西汉中)。

[3]桥阁:栈道,阁道。桥阁兵,谓守桥士兵。

[4]程度:丈量计算。度,音duó。

[5]部属:谓属于。移文:古时文体之一。指不相隶属的官署间的公文。令图:善谋,远大的谋略。通干:谓协调,统一行动。

[6]营屋:营房。纲院:谓放置货物的屋院。

[7]驿稟:谓驿站所需的经费开销。稟,通"廪"。

[8]绩状:谓情形现状。

[9]嘉祐二年:1057年。

[10]承乏:谓继任。

[11]监领:监督掌管。

[12]什长:古时兵制,十人为什,置一长,称之。

[13]景德元年:1004年。

[14]睚眦:谓极小的仇恨。句谓极小的怨隙都可能闹出人命来。

[15]诞说:荒诞的言论。

[16]职方:古官名,掌知国家疆土版图。

宣化军新桥记

北宋·石 介

【提要】

本文选自《徂徕石先生文集》(中华书局1984年版)。

宣化军,在今山东高青县。1948年,高青县由原高苑县和青城县合并而成,取两县首字而得名。宣化有条小河叫清河,此河"流不绝如线,深不濡轨,广不逾丈",但"人病涉则甚于彭蠡、洞庭",为何?以舟渡河,"以扦以噬,憧憧往来,人罕完肤"。

正因为如此,自古以来便把修桥铺路作为己任的县官们自然将这条距县城北门才数步的桥记在心上。可是,事情进行得并不顺利,历任县官或因丁忧,或因调任,有的在任上修了,但修了还是坏了。

县官张景云到任当天便来到河上,有言:"州县之政,莫大于是者。"下决心修桥,可是也不顺利,夏六月桥落成的前夕,桥又坏,张景云认为桥"坏于奸","吾未讨奸者,终成吾桥,然后信吾之志"。抱定这样的想法,张景云更加勤奋地到工地察看,用好料,役良匠,事必躬亲,常常日没方归。

三次遭毁,之后,桥终于成了。作者认为,桥成是因为张君"克断""克诚"。

康定二年冬十月戊午[1],宣化军使、虞部员外郎张景云作清河桥成[2]。河初不通,故为之舟,则人利舟也。及其弊也,舟反害人,河不复通,故为之桥,救舟弊也。善哉,其达废也欤!圣人之于天下之道,有作焉,有因焉,有变焉。未有初也故作,未有制也故因,制失故变。变者,救其失也。汉董仲舒曰:"道者,万世无敝。非无敝也,得救之之道也。"毁舟为桥,善变者乎?《易》曰:"通其变,使民不倦。"其是之谓矣。

河去军北门数步,其流不绝如线,深不濡轨[3],广不逾丈,非如彭蠡、洞庭之险,而人病涉则甚于彭蠡[4]、洞庭,实舟之为也。舟有十五人,十五人为十五家,家率七口[5],为百五口,百五口之衣与食,皆取于舟。晨起,十五家磨牙动吻,伸颈奋距[6],以扦以噬[7],憧憧往来[8],人罕完肤。吁!上下相容,州县无政,孽苗遂威,奸府遂成[9]。凡此桥历二年,更六人,成辄坏者三,卒成于君。如此其艰,孽苗大而难拔也,奸府固而难破也。非君之诚与断,孰克哉[10]!

初,天章阁待制知淄州军州事郭公劝、侍御史京东转运使张公奎始谋毁舟建桥,授谋于县。而郭以忧去,张徙河东[11]。其后虞部郎中胥君谷继来为州,国子博士霍君某通判州事,虞部员外郎韩君谷为县。虽述六公之志,而桥再成辄再坏。

逮君,桥卒成。

当二公之去、桥再坏也,人咸曰:"桥不可作也。物有数,事有会[12],兴废存诸时,成败系于天,皆不在人。"君来代韩,闻其说,独以为不然。苟兴废成败皆不在人,则救怀、襄之患者,非禹也欤[13]?定管、蔡之乱者,非周公也欤[14]?平诸吕之难者,非勃也欤[15]?去鳄鱼之暴者,非吏部也欤[16]?作一桥不能图久,人无诚也,乃推诸天。患诚不至,而不患功难就。

视事之日,亟至河上,且叹曰:州县之政,莫大于是者。州之大者方千里,县之大者方百里,政之善恶不出千里之内。自西、自东、自南、自北,孰不由此涂出也?苟有利焉,天下享之;苟有害焉,天下被之。在《周官》则曰:"司险,周知其山林川泽之阻而达其道路。"在《孟子》则曰:"十月徒杠成,十一月舆梁成[17]。"在《春秋传》则曰:"启塞从时。"况二君谋于初,三君作于后,愿竭才卒成此桥。且舟为害也远矣,吾为利也岂谋近哉!百世后已,不可苟作。梓材以新,制度以侈。

夏六月己酉,明日落成。其夕,桥又坏。君曰:"天固助予,非有奸,桥何坏?"韩君再为桥,桥再为坏,坏有故也。吾一为桥,桥一坏,坏于奸也。吾未讨奸者,终成吾桥,然后信吾之志,而夺奸人之心,暴奸人之罪。益勤不懈,日出临河上,工之拙巧、材之良恶、斧斤之高下、绳墨之曲直,必亲焉,毋不良,日入归。如此九十有七日,桥乃成。凡五杠[18]、三十七柱、七十八梁,皆大木也,所以取大壮而图不朽。

噫!衣乎舟、食乎舟者百有五,爪距森森,牙齿颜颜[19],相与横歧盘错于其间[20],崇奸深,树孽大。非君智果,奸府不破;非君特达,孽苗不拔。始其再坏、三坏也,众口嚣嚣[21],咸请罢。由于克断[22],君听不乱;由于克诚,此桥卒成。呜呼!君之功茂焉。

十月初九日记。

【作者简介】

石介(1005—1045),宋代散文家。字守道,兖州奉符(今山东泰安)人。曾居徂徕山(泰安城东南)下,时人尊称徂徕先生。26 岁时,举进士,历任郓州观察推官、南京留守推官等职,后为国子监直讲、太子中允、直集贤院。为国子直讲时,正值吕夷简罢相,仁宗进用韩琦、范仲淹、富弼、杜衍等人,他喜而作《庆历圣德颂》,歌颂朝廷退奸进贤,不指名地斥权臣夏竦为大奸。因惧祸而求出,为濮州通判,未赴而去世。但夏竦仍借事诬石介诈死,奏发棺验尸。其事虽因杜衍及众士保奏而免,但累及妻子,20 年后才得昭雪。

石介与欧阳修、蔡襄等同年登科,欧阳修对他的诗文都比较推重。他曾极力提倡古文,尊崇韩愈,阐述道统。他认为道成于孔子,继之者则是孟轲、扬雄、王通、韩愈。他和孙复、胡瑗在泰山书院开馆收徒,提倡师道,号称"宋初三先生"。有《徂徕石先生文集》。

【注释】

[1] 康定:宋仁宗赵祯年号,1040—1041 年。

[2] 宣化军使:宋代地方行政分为路、府、县三级,军一般为府州级,但宣化军是县级军。县级军使与知县往往互兼。虞部:古职官名,宋因之。主管山泽、苑囿、草木、薪炭等。

[3] 濡:湿。

[4]彭蠡:即彭蠡湖,为鄱阳湖古称。

[5]率:大概,一般。

[6]磨牙动吻,伸颈奋距:谓早上醒来,要干活、要进食。

[7]抟:音 tuān,盘旋,往来。

[8]憧憧:音 chōng,来往不绝貌。

[9]孽苗:恶劳的根苗。奸府:谓地方恶势力。

[10]诚与断:谓诚心与果断。克:谓"成"。

[11]忧:丧事。河东:泛指今山西。

[12]数:定数,规律。会:会合,时机。

[13]怀襄之患:大水包怀淹襄,大禹救之。典出《史记·禹本纪》。

[14]管蔡之乱:周武王死后,其子成王年幼,周公旦摄政。其兄弟管叔、蔡叔与霍叔等叛乱,周公奉命平乱,三年后功成。

[15]诸吕之乱:汉高后八年(前 180),吕后去世。吕姓王欲起兵叛乱,夺取刘汉政权。汉大臣里应外合,长安城内太尉周勃、右丞相陈平设计捕杀诸吕,还政于刘氏。

[16]鳄鱼:此谓奸、酷之吏。

[17]徒杠:可供徒步行走的小桥。舆梁:桥梁。

[18]杠:通"抬"。

[19]颜颜:灼灼貌。

[20]横歧盘错:纵横交错、杂间叠加。

[21]嚣嚣:(议论)鼎沸。

[22]克断:谓能够独立判断。克:能够。

言运河奏

北宋·文彦博

【提要】

本文选自《全宋文》卷六四七(巴蜀书社 1991 年版)。

这是文彦博关于大运河系列奏章中的第一篇。

北宋时,运河(即宋之御河,也即永济渠)亦为北宋朝廷与北方相联通的重要河道。宋仁宗庆历八年(1048)商胡埽决口之后,黄河北流多次侵夺御河,导致河堤残破,河床淤积,已不堪承运。宋神宗熙宁三年(1070)三月,朝廷命"河北提举籴便粮草皮公弼、提举常平王广廉按视,二人议协。诏调镇赵、邢、沼、磁、相州兵夫六万人浚之(御河)"(《宋史·河渠志》)。熙宁八年(1075)有大臣奏请引黄河水注之御河,以通江淮漕运,仍置斗门以时启闭。其利有五:王供危急,免河势变移而别开口地;漕舟出汴,横绝沙河,免大河风涛之患;沙河引水入于御河,大河涨溢,沙河自有限节;御河涨溢有斗门启闭,无冲注淤塞之弊;德博舟运免数百里大河之险。神宗命征发兵夫万人，兴其役。

竣工后，皇帝又命河北安抚使文彦博复查河工利弊。文彦博勘察后，奏道：去秋，"开旧沙河，取黄河行运，欲通江淮舟楫……今年春开口放水，后来涨落不定，所行舟筏，多是轻载，官船木筏，其数至少。濒河官吏至于众人，无不知其有害无利"。又说："今来取黄河水入御河，大则吞纳不得，必致决溢；小则缓漫浅涩，必至于淀却河道。"

文彦博说，淤塞的河道绵延上千里，"必难岁岁开淘"，结果是"每处所运江淮之物，必不能过一百万斛"，获得的利益甚少，但引黄入御所费人力物力巨大，加之黄河大量的泥沙极快淤垫河道，所以引黄河水以济运道，实是害大而利小。确如文彦博所论，引黄入御，而与江淮漕运相通，给御河带来严重后果，御河河道很快被引入的黄河水淤浅填塞。此后，黄河溃决迭相出现，北宋政府东堵西决，西堵东溃，治理运河疲于奔命。

文中，文彦博还说，"都水外监臣更擘画于北京黄河新堤第四埽第五铺开置水口，放水入御河，以通行运"。文彦博称此举尤为乖张，因为这里曾是熙宁四年（1071）秋河下注御河的地方，当时朝廷派重臣"督役修塞，所费不赀，仅能闭塞"。而现在，却成了黄河入御河的水口。

最后，文彦博呼吁朝廷委任清正强干的官员，勘查、筹划疏导方案，让沿河百姓人户安定。

北宋年间的大运河，已成为沟通经济重心与政治中心交通、运输、人员交流的大动脉和维护国家统一的生命线。那时，汴河运输日益繁巨，以至"漕引江湖半天下财赋，并山泽百货悉由此路而进"（白寿彝：《中国通史》，第93页）。同时，隋、唐、北宋年间，通过大运河已形成了全国四通八达的北上交通网。所以运河在"隋唐水道交通上的地位，比江河等水运要居较高的地位"，已成为"中央政府的支柱"，而到北宋年间，大运河"至成为建国之本"（同上，第129页）。因此，大运河的畅通与否，事关国脉。

臣勘会自去年秋于卫州界王供埽次下开旧沙河[1]，取黄河行运，欲通江淮舟楫，彻于河北极边。自今年春开口放水，后来涨落不定，所行舟筏，多是轻载，官船木筏，其数至少。濒河官吏至于众人，无不知其有害无利，枉费功料极多[2]。臣勘会所开运河，在臣部内，兼御河穿北京城中过[3]。始初犹未审知开置子细[4]，今即目睹利害，所系甚大，苟雷同缄默，年岁间必须破坏却御河久来行运，至公私受弊，乃是臣坐观而不言之罪。

臣按御河上源[5]，止是百门泉水，其势壮猛，相次至卫州以下，可胜三四百斛之舟，四时行运，未尝阻滞，公私为利。其河道大小，亦如蔡河之类，其堤防不至高厚，亦无水患。今来取黄河水入御河，大则吞纳不得，必至决溢；小则缓慢浅涩，必至于淀却河道[6]。凡上下千余里，必难岁岁开淘，此必然之理[7]。今来冬初已见淤淀却河道，阻滞舟舡处甚多。若谓通江淮之运，即易见其有害无利。自江浙、淮、汴入黄河，顺流而下，又合于御河，计每处所运江淮之物，必不能过一百万斛。

臣勘会前年自汴便入黄河运粳米二十二万五百余石，至北京下卸[8]，止用钱四千五百四十余贯。和顺车乘般至城中[9]，临御河仓贮纳。若般一百万斛至北京，只计陆脚钱一万五六千贯，若却要于御河装舡般赴沿边，无所不可，用力不多，所费极少。

臣勘会得所开运河口并置闸口，去秋至今年四月终，已役过一百一十四万六千余工，五月后至冬，闸口所用人工不在此数。自今年正月后至九月终，已使过物料一百二十余万，钱粮计七万七千余万贯石。十月后至闭口，所费物料不在此数。又特置河清兵士六百人，每岁衣粮约用二万七八千贯石匹两[10]。又称费用物料，全类汴口。每岁所要稍草、桩橛、竹索，就小计之，合用百余万数。假使黄河入御河无决溢浅淤之患，每年般得及一万石，其费与顺河而下至北京，止费脚钱一万五六千贯般至御河，其利害明白可见。

臣又勘会去年冬，都水外监臣更擘画于北京黄河新堤第四埽第五铺开置水口[11]，放水入御河，以通行运。此策尤为乖疏。其所欲置口处，乃是熙宁四年秋河下注御河之处。是时朝廷选差近臣并判水监官督役修塞，所费不赀，仅能闭塞。大名、恩、冀之人，被害尤甚，以至回移人使、驿亭、道路，迄今疮痍未平。今又建言欲于其处开置闸口，道黄河水入御河。都水监差官计会[12]，转运司并大名两通判同诣第四埽相视。众皆知其不可，然不敢斥言其害，恐忤建谋之官，止作迁延之计回报水监云[13]："候修御河堤防完固，方议开置河口。"况从来御河堤道，宛如蔡河之类，若欲吞纳河水，须至于汴岸增修，犹恐不能制畜[14]。盖地势倾泻，为害不细，濒河州县之人为未见定议，至今忧恐。及朝廷委清强官相视利害，早令议定可否，庶使人户安居。取进止。

【作者简介】

文彦博（1006—1097），字宽夫，汾州介休（今属山西）人。天圣五年（1027）进士及第后历任翼城知县、绛州通判、监察御史、殿中侍御史。以直史馆任河东转运副使。河东路所管辖的麟州，与西夏相邻，运饷道路迂回绕远且难走。文彦博上任，亲自带人修复银城河外唐朝故道，使运饷船只畅通无阻，在麟州城里积聚了大量粮草。西夏元昊率军来攻，看到宋军有准备，遂撤去。因军功升同中书门下平章事，集贤院大学士。至和二年（1055）六月，再任同中书门下平章事、昭文馆大学士。历任河南府、大名府、太原府等地方官。英宗时，文彦博任枢密使。因反对王安石变法，改任地方官，后以太师致仕。有《大飨明堂纪要》二卷，《药准》一卷，已佚。今存《文潞公集》四十卷。

【注释】

[1]勘会：审核议定。卫州：唐时，卫州辖境相当今河南新乡、汲县、辉县、浚县等地。治所汲县。

[2]功料：工程及其所用的材料。

[3]北京：即北宋时大名府（今河北大名东北）。仁宗时，吕夷简以真宗曾驻跸大名府亲征契丹，奏请之为北京。

[4]子细：详情，原委。

[5]御河：永济河在清池县西三十里，自南皮县（今属河北）来，入清州，呼为御河。北宋时期，河北路的御河在当时是一条较为重要的内陆运河，它是由隋唐时期的永济渠发展而来的。在当时南北对峙之下，北宋政府通过它运输物资至河北边地养兵戍边。御河作为漕运渠道，其功能的最终消失是由于黄河侵占其河道所造成的。

[6]淤淀:淤塞积淀。却:退。谓河道因淤泥不断堆积而越来越浅。

[7]原注:据本府通判并诸县申,检视到御河因透入黄河水,淤淀处甚多。

[8]原注:据押茶纲供奉范九皋称:九月一日到运河口,为浅涩无水,住滞数日,遂至于黄河,顺流下至北京马陵渡般卸茶入城,水路快,便早得了当。

[9]般:通"搬"。

[10]原注:所置河清六百人,乃云诸埽各取七人,可充六百之数,诸埽即未销添填。此乃欺诞之语。如七人是诸埽额外剩数,即便合省罢减得岁费衣粮。诸埽既是缺人,相次便须添填,其六百人终是创增请受,只要时下欺诳。

[11]擘画:筹划,安排。

[12]差官:朝廷临时派遣的官员。计会:计虑,商量。

[13]迁延:拖延,延后耽搁。

[14]制畜:控制蓄积。畜:同"蓄"。

沧浪亭记

北宋·苏舜钦

【提要】

本文选自《苏舜钦集》(上海古籍出版社1981年版)。

沧浪亭位于今天苏州城南,始建于北宋。以罪废归的苏舜钦扁舟吴中,所过之处"土居皆褊狭",盛夏季节"不能出气"。于是寻思谋求"高爽虚辟"之地。一日,在郡学附近寻得"草树郁然,崇阜广水"的"弃地","纵广合五六十寻,三向皆水",更合其心的是"旁无民居,左右皆林木相亏蔽"。

于是,苏舜钦以四万钱购得这块原本钱氏近戚孙承祐之"池馆",构亭于水北岸边,名为"沧浪",除杂秽,植竹木,最终沧浪园变成了"前竹后水,水之阳又竹","澄川翠干,光影会合于轩户之间","尤与风月为相宜"的一处高爽静僻,野水萦洄,适宜"榜小舟""觞而浩歌,踞而仰啸,野老不至,鱼鸟共乐"的去处,利害荣辱尽忘矣。

苏舜钦以诗与梅尧臣并称苏梅,又与欧阳修相交甚深,多有唱和。在改革派苏舜钦、范仲淹相继被罢官之后,欧曾上疏力谏,被贬滁州。于是,范仲淹有《岳阳楼记》,欧阳修有《醉翁亭记》,苏舜钦也有了《沧浪亭记》和沧浪亭这座蘸饱文化"墨汁"的建筑。传说沧浪亭建成后,苏舜钦求联于欧阳修,欧的回信却只有上联:清风明月本无价。苏舜钦抄写完了上联,搁笔欣赏沧浪亭。沧浪亭是苏州唯以河水为源流的园林,虽隐于闹市之间却不隔世俗之水,暗合"沧浪"(《沧浪歌》云:沧浪之水清兮,可以濯吾缨;沧浪之水浊兮,可以濯吾足)之意,路随山转,水随人移,近山远水,郁郁葱翠。苏舜钦遂挥笔写下:近山远水皆有情。

今天的沧浪亭位于苏州城南人民路东侧沧浪亭街3号,园子面积16.5亩,内小池0.13亩,园外水面7.3亩。是一处仿宋园林。

予以罪废,无所归。扁舟南游,旅于吴中,始僦舍以处[1]。时盛夏蒸燠[2],土居皆褊狭,不能出气,思得高爽虚辟之地[3],以舒所怀,不可得也。

一日过郡学,东顾草树郁然,崇阜广水,不类乎城中。并水得微径于杂花修竹之间。东趋数百步,有弃地,纵广合五六十寻,三向皆水也。杠之南[4],其地益阔,旁无民居,左右皆林木相亏蔽[5]。访诸旧老,云:"钱氏有国,近戚孙承祐之池馆也。"坳隆胜势[6],遗意尚存。予爱而徘徊,遂以钱四万得之,构亭北碕[7],号'沧浪'焉。前竹后水,水之阳又竹,无穷极。澄川翠干[8],光影会合于轩户之间,尤与风月为相宜。

予时榜小舟[9],幅巾以往,至则洒然忘其归。觞而浩歌,踞而仰啸[10]。野老不至,鱼鸟共乐。形骸既适,则神不烦;观听无邪,则道以明。返思向之汩汩荣辱之场,日与锱铢利害相磨戛[11],隔此真趣,不亦鄙哉!

噫!人固动物耳。情横于内而性伏,必外寓于物而后遣。寓久则溺,以为当然;非胜是而易之,则悲而不开。惟仕宦溺人为至深。古之才哲君子,有一失而至于死者多矣;是未知所以自胜之道。予既废而获斯境,安于冲旷[12],不与众驱,因之复能乎内外失得之原,沃然有得,笑闵万古[13]。尚未能忘其所寓目,用是以为胜焉!

【作者简介】

苏舜钦(1008—1048),北宋诗人,字子美,梓州铜山(今四川中江)人,迁居开封(今属河南)。中进士后累官县令、大理评事、集贤殿校理、监进奏院等职。但其朝政之议切中要害、言辞激烈,因支持范仲淹的庆历新政,为守旧派所恨。庆历四年(1044)秋,时值进奏院祀神,按照惯例,苏舜钦用所拆奏封的废纸换钱置酒饮宴。王拱辰诬奏苏舜钦以监主自盗,苏舜钦旋即被削籍为民。罢职后苏舜钦闲居苏州。后起为湖州长史,不久病故。苏舜钦诗文与梅尧臣齐名,并称"苏梅"。有《苏学士文集》。

【注释】

[1] 僦舍:租屋。
[2] 蒸燠:酷热。
[3] 虚辟:空旷僻静。
[4] 杠:小桥。
[5] 亏蔽:遮掩。
[6] 坳隆:低凹凸起。
[7] 碕:音 qí,同"埼",曲岸。
[8] 澄川翠干:谓水碧竹翠,光影摇曳。
[9] 榜:船桨。此谓划(船)。
[10] 踞:蹲坐。
[11] 磨戛:摩擦撞击。戛:音 jiá,敲击。
[12] 冲旷:淡泊旷达。
[13] 沃然:受启发而领悟貌。笑闵:嘲笑怜悯。闵:通"悯"。

苏州洞庭山水月禅院记

北宋·苏舜钦

【提要】

本文选自《苏舜钦集》(上海古籍出版社1981年版)。

苏舜钦辞官入住吴门,就是今天的苏州。作者系舟之后,即登灵岩之巅,望太湖,俯视洞庭山。接着又邀徐、陈二君,来到水月寺,见"阁殿甚古,像设严焕"。

水月寺位于缥缈峰西北麓,因在峰顶俯瞰寺院,常为云雾阻隔,如镜中花、水中月般时隐时现,因而得名,山坞也因寺而得名水月坞。

水月寺始建于南朝梁大同四年(538),为江南名刹,相传为观音菩萨三十六相中"水月观音"造像的发源地。隋代寺废,唐朝初得重修,改名为明月禅院;北宋时真宗皇帝赐名为水月禅院,并赐御书金匾。这篇题记本是苏舜钦应邀记述洞庭山水月寺兴废历史的,但作者却把它写成一篇追忆昔游的游记,借以抒泄胸中抑郁。由于作者政治上遭遇不幸,心中不平,厌恶世俗,因此本文立意于写山水、赞僧人以寄托一种超脱现实的思想情绪。

但是,如果没有洞庭"崭然特起,霞云采翠,浮动于沧波之中"的一汪太湖碧水,苏舜钦不会晏居吴门而心安理得;如果没有"壤断水接,人迹罕至"的水月禅院,作者更不会心生"蜕解俗骨,傅之羽翰",飞出八荒之外的"遗民"之叹了。心落寞,寺精严,于是苏氏心生如此感慨。

水月寺元朝末毁于兵火,明宣德八年(1433)重建,恢复旧观。清末以来日渐衰落,至"文革"时寺毁。2006年,西山镇于原址重建水月禅寺,重刻宋苏舜钦《苏州洞庭山水月禅院记》碑,2007年对外开放。

予乙酉岁夏四月[1],来居吴门[2],始维舟[3],即登灵岩之巅[4],以望太湖,俯视洞庭山,崭然特起[5],霞云采翠,浮动于沧波之中。予时据阑竦首[6],精爽下堕[7],欲乘清风,跨落景,以翱翔乎其间,莫可得也。自尔平居[8],纩然思于一到[9],惑于险说[10],卒未果行,则常若有物膈塞于胸中[11]。

是岁十月,遂招徐、陈二君,浮轻舟,出横金口[12],观其洪川荡潏[13],万顷一色,不知天地之大所能并容。水程泝洄[14],七十里而远,初宿社下[15],逾日乃至,入林屋洞,陟毛公坛[16],宿包山精舍。又泛明月湾,南望一山,上摩苍烟[17],舟人指云:"此所谓缥缈峰也[18]"。

即岸,步自松间,出数里,至峰下,有佛庙号水月者,阁殿甚古,像设严焕[19],

旁有澄泉,洁清甘凉,极旱不枯,不类他水。梁大同四年始建佛寺,至隋大业六年遂废不存[20],唐光化中[21],有浮屠志勤者,历游四方,至此,爱而不能去,复于旧址,结庐诵经,后因而屋之,至数十百楹,天祐四年[22],刺史曹珪以明月名其院,勤老且死,其徒嗣之,迄今七世不绝。国朝大中祥符初,有诏又易今名。

予观震泽受三江[23],吞啮四郡之封[24],其中山之名见图志者七十有二,惟洞庭称雄其间,地占三乡,户率三千,环四十里[25]。民俗真朴,历岁未尝有诉讼至于县吏之庭下。皆以树桑栀甘柚为常产,每秋高霜余,丹苞朱实[26],与长松茂树相参差间。于岩壑间望之,若图绘金翠之可爱。

缥缈峰又居山之西北深远处,高耸出于众山,为洞庭胜绝之境。居山之民以少事,尚有岁时织纴树艺捕采之劳[27]。浮屠氏本以清旷远物事,已出中国礼法之外,复居湖山深远胜绝之地。壤断水接[28],人迹罕至,数僧宴坐,寂嘿于泉石之间[29]。引而与语,殊无纤介世俗间气韵,其视舒舒[30],其行于于[31],岂上世之遗民者邪!予生平病闵郁塞[32],至此喝然破散无复余矣。反复身世,惘然莫知,但如蜕解俗骨,傅之羽翰[33],飞出于八荒之外,吁!其快哉!

后三年,其徒惠源[34],造予乞文,识其居之废兴,欣其见请,揽笔直述,且叙昔游之胜焉耳。

【注释】

[1] 乙酉:宋仁宗庆历五年(1045)。
[2] 吴门:谓苏州。1044年,苏舜钦因事被劾,除名为民。次年来苏州,购地筑沧浪亭。
[3] 维:系。谓下船。
[4] 灵岩:山名。在今苏州市西,又名研石山。
[5] 崒然:突出貌。
[6] 竦首:引首。谓伸长脖子。
[7] 精爽:谓精神。《左传·昭公七年》:"用物精多则魂魄强,是以有精爽,至于神明。"
[8] 平居:平时,平素。
[9] 纩然:同"缅然",远远地。
[10] 惑于险说:谓听人说洞庭山危险,因而疑惑不定。
[11] 腷塞:压抑不痛快。腷,音 bì,心情郁结。
[12] 横金:今横泾镇,在苏州市西南,靠近太湖。
[13] 洪川:大水。荡潏:浩荡汹涌。潏:音 jué。
[14] 泝洄:同"溯洄",谓水程曲折回转。
[15] 社下:谓西洞庭山居民村社边的水上。
[16] 陟:登高。
[17] 上摩苍烟:谓山顶摩抚天空云彩。
[18] 缥缈峰:西洞庭山的主峰。
[19] 像设严焕:谓佛像和陈设都很庄严灿烂。
[20] 大业:隋炀帝杨广年号,605—616 年。
[21] 光化:唐昭宗李晔年号,898—901 年。
[22] 天祐:唐哀帝李柷年号,904—907 年。

[23] 震泽:太湖别名。

[24] 吞啮:谓太湖吞下了周围苏、湖、宣、常四州郡的地界。

[25] 环四十里:谓洞庭山周长。洞庭有三个乡大小,户口三千户。

[26] 丹苞朱实:谓朱红赤橙的果实。

[27] 织纴:纺织编结。纴,音 xún,编麻成物。树艺:谓耕植劳作。

[28] 壤断:谓在太湖中。

[29] 寂嘿:寂默。嘿,同"默"。

[30] 舒舒:从容舒缓。

[31] 于于:安然自在。

[32] 病闷:谓内向闭塞之病。闷:音 bì。

[33] 傅之羽翰:谓缚上了翅膀。

[34] 惠源:该僧徒的法号。谓当年"引而与语"和尚的僧徒前来求文。

并州新修永济桥记

北宋·苏舜钦

【提要】

本文选自《苏舜钦集》(上海古籍出版社 1981 年版)。

全长 700 余公里的汾河,是黄河的第二大支流。汾河太原段长度达 100 余公里。20 世纪 50 年代至今,已架起迎泽大桥、胜利桥、南内环桥、漪汾桥、柴村桥、长风桥、小店桥、祥云桥、长风桥等 10 座桥梁。

可是在北宋,要在河上架一座桥梁却非易事。处于汾河谷地的太原盆地,晋水、汾河等穿流而过,一到洪水季节,汾河等暴涨的河水冲刷沙壤,"批啮廉岸,势躁豪,颇为人忧"。于是,太守陈公率军民修起巨堤,河水西去,不再扰民。可是,西去的河水成为横亘数州面前的巨壑。虽有好心之人"权为徒杠"以便通行,但春天撤去之后,壑又复现,商贾徒叹路难行。

张公就任,仔细察访后"默有成算"。虽然当地顽嚚者散布谣言称"边氓骚之则急变生",张公悄悄聚齐造桥所需物料后,毅然下令"少者献力,老者馈饷",砍来北山之材,编成联排,塞住河水,开始下木造桥:"百选坚直,竖以为楹,长逾六仞半,植水下";楹柱立罢,"巨栋上偃,密楣对走,左右支翼,牢不可拔,中并四轨,直亘百丈"……作者非常具体、形象地描述了打桩竖楹、铺设桥面的造桥过程,桥历经一年方才完工,"腾突轩延,蔚若变化"。

桥成,百姓自然"弦竹歌谣,舞手相交",呼曰:"汾流汤汤,不复濡我裳裳;汾流泝泝,不复溺我携提。"

古代,修桥者众,但营造过程描述如此详细、逼真者鲜矣。

太原地括众川而汾为大,控城扼关,与官亭民居相逼切[1],每涨怒则汩漱沙壤[2],批啮廉岸[3],势躁豪,颇为人忧;今参政陈公,前守是郡,修巨防以障之,乃西渐,不复虞溃漏。

然而当数州之空道,传遽商役[4],日往来挑达不暇[5],自朝廷置守余五十年,无梁构得以直绝[6],流悍且浅[7],复不胜方浮以为济[8],行者苦于涉久矣,往往中道遇暴,不善游则溺焉。常岁秋冬之交,阳曲诛民钱近三百万,役农人不翅数千,权为徒杠[9],犹号便利,春则撤去,以避奔冲[10];蠹劳相缠[11],触寒瘃堕者十八九[12],吏缘奸求,民则甚病。众谓当然,不可改革。

庚午岁[13],天子辍谏议大夫张公领镇,亦既至止,悉条政务,访览物害者得闻斯。欲兴远谋,默有成算,遣牙吏秦谦助浮屠辈以谕郡中[14],命行众悉,勇输其有,俾归之县官[15],籍而领其事。豪之顽啬者[16],市语于人,以谓边岷骚之则急变生,且碍诏,言浸淫满道路间[17]。

公所守益恧[18],掣摇不解[19],未几,计其货登[20]徒杠三倍矣,公曰:"可矣!"乃卜期,少者献力,老者馈饷,斩北山之材,编连宛委,塞川下流,百选坚直,竖以为楹,长逾六仞半,植水下,巨栋上偃,密楯对走[21],左右支翼,牢不可拔,中并四轨,直亘百丈[22],人忘劬瘁[23],周岁告就。腾突轩延,蔚若变化,民请徙市以落之[24],弦竹歌谣,舞手相交,稚羣走趋,既过复返,贾贩旁午[25],以嗟以喜。邑之叟用歌曰:"汾流汤汤,不复濡我裳裳[26]!汾流沵沵,不复溺我携提[27]!不死不吊,我公之造!"予闻子产为郑,以乘舆济溱洧人,孟子谓惠而不知政[28]。公之力是物也,以佚道使民,绝子产远甚,故予敢琢文于石以监后。

明道元年十一月十六日记[29]。

【注释】

[1]逼切:迫近。

[2]汩漱:淹没冲刷。汩,音 gǔ。

[3]批啮:劈削撕咬。廉岸:侧岸。

[4]传遽:传车驿马。亦指乘传车驿马的使者。商役:谓商人役夫。

[5]挑达:往来相见貌。

[6]绝:横渡。

[7]流悍且浅:谓水流暴悍且显浅。

[8]方浮:谓木筏。浮,音 fū,同"泭",编木以渡。

[9]徒杠:可供徒步行走的小桥。

[10]奔冲:谓洪水突然来袭。

[11]蠹劳:病害劳累。

[12]瘃:音 zhú,冻疮。

[13]庚午:宋仁宗天圣八年,1030 年。

[14]牙吏:衙门小吏。

[15]俾:使。

[16] 豪之顽嚚:谓豪强中愚妄贪婪者。

[17] "言浸淫"句:谓谣言路人皆知。浸淫:蔓延,扩散。

[18] 悫:音 què,诚实,谨慎。

[19] 掔摇不解:谓不为流言所动。掔摇:摇撼。

[20] 登:由低处往高处。此谓超过。

[21] 楯:音 shǔn,栏杆的横木。

[22] 亘:音 gèn,横贯。

[23] 劬瘿:音 qú jǐng,劳苦病羸。

[24] 徙市:谓百姓请求把集市迁至此桥头。

[25] 旁午:交错;犹川流不息。

[26] 汤汤:音 shāng shāng,水势浩大,水流湍急貌。濡:湿。

[27] 㳽㳽:音 mǐ mǐ,水盈满貌。

[28] "子产"数句:子产为政郑国,溱洧发水,他以己乘之车渡当地百姓过河。孟子指其"惠而不知政"。其政,指修桥。溱洧:音 zhēn wěi,溱水与洧水,在今河南新郑交汇,史上郑韩故城在此。

[29] 明道元年:1032 年。

越 州 图 序

北宋·沈 立

【提要】

本文选自《全宋文》卷六四〇(巴蜀书社 1991 年版)。

这是一篇很好的介绍文字,读此文,北宋时期一个州的方圆道里、风土物产等大致情形便一目了然。这些内容,是规划、建筑设计,乃至古建保护等不可不知的。

沈立喜欢地图,他说,"领漕居杭,尝为钱塘图,今遂请守越,因作会稽图"。叙述了越州历史沿革之后,他说,"州境东西二百三十里,南北四百四十七里",在这 5 万余平方公里的土地上生活着 216 663 户百姓,夏秋两季税 801 036 屯石贯匹。

除此之外,越州城 24 里 250 步,加上子城 10 里;仓场、库务 35 座,州县坊郭 71,乡村镇市 683,桥梁 129,祠庙 95,寺院宫观 337……沈立满怀深情地描述道:"刺史之居,居高凭峻,茂林修竹环厕其左右前后。楼阁交映,亭榭相望。晨昏起居,云山在目。"其他亭台楼阁、庙宇胜概……属于两浙东路的"钱塘宜当东南第一,而越实次之"。

文章千余字,一州道里、楼宇、桥梁、寺观,乃至仓场、库务等等一目了然。

按图记，越州本《禹贡》扬州之域。初，禹东巡狩，会群臣于会稽之山，执玉帛者万国。至帝少康，封少子无余于越，以奉禹祀，是为越侯。至勾践，遂破吴，并有其地。《地理志》曰："吴地斗分野，于辰在丑。"周秦而下，兴废靡常。隋大业中改为越州[1]。至唐僖宗幸蜀，以董昌讨刘汉宏[2]，遂为节度使。未几，昌叛，钱镠擒昌，因为镇东军。命镠兼两藩节度使，升为大都督府。皇朝兴国三年，忠献王奉土归朝廷，今隶两浙东路。

州境东西二百三十二里，南北四百四十七里。领会稽、山阴、剡、诸暨、萧山、余姚、上虞、新昌八县，凡主客二十一万六千六百六十三户，夏秋二税和买共八十万一千三十六屯石贯匹[3]。府县官属五十二员，厢禁军一十二指挥[4]，军府职吏共二百三十人。罗城周围旧管四十五里[5]，今实计二十四里二百五十步。城门九。唐杨素筑子城十里。仓场、库务三十五。州县坊郭计七十一，乡村镇市六百八十三，桥梁一百二十九，祠庙九十五，寺院宫观三百三十七。

会稽与钱塘分浙东西。若论其事权地望[6]，则钱塘宜当东南第一，而越实次之。昔白乐天、元微之尝为杭、越守，互以诗笔相夸，人到于今称之。如较其舆赋繁重，狱讼清简，则越为之胜。观其土俗雅尚，风物温秀。儒学之士居常数十百人，以词笔取甲科，升迩列者比比有之。

其刺史之居，据高凭峻，茂林修竹环厕其左右前后[7]。楼阁交映，亭榭相望。晨昏起居，云山在目。若蓬莱阁、望海亭、东斋、西园，皆燕游之最著者。其人物则郑洪、谢敷、王右军、贺知章、徐浩数公，皆以名载图史。又其胜概如稽山、鉴湖、兰亭、苎萝、若耶、禹穴之比者甚众。

又按道书，会稽山即阳明洞天也。其伽蓝禅丛，则天章、云门、天衣、戒珠最为佳胜。至于蔬鲜珍隽，花竹奇怪，固不可得而遽数也。然习俗务农桑，事机织。纱绫缯帛，岁出不啻百万[8]。缣由租调归于县官者，十尝六七。复又封域大半濒海，居人以鱼盐为生，而好聚饮，督课太急，则诋冒者益众[9]。守令患其重困于民，而亦不敢少为宽假。立曾高本越人也。间领漕居杭，尝为钱塘图。今遂请守越，因作会稽图，少冀好事者知其梗概耳。

时熙宁庚戌中元日记[10]。

【作者简介】

沈立（1007—1078），字立之，历阳（今安徽和县）人。仁宗天圣间进士。入仕途签书益州判官，提举商胡埽。嘉祐中，为淮南转运副使，迁京西北路转运使。加集贤修撰、知沧州，进右谏议大夫、判都水监，出为江、淮、两浙、荆、湖六路制置发运使。历知越州、杭州、江宁府、宣州，提举崇禧观。著《河防通议》，为宋、金、元三代治理黄河的重要典籍之一；著《茶法要览》，乞行通商法，后朝廷罢榷法，如立所请；又著《牡丹记》，已佚。

【注释】

[1] 大业：隋炀帝杨广年号，605—618年。

[2] 董昌、刘汉宏：唐僖宗中和二年(882)，拥兵自立的刘汉宏命其弟刘汉宥率诸将攻击

杭州刺史董昌,但被董昌手下大将钱镠击破。汉宏不甘失败,又遣兵 7 万溯江而上,钱镠引兵夜渡长江袭之,将其打得大败。屡战屡败,汉宏既惭且怒,于是出动全部军队 10 万,列阵于西陵,董昌又命钱镠前来迎战,汉宏再度大败,死伤 5 000 人,单身逃走,明日复战,钱镠大破之。

唐僖宗光启二年(886),钱镠率诸将攻击刘汉宏。刘汉宏自知不敌,率麾下死党 600 人走保台州,钱镠斩其母、妻,台州守将杜雄见大势已去,生擒刘汉宏献于董昌。刘汉宏说:"自古岂有不亡国邪?"董昌命将他绑赴闹市斩首,汉宏大喊:"吾节度使,非庸人可杀。我尝梦持金杀我者,必钱镠也。"董昌命钱镠亲斩汉宏。

光启三年,董昌移镇浙东。唐以钱镠为杭州刺史,从此钱镠独据一方。896 年,钱镠在平定董昌叛唐称帝的战斗中大获全胜,唐昭宗特赐铁券,封镠为镇海、镇东节度使,统辖江浙一带。

[3]和买:宋代,政府春季贷款给农民,至夏秋时令农民以绢偿还,谓之。

[4]厢军:属地方军。宋太祖乾德三年(965),将各地的精兵收归中央,成为禁军,剩下的老弱士兵留在本地,称为"厢军",隶属侍卫司。厢兵主要从事各种劳役,因而也称为"役兵"。受州府和某些中央机关统管,一般从事苑囿造作、驿马递铺、筑城、制作兵器、修路建桥、运粮垦荒以及官员的侍卫、迎送等。编制分军、指挥、都 3 级,统兵官与禁军同。禁军:北宋称正规军为禁军或禁兵。从各地招募,或从厢军、乡兵中选拔,由中央政府直接掌握。禁军除防守京师外,还分番调成各地,使将不得专其兵。每发一兵,均须枢密院颁发兵符。编制单位有军、指挥、都。北宋中叶,禁兵增至 80 余万人。王安石变法裁减兵额,置将分领,禁军战斗力有所提高。北宋亡,禁兵主力溃散。南宋时,各屯驻大军取代禁兵,成为正规军,而各地尚存的禁兵,则成为专供杂役的非战斗部队。指挥:也称"营",是厢禁兵的基本编制单位。统兵官为指挥使和副指挥使,辖 5 都,兵力为 500 人左右。

[5]罗城:城外的大城。

[6]事权:职权,权力。

[7]环厕:环绕渗掺。

[8]不啻:不止。啻,音 chì。

[9]督课:督察考核。诋冒:抵触,干犯。诋,通"抵"。

[10]熙宁庚戌:1070 年。中元:七月十五。汉族称七月十五为中元节,祭祀,放河灯,道士建醮祷祝。

江宁府重修府署记

北宋·张方平

【提要】

本文选自《全宋文》卷八一七(巴蜀书社 1991 年版)。

庆历八年(1048)正月,江宁府大火。《续资治通鉴》卷第四十九载:"时营兵谋乱,事觉,伏诛。既而火,知府事、右谏议大夫、集贤殿学士李宥惧有变,阖门不救,延烧几尽,唯存一便厅,乃旧玉烛殿也。"南唐遗留下来的宫殿全部烧光。

南唐李弁等帝王营建的宫城,规制仿长安,规模宏大,巍峨壮丽。大火发生后,"寻责宥为秘书监,直令致仕"(同上引)。为了重建江宁旧治,北宋政府诏"遣内侍韩从礼问故",并且特命"龙图阁直学士、知扬州张奎右谏议大夫,知军府事,属之经治,才选也。命发运副使许元、转运使孙甫鸠材庀工。遂以从礼护作"。

张奎到任后,立刻"拨煨烬,略区址,计徒庸,程事期",清理灰烬,规划设计,计算工程量,预估工程期限,心中有数之后,安排群吏各负其责。七州二军的士兵全都待命赴役。"稽以尺籍,令以鼖鼓,斫者如风,筑者如雨,茨者云舒,墁者波卷,饫廪称事,忘劳竞劝。"一派繁忙热闹、井然有序的劳动场面。

工程在闰正月里开工,忙了8个月,总计花22万个工日,材料220万,盖起700楹大屋:台门崔嵬,公堂隆深,崇榭壮雄,东辟坦场,分曹布局,清晰合理。

张奎,能吏也。

庆历八年正月癸巳,江宁府署火。自唐失政,奸豪专土[1],更相禽猎,或自篡袭。紫色淫声,余分闰位[2],李弁冒扬徐之业,开国江左,大筑城府,僭用王制。圣朝治定,混一区略,戈船南渡,煜归京师,彻其伪庭,度留表署,然规模壮丽,犹雄诸藩。至是火燉徽人之庐[3],炀谯门[4],延东西序、公私寝。既焉府书焚室以闻,诏遣内侍韩从礼问故,且有后命,俾营如旧度。

除龙图阁直学士、知扬州张奎右谏议大夫,领军府事,属之经治,才选也;命发运副使许元、转运使孙甫鸠材庀工,遂以从礼护作[5]。奎初下车,莽然垝垣,拨煨烬[6],略区址,计徒庸[7],程事期[8],以赋功于群吏;元调所部方湖汇泽,章荡汧集[9];甫效七州二军之卒,以待役费。稽以尺籍,令以鼖鼓,斫者如风,筑者如雨,茨者云舒[10],墁者波卷,饫廪称事[11],忘劳竞劝。自闰正月至于八月,合役二十二万有奇,合材用无虑二百二十万[12],考室七百楹。台门崔嵬,前达通逵[13],以表命令,彰仪范;公堂隆深,中敞广庭,以颁诏条[14],听民成;崇榭壮雄,东辟坦场,以训军乘,严戒备。分曹布局,旧邦鼎新。从礼抨图复命[15],上嘉奎之敏于事而器干足任,被之玺书,称饰其勤;将佐吏卒率有加赐,凡民工弛其户租之半[16]。

盖《春秋》之义,新作必书。有诏守臣,俾著经始[17]。谨按:金陵楚邑,勾吴旧地,东南王气,萌于三代。秦并六国,置鄣郡江南,而改曰秣陵,厌之也。在汉实丹阳郡治所。吴主孙权始城石头,号秣陵曰建业,自京口徙焉。晋平吴,郡如汉旧,析建业为江宁县。琅邪绍统,畿政领于丹阳尹[18]。隋平陈,堕其郭而野之,故六代之迹扫无遗者。唐初,扬州督府治江宁,后徙江都,既而以丹阳县为润州,江宁更隶焉。至德、乾元中,改江宁郡为升州,废置数矣。天祐板荡[19],杨行密据有江淮[20],子渥窃号,而徐温实专其国[21],督强兵据上游,以升州为金陵府,自署尹事。开宝八年[22],复为升州节度,属江南东道。区域形胜,山川气象,三江五湖之一都会,泱泱乎大风也哉!表于南夏,隐然巨屏。

圣上以天统之正,国本之重,相攸疏壤[23],肇建赤社[24],故天禧二年制书升为建康军江宁府[25],下教封内,存问吏民,河海之润潜通,日月之光先及。暨登储禁,诞昌宝祚,淳耀濬发,兹邦有开,朱辖彤襜[26],等威随重。岩廊旧老,台阁迩臣[27],于蕃于宣,是均出处。领五县,版户十万,谷帛之输,岁百万有余。

初,李景奉淮甸十八州之图以入于周[28],徙其民渡江而均地征焉。事充政重,朘敛无艺[29],郊甸之赋,杼轴空矣[30]。逮今杂调,旧弊盖存,土涂而沉,远诸货利,野无十夫之籍,邑无千金之藏。纬萧敷台[31],庐鲜瓬甓[32],风雨漂摇,尤多火患,纤啬蹙急[33],为生偷甚。夫民之饥劳,吏实其罪,合微而习玩之也[34]。

古之循吏乎,其道恕而已矣。施诸己而不愿,则勿施诸人;老吾老,幼吾幼,爰及人之老幼。夫是之谓恕。沈沈乎大府,而长吏民于斯,养老而抚幼于斯,宴乐宾客于斯,其亦念闾里甽亩之艰且勤哉[35]!为之惨舒者[36],狱市赋役而已。狱斯无苛,市斯无扰,赋斯时,役斯均,曰惠政也?未也,语今吏所可及者尔。狱有法令,市有估,赋有承,役有更,关柅动静[37],臂指伸缩,以守以禀,放命罪也。矜斯无苛,约斯无扰,期会缓急之谓时[38],比要详允之谓均,是则在乎吏。长民者知此之恤,庶乎奉若仁圣爱育之心,而使人有所措其手足矣。傥是之弗图[39],而惟庖传观游之务[40],甚是猜祸昏墨以逞[41],虽邦罚未加,其不愧于屋漏乎!盖记功必及于政,犹古道也,矧承明命,敢不以诚。

时皇祐元年冬十一月戊申日长至[42],谨记。

【作者简介】

张方平(1007—1092),字安道,号乐全居士,应天府宋城(今河南商丘)人。少颖悟绝伦,一阅不忘。家贫无书,从人借《三史》,旬日即还,已得其详。举茂材异等,为校书郎,知昆山县。又中贤良方正,选迁著作佐郎,通判睦州。上平戎十策,议论确当。神宗时,累官参知政事,御史中丞。后请知陈州,以太子少师致仕。哲宗立,加太子太保。有《乐全先生集》40卷传世。

【注释】

[1]专土:谓割据一方。

[2]闰位:非正统的帝位。

[3]焮:音 xìn,烧灼。微人:巡逻纠察之人。

[4]炀:音 yáng,焚烧。

[5]护作:主持并监督某项工程。

[6]煨烬:灰烬,燃烧后的残余物。

[7]徒庸:谓用工数。

[8]程:估算。

[9]章荡:谓声势浩荡。泭集:谓齐集。泭:音 fú,竹筏,木筏。

[10]茨:音 cí,本义谓用芦苇、茅草盖屋顶。

[11]饩廪:古代官府发给官员的月俸粮。此谓领薪俸的官员。

[12]无虑:大约,总共。

[13]通逵:通途,大道。

[14] 诏条:皇帝颁发的考察官吏的条令。

[15] 抨图:谓绘图。

[16] 弛:谓免除。

[17] 俾:音 bǐ,使。经始:谓营建情形。

[18] 琅邪绍统:谓东晋开国皇帝司马睿(276—322)。睿字景文,洛阳人,司马懿曾孙,琅邪王司马觐子。东晋开国皇帝。15 岁袭父封为琅邪王。16 岁拜员外散骑常侍、左将军。永嘉元年(307)任安东将军,受东海王司马越之命,镇下邳,都督扬州江南诸军事。后在王导主谋下,由下邳移镇建邺(313 年改名建康,今南京),依靠中原南迁大族,联合江南大族顾荣、贺循等,统治长江中下游和珠江流域。西晋灭亡后,部下建武元年(317)二月拥奉他为晋王。次年三月称帝,定都建康,改年号为建武。史称东晋。

[19] 天祐:唐哀帝李柷年号,904—907 年。板荡:谓政局混乱、社会动荡。《板》《荡》均为诗经篇目,写的都是当时政治黑暗、政局动荡。

[20] 杨行密(852—905):字化源,史载为庐江合淝人。杨行密原为庐州牙将,唐僖宗中和三年(883)为庐州刺史,归淮南节度使高骈。时高骈年迈昏庸,宠信方士吕用之,吕因此渐掌握权力,专断独行,淮南将领毕师铎恐见害,中和五年(885)遂反,召宣州观察使秦彦助战,高骈后为秦、毕所杀,杨行密命全军将士为高骈戴孝,大恸三日。杨行密击杀秦、毕二人,入扬州(今江苏扬州)。时城内大饥,以堇泥为饼食之,人相食,杨行密下令用军粮救济百姓。其后杨行密逐渐占有淮扬之地,唐昭宗景福元年(892)获命为淮南节度使。

乾宁四年(897),宣武节度使朱全忠大举南侵,杨行密败之于清口,朱全忠此后即无力南下,此后数十年间,南北遂成分裂之局。天复二年(902)拜东面行营都统、中书令、吴王。昭宗天祐二年(905)去世,谥武忠王,其子杨渥称帝时被追尊为武帝,庙号太祖。

[21] 徐温(862—927):字敦美,海州朐山(今江苏东海)人。南唐建立者徐知诰(李弁)养父。本为唐末淮南节度使、吴王杨行密帐下右衙指挥使。

唐哀帝天祐二年,杨行密去世,长子杨渥继立,骄傲奢侈,将领们颇不安。因此徐温等发动政变,共掌军政,杨氏大权旁落。政变次年(908)杀杨渥,立杨行密次子杨隆演。徐温个性多疑,掌权后逐步剪除杨氏旧将势力。

南吴顺义七年(927),徐温去世,被追封为齐王,谥忠武王。养子徐知诰后继位。徐知诰937 年建南唐后,追谥他为武皇帝,庙号太祖。徐知诰恢复原姓,并改名李弁后,再改庙号为义祖。

[22] 开宝八年:975 年。开宝,北宋太祖赵匡胤年号。

[23] 相攸:谓察看。疏壤:谓疏外的地方。

[24] 赤社:谓赤色的社土。古代天子封土立社,以五色土象征四方及中央。赤色象南方,因以赤社分赐南方诸侯,使归而立社建国。

[25] 天禧二年:1018 年。

[26] 轓:音 fān,古代车辆两旁用以遮蔽尘土的屏障。襜:通"幨",车上的帷幕。

[27] 迩臣:近臣。

[28] 李璟(916—961),字伯玉,原名李景通,徐州人,南唐烈祖李弁长子。升元七年(943)李弁过世,李璟继位,改元保大。后因受到后周威胁,削去帝号,改称国主,史称南唐中主,又为避后周信祖(郭璟)讳而改名李景。李璟即位后,开始大规模对外用兵,在位时,南唐疆土最大。不过李璟奢侈无度,导致政治腐败,民不聊生,怨声载道。957 年,后周派兵侵入南唐,占领了南唐淮南大片土地,并长驱直入到长江一带,李璟只好派人向后周世宗柴荣称臣,去帝号,自称

唐国主,使用后周年号。淮甸:淮河流域。

    [29] 朘:音 juān,缩减。无艺:没有定法、常道。

    [30] 杼轴空:谓财物耗空,陷入困境。亦作"杼轴困"。

    [31] 苇萧敷台:谓台榭庐舍以苇草盖覆。

    [32] 瓴甓:音 líng pì,谓砖瓦。

    [33] 纤啬:吝啬,计较。蹙急:紧急。

    [34] 徼:巡察。习玩:研习查究。

    [35] 甽亩:水沟田垄。谓田野。甽:音 quǎn,田间小水沟。泛指沟渠,河流。

    [36] 惨舒:谓忧乐、严宽等。典出《西京赋》:夫人在阳时则舒,在阴时则惨,此牵乎天也。

    [37] 关柅:关闭遏止。柅:音 nǐ,塞于车轮下的制动之木。

    [38] 期会:谓在规定的期限内实施政令。多指有关朝廷或官府的财物出入。

    [39] 傥:倘若,或者。

    [40] 庖传观游:谓吃喝玩乐。

    [41] 猜祸:谓猜疑人、祸害人的人。昏墨:指官吏枉法妄为,贪赃受贿。

    [42] 长至:冬至。

相州新修园池记

北宋·韩 琦

【提要】

    本文选自《全宋文》卷八五四(巴蜀书社 1991 年版)。

    韩琦至和二年(1055)以疾请改知相州(今河南安阳)。作为一名熟知军事的官员,他很快就发现与边镇相左右的相州武备"日懈不严"的问题,以至于"五兵不设库,散处于厅事之廊庑间,败坏堆积","郡署有后园,北逼牙城,东西几四十丈,而南北不及百尺","扼束蔽密,隘陋殊甚";牙城北面有 20 亩大小的官署菜圃,"中有废台岿然,荆棘蒙没"。这样算来,郡署后面荒芜的土地总面积 14 000 余平方米,就这样荒弃在那里。

    在这样大小的地块上,韩琦首先"辟牙城而北之,三分蔬圃之地"。"其一居新城之南,西为甲仗库,凡五十六间"。甲仗库东面的余地,与府署后园相通,"由是园之南北,始与东西均焉"。库东建构太守官邸,建大堂名"昼锦",昼锦堂东南建射亭名"求己",大堂西北建小亭名"广春",新城北为园"康乐",为台起屋曰"休逸",台的北面凿大池,引洹水成池沼,植莲养鱼。南北两园,广种奇花异果。

    万余平米的地块,韩琦将之安排得既不忘治之所急,又显示自己衣锦昼行乡里之光鲜,一举而两得。园池竣工后,恰逢寒食节,"州之士女,无老幼皆摩肩蹑武来游","或遇乐而留,或择胜而饮,叹赏歌呼,至徘徊忘归"。与民同乐,不亦乐乎。

昼锦堂,位于今安阳古城内东南营街。韩琦据《汉书·项籍传》"富贵不归故乡,如衣锦夜行"之句,反其意而用之,故名"昼锦堂"。原址在高阁寺一带,到明弘治十一年(1498),彰德知府冯忠移建至此。昼锦堂和拜殿顶覆绿色琉璃瓦,殿悬金字黑底"昼锦堂"木匾。堂后为忌机楼,东有狎鸥亭,西有观鱼轩,中有鱼池康乐园,后为书楼。昼锦堂1968年被火焚烧,大门外一对石狮亦被毁。现存大门、二门、东西厢房、书楼、三株古槐及书院讲堂等。

昼锦堂中号称"三绝"的《昼锦堂记》碑,高两米,刻于北宋治平二年(1065)。此碑由北宋文坛领袖欧阳修撰文,书法"一代绝手"、礼部侍郎蔡襄书丹,记述三朝名相韩琦之事迹。此碑传说甚多,如欧阳修用新稿换回旧稿,韩琦再三读之,见通篇只在首二句加两个"而"字——仕宦而至将相,富贵而归故乡,传为文章修改的佳话。蔡襄书时每字写10个,优中选优,号称"百纳本",被宋人称为"本朝第一"。后由大书法家邵必题写碑额,所以此碑也称"四绝碑"。

"政有所利,非一人能保其久也",必须"前倡之,后继之,推其心,以公而相照",韩琦说。

相于河朔为近藩[1],而地据形胜,西走镇、定之冲,屯师积谷,与边镇相左右。然当无事时,州之武备,日懈不严,至五兵不设库[2],散处于厅事之廊庑间,败坏堆积,莫可详阅。郡署有后园,北逼牙城[3],东西几四十丈,而南北不及百尺,虽有亭榭花木,而扼束蔽密,隘陋殊甚。牙城之北,乃有官蔬之圃,纵广半夫[4]。中有废台岿然,荆棘蒙没,州人但以其基正圆,有道回环而上,如螺壳然,故以"抱螺"名之。虽老胥宿校[5],不能知兴废之由。

予之来,虽以病不堪事,然犹不敢偷安自放,而忘治之所急。于是辟牙城而北之,三分蔬圃之地,其一居新城之南,西为甲仗库,凡五十六间,由是兵械百万计,始区而别焉。以库东之余地,通于后园,由是园之南北,始与东西均焉。又于其东前直太守之居,建大堂曰"昼锦";堂之东南,建射亭曰"求己";堂之西北,建小亭曰"广春"。其二居新城之北,为园曰"康乐";直废台凿门通之,治台起屋曰"休逸",得魏冰井废台铁梁四为之柱[6]。台北凿大池,引洹水而灌之[7],有莲有鱼。南北二园,皆植名花杂果、松柏、杨柳所宜之木,凡数千株。

既成而遇寒食节,州之士女,无老幼皆摩肩蹑武来游吾园[8]。或遇乐而留,或择胜而饮,叹赏歌呼,至徘徊忘归。而知天子圣仁,致时之康,太守能宣布上恩,使吾属有此一时之乐,则吾名园之意,为不诬矣。

观吾堂者,知太守仗旄节来故乡[9],得古人衣锦昼游之美[10],而不知吾窃志荣幸之过,朝夕自视,思有以报吾君也。登吾台者,西见太行之下,千山万峰,延亘南北,争奇角秀,不可绘画,朝岚暮霭,变态无穷;俯视郛郭之中,民阎官寺[11],伽蓝庱廪[12],与夫花颜柳色,红绿交映,灿然如指掌之上,一无遗者;而知太守兴此,为吾属岁时休暇优逸之观[13],而不知吾亦自谓能勤于作德,然后处兹而休且逸也。夫予始以武备不严,不敢以疾而忘治之所急,而因得忘其荣遇,以及众人之乐,则是举也,岂无益之为哉。故直书大概,并告来者。

夫郡县之为政,有期而更也,政有所利,非一人能保其久也。前倡之,后继之,推其心,以公而相照,则国家之事无不济者,况一园池之末哉?葺之废之,必有能辨其心者。

时至和三年三月十五日记[14]。

【作者简介】

韩琦(1008—1075),字稚圭,相州安阳(今属河南)人。天圣五年(1027)进士。康定元年(1040)出任陕西经略安抚副使,与范仲淹共同指挥防御西夏战事,时称"韩范"。庆历三年(1043),召回朝中任枢密副使,提出改革弊政的八条建议:选将帅,明按察,丰财利,抑侥幸,进有能,退不才,去冗食之人,谨入官之路。参与范仲淹等人主持的"庆历新政"。新政失败,韩琦出知扬州,后改知定州、并州。在并州时收回契丹冒占的土地。至和二年(1055)知相州。嘉祐元年(1056)入朝为枢密使。三年,拜相。英宗时,他缓和两宫(曹太后、宋英宗)矛盾,使太后还政英宗。升任右仆射,封魏国公。神宗即位后执掌大政,名重一时。卒谥忠献。有《安阳集》。

【注释】

[1]河朔:谓黄河以北的地区。

[2]五兵:古代五种进攻类兵器,说法不一。常谓戈、戟、殳、矛、弓矢五种。

[3]牙城:军中主帅或主将所居的城。以例当建牙旗,故称。

[4]半夫:宋制,一夫之田为四十亩。故半夫为二十亩。

[5]老胥:老衙吏。宿校:资历深的军官。

[6]冰井:冰井台是曹操三台(铜雀、金虎、冰井)之一。建安十九年(214)建于铜雀台北。因上有冰井而得名,高八丈,有屋一百四十间,南距铜雀台六十步。中间有阁道式浮桥相连结。冰井台上有三座冰室,每个冰室内有数眼冰井,井深十五丈,储藏着大量冰块、煤炭、粮食和食盐(据《水经注》)。后赵、前燕、东魏、北齐对三台都不断加以整修,比曹魏初建时还好(据光绪《临漳县志》)。北齐天保七年(556),北齐文宣帝高洋征用工匠30万,对三台大加整修,竣工后把"冰井"改名"崇光"(据《北齐书·帝记·文宣》)。北宋时,冰井台上曹魏初建时的铁梁尚在,韩琦从冰井台上搬走四根铁梁安置在"休逸"台上。

[7]洹水:今名安阳河。源自林县隆虑山,向东,经安阳,过内黄,入卫河。

[8]踵武:谓接踵而至。武:半步。泛指脚步。

[9]旄节:镇守一方的长官所拥有的节,旄牛尾制成。

[10]衣锦昼游:《史记·项羽本纪》:项王见秦宫室皆以烧残破,又心怀思欲东归,曰:"富贵不归故乡,如衣绣夜行,谁知之者!"韩琦反其义而用之,名府堂曰:昼锦。

[11]民阎:民居。阎:里中门。

[12]庌:音guài,放置秣草的房舍。

[13]优逸:安闲。

[14]至和三年:1056年。

木假山记

北宋·苏 洵

【提要】

本文选自《苏洵集》(《传世藏书》海南国际新闻出版中心 1995 年版)。

在今天的四川眉山三苏祠,有木假山堂。此堂便是取苏洵《木假山记》文意。

文中,作者从木假山的形成过程写起。开头便称,树木的生长成材很不容易,且成材后还要遭受斧伐、风拔、水漂等无法预知的劫难、折磨。历经风化侵蚀而成的木假山,那是不幸之中的大幸。作者认为,不幸中能有如此大幸,决不是偶然的,是因"数存乎其间"。作者强调,自己爱其家中所藏的三峰木假山,不只是因其似山可供人赏玩,更因其中峰"魁岸踞肆,意气端重",两侧二峰"庄栗刻削,凛乎不可犯",而这正是苏氏父子的人格。

本文在绘染木假山的背后蕴含着作者对人才问题的感喟与思考。文人精神与情怀浸润到赏玩之物、园艺之道的各个层面,深深影响着木假山的风貌特色。

木之生,或蘖而殇,或拱而夭。幸而至于任为栋梁,则伐;不幸而为风之所拔,水之所漂,或破折,或腐;幸而得不破折不腐,则为人之所材,而有斧斤之患。其最幸者,漂沉汩没于湍沙之间[1],不知其几百年,而其激射啮食之余,或仿佛于山者,则为好事者取去,强之以为山,然后可以脱泥沙而远斧斤。而荒江之濆[2],如此者几何! 不为好事者所见,而为樵夫野人所薪者,何可胜数! 则其最幸者之中,又有不幸者焉。

予家有三峰。予每思之,则疑其有数存乎其间。且其蘖而不殇,拱而不夭,任为栋梁而不伐;风拔水漂而不破折、不腐,不破折、不腐而不为人之所材,以及于斧斤,出于湍沙之间,而不为樵夫野人之所薪,而后得至乎此,则其理似不偶然也。

然予之爱之,则非徒爱其似山,而又有所感焉;非徒爱之,而又有所敬焉。予见中峰,魁岸踞肆[3],意气端重,若有以服其旁之二峰。二峰者,庄栗刻削[4],凛乎不可犯,虽其势服于中峰,而岌然决无阿附意。吁! 其可敬也夫! 其可以有所感也夫!

【作者简介】

苏洵(1009—1066),字明允,号老泉,眉州眉山(今属四川)人。北宋散文家。与其子苏轼、苏辙合称"三苏",均被列入"唐宋八大家"。应试不举,经韩琦荐任秘书省校书郎、文安县主簿。长于散文,尤擅政论,议论明畅,笔势雄健。有《嘉祐集》传世。

【注释】

[1]汩没:埋没。

[2]渍:音 fén,水边,水边高地。

[3]魁岸踞肆:山势魁伟恣肆貌。魁岸:奇伟不凡。踞肆:(山势)雄伟恣肆貌。

[4]庄栗刻削:庄严凝肃,峥嵘峭拔。

蔡襄与万安桥(三篇)

【提要】

蔡襄(1012—1067),字君谟,兴化(今福建仙游)人。天圣八年(1030)进士,累官馆阁校勘、知谏院、直史馆、知制诰、龙图阁直学士、枢密院直学士、翰林学士、三司使、端明殿学士等,并出任福建路(今福建福州市)转运使,知泉州、福州、开封、杭州府事。卒赠礼部侍郎,谥号忠。为人忠厚,讲究信义,学识渊博,书艺高深,与苏轼、黄庭坚、米芾并称宋"四大书家"。

蔡襄5次在今福建任职,其中两任福州,两知泉州。

庆历四年(1044)蔡襄以右正言、直史馆出知福州;庆历七年(1047),改任福建路转运使。他在任职期间,修复莆田古丘塘、福州五陵塘水利设施,大片农田受益;让闽人自煎自贩海盐,分享盐利;减免丁口税,减轻人民负担;提倡医学知识,遏止巫医歪风;改革陋俗弊习,树立良好风气。蔡襄下令在福州12县古道旁遍栽松树(一说榕树),于是从福州大义渡口至泉、漳间700里路旁两侧,松荫森森。民间歌谣传颂:"夹道松,夹道松,问谁栽之? 我蔡公。行人六月不知暑,千古万古摇清风!"

万安桥位于福建省泉州市洛阳镇万安街西南洛阳江口,自北宋皇祐四年(1052)四月至嘉祐四年(1059)十二月,历时七年零八个月建成。蔡襄两次任泉州知府时的一项重要工作就是主持兴建万安桥。万安桥又称洛阳桥,处洛阳江入海口处。"泉州东二十里有万安渡,水阔五里,上流接大溪,外即海也"。洛阳江潮狂水急,"深不可址","每风潮交作,辄数日不可渡"。于是,修筑跨海桥梁就成为当地官民齐心共盼的大事情。

风大浪高,桥址修筑困难,造桥工匠们沿着桥的中轴线抛石,修筑了数十个船形桥墩,稳定桥基,这就是直到近代才被人们认识的新型桥基——筏形基础。他们采用"激浪涨舟、浮运架梁"的妙法,把一条条重达数吨的大石板架在桥面上。桥梁专家茅以升在《桥梁谈往》中说:"这种基础,就是近代桥梁的'筏型基础',但在国外只有不到一百年的历史,所用桥梁的'浮运法',就是今日还很通行。"至和三年(1056),蔡襄首任泉州知府,继主其事,又创"种蛎于础"法,即在桥下大量养殖牡蛎,把桥基石和桥墩石胶合凝结成牢固的整体,这就是造桥史上别出心裁的"种蛎固基法",也是世界上第一个把生物学运用于桥梁工程的创举。

不仅如此,维护万安桥,蔡襄采取的是"于桥造屋数百楹,为民居以僦其值",即把房子租给百姓收取租金,纳入公库的钱让一僧人掌管,使得桥梁"用灰常若新,无纤毫罅隙"。为让牡蛎不被偷采,元丰(1078—1085)初年任知州的王祖道启奏朝廷"辄取蛎者徒二年"。

"长三千六百尺,广丈有五尺"的万安桥修成后,蔡襄亲自撰书《万安桥记》,勒于岸左。

20世纪90年代,国家拨巨款,对万安桥实施了保护性修复,万安桥也被列为全国重点文物保护单位。如今这座在世界造桥史上占有一席之位的古桥,又恢复原貌,巍巍横跨在洛阳江上。

蔡襄传(节选)

元·脱脱 等撰

蔡襄,字君谟,兴化仙游人。举进士,为西京留守推官、馆阁校勘。范仲淹以言事去国,余靖论救之,尹洙请与同贬,欧阳修移书责司谏高若讷,由是三人者皆坐谴。襄作《四贤一不肖诗》,都人士争相传写,鬻书者市之,得厚利。契丹使适至,买以归,张于幽州馆。

庆历三年,仁宗更用辅相,亲擢靖、修及王素为谏官,襄又以诗贺,三人列荐之,帝亦命襄知谏院。

……

夏竦罢枢密使[1],韩琦、范仲淹在位,襄言:"陛下罢竦而用琦、仲淹,士大夫贺于朝,庶民歌于路,至饮酒叫号以为欢。且退一邪,进一贤,岂遂能关天下轻重哉?盖一邪退则其类退,一贤进则其类进。众邪并退,众贤并进,海内有不泰乎!虽然,臣切忧之。天下之势,譬犹病者,陛下既得良医矣,信任不疑,非徒愈病,而又寿民。医虽良术,不得尽用,则病且日深,虽有和、扁,难责效矣。"

……

以母老,求知福州,改福建路转运使,开古五塘溉民田,奏减五代时丁口税之半。复修起居注。唐介击宰相[2],触盛怒,襄趋进曰:"介诚狂愚,然出于进忠,必望全贷。"既贬春州,又上疏以为此必死之谪,得改英州。温成后追册,请勿立忌,而罢监护园陵官。

进知制诰,三御史论梁适解职,襄不草制。后每除授非当职,辄封还之。帝遇之益厚,赐其母冠帔以示宠[3],又亲书"君谟"两字,遣使持诏予之。迁龙图阁直学士、知开封府。襄精吏事,谈笑剖决,破奸发隐,吏不能欺。

以枢密直学不士再知福州。郡士周希孟、陈烈、陈襄、郑穆以行义著[4],襄备礼招延,海诸生以经学……徙知泉州,距州二十里万安渡,绝海而济,往来畏其险。襄立石为梁,其长三百六十丈,种蛎于础以为固,至今赖焉。又植松七百里以庇道路,闽人刻碑纪德。

召为翰林学士、三司使,较天下盈虚出入,量力以制用。划剔蠹敝[5],簿书纪纲纤悉,皆可法。

......

治平三年,丁母忧。明年卒,年五十六。赠吏部侍郎。

按:本文选自《宋史》(中华书局 1977 年版)。

【注释】

[1] 夏竦(985—1051),字子乔,江州德安(今属江西)人。举贤良方正,通判台州。召直集贤院,编修国史,迁右正言。仁宗初迁知制诰,为枢密副使、参知政事。明道二年(1033)罢知襄州。任上筹谷十万斛,全活 40 余万民。历知黄、邓、寿、安、洪、颍、青等州及永兴军。景祐元年(1034),知青州(今山东益都),修建南阳桥,是为我国第一座木结构虹桥。垒巨石固河两岸,以数十根大木相贯以构梁,无柱,架为飞桥,这种无柱单拱木桥,状如彩虹,故曰"虹桥"。庆历七年(1047)为宰相,旋改枢密使,封英国公。罢知河南府,徙武宁军节度使,进郑国公。仁宗皇祐三年(1051)奉诏监修黄河堤决,躬冒淫雨,以疾归京师,九月薨。有《文庄集》一百卷,已佚。《全宋词》录其词一首。

[2] 唐介(1010—1069),字子方,江陵(今属湖北)人。仁宗明道年间,入朝任监察御史里行,转殿中侍御史时,后宫启圣院造龙凤车,装饰奇珠宝玉。唐介严谏,毁掉龙凤车。后因抗奏被贬为春州(今广东春阳)别驾。至和年间(1054—1056),升为谏院长官。朝臣皆称其为"真御史"。神宗时,官至宰相。

[3] 冠帔:冠帽与披肩。帔:音 pī,披肩。

[4] 行义:品行、道义。

[5] 划剔:删除,剔除。划:音 chǎn,同"铲"。

万安桥记(节选)

北宋·蔡 襄

泉州万安渡石桥,始造于皇祐五年四月庚寅[1],以嘉祐四年十二月辛未讫功[2]。垒址于渊,酾水为四十七道[3],梁空以行。其长三千六百尺,广丈有五尺,翼以扶栏,如其长之数而两之。靡金钱一千四百万,求诸施者。渡实支海,去舟而徒,易危而安,民莫不利。职事者卢实、王锡、许忠,浮图义波、宗善等十有五人。既成,太守莆阳蔡襄为之合乐燕饮而落之[5]。明年秋,蒙召还京,道由是出,因纪所作,勒于岸左。

按:本文选自《古今图书集成·职方典》卷一〇五一(中华书局、巴蜀书社 1985 年影印本)。

【注释】

[1] 皇祐四年:1052 年。

［2］嘉祐四年:1059 年。

［3］酾水:谓分流。酾:音 shī,疏导,分流。

［4］靡:费,花费。

［5］合乐:谓诸乐合奏。

万 安 桥

北宋·方 勺

泉州东二十里有万安渡,水阔五里,上流接大溪,外即海也。每风潮交作,辄数日不可渡。刘铢据岭表[1],留从效等据漳、泉,恃此以固。

蔡襄守泉州,创意造石桥,两岸依山,中托巨石,因构亭观。累石条为桥基八十,所阔二丈,其长倍之,两头若圭,射势石缝,中可容一二指酾潮水。每基相去一丈四尺,桥面阔一丈三四尺,为两栏以护之。闽中无石灰,烧蛎壳为灰。蔡公于桥造屋数百楹,为民居以僦其直[2],入公帑三岁[3]。度一僧俾掌使事[4],故用灰常若新,无纤毫罅隙[5]。春夏大潮水及栏际,往来者不绝,如行水上。十八年,桥乃成。

即多取蛎房散置石基上,岁久延蔓相粘,基益胶固矣[6]。元丰初,王祖道知州,奏立法辄取蛎者徒二年[7]。

按:本文选自《泊宅集》(丛书集成初编本)。

【作者简介】

方勺,生卒年不详。字仁盎,婺州(今浙江金华)人,徙居湖州,约宋哲宗元符末前后在世。元丰六年(1083)入太学,受教于朱服,曾官管勾虔州常平。元祐五年(1090),赴杭州应试,不第,遂无意仕途,寓居乌程泊宅村,自号泊宅翁。以厚生养性为事,曾前往苏轼创立的"安乐坊"行医。著有《泊宅编》10 卷,另有《青溪寇轨》。

【注释】

［1］刘铢:南汉后主。不会治国,荒淫无度,但有巧思。尝用珠子将马鞍结成戏龙状以献太祖。太祖叹曰:"以此巧思治国,岂能亡?"入宋为彭城郡公,后为卫国公。

［2］僦其直:谓收取租金。僦:音 jiù,租赁。直,同"值"。

［3］公帑:国库。帑:音 tǎng,钱财或收藏钱财的府库。

［4］俾:音 bì,使。

［5］罅隙:裂缝。

［6］胶固:牢固。

［7］辄取:谓擅自摘取。

独 乐 园 记

北宋·司马光

【提要】

本文选自《中国历代名园记选注》(安徽科技出版社 1983 年版)。

独乐园,既是司马光的寓所,也是《资治通鉴》的诞生地。

北宋熙宁年间,神宗任用王安石开始变法。司马光反对变法,给王安石写了万言长信,劝他停止变法措施。然而,王安石仅以几百字的《答司马谏议书》便把他打发了。司马光因此告别朝廷,带着《资治通鉴》写作班子,来洛阳成立了编写书局。他在城郊买了 20 亩地,建起了"独乐园"。此后 15 年间,他和助手们在这里埋头编写《资治通鉴》,完成了这部 300 多万字的编年体通史。

可以说,独乐园为这部巨著的完成立下汗马功劳,独乐园究竟是怎样的一座园子?

"鹪鹩巢林,不过一枝;偃鼠饮河,不过满腹,各尽其分而安之:此乃迂叟之所独乐也。"司马光开宗明义。退居二线的他邀一班志同道合的读书人在这里编写史书,谈天说地,做愿意做的事,此乃独乐也,大乐也,故名之为"独乐园"。

独乐园是宋代洛阳的一座文化园林。因编书的需要,在园中建了一个读书堂,藏书 5 000 余册;堂之南筑构一处编辑用房,助手们在里面编书。为了消泯夏日炎热,司马光命人引水进入编辑室内,分 5 脉,中间挖了一个"方深各三尺"的水池,出水池成为"地下河","悬注庭中",于是,大家工作的地方有了"水冷式空调"。

这又是一座风景园。园内有竹亭水轩、菜畦小溪、翠竹青藤、花卉药草,水围堂转、竹曲成亭,抬头即见万安、轩辕乃至太室诸山。20 亩的园子并不大,司马光让潺潺流水回环穿梭,幽径修篁缭绕丛聚,倒也颇有几分山重水复的景致了。

难能可贵的是,占园子面积大半的花圃,都种上了牡丹和芍药。每年三月,园中牡丹盛开,附近百姓都来赏花。司马光交代:备免费茶水,供游人解渴。因此,独乐园也成了洛阳一处小型牡丹花会所。

独乐园的营造,看似随意为之,实则精巧自然,质朴与典雅并存,园主的情趣和追求在其中得到充分的体现。要不然,著名学者刘攽、刘恕、范祖禹能在此潜心研磨 15 年?!

今天,独乐园已经荡然无存,但谁能说《资治通鉴》中的一字一句没有记着独乐园中的一枝一叶、一花一草的淡淡清香、丝丝气息?!

孟子曰:"独乐乐,不如与众乐乐;与少乐乐,不如与众乐乐":此王公大人之乐,非贫贱者所及也;孔子曰:"饭蔬食饮水,曲肱而枕之,乐在其中矣"[1],颜子"一箪食、一瓢饮,不改其乐":此圣贤之乐,非愚者所及也。若夫鹪鹩巢林[2],不过一枝;鼹鼠饮河[3],不过满腹,各尽其分而安之:此乃迂叟[4]之所乐也。

熙宁四年迂叟始家洛[5],六年买田二十亩于尊贤坊北关[6],以为园。其中为堂,聚书出[7]五千卷,命之曰:读书堂。堂南有屋一区,引水北流,贯宇下。中央为沼,方深各三尺,疏水为五派[8],注沼中,若虎爪。自沼北伏流出北阶,悬注庭中,若象鼻。自是分而为二渠,绕庭四隅,会于西北而出,命之曰:弄水轩。堂北为沼,中央有岛,岛上植竹,圆若玉玦,围三丈,揽结其杪[9],如渔人之庐,命之曰:钓鱼庵。沼北横屋六楹,厚其墉茨[10],以御烈日。开户东出,南北列轩牖,以延凉飔[11],前后多植美竹,为清暑之所,命之曰:种竹斋。沼东治地为百有二十畦,杂莳草药,辨其名物而揭之[12]。畦北植竹,方若棋局,径一丈,屈其杪,交相掩以为屋,植竹于其前,夹道如步廊,皆以蔓药覆之,四周植木药为藩援[13],命之曰:采药圃。圃南为六栏,芍药、牡丹、杂花,各居其二,每种止植二本,识其名状而已,不求多也。栏北为亭,命之曰:浇花亭。洛城距山不远,而林薄茂密[14],常若不得见,乃于园中筑台,构屋其上,以望万安、轩辕,至于太室,命之曰:见山台。

迂叟平日多处堂中读书,上师圣人,下友群贤,窥仁义之原,探礼乐之绪,自未始有形之前,暨四达无穷之外,事物之理,举集目前。所病者学之未至,夫又何求于人、何待于外哉!志倦体疲,则投竿取鱼,执衽采药[15],决渠灌花,操斧剖竹,濯热盥手,临高纵目,逍遥相羊[16],唯意所适。明月时至,清风自来,行无所牵,止无所柅[17],耳目肺肠,悉为己有,踽踽焉[18]、洋洋焉,不知天壤之间复有何乐可以代此也。因合而命之曰:独乐园。或咎迂叟曰:"吾闻君子之乐必与人共之,今吾子独取足于己,不以及人,其可乎?"迂叟谢曰:"叟愚,何得比君子?自乐恐不足,安能及人?况叟之所乐者,薄陋鄙野[19],皆世之所弃也,虽推以与人,人且不取,岂得强之乎?必也有人肯,同此乐,则再拜而献之矣,安敢专之哉!"

【作者简介】

司马光(1019—1086),字君实,晚号迂叟,世称涑水先生。北宋时期著名政治家、史学家、散文家。原籍陕州夏县(今属山西运城)人。生于光州光山县(今河南光山县)。20 岁,中进士甲科,入仕途累官谏议大夫、翰林学士、御史中丞。熙宁三年(1070),因反对王安石变法,出知永兴军。次年,判西京御史台,居洛阳 15 年,专事《资治通鉴》的编撰。哲宗即位,元丰八年(1085),任尚书左仆射兼门下侍郎,主持朝政,排斥新党,废止新法。1086 年去世。有《翰林诗草》《注古文学经》《易说》《医问》《司马文正公集》《资治通鉴》《稽古录》等传世。

【注释】

[1]肱:手臂由肘到肩的部分。

[2]鹪鹩:鸟名。形小,体长约三寸,羽毛赤褐色。以昆虫为主要食物。常取茅苇毛毳为巢,大如鸡卵,系以麻发,于一侧开孔出入,其精巧,故俗称巧妇鸟。此鸟形微处卑,因用以比喻弱小者。

[3]鼹鼠:哺乳动物。体矮胖,长10余厘米,毛黑褐色,嘴尖。昼伏夜行。

[4]迂叟:迂阔的老人,远离世事的老人。此乃作者自谓。

[5]熙宁:宋神宗赵顼(xū)年号,1068—1077年。

[6]尊贤坊北关:其位置有两种说法。其一称即今安乐镇军屯村一带;一说在万安山下、伊水之滨的司马街村(原名温公里,今属偃师诸葛镇),村中留有数通清代石碑,记载此村即独乐园所在地。

[7]出:谓超过。

[8]派:水的支流。

[9]杪:音miǎo,树梢。

[10]墉:音yōng,墙。茨:音cí,用芦苇、茅草盖的屋顶。

[11]凉飔:凉风。飔:音sī,凉爽、微寒貌。

[12]揭之:标识(其名)。

[13]藩援:谓屏卫。

[14]林薄:交错丛生的草木。

[15]执袵:挽起衣襟。

[16]相羊:亦作"相佯"。徘徊,盘桓。

[17]柅:音nǐ,止车木。此谓牵羁之物。

[18]踽踽:独自走路、冷清孤零貌。

[19]鄙野:谓乡野村夫。

永定陵修奉采石记

北宋·乐辅国

【提要】

本文选自《全宋文》卷三九三(巴蜀书社1990年版)。

位于河南巩义市的永定陵是北宋真宗赵恒的陵墓。

赵恒,宋太宗赵匡义第三子。母李贤妃。赵恒30岁继父位,55岁病死,葬永定陵。在位25年(998—1022),年号:咸平、景德、大中祥符、天禧、乾兴。史书称他"聪明""英晤",前期任用寇准、李沆、王旦等忠直大臣,政治清明,号"咸平之治"。军事方面,1004年,辽大兵攻宋,真宗在宰相寇准的竭力鼓动之下,御驾亲征。当他出现在宋、辽两军对峙的最前线澶州(今河南濮阳)北城楼上,宋军将士远远望见皇帝的黄罗伞盖在城头上飘扬时,人人"踊跃欢呼,声闻数十里",宋军射杀辽主帅萧挞览。最后辽宋签订"澶渊之盟",边境安定了数十年。

但后期的得祥瑞、封泰山,痴迷神仙道术、大修宫观寺院,让真宗一天天萎靡下去,1019年真宗得了风疾,挨到1022年死去,遗言由儿子赵祯继承皇位,皇后刘氏被尊为太后。因赵祯幼小,由刘后垂帘听政,第一件事就是修建赵恒陵寝。刘太后任命宰相丁谓为营建皇陵总负责人,宦官雷允恭为皇陵都监(工程具体负责人)。

秦汉以来,历朝皇帝往往甫一登基就开始为自己修造陵墓,皇陵常常要修建几十年,而宋陵却只修了短短的 7 个月,为何?

除了从开封迁葬至巩义的赵匡胤父亲赵弘殷的永安陵外,入葬巩义陵区的第一座帝陵是北宋开国皇帝赵匡胤的永昌陵。赵匡胤在位 17 年,但正值盛年的赵匡胤虽选定巩义为大宋的皇陵区,却从未提过建陵之事。

开宝九年(976)十月二十日夜,年仅 49 岁的赵匡胤与其弟赵匡义酒酣耳热,相谈甚欢。那天深夜,赵匡胤却突然驾崩,速修巩义皇陵,安放赵匡胤灵柩变成当务之急。

当时从开封到巩义的路上运送帝柩的队伍有 2 万人左右,浩浩荡荡,200 余里的路程走了半个月。护送的队伍中光拉灵柩的就有 1 000 多人,送殡队伍到达陵区时,距赵匡胤死正好 7 个月。于是,以后就衍成规矩:各朝皇帝事先都不建陵墓,死后 7 个月内建好陵墓,然后下葬,形成了宋朝"七月而葬"习俗。

宋陵因只修短短的 7 个月,时间紧迫,修建工程变得非常残酷,宋陵的采石碑刻中,详细记载了为大宋第七代皇帝哲宗修建永泰陵的情况。1100 年初,宋哲宗驾崩,二月初十,4 600 多人的采石队伍抵达离巩义陵区 30 多公里的粟子山,这里的石头"岩棱温润,罕与为比",不易风化,采石工必须在 3 个月的时间里完成 27 600 块的采石任务;运输这些石材,动用了士兵、民夫 1 万多人;修陵的工匠 4 万多人。这样算来,5 万多工匠被集中到了巩义陵区。据记载,当时建陵的役夫既没有饮用水,也没有住处,只有露宿荒野,履寒历暑,因此死者无数。

乐辅国在文中说,修建永定陵的石头,用来修筑皇堂室即地宫的有 27 377 块,门石 14 块,侍从人物、象马等地上雕刻用石 62 块。也就是说,地宫用石占了绝大部分,而且从地面的石雕可以看出,每块石头常达数吨重。

到宋陵,你就会发现一个十分奇怪的现象,应居最崇高位置的陵台却常常处在陵区的最低处,仿佛被人们踩在脚下,丝毫没有皇帝高高在上的威严感。宋陵陵区安排为何如此奇怪?原来,唐宋时期,流行"五音姓利"的风水理论,就是人们姓氏的读音对应着宫、商、角、徵、羽五音,宋代皇帝的赵姓读音属角,角音不仅要求在都城的西方选阴宅,而且陵地也要求"东南地穹、西北地垂",所以宋代的皇陵都南高北低,呈现倒仰的姿势。整个巩义陵区面对嵩山,背依黄河,也符合角音"山之北、水之南"的风水要求。

宋陵属全国重点文物保护单位,总面积约 30 平方公里。地处郑州、洛阳之间,南有嵩山,北有黄河,依山傍水,风景优美,被誉为"生在苏杭,葬在北邙"的风水宝地。北宋 9 个皇帝,除徽、钦二帝被金所俘囚死漠北外,7 个皇帝以及被追尊为宣祖的赵弘殷均葬于此,世称七帝八陵。按照埋葬时间的先后,八陵的顺序依次是:宋宣祖的永安陵、宋太祖的永昌陵、宋太宗的永熙陵、宋真宗的永定陵、宋仁宗的永昭陵、宋英宗的永厚陵、宋神宗的永裕陵和宋哲宗的永泰陵。加上后妃、宗室、亲王、王子、王孙以及高怀德、赵普、曹彬、蔡齐、寇准、包拯、狄青、杨六郎等功臣硕勋,共有陵墓近 1 000 座,前后经营达 160 余年之久。北宋诸帝、后陵中,8 座皇帝陵保存完好,皇后陵主要分布在西村、蔡庄、孝义、八陵 4 个陵区,占地 30 余平方公里,形成了一个规模庞大、气势雄伟的皇家陵墓群。

北宋皇陵的诸帝陵园建制统一,平面布局相同,皆坐北朝南,分别由上官、宫城、地宫、下官 4 部分组成,围绕陵园建筑有寺院、庙宇和行宫等,苍松翠柏遍植,环境肃穆幽静。

若乃土圭定国,卜洛处二宅之雄[1];地镇秉灵,维嵩冠五岳之首。风雨之所会,阴阳之所和,居然得天地之心,绰尔是皇王之宅。周汉已降,实曰名都。我国家运契隆兴,创业垂统,削平多垒,奄宅中区。京邑长百万之师,城阙有亿兆之众。相水陆五达之要,口漕运万计之饶。所以控淮、汴之上游,为都畿之胜地。比之全盛,又绝拟伦。伏自太祖、太宗应顺天人,追尊祖祢[2],钦崇懿号,迁奉寝园,乃于定鼎之都,以口藏金之地,爰从吉兆,实建宏规。协举孝思,高迈五陵之制;恭承道荫,聿钟万世之基。

大行皇帝祗口璿图,恢融宝命,启迪精妙,逢迎粹和。绍二圣之令猷[3],超九皇之懿范。睿文冠古,穷经天纬地之源;神武膺期[4],成拨乱反正之业。仁以守位,孝以奉先。四时固绝于畋游,七庙弥敦乎恪谨。爰自君临兆庶,德服华夷,运神策于边荒,执利器于掌握。四夷即叙,不施烽燧之辉;百姓乂安,不识军旅之事。绵延怙泰[5],盛节交修。翠巘泥金[6],聿举增高之典;神雕奠璧,复施益厚之功。以至延欵驭于寰清[7],授珍符于秘殿。奉希夷之诲,昭示仙源[8];瞻睟穆之容[9],延昌宝祚。显道宗之积累,则幸景亳以朝真[10];答紫帝之贻谋,则款阳郊而荐号[11]。顾能事之毕举,仍宸念而增虔[12]。旰昃万机[13],焦劳庶务。六一丹就[14],百灵无舐鼎之缘;二十功成,口后有攀髯之叹[15]。莫不哀缠圣嗣,痛结宫闱。六龙未达于杳冥,四海遽闻于遏密[16]。倏临远日,爰上广阡。指瀍涧之滨,口苍梧之野[17]。

庀徒集事,岂易其人。口命威塞军节度使、侍卫亲军步军副都指挥使夏公守恩充修奉部署[18],左骐骥使、忠州防御使、入内都知蓝公继宗充修奉钤辖[19]。二公荷先朝拔擢之恩,副当宁选抡之寄[20],同心戮力,夙夜在公。仗钺而来,得以便宜从事。募诸道兵士、工匠,来赴力役,表请文武官僚、使命,分掌其事。虽钦承治命,以俭约而处先;而遵法古仪,在坚固以为事。计用安砌皇堂石二万七千三百七十七段[21],门石一十四,侍从人物、象马之状六十二。凡有名山,悉皆寻访。缑氏县南有粟子岭者,盖少室之西山、万安之东岭也,多产巨石。岩棱温润[22],罕与为比。辅国忝居麾下,仍属堤封[23],首奉指口,口司计置。还以益赡为口,乃命中贵内殿崇班李知常、左侍禁李丕远与辅国同办其事。部领工匠四千六百,口山并般运共口二万七千。

兹山也,口入烟萝,口口峭峻,不口行路,杳绝居民。固无井泉,以充日用。汲引甚远,饮啜或愆[24]。土民之心,方增劳止,忽有石泉一眼涌出,并岩谷中有清泉一派临于山址。其源深而流长,其味甘而且美。挈瓶而至,口口云屯。熬熬之心,不胜其乐。倘非一人之孝感,二公之至诚,不能致也。拜井水涌,讵止于耿恭[25];敕山泉飞,靡专于李广。挺生杰出,何代无人。

此山旧有神祠,绵历时岁,栋宇摧坏,且基址具存。因与同僚议其完葺。揆诸材瓦[26],假力余工,曾未浃旬,俨然新庙。冀其降福以庇兹民,复有灵蛇出为瑞应。其色皎洁,其状蜿蜒。爰有飞章,达于天听。特诏中使颁睿旨、赍名香、率道流二十人[27],建灵场三昼夜,并设清醮,以答神贶。而又屡宣宸慈,抚恤土伍,饵以医药,赉以物帛。群情感激,罔不尽心。每梯霞蹑云,沿崖抱栈,若履平地,咸欲先登。镌琢之声,闻数百里。凡所攻采,应手而得。号令所出,如同影响。般辇相继,有若风雷。而未及前期,厥数大备。自暮春之令序,袤逮献之届辰,以日系时,其功就毕。泊乎充用,抑有羡余。

辅国获处下风[28],叨预陈力,备观事实,仍仰微猷,秉笔直书,辞亦无愧。至于崇奉陵域[29],种植松楸,严肃威仪,秘邃宫阙,规模宏壮,制度久长,亦二帅之输忠,诸君之协葺,固不可得而备言也。聊书采石一时之事,乃万分之一二矣。

时乾兴元年八月十日记。

左侍禁、提举山陵逐程排顿及马递铺、管勾采取般运石段李丕远书及刻字。内殿崇班、提举山陵逐程排顿及马递铺、管勾采取般运石段李知常、山陵修奉钤辖、左骐骥使、忠州防御使、入内内侍省都知、勾当皇城司□整肃随驾□□蓝继宗、山陵修奉部署、侍卫亲军步军副都指挥使、威塞军节度使夏守恩。

【作者简介】

乐辅国,生卒年不详。乾兴元年(1022)为文林郎、守河南府侯氏县主簿。

【注释】

[1] 土圭:古代用以测日影、正四时和测度土地的器具。

[2] 祖祢:先祖和先父,亦泛指祖先。祢:音 nǐ,父死入庙曰祢。

[3] 令猷:远大的志向、抱负。

[4] 膺期:谓受天命为帝王。

[5] 怙:音 hù,恃也。

[6] 巘:音 yǎn,大山上的小山。二句谓陵墓构筑。

[7] 欻驭:谓快马。欻:音 xū,迅疾。

[8] 希夷:谓道士、道教。《老子》:视之不见名曰夷,听之不闻名曰希。后因以"希夷"指虚寂玄妙。

[9] 晬穆:温和慈祥貌。晬,音 zuì。

[10] 道宗:谓道教。景亳:商汤灭夏前会盟诸侯之地。其地望可能在今河南浚县大伾山附近。此地距北宋王陵区不远。朝真:朝见真人。

[11] 紫宸:谓上帝之类仙人。贻谋:尊长者对子孙等的训诲。荐号:举号。句谓真宗的东太一宫、西太一宫的祝祀活动。

[12] 宸念:皇帝的思虑。宸:音 chén,北极星所在。后借指帝王所居,又引申为帝王代称。

[13] 旰昃:音 gàn zè,天晚。多用于颂扬皇帝勤于政事。

[14] 六一丹:《云笈七籖》卷六七:"以金汋和黄土内六一泥瓯中,猛火炊之,尽成黄金,复以火灼之,皆化为丹。"

[15] 攀髯:传说黄帝铸鼎于荆山下,鼎成,黄帝乘之升天,群臣后宫从上者 70 余人。余小臣不得上龙身,乃持龙髯,而龙髯拔落,并堕黄帝之弓。百姓遂抱其弓与龙髯而号哭。后用为追随皇帝或哀悼皇帝去世之典。

[16] 六龙:天子车驾的代称。杳冥:极高或极远以致看不清的地方。遏密:谓帝王等死后停止举乐等娱乐活动。

[17] 瀍涧:瀍水和涧水的并称。东周以来的古都洛阳,瀍水直穿城中,涧水环其西,故多

以二水连称谓其地。北宋皇陵距二水迩近。苍梧:舜帝南巡,崩于苍梧(今湖南宁远之九嶷山)之野。

[18]夏守恩:字君殊,并州榆次(今属山西)人。父遇,为武骑军校,与契丹战,殁。时守恩才六岁。补下班殿侍。真宗即位,四迁至北作坊使、普州刺史。帝幸澶渊,守恩从行,数见任使。帝不豫,中宫预政,以守恩领亲兵,倚用之。天圣初(1023—1032),加步军副都指挥使、威塞军节度使,为永定陵总管。雷允恭、邢中和徙皇堂,穿地得水泉,土石相半,人疫,功不就。守恩以闻,允恭等伏诛。徙节河阳三城,归本镇,知澶、相、曹三州,并代路马步军都总管,为真定府定州路都总管。守恩所至,恃宠骄恣不法。其子元吉通赂遗,市物多不予直。发其赃,法当死,帝命贷之,除名连州编管,卒贬所。

[19]蓝继宗:字承祖,广州南海人。宦者。年十二,迁为中黄门。从征太原,传诏多称旨。元德太后、章穆皇后葬,为按行园陵使。车驾北征,勾当留司、皇城司。车驾谒诸陵,近陵旧乏水,继宗疏泉陵下,百司从官皆取以济。擢入内副都知,为天书扶侍都监。修玉清昭应宫,与刘承珪典工作。宫成,迁洛苑使、高州团练使,充都监。仁宗即位,迁左骐骥使、忠州防御使、永定陵修奉钤辖。继宗事四朝,谦谨自持,每领职未久,辄请罢。家有园池,退朝即亟归,同列或留之,继宗曰:“我欲归种花卉、弄游鱼为乐尔。”钤辖:节制管辖。

[20]选抡:亦作“选论”。选拔,选择。

[21]皇堂:皇帝的墓室。

[22]岩棱:亦作“岩棱”。谓棱角分明。

[23]堤封:本指“崖岸”。亦以喻人的风操。此谓指挥部成员。

[24]愆:耽误。

[25]讵:岂,怎。

[26]揆:音 kuí,度。

[27]道流:道士。

[28]下风:谓下位,卑位。

[29]陵域:陵寝,帝王的墓地。

瀛州兴造记

北宋·曾 巩

【提要】

本文选自《元丰类稿》(中华书局 1984 年版)。

《宋史》记载,神宗熙宁元年(1068)七八月,河北数十州县连续发生地震,楼宇、民居多摧覆,死者甚众。河北大地震后不久,曾巩应瀛州知州李肃之请,写了这篇《瀛州兴造记》。

文中记载,李肃之在大地震后,主要做了以下四件事情:一、瀛州(今河北河间市)再次发生地震,谣言四起,说大水且到,民众惊恐欲逃。李肃派人安抚劝解,谣言乃止。二、震后大雨,公私粮食物资暴露在外。李肃指示根据实际情况,允许职守人员相机行事,妥善保管好。灾后核检,130万石粮食颗粒不少,其他兵器物资亦完好无缺。三、地震刚发生,李肃即刻令军队上街警备,至震后,全城"人无争偷,里巷安辑"。四、新城重建采取以工代赈、多方筹资的办法,坚持不扰灾民。"力取于旁路之羡卒,费取于备河之余材,又以钱千万市木于真定",最终"方十五里,高广坚壮""宾属士吏,各有宁宇""人去污淖,即于夷途"的瀛州新城3个月即站立起来!不仅如此,民居塌坏,亦加缮理。李肃因为"经理劝督,内尽其心,外尽其力",受到朝廷嘉奖。

熙宁元年七月甲申,河北地大震,坏城郭屋室,瀛州为甚[1]。是日再震,民讹言大水且至,惊欲出走。谏议大夫李公肃之为高阳关路都总管安抚使,知瀛州事,使人分出慰晓[2],讹言乃止。是日大雨,公私暴露,仓储库积,无所覆冒[3]。公开示便宜,使有攸处,遂行仓库,经营盖障[4]。雨止,粟以石数之,至一百三十万,兵器他物称是,无坏者。初变作,公命授兵警备,讫于既息,人无争偷,里巷安辑[5]。

维北边自通使契丹,城壁楼橹御守之具[6],寝弛不治[7],习以为故。公因灾变之后,以兴坏起废为己任,知民之不可重困也,乃请于朝,力取于旁路之羡卒[8],费取于备河之余材,又以钱千万市木于真定[9]。既集,乃筑新城,方十五里,高广坚壮,率加于旧。其上为敌楼,战屋凡四千六百间。先时,州之正门,弊在狭陋,及是始斥而大之。其余凡圮坏之屋,莫不缮理,复其故常。周而览之,听断有所,燕休有次,食有高廪,货有深藏,宾属士吏,各有宁宇。又以其余力为南北甬道若干里,人去污淖,即于夷途。自七月庚子始事,至十月己未落成。其用人之力,积若干万若干千若干百工;其竹苇木瓦之用,积若干万若干千若干百。盖遭变之初,财匮民流,此邦之人,以谓役巨用艰,不累数稔,城垒室屋未可以复也。至于始作逾时,功以告具。盖公经理劝督,内尽其心,外尽其力,故能易坏为成,如是之敏。事闻,有诏嘉奖。

昔郑火,子产救灾补败[10],得宜当理,史实书之。卫有狄人之难,文公治其城市宫室[11],合于时制,诗人歌之。今瀛地震之所摧败,与郑之火灾、卫之寇难无异。公御备构筑不失其方,亦犹古也。故瀛之士大夫皆欲刻石著公之功,而予之从父兄适与军政,在公幕府,乃以书来,属予记之。予不得辞,故为之记,尚俾来世知公之尝勤于是邦也。

【作者简介】

曾巩(1019—1083)字子固,南丰(今江西南丰)人。北宋文学家,唐宋八大家之一。幼时记忆力超群,读书数万言,脱口辄诵。39岁中进士,累官太平州司法参军、馆阁校勘、集贤校理等。熙宁二年(1069)先后任齐、襄、洪、福、明、亳等州任知州,颇有政声。元丰三年(1080),徙知沧州,过京师,神宗召见时,他提出节约为理财之要,颇得神宗赏识,留三班院供事。元丰五年,拜中书舍人。次年卒于江宁府。著作今传《元丰类稿》50卷,有《四部丛刊》影元刊本。

【注释】

[1] 瀛州:今河北河间。

[2] 慰晓:安慰人心,宣晓真相。

[3] 覆冒:蒙盖,掩蔽。

[4] 便宜:便当,合宜。盖障:遮盖,遮挡;亦指遮盖用之物,如帐篷之类。

[5] 安辑:安定。

[6] 楼橹:守城或攻城用的高台战具。

[7] 寝弛:废弃。

[8] 羡卒:古代正卒以外的兵卒。

[9] 真定:今河北正定。

[10] 子产:春秋时郑国相,言"天道远,人道迩",采取务实的态度救灾,而不听裨灶禳火之言。

[11] 文公:卫文公。卫懿公九年(前660),北方狄人侵入卫国,懿公败死,卫国被灭。残部过黄河,落脚曹(今河南滑县南)。后在卫文公带领下,再迁至楚丘(今河南滑县东),重建卫国。《诗经》中有《定之方中》颂赞他的功绩。

齐州北水门记

北宋·曾 巩

【提要】

本文选自《元丰类稿》(中华书局1984年版)。

齐州(今济南)多泉,汇而成河,"布道路民庐官寺,无所不至",环城西北流淌,"北城之下疏为门以泄之"。但一旦潦水暴集,市民只能"荆苇为蔽,纳土于门",长期如此,"又劳且费"。

于是,知州曾巩发库钱,募力役,"因其故门,累石为两涯,其深八十尺,广三十尺,中置石楗,析为二门,扃皆用木,视水之高下而闭纵之"。水门完工,水流也就变得驯服起来,湖水经北水门泄出流入小清河东注渤海。元、明、清各代在此增建亭台楼阁,植柳种荷,形成"四面荷花三面柳,一城山色半城湖"的济南大明湖(曾巩时名"西湖"),北水门即今大明湖之汇波门。

另外,曾巩还为西湖修了长堤,名为百花堤,建了北渚亭,还在城内修桥铺路,在趵突泉畔建了泺源堂、历山堂。

济南多甘泉,名闻者以十数。其酾而为渠[1],布道路民庐官寺,无所不至,澳澳分流[2],如深山长谷之间。其汇而为渠,环城之西北,故北城之下疏为门以泄之。若岁水溢,城之外流潦暴集[3],则常取荆苇为蔽,纳土于门,以防外水之入,既弗坚完,又劳且费。

至是,始以库钱买石,僦民为工[4],因其故门,累石为两涯,其深八十尺,广三十尺,中置石楗[5],析为二门,扃皆用木,视水之高下而闭纵之。于是内外之水,禁障宣通[6],皆得其节,人无后虞,劳费以熄。其用工始于二月庚午,而成于三月丙戌。

董役者[7],供备库副使驻泊都监张如纶,右侍禁兵马监押仲怀德。二人者,欲后之人知作之自吾三人者始也,来请书,故为之书。是时熙宁五年壬子也[8]。太常博士充集贤校理知齐州军事曾巩记。

【注释】

[1]酾:音 shī,疏导,分流。

[2]澳澳:音 yù,水波摇动貌。

[3]流潦:地面流动的积水。

[4]僦:音 jiù,雇募,租赁。

[5]石楗:石制门闩。

[6]宣通:疏通,畅通。

[7]董:督察、监督。

[8]熙宁五年:1072 年。

道 山 亭 记

北宋 · 曾 巩

【提要】

本文选自《元丰类稿》(中华书局 1984 年版)。

道山亭位于今福建省福州市。熙宁元年(1068),郡守程师孟建。登亭远眺,海门景色,尽纳眼中;鸟瞰墟市,万家楼阁、寺庙飞檐尽涌足前。其状可比道家蓬莱三岛,故改山名为道山并以名亭。十年后,又请曾巩作记。

这篇写亭子的文字,最大的特色在于:欲写亭而状摹地形险崛,"其途或逆坂如缘絙,或垂崖如一发"一节,前状山行之奇,后摹水行之险,移步换景,险状迭出,而高处俯视,全貌尽现——那亭子就建在这里!

于是,作者寓主于客,巧妙地称颂了程公在此险绝处立亭子的高明。不仅如此,作者还写道:"麓多杰木,而匠多良能,人以屋室巨丽相矜,虽下贫必丰其居,而佛、老子之徒,其宫又特盛。""盖佛、老子之宫以数十百,其瑰诡殊绝之状,盖已尽人力。"奇树佳木众多,良工巧匠众多,贫下亦丰丽其屋的风俗,再加之佛寺道观堂皇富丽……作者没有介绍道山亭的构筑情形,但读了这些文字,道山亭这座由府君发起修建的亭子能不穷尽巧丽?!

正因为这奇险处的亭子,身处僻远、治郡有方的程君同时亦能"寓其耳目之乐"。

文章写于元丰二年(1079),时作者在明州(今宁波)。

现存道山亭为木构建筑,八角形,歇山顶;藻井图饰精美,亭周设美人靠,供游人歇脚纳凉。道山亭周边古木参天,怪石嶙峋,奇特景观不少。

闽故隶周者也,至秦开其地列于中国,始并为闽中郡。自粤之太末[1],与吴之豫章,为其通路。其路在闽者,陆出则阸于两山之间[2],山相属无间断,累数驿乃一得平地,小为县,大为州,然其四顾亦山也。其途或逆坂如缘絙[3],或垂崖如一发,或侧径钩出于不测之溪上,皆石芒峭发[4],择然后可投步。负戴者虽其土人,犹侧足然后能进。非其土人,罕不踬也[5]。其溪行,则水皆自高泻下,石错出其间,如林立,如士骑满野,千里下上,不见首尾。水行其隙间,或衡缩蟉糅[6],或逆走旁射,其状若蚓结,若虫镂,其旋若轮,其激若矢。舟溯沿者,投便利,失毫分,辄破溺[7]。虽其土长川居之人[8],非生而习水事者,不敢以舟楫自任也。其水陆之险如此。汉尝处其众江淮之间而虚其地[9],盖以其狭多阻,岂虚也哉?

福州治侯官[10],于闽为土中,所谓闽中也。其地于闽为最平以广,四出之山皆远,而长江在其南[11],大海在其东,其城之内外皆途,旁有沟,沟通潮汐,舟载者昼夜属于门庭。麓多杰木,而匠多良能,人以屋室巨丽相矜,虽下贫必丰其居,而佛、老子之徒,其宫又特盛。城之中三山,西曰闽山,东曰九仙山,北曰粤王山,三山者鼎趾立。其附山,盖佛、老子之宫以数十百,其瑰诡殊绝之状,盖已尽人力。

光禄卿、直昭文馆程公为是州,得闽山嵚崟之际[12],为亭于其处,其山川之胜,城邑之大,宫室之荣,不下簟席而尽于四瞩。程公以谓在江海之上,为登览之观,可比于道家所谓蓬莱、方丈、瀛州之山,故名之曰道山之亭。闽以险且远,故仕者常惮往,程公能因其地之善,以寓其耳目之乐,非独忘其远且险,又将抗其思于埃壒之外[13],其志壮哉!程公于是州以治行闻,既新其城,又新其学,而其余功又及于此。盖其岁满就更广州[14],拜谏议大夫,又拜给事中、集贤殿修撰,今为越州,字公辟,名师孟云。

【注释】

　　[1]太末:今浙江龙游。

　　[2]阸:音 ài,阻隔。

　　[3]坂:音 bǎn,山坡。絙:音 gēng,粗绳。

　　[4]石芒:山石的尖梢。峭发:陡峭突出。

[5]踬:音 zhì,跌倒,绊倒。

[6]衡缩蟉糅:谓水势曲折奔流。衡缩:纵横。蟉糅:音 liáo róu,盘曲混杂貌。

[7]破溺:船破溺水。

[8]土长川居:谓土生土长。

[9]处:安置。

[10]侯官:今福州。

[11]长江:谓闽江。

[12]嵚崟:音 qīn yīn,山势高耸貌。

[13]埃壒:尘埃,尘世。壒,音 ài。

[14]岁满:任职期满。

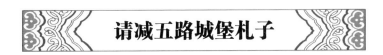

请减五路城堡札子

北宋·曾　巩

【提要】

本文选自《元丰类稿》(中华书局 1984 年版)。

"今之兵,以谓西北之宜在择将帅",曾巩开宗明义地指出:西北对西夏军事斗争的焦点在"择将",而不是筑城。

北宋同西夏的争斗旷日持久。在北宋诸帝眼里,宋与辽是兄弟之盟,而宋与西夏则是君臣之邦。更为重要的是,辽实力强大,与宋辽边界是辽阔的华北平原,尤利于骑兵驰突;且距统治中心亦近,快马加鞭,数日即兵临城下。因之,北宋对辽尽力和颜悦色。

西夏则不然,宋夏边界高山峻岭,道路崎岖,其与宋经济、政治中心路途遥远,难以对宋廷构成致命威胁。因此,当辽南侵时,宋朝满廷都是迁都之声;而西夏东进时,全国则是一片挞伐的怒吼。

随着宋辽结成澶渊之盟,代之而起的是宋夏之间的斗争。为了抵御西夏的骚扰,宋廷除增加驻边禁军外,还在边境大修堡塞。"秦凤、鄜延、泾原、环庆、并代五路,嘉祐之间,城堡一百一十有二,熙宁二百一十有二,元丰二年二百七十有四。熙宁较于嘉祐为一倍,元丰较于嘉祐为再倍。"据统计,宋代在西北地区构筑的城寨总数超过五百个(《北宋西北堡寨》,载《西北历史资料》1983 年第二期)。城墙越来越高,敌楼、战楼、望楼、门桥、壕栅越来越密集,城池也越来越牢固。

可是这一切都是必要的吗? 曾巩认为,"将之于兵,犹弈之于棋",不在多在于得其要;城多则兵分,兵分则士众,又不能因应事变,可谓是不得要领。曾巩总结了自周至北宋的军队数量、建制方面的发展历史,然后提出了西北择将的观点。"昔张仁愿度河筑三受降城,相去各四百余里,首尾相应,由是朔方以安,减镇兵数万。"北狄西戎,由于多年征伐,军队的战斗力强,人数多,兵器精巧,最关键的是"在乎得人,属之统督之寄而已",朝廷只要明考核,信赏罚,以驭之而已(参见曾巩《请西北择将东南益兵札子》)。

正因为如此,必须裁减城堡,遏止"立城多,则兵分,兵分则用士众"的劳费现象,转变西北防御策略。

臣尝议今之兵,以谓西北之宜在择将帅,东南之备在益戍兵。臣之妄意,盖谓西北之兵已多,东南之兵不足也。待罪三班[1],修定陕西河东城堡之赏法,因得考于载籍。盖秦凤、鄜延、泾原、环庆、并代五路[2],嘉祐之间,城堡一百一十有二,熙宁二百一十有二,元丰二年二百七十有四[3]。熙宁较于嘉祐为一倍,元丰较于嘉祐为再倍。而熙河城堡又三十有一[4]。虽故有之城,始籍在于三班者,或在此数,然以再倍言之,新立之城固多矣。

夫将之于兵,犹弈者之于棋。善弈者置棋虽疏,取数必多,得其要而已。故敌虽万变,途虽百出,而形势足以相援,攻守足以相赴,所保者必其地也。非特如此,所应者又合其变,故用力少而得算多也[5]。不善弈者,置棋虽密,取数必寡,不得其要而已。故敌有他变,途有他出,而形势不得相援,攻守不能相赴,所保者非必其地也。非特如此,所应者又不能合其变,故用力多而得算少也。守边之臣,知其要者,所保者必其地,故立城不多,则兵不分,兵不分,则用士少,所应者又能合其变,故用力少而得算多,犹之善弈也。不得其要者,所保非必其地,故立城必多,立城多,则兵分,兵分则用士众,所应者又不能合其变,故用力多而得算少,犹之不善弈也。

昔张仁愿度河筑三受降城[6],相去各四百余里,首尾相应,由是朔方以安,减镇兵数万。此则能得其要,立城虽疏,所保者必其地也。仁愿之建三城,皆不为守备,曰:"寇至当并力出战,回顾望城,犹须斩之,何用守备?"自是突厥遂不敢度山,可谓所应者合其变也。

今五路新立之城,十数岁中,至于再倍,则兵安得不分?士安得不众?殆疆场之吏,谋利害者不得其要也。以弈棋况之,则立城不必多。臣言不为无据也。以他路况之,则北边之备胡,以遵誓约之故,数十年间,不增一城一堡,而不患戍守之不足,则立城不必多,又已事之明验也。臣以此窃意城多则兵分,故谓西北之兵已多,而殆恐守边之臣,未有称其任者也。今守边之臣,遇陛下之明,常受成算以从事,又不敢不奉法令,幸可备驱策。然出万全之画,常诿于上[7],人臣之于职,苟简而已[8],固非体理之所当然。况由其所保者未得其要,所应者未合其变,顾使西北之兵独多,而东南不足。在陛下之时,方欲事无不当其理,官无不称其任,则因其旧而不变,必非圣意之所取也。

夫公选天下之材,而属之以三军之任,以陛下之明,圣虑之绪余,足以周此。臣历观世主,知人善任使,未有如宋兴太祖之用将英伟特出者也。故能拨唐季、五代数百年之乱,使天下大定,四夷轨道,可谓千岁以来不世出之盛美,非常材之君,拘牵常见者之所能及也[9]。以陛下之聪明睿圣,有非常之大略,同符太祖。则能任天下之材以定乱,莫如太祖;能继太祖之志以经武,莫如陛下。臣诚不自揆,得太祖任将之一二,窃尝见于斯文,敢缮写以献。万分之一,或有以上当天心,使西北守边之臣,用众少而得算多,不益兵而东南之备足,有助圣虑之纤芥[10],以终臣前日之议,惟陛下之所裁择。

贴黄[11]:五路城堡,据逐次降下三班院窠名数目如此[12]。窃恐系旧来城堡,自来属枢密院差遣,后来逐度方降到窠名[13],系三班院差人,所以逐度数目加多。若虽是旧来城堡,即五路二百七十余城,亦是立城太多。

【注释】

[1]三班:宋代官制。以供奉官、左右班殿直为三班,后亦以东西供奉,左右侍禁及承旨借职为三班。

[2]秦凤:辖今甘肃天水至陕西凤翔一带,治所在今甘肃天水。鄜延:辖今陕西中北部,治所在今延安。泾原:辖今宁夏南部,从陕西路析出,治所渭州(今甘肃平凉)。环庆:辖今陕甘各一部,治所庆州(今甘肃庆阳)。并代:辖今山西太原、代县一带,治所在今山西太原。

[3]元丰二年:1079年。嘉祐至元丰二年,才23年,西北地区城堡数量就从112座猛增至274座。

[4]熙河:熙河路,治所在今甘肃临洮。

[5]得算:得计,谓计谋成功。

[6]张仁愿(?—714):唐代大臣,华州下邽(今陕西渭南东)人。曾任殿中侍御史、检校幽州都督、朔方总管等职,封韩国公。

景龙二年(708)三月,默啜统帅全军西击突骑施(西突厥部落,当时勃兴于西北),北方兵力空虚。张仁愿利用此机遇,上疏请求乘虚夺取漠南之地,在黄河以北修筑三座首尾相应的"三受降城",即可断绝突厥的南侵之路。

奏疏送到京城后,太子少师唐休璟认为:"两汉已来,皆北守黄河,今于寇境筑城,恐劳人费功,终为贼虏所有。"(《新唐书·张仁愿传》)因而表示反对。但张仁愿认为机会千载难遇,执意请求,唐中宗终于批准。张仁愿又上表请求将戍边岁满的兵士留下来,以加快工程进度。当时有200名咸阳籍(今陕西咸阳东)士兵不愿筑城,集体逃走,结果被擒获,为严肃军纪,张仁愿将其全部斩杀,一时"军中股栗",无不尽力。经过将士努力,唐军只用60天便将三城(东受降城城址在今内蒙古托克托县托克托城的大皇城,中受降城城址在今包头市敖陶窑子,西受降城城址在今内蒙古乌拉特中旗乌加河乡库伦补隆村)全部筑成。

三受降城各距400余里,踞黄河北岸险要之地,遥相呼应,唐向北拓地300余里,构成一道坚强的防御屏障。张又于牛头朝那山(今内蒙古固阳东)北设置烽候1800所,以左玉钤卫将军论弓仁为朔方军前锋游弈使,戍守诺真水(今内蒙古达尔罕茂明安联合旗境),搜索警戒。从此,突厥不敢度山(阴山)畋牧,朔方从此不再受其攻掠,并减省镇戍兵数万人。

三座受降城的筑成,意义重大。首先,受降城有效地遏制了后突厥的南侵,并拓地300余里,结束了唐朝在与后突厥数十年战争中被动挨打的局面,战略价值极高;其次,三城的筑成,使朝廷减兵数万,节省了大量的军费,有利于社会的稳定;最后,受降城不仅在当时发挥了作用,后世也是受益匪浅,唐宪宗时期的大臣李绛、卢坦就曾说:"受降城,张仁愿所筑,当碛口,据虏要冲,美水草,守边之利地。"(《资治通鉴》卷第二百三十九)吕温还写有《三受降城碑铭》来歌颂张仁愿。

在边关,张仁愿善于用人,号令严明,以功论赏罚,将士无不诚服。他戍边多年,为唐朝北疆百姓带来和平和安乐。张仁愿死后,人民在受降城立祠以彰其功绩。

[7]诿:推托。

[8]苟简:苟且简略,草率简陋。

[9]拘牵:束缚,拘泥。

[10]纤芥:同"纤介",细微,细小的隙漏。

[11]贴黄:宋代,奏札意有未尽,摘要另书于后,称之。

[12]窠名:款目,条项。窠,音 kē。

[13]逐度:谓依次斟酌。

拟 岘 台 记

北宋·曾 巩

【提要】

本文选自《元丰类稿》(中华书局 1984 年版)。

拟岘台,始建于北宋嘉祐二年(1057),由当时抚州知州裴材在城东主持兴建。因台所处地形似湖北襄阳岘山,故名"拟岘台"。

城因大丘,护城河因大溪,城外紧连高陵,"野林荒墟,远近高下,壮大闳廓",可是,由于雨淋潦毁,原本高高的台子委弃于荆莽之间矣。裴公得之,去除榛草,发其亢爽,"缭以横槛,覆以高甍",台成。登而观:平沙漫流,微风远响,与夫波浪汹涌,破山抜木之奔放,至于高桅劲橹,沙禽水兽,下上而浮沉,登临者岂能不"脱埃氛,绝烦嚣"?

士绅登此台饮歌微步,旁皇徙倚,"各适其适",安心"寓其乐于此",都因为州治且安。

政和元年(1111)知州狄明远重修此台,清朝年间又曾两次重新修建,今已毁。

尚书司门员外郎晋国裴君治抚之二年,因城之东隅作台以游,而命之曰拟岘台,谓其山溪之形,拟乎岘山也。数与其属与州之寄客者游其间,独求记于予。

初,州之东,其城因大丘,其隍因大溪,其隅因客土以出溪上[1],其外连山高陵,野林荒墟,远近高下,壮大闳廓,怪奇可喜之观,环抚之东南者,可坐而见也。然而雨瘭潦毁,盖藏弃委于榛丛莽草之间[2],未有即而爱之者也。

君得之而喜,增甓与土,易其破缺,去榛与草;发其亢爽,缭以横槛,覆以高甍。因而为台,以脱埃氛[3],绝烦嚣,出云气而临风雨。然后溪之平沙漫流,微风远响,与夫波浪汹涌,破山抜木之奔放,至于高桅劲橹,沙禽水兽,下上而浮沉者,皆出乎履舄之下[4]。山之苍颜秀壁,巅崖拔出,挟光景而薄星辰。至于平冈长陆,虎豹踞而龙蛇走,与夫荒蹊聚落[5],树阴厶暧[6],游人行旅,隐见而断续者,皆出乎衽席之内[7]。若夫烟云开敛,日光出没,四时朝暮,雨旸明晦[8],变化不同,则虽览之不厌,而虽有智者,亦不能穷其状也。或饮者淋漓,歌者激烈,或靓观微步[9],旁皇徙倚[10],则得于耳目与得之于心者,虽所寓之乐有殊,而亦各适其适也。

　　抚非通道,故贵人蓄贾之游不至[11]。多良田,故水旱螟螣之灾少[12]。其民乐于耕桑以自足,故牛马之牧于山谷者不收,五谷之积于郊野者不垣,而晏然不知桴鼓之警[13],发召之役也[14]。君既因其土俗,而治以简静[15],故得以休其暇日,而寓其乐于此。州人士女,乐其安且治,而又得游观之美,亦将同其乐也,故予为之记。

　　其成之年月日,嘉祐二年之九月九日也。

【注释】

　　［1］客土:从外地移来的土。

　　［2］榛丛莆草:灌木杂草。莆:音 fú。

　　［3］埃氛:尘埃。

　　［4］履舄:鞋履,脚下。舄:音 xì,加木底的鞋。

　　［5］聚落:村落。

　　［6］厶暧:音 sī ài,阴蔽。

　　［7］衽席:此谓景物仿佛在衣衽和坐席以内。衽:音 rèn,衣服的大襟。

　　［8］旸:音 yáng,日出。此指天晴。

　　［9］靓观:谓静观。靓通"静"。

　　[10]徙倚:音 xī yí,徘徊,留连。

　　[11]蓄贾:囤积居奇的富商。

　　[12]螟螣:音 míng tè,两种食禾苗的害虫。

　　[13]桴鼓:警鼓。

　　[14]发召:征调。

　　[15]简静:谓施政不繁苛。

广德军重修鼓角楼记

北宋·曾　巩

【提要】

　　本文选自《元丰类稿》(中华书局 1984 年版)。

因为境域广大、土壤肥沃,所以广德"以县附宣"甚感"狱讼赴诉,财贡输入"等项县务因为"道路回阻"而"众不便利"。正所谓实力决定权利,到了宋太宗皇帝赵匡义即位的第四年(979),恩准"因县立军",把本应设在边境关隘等地、布有防御重兵的军事要地的地方行政机构——军,设在广德,于是广德的行政待遇一下子就变得和宣州一样了。

行政级别上去了,"田里辨争,岁时税调"的办理,一时都顺畅起来,可是问题又来了!级别上去了,衙门又渐渐嫌小了。"门闳隘庳,楼观弗饰",颇不便于"纳天子之命,出令行化朝夕,吏民交通四方,览示宾客",一句话:县衙的"规格"不能办州衙的事。

于是朱寿昌任长官。在一个五谷丰登的冬月,州城兴起土木,不二月,"崇墉崛兴,复宇相瞰",再加上鼓角楼的竣工,"尊施一邦,不失宜称",邦中之人,无不悦喜。

宋代筑城之风大盛,尤其是中小城镇的筑造蜂起,广德军应为一颇典型的"成长"案例。

熙宁元年冬,广德军作新门鼓角楼成。太守合文武宾属以落之[1],既而以书走京师,属巩曰:"为我记之。"巩辞不能,书反复至五六,辞不获,乃为其文曰:

盖广德居吴之西疆,故鄣之墟,境大壤沃,食货富穰[2],人力有余,而狱讼赴诉,财贡输入,以县附宣,道路回阻,众不便利,历世久之。太宗皇帝在位四年,乃按地图,因县立军,使得奏事专决,体如大邦。自是以来,田里辨争,岁时税调,始不勤远,人用宜之。而门闳隘庳,楼观弗饰,于以纳天子之命,出令行化朝夕[3],吏民交通四方,览示宾客,弊在简陋,不中度程。

治平四年,尚书兵部员外郎知制诰钱公公辅守是邦[4],始因丰年,聚材积土,将改而新之。会尚书驾部郎中朱公寿昌来继其任[5],明年政成,封内无事,乃择能吏,揆时庀徒,以畚以筑,以绳以削,门阿是经,观阙是营,不督不期,役者自劝。

自冬十月甲子始事,至十二月甲子卒功。崇墉崛兴,复宇相瞰,壮不及僭,丽不及奢,宪度政理,于是出纳,士吏宾客,于是驰走,尊施一邦,不失宜称。至于伐鼓鸣角[6],以警昏昕[7],下漏数刻,以节昼夜,则又新是四器,列而栖之。

邦人士女,易其听观,莫不悦喜,推美诵勤。夫礼有必隆,不得而杀;政有必举,不得而废。二公于是兼而得之,宜刻金石,以书美实,使是邦之人,百世之下,于二公之德尚有考也。

【注释】

[1] 落之:谓举行落成典礼。

[2] 富穰:富足丰饶。穰:音 ráng,丰年。

[3] 行化:行施教化。

[4] 治平:宋英宗赵曙年号,1064—1067 年。钱公辅(1023—1074):字君倚,常州武进(今江苏武进)人。登进士甲科。累官集贤殿校理、明州知州、天章阁侍制。不满王安石变法,出知

江宁府。

[5]朱寿昌:生卒年不详。字康叔,安徽天长人,《宋史》载有他弃官千里寻母之事。他是流传甚广的"二十四孝"中的一位。

朱寿昌的父亲朱巽是宋仁宗年间的工部侍郎,寿昌庶出,其母刘氏是朱巽之妾。朱寿昌幼时,刘氏被朱巽遗弃,从此,母子分离。朱寿昌长成之后,荫袭父亲的功名,先后做过陕州、荆南通荆,岳州、阆州知州等。后辞官别亲,曰:"不见母,吾不返矣"。精诚所至,朱寿昌与生母五十年后重逢。宋神宗得知此事,责令他复原职,苏轼、王安石等朝臣争文诗为赞美其事。朱寿昌官至司农少卿、朝议大夫,中散大夫。年七十而卒。

[6]伐鼓鸣角:敲锣打鼓,吹奏号角。

[7]昏昕:旦夕,早晚。

越州鉴湖图序

北宋·曾 巩

【提要】

本文选自《曾巩集》(中华书局 1984 年版)。

鉴湖,建于东汉顺帝永和五年(140),位于今浙江绍兴市。

古鉴湖是东汉会稽太守马臻主持修建的大型蓄水工程,它与今安徽寿县的芍陂和河南息县、正阳县间的鸿隙陂齐名,是我国古代大型灌溉陂塘之一。

鉴湖的显著效益首先依赖于科学的水利规划。鉴湖南靠会稽山脉。山脉从东南到西北横亘绍兴境内。鉴湖的北面是宽阔的山会平原,再北则是杭州湾。鉴湖的修筑巧妙地利用了这山—原—海高程上的变化,依山筑塘成湖,积蓄会稽群山上诸溪之水,顺着自然地势启放湖水灌田。

鉴湖不单纯是一座蓄水灌溉湖泊,它由蓄水防洪的湖堤;调节湖水泄放,用于灌溉和航运的斗门、堰闸;防水或导水入城的堰及具有排泄灌区渍水防涝、积蓄内河淡水灌溉、防止咸潮内侵三种功用的江闸(玉山斗门)等水工建筑物构成的完整区域性水利系统。

熙宁二年(1069),曾巩在《越州鉴湖图序》里分别记载有灌溉和泄洪两种不同功用的泄水建筑物的斗门、堰闸。用于灌溉的,在东湖上有阴沟 14 座,西湖上则只有柯山斗门一座。此外,位于东湖东端的曹娥斗门和蒿口斗门,其功用是"水之循南堤而东者,由之以入于东江",泄水防洪;西湖上的广陵斗门和新径斗门则是用于泄鉴湖水入于西江者;其余的灌溉斗门和阴沟,也可用以泄洪,只是泄水量较小。以上斗门、阴沟都设在鉴湖堤上。此外,在古三江口之南还有一座朱储斗门,位于灌区最北边,用以排泄灌区多余的水量,"朱储斗门去湖最远。盖因三江之上、两山之间,疏为二门,而以时视田中之水,小溢则纵其一,大溢则尽纵之,使于三江之口"。也就是说,它的功能之一是泄水入江,用以调节灌区河道水位。

　　因鉴湖水利之便,垦田种植在宋代渐渐蔚成风气。鉴湖的围垦开始于大中祥符年间(1008—1016),虽然围垦与复湖的斗争多次反复,总的趋势是围垦活动加速进行。有鉴于此,曾巩在文中首先概叙鉴湖及附属设施面貌、灌溉范围,继述宋初湖被盗为田情况,并列举各家建议制止鉴湖淤湮、侵湖为田的措施。他分析说,"田者不止而日愈多,湖不加浚而日愈废"的症结在于地方执政者因循苟且,故"说虽博而未尝行,法虽密而未尝举",并剖析反对废田还湖者的短见:仅看到"湖田之入既饶",而不知"湖未尽废,则湖下之田旱,此方今之害,而众人之所睹也;使湖尽废,则湖之为田亦旱矣,此将来之害,而众人之所未睹也"。因此,他主张收采众说,择善而从,做到言必行,法必举,必可复田为湖,恢复旧利。

　　可是,并不因为他的批评而停止围湖造田。至熙宁末年(1077),湖田面积达到九百顷之多。但这时的围垦活动还是违法、隐蔽进行的,鉴湖面积损失也不到总面积的三分之一。政和间(1111—1118),王仲嶷为越州太守,为讨好徽宗,他以政府的名义对鉴湖实行围垦,所得湖田租税上交皇帝私库,供皇室享用。这样一来,豪强富室便不再顾忌,开始了掠夺式围垦。此后的10年内,鉴湖三分之二以上面积被垦殖,水利之便丧失殆尽。至嘉泰十五年(1222)古鉴湖的绝大部分已被瓜分。

　　随着这座具有防洪、灌溉、航运等综合效益的水库十数年间被迅速废弃,当地水生态遭严重破坏,逐渐成患。绍兴十八年(1148)越州大水,由于失去鉴湖的防洪调蓄,洪水猛泄下游,州城面当滔天。当时五云门都泗堰水高一丈,水幸未破堰入城。但绍兴北部的平原积水受涝、受旱绝收渐渐成为常事。陈桥驿的《古代绍兴地区天然森林的破坏及其对农业的影响》(载《地理学报》1965年2期)称:"北宋160余年中,绍兴地区有记载的水灾共有7次,旱灾一次;而南宋的143年中,水灾多至38次,旱灾也有16次。"南宋水灾频率是北宋的5倍。南宋旱灾的频率更是北宋的12倍多。

　　围田获得的粮食与水面缩小的利害轻重? 庆元二年(1196)徐次铎说:"湖田之上供,岁不过五万余石,两县岁一水旱,其所捐所放赈济劝分,殆不啻十余万石,其得失多寡盖已相绝矣。"(《复鉴湖议》,载《嘉泰会稽志》卷十三)真是得不偿失!

　　陆游在鉴湖边居住了70年之久,对鉴湖的变迁情况有透彻的观察。他在庆元六年(1200)作《甲申雨》:"甲申畏雨古亦然,湖之未废常丰年。小人那知古来事,不怨豪家唯怨天。"

　　鑑湖[1],一曰南湖,南并山,北属州城漕渠,东西距江,汉顺帝永和五年,会稽太守马臻之所为也[2],至今九百七十有五年矣。其周三百五十有八里,凡水之出于东南者皆委[3]之。州之东,自城至于东江,其北堤石楗[4]二,阴沟十有九,通民田,田之南属漕渠,北东西属江者皆溉之。州之东六十里,自东城至于东江,其南堤阴沟十有四,通民田,田之北抵漕渠,南并山,西并堤,东属江者皆溉之。州之西三十里,曰柯山斗门[5],通民田,田之东并城,南并堤,北滨漕渠,西属江者皆溉之。总之,溉山阴、会稽两县十四乡之田九千顷。非湖能溉田九千顷而已,盖田之至江者尽于九千顷也。其东曰曹娥斗门,曰蒿口斗门,水之循南堤而东者,由之以入于东江。其西曰广陵斗门,曰新径斗门,水之循北堤而西者,由之以入于西江。其北曰朱储斗门,去湖最远。盖因三江之上、两山之间,疏为二门,而以时视田中之水，小溢则纵其一，大溢则尽纵之，使入于三江之口。所谓湖高于田丈余，田又高海丈余，水少则泄湖溉田，水多则泄田中水入海，故无荒废之田，水旱之岁者也。繇[6]汉以来几千载，其利未尝废也。

宋兴，民始有盗湖为田者。祥符之间二十七户，庆历之间二户，为田四顷。当是时，三司转运司犹下书切责州县[7]，使复田为湖。然自此吏益慢法[8]，而奸民浸起，至于治平之间[9]，盗湖为田者凡八千余户，为田七百余顷，而湖废几尽矣。其仅存者，东为漕渠，自州至于东城六十里，南通若耶溪，自樵风泾至于桐坞，十里皆水，广不能十余丈，每岁少雨，田未病而湖盖已先涸矣。

自此以来，人争为计说。蒋堂则谓宜有罚以禁侵耕，有赏以开告者。杜杞则谓盗湖为田者，利在纵湖水，一雨则放声以动州县，而斗门辄发。故为之立石则水[10]，一在五云桥，水深八尺有五寸，会稽主之；一在跨湖桥，水深四尺有五寸，山阴主之。而斗门之钥，使皆纳于州，水溢则遣官视则，而谨其闭纵。又以谓宜益理堤防斗门，其敢田者拔其苗，责其力以复湖，而重其罚，犹以为未也，又以谓宜加两县之长以提举之名，课其督察而为之殿最[11]。吴奎则谓每岁农隙，当僦[12]人浚湖，积其泥涂以为丘阜，使县主役，而州与转运使、提点刑狱督摄赏罚之。张次山则谓湖废，仅有存者难卒复，宜益广漕路及他便利处，使可漕及注民田里，置石柱以识之，柱之内禁敢田者。刁约则谓宜斥湖三之一与民为田，而益堤使高一丈，则湖可不开，而其利自复。范师道、施元长则谓重侵耕之禁，犹不能使民无犯，而斥湖与民，则侵者孰御[13]？又以湖水较之，高于城中之水，或三尺有六寸，或二尺有六寸，而益堤壅水使高，则水之败城郭庐舍可必也。张伯玉则谓日役五千人浚湖，使至五尺，当十五岁毕，至三尺，当九岁毕。然恐工起之日，浮议外摇，役夫内溃，则虽有智者，犹不能必其成。若日役五千人，益堤使高八尺，当一岁毕。其竹木之费，凡九十二万有三千，计越之户二十万有六千，赋之而复其租，其势易足，如此，则利可坐收，而人不烦弊。陈宗言、赵诚复以水势高下难之，又以谓宜修吴奎之议，以岁月复湖。当是时，都水善其言[14]，又以谓宜增赏罚之令。

其为说如此，可谓博矣。朝廷未尝不听用而著于法，故罚有自钱三百至于千，又至于五万，刑有自杖百至于徒二年[15]，其文可谓密矣。然而田者不止而日愈多，湖不加浚而日愈废，其故何哉？法令不行，而苟且之俗胜也。

昔谢灵运从宋文帝求会稽回踵湖为田[16]，太守孟顗不听，又求休崲湖为田[17]，顗又不听，灵运至以语诋之。则利于请湖为田，越之风俗旧矣。然南湖由汉历吴、晋以来，接于唐，又接于钱镠父子之有此州，其利未尝废者，彼或以区区之地当天下，或以数州为镇，或以一国自王，内有供养禄廪之须[18]，外有贡输问遗之奉[19]，非得晏然而已也。故强水土之政以力本利农，亦皆有数，而钱镠之法最详[20]，至今尚多传于人者。则其利之不废，有以也。

近世则不然，天下为一，而安于承平之故，在位者重举事而乐因循。而请湖为田者，其语言气力往往足以动人。至于修水土之利，则又费材动众，从古所难。故郑国之役，以谓足以疲秦[21]，而西门[22]豹之治邺渠，人亦以为烦苦，其故如此。则吾之吏，孰肯任难当之怨，来易至之责，以待未然之功乎？故说虽博而未尝行，法虽密而未尝举,田者之所以日多,湖之所以日废,繇是而已。故以谓法令不行,而苟且之俗胜者,岂非然哉!

夫千岁之湖,废兴利害,较然易见。然自庆历以来三十余年,遭吏治之因循,至于既废,而世犹莫悟其所以然,况于事之隐微难得,而考者由苟简之故[23],而弛坏于冥冥之中,又可知其所以然乎?

今谓湖不必复者,曰湖田之入既饶矣,此游谈之士为利于侵耕者言之也。夫湖未尽废,则湖下之田旱,此方今之害,而众人之所睹也;使湖尽废,则湖之为田亦旱矣,此将来之害,而众人之所未睹也。故曰此游谈之士为利于侵耕者言之,而非实知利害者也。谓湖不必浚者,曰益堤壅水而已,此好辨之士为乐闻苟简者言之也。夫以地势较之,壅水使高,必败城郭,此议者之所已言也。以地势较之,浚湖使下,然后不失其旧;不失其旧,然后不失其宜,此议者之所未言也。又山阴之石则为四尺有五寸,会稽之石则几倍之,壅水使高,则会稽得尺,山阴得半,地之窳隆不并[24],则益堤未为有补也。故曰,此好辨之士为乐闻苟简者言之,而又非实知利害者也。

二者既不可用,而欲禁侵耕,开告者,则有赏罚之法矣;欲谨水之畜泄[25],则有闭纵之法矣;欲痛绝敢田者,则拔其苗,责其力以复湖,而重其罚,又有法矣;或欲任其责于州县与转运使、提点刑狱,或欲以每岁农隙浚湖,或欲禁田石柱之内者,又皆有法矣。欲知浚湖之浅深,用工若干,为日几何;欲知增堤竹木之费几何,使之安出;欲知浚湖之泥涂积之何所,又已计之矣。欲知工起之日,或浮议外摇[26],役夫内溃,则不可以必其成,又已论之矣。诚能收众说而考其可否,用其可者,而以在我者润泽之,令言必行,法必举,则何功之不可成,何利之不可复哉?

巩初蒙恩通判此州[27],问湖之废兴于人,未有能言利害之实者。及到官,然后问图于两县,问书于州与河渠司,至于参核之而图成,熟究之而书具,然后利害之实明。故为论次,庶夫计议者有考焉。

熙宁二年冬卧龙斋。

【注释】

[1]鑑湖:即鉴湖、镜湖。

[2]马臻:字叔荐,东汉茂陵(今陕西兴平)人,一说会稽山阴人。水利专家。顺帝永和五年(140)为会稽太守。甫上任,即详考农田水利,发动民众,创立鉴湖。其规划总纳会稽山北部北源之水为湖。工竣,会稽山北部平原免洪水之苦,得灌溉之利,曹娥江以西约9 000顷土地,收成大增。但因筑湖,淹没豪门冢宅,侵犯豪门利益,遂以溺死百姓罪入狱,被处以极刑。越人悲愤不平,于鉴湖边立祠以祀。

[3]委:谓汇流。

[4]石柣:石制泄水器具。柣,音tà。

[5]柯山:在今绍兴市绍兴县境内。斗门:即水闸,用以控制水的流量。

[6]繇:音yóu,由,从。

[7]转运司:宋代官衙名。掌经度一路财赋。其长官为转运使。切责:严厉责备。

[8]慢法:轻忽法令。

[9]治平:北宋英宗赵曙年号,1064—1067年。

[10]则水:测量水位。

[11]殿最:谓等级的高低上下。古代考核政绩或军功,下等称为"殿",上等称为"最"。

[12]僦:音jiù,雇,召集。

[13]御:抵挡,阻止。

[14]都水:官名。秦设都水长、丞,掌管陂池灌溉,保守河渠。隋改署名与官名为都水监,后又改官名为都水使者。

[15]徒:刑罚。

[16]回踵湖:又名回涌湖,坝址在今绍兴市越州区葛山。

[17]休崿湖:在今浙江上虞西。

[18]禄廪:禄米,俸禄。

[19]贡输:谓进贡输送方物。问遗,贿赂,慰劳馈赠。

[20]钱镠之法:钱镠(852—932)字具美,杭州临安人,曾以贩盐为生,后在唐末兵乱中,乘机起兵,割据两浙,号称吴越王。钱镠身为"十三州州主"后,痛感两浙长期以来遭受水害的侵袭,加之一日两次的钱塘潮,不仅严重影响了沿岸的农业生产,而且威胁着杭州的城防。910年8月,钱镠开始了修筑捍海塘的大型水利工程。

钱镠倡修的捍海石塘,从六和塔到艮山门,有效地拱卫了杭州城不再受海潮侵袭,同时又修造了龙门、浙江两闸,阻遏了海潮内滥。捍海石塘的修筑使沿岸地区的农田从此摆脱了咸潮的侵袭,农业生产也迅速得到恢复和发展,当地百姓都称颂钱镠为"海龙王"。

钱镠能筑成捍海石塘,是因为他采用了一种新的筑堤技术——"石囤木桩法",即破竹扎成约十丈长的大竹笼,再在笼中盛上巨石,垒成石堤,又于外围水边处打进数道大木桩,终获"潮不能攻,沙土渐积,塘岸益固"的效果。

此外,钱镠还沿太湖一带修筑了很多圩田,疏浚了太湖、西湖和鉴湖。凡一河一浦都修造了堰闸,并专门设置了都水营,亦称撩浅军,从事农田水利工程的建造、维修。仅太湖一带就有撩浅军七八千人。"旱则运水种田,涝则引水出田",使得两浙十三州的经济得到迅速发展。钱氏统治的极盛时期,一石米仅值50文钱。太湖沿岸也正是经历了这次大规模的农田水利整修,才逐步发展为鱼米之乡,苏杭渐成"人间天堂"。

[21]郑国:战国末年韩国(今河南中西部一带)人,著名水工。公元前246年(韩桓惠王二十七年,秦王政元年),郑国奉桓惠王之命西去秦国,劝说秦王兴修水利工程,企图使秦国把注意力放在国内,无暇东顾。秦采纳了郑国建议,并于当年开始凿泾水修渠。施工中秦王发现郑国来秦是韩王的"疲秦"之计,怒而欲杀郑国。郑国辩解说:"始臣为间,然渠成亦秦之利也,臣为韩延数岁之命,而为秦建万世之功。"(《汉书·沟洫志》)秦王认为有理,命他继续修渠,渠道终于建成。《史记·河渠书》载:郑国"凿泾水自中山西邸瓠口(今陕西泾阳西北仲山)为渠,并北山东注洛三百余里,欲以溉田"。"渠就,用注填阏之水,溉泽卤之地四万余顷,收皆亩一钟。于是关中为沃野,无凶年,秦以富强,卒并诸侯。"以今地而言,郑国渠大致流经泾阳、三原、高陵、富平、蒲城等县。

[22]西门豹:战国时期魏国人。著名的政治家、军事家、水利家。生卒年不详。魏文侯(前446—前396在位)时任邺(今河南安阳市北)令。他初到邺城时,看到这里人烟稀少,田地荒芜,百业萧条。查访后方知百姓为"河伯娶妇"所困。以智破迷信之局后,他又亲自率人勘测水源,发动百姓在漳河周围开掘了12渠,使大片田地成为旱涝保收的良田。同时,还实行"寓兵于农、藏粮于民"之策,很快就使邺城民富兵强,成为战国时期魏国的东北重镇。

[23]苟简:草率而简略。

[24]窪隆:犹"洼隆",凹凸。不并:不一。

[25]畜:通"蓄"。

[26]浮议:没有根据的议论。

[27]通判:官名。位居知府下,掌管户口、粮运、稼田、水利、赋役和诉讼等事项。1069年,曾巩任越州(今绍兴)通判,适逢大旱。他主持搜集存粮,比常价略高售给农民,使粮价保持正常;又出钱粟贷予灾民作为种粮,民赖以存活。灾情促其细察深究原由,曾巩撰此文。

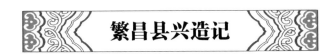

繁昌县兴造记

北宋·曾 巩

【提要】

本文选自《曾巩集》(中华书局1984年版)。

繁昌县,隶属今安徽省芜湖市。

南唐升元年间,由南陵县划出延载、金峨、灵岩、春谷、铜官五乡,设置繁昌县,县衙所在地为延载乡(今繁昌县新港镇)。此后100多年,这座北临长江的县城既无城墙,也无门关,四周仅以竹篱为障;衙舍虽有屋,但庳逼破陋,甚至连簿籍文书都没有地方存放;城内空空落落,街上行迹罕存,偶有宾客驻足,也无馆舍歇息。

败者日败,凄惶者越发凄惶。百余年间,历7代皇历,在此任县令者"不知几人,恬不知改革",于是,繁昌一日不如一日,"日入于坏","陋县"之名日远,"仕者不肯来,行旅者不肯游,政事愈以疵,市区愈以索寞"。

"事之穷必变,故今有能令出。"北宋庆历元年(1042),被曾巩称为"能令"的夏希道履任繁昌县令。这位不畏苦不畏难的县令立即集中县衙官吏,征调民众,有钱出钱,有力出力,"垣其故基",在老城残垣的基址上开始重新兴造繁昌县。

二千三百九十六日,合六年半时间。

在六年半的时间里,夏希道率领民众撤去竹障,起窑厂、烧坯砖,修造墩实坚固的城墙,为门以通往来;城中建起宽敞靓丽的旅舍饭庄,并在城东北建一座高大的瞰江亭,行人登亭远眺,江流涌动,闪金烁银;江上千帆竞发,渔舟唱晚;接着,他又自大其县衙,构建重门步廊,门上为楼,群吏宿舍,视事大厅,燕坐之斋,寝舍厨房,一应俱全,功能划分井井有条;学宫、孔庙,应有尽有。端肃威严备矣。

北宋庆历七年(1049)十月二十三日,繁昌县城竣工。

竣工后,夏希道邀请曾巩前来观赏整修一新的县城。曾巩赞不绝口:从此县去陋名,当官的会争着来,行旅之人争着前来游玩,繁昌会"日以富藩"。作者眼里,夏希道因为知道如何为政,比而过于春秋时期的子产。

太宗二年^[1],取宣之三县为太平州,而繁昌在籍中。繁昌者,故南陵地,唐昭宗始以为县^[2]。县百四十余年,无城垣而滨大江,常编竹为障以自固,岁辄更之,用材与力一取于民,出入无门关^[3],宾至无舍馆。今治所虽有屋,而庳逼破露^[4],至听讼于庑下,案牍簿书,栖列无所^[5],往往散乱不可省,而狱讼、赋役失其平。历七代,为令者不知几人,恬不知改革,日入于坏。故世指繁昌为陋县,而仕者不肯来,行旅者不肯游,政事愈以疵^[6],市区愈以索寞,为乡老吏民者羞且憾之。

事之穷必变,故今有能令出,因民之所欲为,悉破去竹障,而垣其故基,为门以通道往来,而屋以取固。即门之东北,构亭瞰江,以纳四方之宾客。既又自大其治所,为重门步廊。门之上为楼,敛敕书置其中。廊之两旁,为群吏之舍,视事之厅,便坐之斋^[7],寝庐庖湢^[8],各以序为。厅之东西隅,凡案牍簿书,室而藏之,于是乎在。自门至于寝庐,总为屋凡若干区。自计材至于用工,总为日凡二千三百九十六日而落成焉。夏希道太初,此令之姓名字也。庆历七年十月二十三日,此成之年月日也。

始繁昌为县,止三千户。九十年间,四圣之德泽,覆露生养,今几至万家。田利之入倍他壤有余,鱼、虾、竹、苇、柿、栗之货,足以自资,而无贫民。其江山又天下之胜处,可乐也。今复得能令,为树立如此,使得无几费而有巨防,宾至不惟得以休,而耳目尚有以为之观。令居不惟得以安,而民吏之出入仰望者,益知尊且畏之。狱讼、赋役之书悉完,则是非倚而可定也^[9]。予知县之去陋名,而仕者争欲来,行旅者争欲游,昔之疵者日以减去,而索寞者日以富蕃。称其县之名,其必自此始。

夏令用荐者为是县,至二十七日,而计材以至于落成,不惟兴利除弊可法也,而其变因循,就功效,独何其果且速与!昔孟子讥子产惠而不知为政^[10],呜呼,如夏令者,庶几所谓知为政者与!于是过子产矣。

凡县之得能令为难;幸而得能令,而兴事尤难;幸而事兴,而得后人不废坏之又难也。今繁昌民既幸得其所难得,而令又幸无不便己者,得卒兴其所尤难,皆可喜无憾也。惟其欲后人不废坏之,未可必得也。故属予记,其不特以著其成,其亦有以警也。某月日,南丰曾巩记。

【注释】

[1] 太宗二年:977 年。

[2] 唐昭宗:李晔,889—904 年在位。

[3] 门关:出入必经的国门、关门。

[4] 庳逼:低矮窄小。庳:音 bēi,低下。

[5] 栖列:放置,陈放。

[6] 疵:病。

[7] 便坐:谓坐于别室。

[8]庖湢:厨房浴室。湢,音 bì。

[9]倚:谓片刻。

[10]"孟子"句:典出《孟子·离娄下》:子产听郑国之政,以其乘舆济人于溱洧。孟子曰:惠而不知为政。岁十一月徒杠成,十二月与梁成,民未病涉也。

信州兴造记

北宋·王安石

【提要】

本文选自《王文公文集》(上海人民出版社 1974 年版)。

信州在今江西省上饶市城区。这是一篇叙说水灾后重建的文字。文中说,夏六月大水夜半冲破城池,"灭府寺,包人民庐居",张公作为当地最高行政长官立刻赶到建有瞭望楼的城门之上,指挥抗洪救灾。

洪水退后,信州面临赈济灾民和重建城市两大任务。让富裕之人拿出自家的粮食救济贫民,同时收集佛寺木材,募人修复水毁城垣,重新规划城区……救灾补败,再塑新城,张公用的是巧劲,"中家以下,见城郭室屋之完,而不知材之所出;见徒之合散,而不见役使之及己"。民遭灾而不病于灾,张公乃贤吏。

晋 陵张公治信之明年[1],皇祐二年也[2],奸强怙柔[3],隐讪发舒[4],既政大行,民以宁息。夏六月乙亥,大水。公徙因于高岳,命百隶戒,不共有常诛。夜漏半,水破城,灭府寺,包人民庐居。公趋谯门[5],坐其下,敕吏士以桴收民[6],鳏寡孤老癃与所徙之囚[7],咸得不死。

丙子,水降。公从宾佐桉行隐度[8],符县调富民水之所不至者夫钱户七百八十,收佛寺之积材一千一百三十二。不足,则前此公所命出粟以赒贫民者三十三人[9],自言曰:"食新矣,赒可以已,愿输粟直以佐材费。"于是募人城水之所入,垣郡府之缺,考监军之室、司理之狱,营州之西北亢爽之墟[10],以宅屯驻之师,除其故营,以时教士刺伐坐作之法,故所无也。作驿曰饶阳,作宅曰回车。筑二亭于南门之外,左曰仁,右曰智,山水之所附也。梁四十有二,舟于两亭之间,以通车徒之道。筑一亭于州门之左,日宴月吉,所以属宾也[11]。凡为城垣九千尺,为屋八。以楹数之,得五百五十二。自七月甲午,卒九月丙戌,为日五十二,为夫一万一千四百二十五。中家以下,见城郭室屋之完,而不知材之所出;见徒之合散,而不见役使之及己。凡故之所有必具,其无也,乃今有之。公所以救灾补败之政如此,其贤于世吏则远矣。

今州县之灾相属,民未病灾也,且有治灾之政出焉。施舍之不适,裒取之不中[12],元奸宿豪舞手以乘民[13],而民始病。病矣,吏乃始警然自德[14],民相与诽且笑而不知也。吏而不知为政,其重困民多如此。此予所以哀民,而闵吏之不学也[15]。由是而言,则为公之民,不幸而遇害灾,其亦庶乎无憾矣。某月某日临川王某记。

【作者简介】

王安石(1021—1086),字介甫,晚号半山,封荆国公,世人又称王荆公,世称临川先生。抚州临川(今江西临川)人。北宋杰出的政治家、思想家、文学家、改革家,唐宋古文八大家之一。少好读书,记忆力强。入仕途先后任淮南判官、鄞县知县、舒州通判、常州知州、提点江东刑狱等。治平四年(1067年)神宗初即位,为江宁府知府,旋召为翰林学士、参知政事,熙宁三年(1070)起,两度任同中书门下平章事,推行新法。熙宁九年罢相后,隐居,病死于江宁(今江苏南京)。有《临川集》传世。

【注释】

[1] 晋陵:今江苏常州。

[2] 皇祐:北宋仁宗赵祯年号,1049—1054年。

[3] 奸强:邪恶豪强之人。怗柔:谓顺从,安分守己。

[4] 隐诎:冤屈。诎,通"屈"。发舒:谓昭雪,(冤案)得到公正判决。

[5] 谯门:建有瞭望楼的城门。

[6] 桴:竹木编成的筏子。

[7] 癃:音 lóng,衰老病弱。

[8] 宾佐:幕宾佐吏。桉行隐度:明察暗访。桉行:出巡视察。

[9] 赒:音 zhōu,接济,救济。

[10] 亢爽:地势高旷。墟:大土山。

[11] 属宾:招待宾客。

[12] 裒取:辑集采取。裒,音 póu,聚集。

[13] 舞手:耍弄手段。乘民:谓算计百姓。

[14] 警然:喧嚣貌。警,音 áo。

[15] 闵:忧怨。

桂 州 新 城 记

北宋 · 王安石

【提要】

本文选自《王文公文集》(上海人民出版社1974年版)。

宋代城市迅猛发展，除了东西南北四京襟市带镇，辐射带动作用日益强大之外，类似商业、手工业、海外贸易乃至军事目的各类城市如雨后春笋，蜂起勃兴。

侬智高（1025—1055）是北宋中期广西广源州（今靖西、田东一带，治所在今桂林）壮族首领，侬智高起事的发动者。

侬智高早年受汉族文化影响较深，曾考进士不中。其父侬全福为当地势力最大的部族首领，1029 年后在当地自行建立"长生国"。侬全福一度依附北宋初自行建国的交趾（今越南）大越李朝，但因交趾赋税贪得无厌，不久又宣布独立。李太宗通瑞五年（1039），大越军队突袭长生国，虏走侬全福。

侬智高继位后，向大越请求释放其父，李太宗拒绝了他的请求，杀其父于升龙。侬遂奉行依附北宋的策略，七次奉上黄金要求内附，但北宋担心此举将激怒大越，未予以答应。侬遂于宋仁宗庆历元年（1041）自立为王，国号"大历国"。此后，侬智高多次要求归附宋朝，求任官职，均被拒绝。

宋仁宗皇祐四年（1052）四月初六，侬智高起兵，一路势如破竹，五月二十六日进围广州。因城池坚固，又缺乏攻城器械，侬的 5 万人马旋即转而席卷广西、广东各地，并计划北上攻打湖南。

宋仁宗被迫撤回西夏前线主力，任命狄青率兵南征。皇祐五年（1053）初，狄青主力抵广西。侬智高中狄青的缓兵之计，朝廷军队偷袭昆仑关得手，双方决战于归仁铺。兵溃后，侬率族人逃奔大理国，1055 年，侬智高因故被大理国处决。

剿灭侬智高后，至和元年（1054）八月，余靖开始扩建桂州城。花 10 余万个工日，用去木、石、瓦等材料 400 余万件，至和二年六月竣工。新城周长 6 里。

在王安石眼里，君臣父子兄弟朋友之礼消失，才导致"夷狄横而窥视中国"，才出现了防御性的城郭，但是城郭并非"恃而为存"之物，贤人为政，才可攘戎夷而全中国，而余公就是这样的贤人。

宋朝三百多年的时间里，朝廷先后对桂林城进行过 5 次大规模的修建：北宋余靖一次；南宋四次，规模最大的一次是南宋理宗赵昀时，历时 14 年（1258—1271），修城是为了抵抗元军的入侵。14 年的时间里，分 4 次建造；经历四任主管官员。工程竣工以后，刻《静江府城图》于鹦鹉山的南麓，也称为《桂州城图》。

侬智高反南方，出入十有二州。十有二州之守吏，或死或不死，而无一人能守其州者。岂其材皆不足欤？盖夫城郭之不设，甲兵之不戒，虽有智勇，犹不能胜一日之变也。唯天子亦以为任其罪者不独守吏，故特推恩褒广死节[1]，而一切贷[2]其失职。于是遂推选士大夫所论以为能者，付之经略[3]，而今尚书户部侍郎余公靖当广西焉。

寇平之明年，蛮越接和，乃大城桂州。其方六里，其木、甓、瓦、石之材，以枚数之，至四百万有奇。用人之力，以工数之，至一十余万。凡所以守之具，无一求而有不给者焉。以至和元年八月始作，而以二年之六月成。夫其为役亦大矣。盖公之信于民也久，而费之欲以卫其材，劳之欲以休其力，以故为是有大费与大劳，而人莫或以为勤也。

古者君臣、父子、夫妇、兄弟、朋友之礼失，则夷狄横而窥中国。方是时，中国非无城郭也,卒于陵夷、毁顿、陷灭而不救[4]。然则城郭者,先王有之,而非所以恃而为存也。及至喟然觉寤[5],兴起旧政,则城郭之修也,又不敢以为后。盖有其患而图之无其具,有其具而守之非其人,有其人而治之无其法,能以久存而无败者,皆未之闻也。故文王之兴也,有四夷之难,则城于朔方,而以南仲[6];宣王之起也,有诸侯之患,则城于东方,而以仲山甫[7]。此二臣之德,协于其君,于为国之本末与其所先后,可谓知之矣。虑之以悄悄之劳,而发赫赫之名,承之以翼翼之勤[8],而续明明之功,卒所以攘戎夷而中国以全安者,盖其君臣如此,而守卫之有其具也。

今余公亦以文武之材,当明天子承平日久、欲补弊立废之时,镇抚一方,修捍其民[9],其勤于今,与周之有南仲、仲山甫盖等矣,是宜有纪也。故其将吏相与谋而来取文,将刻之城隅,而以告后之人焉。至和二年九月丙辰,群牧判官、太常博士王某记。

【注释】

[1] 推恩:谓施恩惠于他人。

[2] 贷:饶恕、宽恕。

[3] 经略:筹划治理。

[4] 陵夷:衰颓,衰落。毁顿:破败,倒坍。

[5] 觉寤:同"觉悟",醒悟明白。

[6] 南仲:周宣王臣子。宣王时,猃狁为害,帝命南仲城朔方以备之。

[7] 仲山甫:一作仲山父。周宣王元年受举入朝为相。受宣王命往齐筑城。《诗经·烝民》便是颂其才德之诗。

[8] 翼翼:恭谨貌。

[9] 修捍:教化卫护。

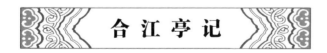

合江亭记

北宋·吕大防

【提要】

本文选自《古今图书集成·职方典》卷五三四(中华书局、巴蜀书社 1985 年影印本)。

合江亭位于成都市府河与南河交汇处。唐贞元元年(785),时任西川节度使的韦皋在成都开凿了从西往东流的解玉溪,此水给城市运输、市民饮水、农业灌溉等都带来了很大的便利,而水中的沙质细腻,可用于解玉,也促进了成都玉石业的发展。就在韦皋开凿解玉溪的同一年,他在郫江(今府河)与流江(今南河)交汇处兴建了合江亭。

唐朝气象,成都也是歌舞升平无休时,小小一座合江亭显然已不敷需求。于是,韦皋在合江亭旁边又新建芳华楼,并在楼的周围植下许多奇花异草,其中最多的是梅花。后来,他又在亭子周围修筑阁楼台榭,渐渐地,唐代合江亭变成合江园,成了"一郡之胜地",合江园成为成都历史上最早的"市政公园"。

杜甫晚年寓居成都时,写下"窗含西岭千秋雪,门泊东吴万里船"的诗句,说的就是合江亭一带繁忙的景象。唐代时,合江亭是繁华热闹的码头渡口,无数的舟船停泊于此,驶入长江,帆影点点摇摇曳曳下东吴。

至唐僖宗时,"沱旧循南湟与江并流以东,唐高骈斥广其秒,遂塞縻枣故渎,始凿新渠,缭出府城之北,然犹令合于旧渚"(《四库全书·蜀中广记》)。晚唐高骈改水道,在成都形成两江抱城的格局,两江交汇处的合江亭又成了贵族、官员、文人墨客乃至百姓嬉游吟诵的首选之处。

五代至北宋时期,合江亭渐成荒芜废弃之地。

成都知府吕大防看见合江亭屋宇倒塌、梁牖残缺,很是惋惜,于是"余始命葺之,以为本官治事之所",即船官治事之所,"俯而观水,沧波修阔,渺然数里之远。东山翠麓与烟林篁竹列峙于其前,鸣濑抑扬,鸥鸟上下,商舟渔艇,错落游行",你能想象出这是一幅怎样的胜景?! 所以,吕大防要经常"置酒其上",以供宴饮游乐,那些消失的梅花也重新开始在此暗香浮动,合江亭成为"一府之佳观也"。

那时,每到冬季,梅花含苞待放时,官府的管理人员就会随时观察合江园梅花的"花情",一旦梅开五分,也就是最适宜观赏的时候,就上报官府。官府就会邀请文人们来赏梅聚会,普通百姓也奔走相告,趋之鹜之。陆游曾写道:当年走马锦城西,曾为梅花醉似泥。二十里路香不断,青羊宫到浣花溪。

南宋时范成大《吴船录》中记录,杜甫草堂东边是万里桥,桥东边是合江亭,从蜀地到东吴都要在此亭登舟。草堂靠在水边,当然能看见停泊的船只了。而从草堂的西窗,也可以看见西岭(即岷山,俗称雪山)。书中,范成大这样描写合江亭:"绿野平林,烟水清远,极似江南。亭之上曰芳华楼,前后植梅甚多……腊月赏梅于此。管界巡检在亭旁,每花开及三分,巡检司具申一两日开燕,监司预焉。蜀人入吴者,皆自此登舟……"

好景不长,兵荒马乱的南宋末年,成都在蒙古军的铁蹄下变成一片废墟,合江亭也毁于战火硝烟之中。

现在的合江亭是成都市政府1989年重建的。

江沱自岷而别张[1],若李冰之守蜀,始作堋以楗水[2],而阔沟以酾之,大溉蜀郡广汉之田,而蜀以富饶。今成都二水皆江沱支流,来自西北而汇于府之东南,乃所谓二江双流者也。沱旧循南湟与江并流以东,唐高骈斥广其秒,遂塞縻枣故渎,始凿新渠,缭出府城之北,然犹合于旧渚[3]。

渚者,合江故亭,唐人宴饯之地,名士题诗往往在焉。久弗不治[4]。余始命葺之,以为本官治事之所,俯而观水,沧波修阔,渺然数里之远。东山翠麓与烟林篁竹列峙于其前,鸣濑抑扬,鸥鸟上下,商舟渔艇,错落游衍。春朝秋夕,置酒其上,亦一府之佳观也。

　　既而,主吏请记其事。余以为蜀田仰成官渎,不为塘埭以居水[5],故陂湖汉漾之胜,比他方为少。倘能悉知潴水之利[6],则蒲鱼菱芡之饶,固不减于蹲鸱之助[7]。古之人多因事以为饰,俾其得地之利,又从而有游观之乐,岂不美哉!兹或可书以示后,盖因合江而发之焉。

【作者简介】

　　吕大防(1027—1097),字微仲,京兆府蓝田(今陕西蓝田)人。仁宗皇祐元年(1049)进士,调冯翊主簿。历监察御史里行,后知永兴军。元祐初(1086)封汲郡公,拜尚书左仆射,兼门下侍郎,与范纯仁同心辅政。进退百官,不可干以私,不市恩嫁怨以邀声誉,八年始终如一。后为章淳等构罪,贬死。有文录二十卷等传世。

【注释】

　　[1]江沱:谓长江与沱江。别张:谓分岔。

　　[2]堋:音 péng,分水堤。楗:音 jiàn,门上关插的木条,竖的称"楗"。

　　[3]縻枣:在成都西北。高骈在此修成堰堤,导引郫江水东流,以溉田、通航、供水。缭:环绕。

　　[4]茀:音 fú,草多。

　　[5]塘埭:堤坝。埭,音 dài,土坝。

　　[6]潴水:蓄水。

　　[7]蹲鸱:大芋。因状如蹲伏的鸱,故称。

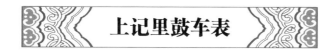

上记里鼓车表

北宋·卢道隆

【提要】

　　本文选自《全宋文》卷三六二(巴蜀书社 1990 年版)。

　　记里鼓车是中国古代用于记录道路里程的车。又称"记里车""司里车""大章车"。至迟在西汉时期便已出现。到后来,因为加了行一里路打一下鼓的装置,故名"记里鼓车"。

　　到宋代,卢道隆 1027 年制成记里鼓车,并撰《上记里鼓车表》。按照卢道隆的描述,他制作的记里鼓车外形独辕双轮,车箱内有立轮、大小平轮、铜旋风轮等,轮周各出齿若干,"都用大小轮八只,共二百八十五齿。递相钩锁,犬牙相制,周而复始"。卢氏记里鼓车采用了六轮一组的齿轮减速系统,左右足轮、立轮、下平轮、旋风轮、中平轮依次啮合,各齿轮齿数逐渐增多而实现减速转动,足轮转动 100 周,最后的中平轮转动 1 周。

古法六尺为步,三百步为一里。车轮即足轮,足轮直径六尺,按粗略的圆周率计算,足轮转动一周为一丈八尺(18 尺),即 3 步。如此,足轮转动 100 周,即 300 步,正好是古时的一里。中平轮转动时,其上的凸轮随之同步运动,凸轮两端分别以绳索连接左右两木人背后的拨子。凸轮转动一周,拨子松弹一次,木人也就击鼓一次,记里车行一里路;车上木人击镯,行 10 里路。

计里鼓车最早的文字记载见于《晋书·舆服志》:"记里鼓车,驾四。形制如司南。其中有木人执槌向鼓,行一里则打一槌。"晋人崔豹所著的《古今注》中亦有类似的记述。第一个在史书中留名的记里鼓车机械专家,是三国时的马钧。他不仅制造了指南车、记里鼓车,而且改进了绫机,提高织造速度;创制翻车(即龙骨水车);设计并制造了以水力驱动大型歌舞木偶乐队的机械等。

关于记里鼓车,记载最为详尽的是《宋史·舆服志》。书中记载,仁宗天圣五年(1027),卢道隆把设计的记里鼓车呈送宫廷。书中详细叙述了记里鼓车的构造、原理和尺寸;一是大观年间(1107—1110)吴德仁再造记里鼓车。吴德仁简化了前人的设计,所制记里鼓车,减少了一对用于击镯的齿轮,使记里鼓车向前走一里时,木人同时击鼓击钲。

《宋史·舆服志》对记里鼓车的外形构造也有较详细的记述:"记里鼓车一名大章车。赤质,四面画花鸟,重台勾栏镂拱。行一里则上层木人击鼓,十里则次层木人击镯。一辕,凤首,驾四马。驾士旧十八人。太宗雍熙四年增为三十人。"由上述文字可知记里鼓车的外形十分精美,充分显示出当时手工技艺的高超水平。

记里鼓车,其车独辕双轮。厢上为两层,各安木人,手执木槌。脚轮各径六尺,围一丈八尺。脚轮一周,而行地三步。古法,六尺为步,三百步为里。今法,五尺为步,三百六十步为里。立轮一只,附于左脚,径一尺三寸八分,围四尺一寸四分,出齿十八,齿相去二寸三分。下平轮一只,径四尺一寸四分,围一丈三尺四寸二分,出齿五十四,齿间相去与附立轮同。立贯心轴一条,上安铜旋风轮一枚,出齿三,齿间相去一寸二分。中立平轮一只,径四尺,围一丈二尺,出齿百,齿间相去与旋风轮等。次安小平轮一只,径三寸少半寸,围一尺,出齿十,齿间相去一寸。上平轮一只,径三尺少半尺,围一丈,出齿百,齿间相去与小平轮同。其中平轮转一周,车行一里,下一层木人击鼓。上平轮转一周,车行十里,上一层木人击镯[1]。都用大小轮八只,共二百八十五齿。递相钩锁[2],犬牙相制,周而复始。

【作者简介】

卢道隆,生平不详。

【注释】

[1] 镯:音 zhuó,古代军中乐器。《宋史·乐志二》:以金镯和之,以金镯节之。

[2] 钩锁:勾通连结。

营 缮 令

【提要】

　　本文选自《天一阁藏明钞本天圣令校证》(中华书局 2006 年版)。

　　1999 年,戴建国教授率先披露了在天一阁发现明钞本北宋《天圣令》的情况,随后陆续发表校录的令文。《天圣令》的发现和整理刊布,日渐引起了海内外唐宋史学界的广泛关注。2006 年中华书局出版了由中国社会科学院历史研究所课题组整理的《天一阁藏明钞本天圣令校证》(以下简称《校证》)一书,成为《天圣令》研究过程中一项具有里程碑意义的成果。

　　《天圣令》制定(或颁布)于北宋仁宗天圣七年(1029),其在制定时"取唐令为本,先举见行者,因其旧文参以新制定之。其令不行者亦随存焉"(《宋会要辑稿》刑法一之四)。这部新发现的《天圣令》每一篇令都分为两部分:前一部分是在唐令基础上根据宋制修改的"现行之令",我们现在称其为"宋令";后一部分是把"不行"的唐令附抄于后,我们现在称其为"唐令"。现存《天圣令》中的"宋令"部分有293 条令文,"唐令"部分有 221 条令文。两者合计,共有令文 514 条。由于宋代的《令》也没有完整文本存世,因此这本《天圣令》还为我们展现了北宋前期《令》的原貌。就这样,《天圣令》以其集《宋令》和《唐令》于一身的独特编排为我们同时展示了《宋令》和《唐令》原貌,因此一经披露,立刻引起学界的高度重视。

　　大致说来,新发现的《天圣令》因其是海内孤本,本身即具有珍贵的文物价值,其学术价值则更高:使我们了解了《宋令》与《唐令》的原貌,对研究《宋令》,复原并研究《唐令》极为重要;为研究唐宋时期的各项制度如经济、社会制度(如土地、赋税、徭役、畜牧、仓储、医疗、休假、丧葬、建筑工程、商贸、交通、诉讼、监狱等)提供了许多新材料;由于《天圣令》一《令》而同时包含唐、宋两种《令》的独特性质,因此对于研究唐代法律制度向宋代法律制度的发展、唐代各项制度到宋代后的变化、唐宋社会的变化(唐宋变革)等都有重要学术价值;对我们研究"令"在法律体系中的作用,以及中国古代法律的性质等问题具有重要价值;由于日本令也是在唐令基础上制定的,因此《天圣令》对研究日本令对唐令、唐制的吸收,以及唐日令比较、唐日制度比较等也都有重要的学术价值。

　　天一阁藏明抄本《天圣令》卷二十八《营缮令》共 32 条,包括根据唐令修改后形成的宋令 28 条和因制度变化不再行用的唐令 4 条,是研究唐代都城、地方土木工程及军仗器物等营造修缮的珍贵资料。《营缮令》的内容大致分为两类,一为营造类,二为修缮类。前者包括城郭、宫庙、锦罗绸绢、王公至士庶宅舍等营造规格制度,后者包括桥梁道路、军器仪仗、舟船堤堰、公廨等营修及管理。

　　唐代《营缮令》的产生,对于宋、金、元各代撰令者都产生了非常重要的影响,不仅表现在篇目的建立,而且表现在篇次的顺序和位置,在中国法律制度史上都有开创之功。唐代第一次在律令制度中建立起国家对公共工程建设的实施规范,将一向不为重视的营缮机构、职责、运营方式、责任分配纳入法令体系。

天圣七年(1029)修成的《天圣令》,是第一部真正的宋代令,距宋开国已有六十八年历史。《天圣令》修定后,又过了近六十年,宋修订了第二部令——《元丰令》。从宋初至神宗修撰《元丰令》,宋代社会发生了很大变化,《天圣令》的修撰,刚好居这段历史的中端。《天圣令》在北宋法制编撰史上起着承上启下的重要作用。

以营缮制度为例,虽然将作大匠是从三品官,但是营缮之职却历来不受重视,被视同"匠人"之事,反映出当时世人重才术、轻技艺的普遍态度。史家围绕建筑营造的记录也只限于与儒家思想和伦理概念相关联的合乎礼仪规范的宇宙空间理论和布局。

正因为如此,唐以前,我们对营缮诸司的职掌主要是通过《职官志》《百官志》的记载,细节上的许多奥妙、精工巧艺无从知晓,《天圣·营缮令》的发现改变了这种状况。作为政府直接管辖的大型公共建设的基本法规,《营缮令》从政府财政预算、原料人力征派调度,以及宫殿、城郭、桥梁、水利设施诸环节,为我们提供了各项营造、修缮事项中,中央至地方各司的职权范围、运作程序和相互联系,包括营缮程序、范围、等级规格等,有助于我们从中了解诸司具体运作和权力分配情形。

就官府职掌而言,《天圣·营缮令》有关营缮项目主要围绕将作、少府、军器监,此外还有掖庭局、都水监和地方州县各级职掌。围绕营缮实施全过程牵涉了许多部门,尚书度支、户部、工部各司其职,完成财政预算、申请立项、工匠派遣、材料采造等程序,再由少府、将作实施营造工程。

少府监和将作监之外,还有其他诸司参掌兼管营造,如司农寺等。

中唐以后,随着官制的变化,反映在营缮上,他司别使参掌的现象更加普遍。随着户部、度支、盐铁三司"渐权百司之职",尚书诸司失权,营缮诸司职权亦遭侵夺。至宋,营缮归三司,三司作为宋代最高财政权力机构,设盐铁、度支、户部三部,掌邦国财用大计。在《天圣·营缮令》的宋令部分,将原来唐代"申省"之事,都改为"申三司",营造诸项给用调度等都由三司负责。

从《天圣·营缮令》中所反映的营缮诸司职掌的变化来看,不仅体现了自唐代开元时期至宋代天圣时期的官制变化,其间的嬗变演进也与中唐以后宋元丰改制之前大致的变化轨迹相吻合,为研究者进一步了解和把握都城乃至全国营造体系的构成及有序管理提供莫大的帮助。

《天圣令》内容丰富,提供的信息量极大,相信随着研究的深入,唐宋制度面貌、制度嬗变的信息等都会渐渐清晰起来。

1　诸计功程[1]者,四月、五月、六月、七月为长功[2],二月、三月、八月、九月为中功,十月、十一月、十二月、正月为短功。

2　诸四时之禁,每岁十月以后,尽于二月,不得起冶作。冬至以后,尽九月,不得兴土工。春夏不伐木。若临事要行,理不可废者,以从别式[3]。

3　诸新造州镇城郭役功者[4],计人功多少,申尚书省,听报,始合役功。

4　诸别敕有所营造,及和雇造作之类,所司皆先录所须总数,申尚书省[5]。

5　宫殿皆四阿,施鸱尾。

6　诸王公以下,舍屋不得施重拱、藻井[6]。三品以上不得过九架[7],五品以上不得过七架,并厅厦两头[8]。六品以下不得过五架。其门舍,三品以上不得过五架三间,五品以上不得过三间两厦[9],六品以下及庶人不得过一间两厦。五品以上仍通作乌头大门[10]。勋官各依本品[11]。非常参官不得造轴心舍[12],及施悬鱼[13]、对凤、瓦兽,通栿乳梁装饰。父、祖舍宅及门,子孙虽荫尽,仍听依旧居住。其士庶公私第宅,皆不得起楼阁,临视人家。

7　宫城内有大营造及修理,皆令太常择日以闻。

8　诸营造军器,皆须依样,镌题年月及工匠姓名。若有不可镌题者,不用此令。

10　诸锦、罗、纱、縠、绫、紬、绢、絁、布之类[14],皆阔尺八寸,长四丈为匹,布五丈为端,绵六两为屯,丝五两为绚,麻三斤为綟[15]。

11　立春前二日,京城及诸州县门外,并造土牛耕人,各随方色[16]。

12　诸在京营造及贮备杂物,每年诸司总料来年所须[17],申尚书省付度支[18],豫定出所科备[19]。若依法先有定料,不须增减者,不用此令。其年常支料[20],供用不足,及支料之外,更有别须,应科者,亦申尚书省。

15　诸贮库器仗,有生涩绽断者[21],每年一度修理。若经出给破坏者[22],并随事料理。在京者,所须调度人功,申尚书省处分[23]。在外者,役当处兵士及防人[24],调度用当州官物。

17　诸军器供宿卫者,每年二时,卫尉卿巡检。其甲番别与少府监相知[25],令匠共金吾就仗铺同检[26],指授缝连讫,仍令御史台重覆。余有不调及损破,随即料理。若非理损坏,及所巡匠知坏不言者,并令主司推罪[27]。其有不任者,各从本卫申所司,送在府监修理,于武库给替[28]。若诸处所送器仗等须修理者,亦准此。其金银装刀,若有非理损失者,追服用人[29];研耗者[30],官为修理。

18　诸营造杂作,应须女功者,皆令诸司户婢等造。其应供奉之物,即送掖庭局供[31]。若作多,及军国所用,量请不济者,奏听处分。其太常祭服、羽葆、伎衣及杂女功作[32],并令音声家营作[33],彩帛调度,令太常受领,付作家。

19　诸瓦器经用损坏者,一年之内,十分听除二分,以外征填[34]。

20　诸州镇戍有旗旛须染者,当处斟量役防人,随地上所有草木堪用者收染。

21　诸州县所造礼器、车辂、鼓吹、仪仗等[35],并用官物,帐申所司。若有剥落及色恶者,以公廨物修理[36]。准绢五匹以上用官物充。所须人功,役当处防人、卫士。非理损坏者,依式推理[37]。

22　诸两京城内诸桥及当城门街者,并将作修营,自余州县料理。

23　诸津桥道路,每年起九月半,当界修理,十月使讫。若有阬、渠、井、穴,并立标记[38]。其要路陷坏、停水,交废行旅者,不拘时月,量差人夫修理[39]。非当司能办者,申请。

25　诸有官船之处,皆逐便安置[40],并加覆盖,量遣兵士看守,随坏修理。不堪修理者,附帐申上。若应须给使者,官司亲检付领,行还收纳。

26　诸官船,每年具言色目、胜受斛斗、破除、见在、不任,附朝集使申省[41]。

27　诸官船行用,若有损坏者,随事修理。若不堪修理,须造替者,豫料人功调度,申尚书省。

28　诸私家不得有战舰、海鹘、蒙冲、黄龙、双利、平乘、八棹、舴艋、艓子等[42]。自外杂船,不在禁限。

30　诸近河及大水,有堤防之处,刺史、县令以时检行[43]。若须修理,每秋收讫,量功多少,自近及远,差人夫修。若暴水泛溢,毁坏堤防,交为人患者,先即修营,不拘时限。应役人多,且役且申。若要急,有军营之兵士,亦得通役[44]。

32　诸傍水堤内,不得造小堤及人居。其堤内外各五步并堤上,多种榆柳杂树。若堤内窄狭,随地量种[45],拟充堤堰之用。

　　按:9、13、14、16、24、29、31各条,原注"疑为《唐令》,未能复原"。

【注释】

　　[1]功程:谓需投入较多人力、物力的营建项目。

　　[2]长功:唐宋以来,按照日照长短,把劳动定额分为中工(春、秋)、长工(夏)、短工(冬)。工值以中工为准,长工、短工酌增(减)10%。每一工种按照等级、大小、质量要求及运输距离远近,计算工值。

　　[3]别式:唐代法律形式有律、令、格、式。律"以正刑定罪",令"以设范立制",格"以禁违正邪",式"以轨物程事"(《唐六典》卷六刑部)。别式:谓其他规章。

　　[4]役功:兴建土木工程的劳役。

　　[5]尚书省:官署名。东汉设置,称尚书台,或称中台。唐代尚书省与中书省、门下省合称三省。

　　[6]重拱:多层斗拱。藻井:我国传统建筑天花板上的一种装饰处理形式。屋栋中交木方为之,如井干形状。一般有圆形、方形或多边形,呈倒漏斗状,上饰花纹、雕刻和彩画。

　　[7]九架:传统梁柱建筑中,从屋脊往下,两边各四支木梁,名为九架。架:木梁。

　　[8]厅厦:厅堂。至今,客家人仍称自己的房屋为"屋厦",称厅堂两侧的横屋为"厦舍",厅堂为"厅厦",称檐口的檐檩为"楣梁"。为唐宋以前中原遗风。

　　[9]两厦:犹两厢。

　　[10]乌头大门:又称"乌头门"。相传是由远古母系社会聚居的"衡门"演变而来。《诗·陈风·衡门》:"横门之下,可以栖迟。"先民在家族聚居的入口处,竖起两根圆木立柱,上端榫入横梁,形成一个大门。立柱超出横梁的柱头部分被涂上黑色,称"乌头门"。唐代,这种建筑形式被官府接受,达官贵人以石柱代木柱,位置依然在家族聚居的出口处,以此显示门第的高贵。远远望去,门两侧立柱远远高过门顶,渐渐地,它就演变成为牌坊。

　　[11]勋官:授予有功官员的一种荣誉称号。唐时,勋官有上柱国、柱国、上大将军等十二等。

　　[12]常参官:常朝日参见皇帝的高级官员。唐文官五品以上及中书、门下两省供奉官、监察御史、员外郎、太常博士等,日参,称常参官。宋神宗元丰改制后,门下省起居郎以上,中书省起居舍人以上,尚书省侍郎以上,御史台中丞以上,日参,为"常参官",亦称"朝官"。轴心舍:即"工"字形殿,唐代称为"轴心舍",用于衙署。工字形房屋是以宽敞的连廊(轴心舍)将前堂后室或后楼串在一起,形成中轴线,前部及两侧的配房也多取对称布局。

　　[13]悬鱼:《后汉书·羊续传》:"府承尝献其生鱼,续受而悬于庭;丞后又进之,续乃当前

所悬者以杜其意。"后以"悬鱼"指为官清廉。

[14]縠:音 hú,有皱纹的纱。绨:音 shī,一种粗绸。

[15]缤:音 lǐ。

[16]方色:五行家将东南西北中与青赤白黑黄相配,一方一色,称"方色"。

[17]总料:总计。料:计数,计量,核计。

[18]度支:规划计算。

[19]豫定:事先决定。科备:谓专项准备。科:种类,等级。

[20]年常:常年,经常。支料:领取物料。

[21]生涩:不纯熟,不光滑。绽断:绽裂折断。

[22]出给:发给,付给。

[23]处分:处理,处置。

[24]当处:本处,当地。

[25]番别:谓(铠甲)鳞片脱落。少府监:官府名,也是官名。隋炀帝分太府寺置少府监,主管为监、少监。统左尚、右尚、司织、司染、铠甲、弓弩、掌冶等署。

[26]金吾:古官名。负责皇帝、大臣的警卫、仪仗及京师治安的武官。唐宋后有金吾卫、金吾将军、金吾校尉等。仗铺:谓器仗店铺。

[27]推罪:定罪。

[28]给替:给付替换。

[29]服用人:谓使用人。

[30]研耗:磨研消耗。

[31]掖庭局:掌后宫簿籍的衙门。

[32]羽葆:古时葬礼仪仗的一种。以鸟羽聚于柄头如盖。伎衣:谓表演、演出服。

[33]音声家:谓官府乐人家。

[34]听除:谓折旧、淘汰。征填:征集填补。

[35]车辂:车辆。辂:音 lù,车子。

[36]公廨:官署。公廨物,谓公家的材料。

[37]式:法度,规矩。推理:推究处理。

[38]阬:音 kēng,土坑。

[39]量差:度量,衡量。

[40]逐便:乘便,顺便。

[41]色目:种类名目。胜受斛斗:谓载重量。破除:谓淘汰。见在:尚存,存在。不任:不能胜任。朝集使:汉代,各郡每年遣使进京报告郡政及财经情况,称为上计吏。后世沿袭,改称朝集使。

[42]海鹘:古代战船名。宋曾公亮《武经总要前集》:海鹘者,船形头低尾高,前大后小,如鹘之形。蒙冲:亦作"朦艟",古代战船,船体用牛皮保护。平乘:大船名。又名平乘舫。《宋书·礼志五》:平乘船皆下两头作露平形,不得拟象龙舟,悉不得朱油。八棹:八桨之船。舴艋:音 zé měng,形似蚱蜢的小船。艓子:小船。艓,音 dié。

[43]检行:查验巡行。

[44]通役:谓征调与役。

[45]量种:酌量种植。

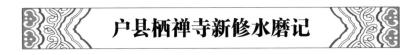

户县栖禅寺新修水磨记

北宋·释 志陆

【提要】

本文选自《全宋文》卷三九三(巴蜀书社 1990 年版)。

栖禅寺又称草堂寺,原为南北朝十六国后秦姚兴(366—416)的"逍遥园"。西域高僧鸠摩罗什曾在此译经,僧众最多时超过 3 000 人,姚兴便在园内设寺,寺内临时构筑一堂,权以草苫覆顶,草堂寺由此得名。史载,鸠摩罗什在逍遥园内与弟子翻译的佛典计 97 部凡 425 卷,其中包括《中论》《百论》和《十二门论》等"三论"。经道生、僧肇等人对它们的大力弘传,形成了早期的三论宗,故草堂寺遂成为三论宗祖庭。后秦弘始十五年(413)鸠摩罗什入寂,葬于草堂寺,建塔一座,名为"鸠摩罗什舍利塔",此塔现尚存寺内。

魏末周初,大寺一分为四,草堂寺即其一。唐初,草堂寺荒芜。天宝初年,飞锡法师住寺弘扬净土。唐宪宗元和年间,圭峰宗密禅师住持草堂寺,大振宗风,中兴草堂。唐末寺毁。宋乾德四年(966)改为清凉建福院,但天圣八年(1030),释志陆仍称栖禅寺。金明昌四年(1193)辨正大师增修讲所,梁栋宏丽,楹檐宽敞,复称草堂寺,曾作亭覆护罗什舍利塔。元代,皇太子五年内曾四度下旨对寺进行大规模修葺,逍遥园、栖禅寺、草堂寺之名并用。

值得一提的是,栖禅寺现存不少价值连城的碑石,其中包括唐代书法家裴休撰书、柳公权篆额的《圭峰禅师碑》;《宗派图》记录了鸠摩罗什以下各代名僧和佛教信徒刘禹锡、裴休、白居易等人。这些碑刻是研究佛教历史和书法艺术的珍贵资料。

写于天圣八年的这篇文字说的是寺内在高冠之谷建造水磨之事。寺主法普说"此处地埂涧口,水会溱流",水势湍急,在此构筑磨亭,不烦巨力。方丈主意一出,应者谷鸣,张彦实襄助钱百绳,众人拾柴火焰高,"岁月未周",便构筑起"正座五间,都成七架,西开客馆,东敞僧房"的宽敞磨亭。

以水为动力的磨坊晋代便已出现。水磨的动力部分是一个卧式水轮,在轮的主轴上安装磨的上扇,流水冲动水轮带动石磨转动。随着机械制造技术的进步,后来人们发明一种构造比较复杂的水磨。一个水轮能带动几个磨子转动。这种水磨叫做水转连机磨。水磨是水力发电动力原理的原始形式。

从机械角度来看,水磨是由水轮、轴和齿轮联合组成的传动机械。从古代绘画中的卧轮水磨、立轮水磨和立轮式水转大纺车,可见在中国古代的各种机械中,安装卧轮还是立轮水磨,可以根据当地水利资源、水势高低、齿轮与轮轴的匹配原则,灵活处置解决。

夫关市农田之赋，邦国所以备于年储；疏流变磨之功，人事所以资于日用。矧兹匠妙，俾自轮行，实济物之殊功，乃厨须之要务。长安鄠邑，有逍遥精舍焉，即后秦三藏法师什公译经之地也[1]。此寺名标胜概，面对终南，况草木以灵奇，常高僧而间出[2]，境称绝异，具载丰碑，此不复序。

寺之东南隅三里以来，按图经曰高冠之谷。其谷口有隙地，先是尚行温之地，乃前寺主崇恩端拱年中以金帛易之[3]，从始迄今，皆以荒墟，曾未田种。今寺主法普始一日与同志曰：“此处地埂涧口，水会潆流[4]，欲树建于磨亭，似不烦于巨力。”既陈厥议，咸心悦随。

乃剪伐榛芜，凿开峻岸。方兴功力，会乏资财，有信士张彦实施青蚨百绳[5]，助充营建。是以抡材聚墨，选匠鸠工，徘徊尽合于规模，巧拙皆依于制度。于是危楼崛起，疑屓吐而云成；骇浪奔轮，若虬蟠而转影。且观其源也，危峰巘岅，状怪形奇；下之流也，莹碧澄潭，深沉无底，人而过者，莫敢而窥。故九夏绝于炎殃，则可滋于稼穑；一方溉于畦垄，则抱之弗穷。

其磨亭正座五间，都成七架。西开客馆，东敞僧房，俾来者洗以尘襟，醒乎耳目。望辽天而空阔，夜月良多；睹雨霁于秋光，屏观叠嶂。阒然世外[6]，杜绝喧繁，岂止独利于禅林，抑亦务资于闾里。约费羡锱三百余缗[7]，岁月未周，土木功毕。

是知地之兴也，故有其时；物之盛衰，良因其主。今寺主法普与供养主法明，并以精勤无怠，道行有闻，皆继踵于真宗，为乡闾之所仰也。苟非积于勤俭，安以树于胜因者哉？乃以庥事既周，虑迁陵谷，志陆限承见托[8]，固让弗遑，辄述芜辞，志于翠琰[9]。

时天圣八年八月二十五日记。

【作者简介】

释志陆，生卒年不详。

【注释】

［1］什公：鸠摩罗什。

［2］原注：秦自隋唐皆高僧译经之地。

［3］端拱：宋太宗赵匡义年号，988—989年。

［4］潆：音 cóng，小水流入大水。

［5］信士：信奉佛教的在家男子。青蚨：传说中的虫。喻金钱。百绳：犹百串。绳：串钱的索线。

［6］阒然：寂静貌。阒，音 qù。

［7］羡锱：谓钱财。锱：穿钱的绳子，引申为铜钱。

［8］限承：谓温婉而再三。

［9］翠琰：碑石的美称。琰：音 yǎn，美玉。

叠嶂楼记

北宋·蒋之奇

【提要】

本文选自《古今图书集成·职方典》卷八〇四(中华书局、巴蜀书社1985年影印本)。

叠嶂楼,亦名谢朓楼,位于今安徽宣城市区中心陵阳山巅。叠嶂楼与岳阳楼、黄鹤楼、滕王阁并称为江南四大名楼,引来无数文人墨客登临赋诗,因之亦称"江南诗楼"。所以蒋之奇开篇即说:"游观之胜称天下……必有殊尤绝异之赏,而又遇夫卓伟俊杰之才以振发之。"

陵阳三峰错置于宣州城中,州治所更是据一峰之上。"后前左右如抱如拥,粲然如积金,莹然如叠玉;屹然如长城之环绕,截然如巨防之壁立。"城中之峰如此颜色、形态,身为宣城太守的谢朓自然看中了。南齐建武年间,谢朓在陵阳山巅构筑一宅,起居、理政、吟赋于其间,他为其命名:"高斋"。

唐初,宣城人怀念谢朓,在"高斋"旧址新建一楼,因楼位于郡治北面,取名"北楼",又因该楼建成时,敬亭山已经扬名,登楼可眺望敬亭山,故又称为"北望楼"。李白来宣城登此楼赋诗曰:"江城如画里,山晚望晴空。两水夹明镜,双桥落彩虹。人烟寒橘柚,秋色老梧桐。谁念北楼上,临风怀谢公。"李白此诗广为传颂,故该楼又称"谢公楼""谢朓楼"。唐咸通(860—874)末年,御史中丞兼宣州刺史独孤霖将北楼改建,因其地势高且险,崖叠如嶂,故题名"叠嶂楼",并作记以志。

至宋,宣城太守习约"新其楼","又以双溪之胜创为阁","丹腹之节,则雕甍华栋,金碧彩翠,与夫山光水色下上而相辉,遂称江南之胜绝"。继任者余良肱在其上"列丝竹,陈杯酒",感慨系之,"夫居者之逸,成者之劳也;继者之易,创者之艰也"。于是,蒋之奇受命为记。

明嘉靖年间知府方逢时重修,复名"高斋",也作楼记。

清康熙四十年(1701),知府许廷式再行修葺,并说:"叠嶂之名以地命也,谢公之称以人传也。北楼为古今所共知,而人而地并在其中矣。"遂题名曰:"古北楼"。清光绪初(1875),知府鲁一贞再次重修。修整后的北楼分上下两层,上圆下方,全木结构,顶盖琉璃瓦,四边飞檐翘角。上层题额曰"叠嶂楼",围以木栏杆,下层题为"谢朓楼",四方置屏风门。楼基周围有历代诗文碑刻和修楼碑记。

抗日战争时期(1937),楼被日机炸毁。

1997年,叠嶂楼重建工程动工,翌年竣工。1998年5月,谢朓楼遗址被列为省级文物保护单位。为一座高6米、面积1500平方米的高台。

登斯楼也,"疑其乘紫烟、翼丹霞,凌碧虚而腾赤霄,不知其所如。"于是,文人墨客慕名接踵而来,李白、白居易、杜牧、梅尧臣、文天祥、梅文鼎……赋诗题咏无数。

夫以游观之胜称天下,而其名足以久传者,是必有殊尤绝异之赏,而又遇夫卓伟俊杰之才以振发之[1],然后足以有传于天下。不然者,将益没泯而无所见于世矣。宣之叠嶂楼,其名著天下,盖未有不知者也。唐独孤霖之记,殆未足当吾所谓卓伟俊杰之才,而其名遂传,是固有殊尤绝异之赏也。

夫陵阳三峰错峙于州城之间,而州治所据在一峰之上。北望昭岑,南瞻瞿硎,后前左右如抱如拥。粲然如积金,莹然如叠玉;屹然如长城之环绕,截然如巨防之壁立。皆天造地设,为此邦之险固。虽图画刻削,莫克肖似。

目上世来图牒所纪[2],编简所载[3],灵仙之所飞游,隐逸之所栖止,无代无之。至而览者,使人有渺然轻举之思。而又双溪之源出于群峰,经于井邑,晴雷无声,龙鳞自动[4];微风不来,鲛绡如舞[5]。其盘旋屈曲出没乎林木之杪者,数十百折而后合于大江。大江之流,与五湖之波混混泱漭[6],近在目睫;风涛喧豗[7],沸霜溅雪,往往汹涌澎湃之声或闻。于坐席登而望者,又使人有超然长往之兴。

前守刁侯之来也,既以叠嶂之秀新其楼,又以双溪之胜创为阁。其丹腰之节,则雕甍华栋,金碧彩翠,与夫山光水色下上而相辉,遂称江南之胜绝。

刁侯去而继之者得今光禄余公,尝间从宾僚,拥珠翠,列丝竹,陈杯酒而宴于其上,过而望者,疑其乘紫烟、翼丹霞,凌碧虚而腾赤霄,不知其所如。酒半,顾谓之奇曰:“人之称斯楼者,徒知有山水之胜而已。而吾居此盖期年有余,所见者不止于山水也。若夫春花开而散锦,夏木茂而成幄[8],秋宵静而月明,冬晓温而雪霁,此四时之景不同而乐亦无穷也。夫居者之逸,成者之劳也;继者之易,创者之艰也。维其艰且劳,则吾今日有是者,前人之惠也。”子其记之。

之奇曰:“夫人情莫不欲佚,自佚者不若同民;莫不欲乐,自乐者不若与众。与民同之,则来者之有是其致足乐也。不能推吾所有而同之民,虽乐盖君子不贵也。古人有言,贤者而后乐此,不贤者虽有此,其能独乐哉?”公曰:“然。此吾志也。”遂书之。

刁侯名约,字景纯,今为刑部郎直史馆[9]。余公名良肱[10],字康臣,为光禄卿知宣州云。熙宁二年六月一日[11]。

【作者简介】

蒋之奇(1031—1104),字颖叔,常州宜兴(今江苏宜兴)人。嘉祐二年(1057)进士。初为监察御史,迁殿中侍御史。因听信人言上书弹劾欧阳修而成诬告,贬监道州酒税。熙宁中为福建转运判官,迁淮东转运副使,擢江淮荆浙发运副使。元祐初,为台谏所论,降知广州。哲宗亲政后,累官翰林学士兼侍读。元符末,责守汝州。徽宗立,除知枢密院事。崇宁初出知杭州。有《尚书集解》《孟子解》等。工篆书,有《辱书帖》《北客帖》等传世。

【注释】

[1]振发:谓显扬,发扬。

〔2〕图牒:图籍表册。

〔3〕编简:书籍,多指史册。

〔4〕龙鳞:谓水波,涟漪。

〔5〕鲛绡:传说中鲛人所织的绡。借指轻纱、薄雾。

〔6〕泱漭:水势浩瀚貌。

〔7〕渲豗:轰响。豗,音huī。

〔8〕帷:帐幕。

〔9〕刁约(994—1077),字景纯,润州丹徒(今属江苏)人。仁宗天圣八年(1030)进士,历诸王宫教授。宝元中为馆阁校勘。庆历初与欧阳修同知太常礼院,为集贤校理。皇祐中为开封府推官。嘉祐初使契丹。四年(1059),出为两浙转运使,还判三司盐铁院,出提点梓州路刑狱。英宗治平中出知扬州,移宣州。神宗熙宁初判太常寺。

〔10〕余良肱,原名贯,字康臣,洪州分宁(今江西修水)人。仁宗天圣二年(1024)进士,调荆南司理参军。历知虔、明、润、宣诸州,累迁光禄卿。请老,提举洪州玉隆观。卒年八十一。

〔11〕熙宁二年:1069年。

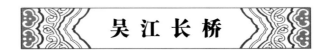

吴 江 长 桥

北宋·王 令

【内容提要】

本诗选自《王令集》(上海古籍出版社1980年版)。

吴江长桥在今天的江苏吴江市松陵镇。初建于北宋庆历八年(1048),初名利往桥,俗称长桥、木桥。后历代时有增构,元泰定二年(1325)改建成石桥。全用白石垒砌,原长500余米,由72个拱券形桥孔组成,三起三伏,环如半月,长若垂虹,故名垂虹桥。长桥部分桥孔比一般的桥孔高,以利行舟、泄洪。桥身中央,建有桥亭一座,名垂虹亭。亭作平面正方形,九脊飞檐,前后有拱门二道,可通行人。垂虹石桥的建成,消除了苏杭驿道的最后一个险要的大渡口。自此商贾云集,墨客聚会,吴江成为车船之都会。

王令此诗歌咏的是木制长桥,虽然桥的具体形制我们已经不得而知,但"西潴巨泽江海通,狂风撼地波撑空"所描绘的江海通汇、狂风卷浪的行旅环境仍让今天的我们触目惊心;"借得紫虹三万尺"后,来往旅者便可弃舟、踏鲸背而渡"海"了,这都要感谢那些"铁手老匠"们。

长桥(垂虹桥)是宋以后数百年间少有的长桥,历代文人墨客歌咏甚多。宋人米芾有诗:"断云一片洞庭帆,玉破鲈鱼金破柑。好作新诗寄桑苎,垂虹秋色满江南。"元代诗人萨都剌更是尽情吟唱:"插天蜘蛛势嵯峨,截断吴江一幅罗。江北江南连地脉,人来人往渡天河。龙腰撑云渔舟去,鳌背高驰驷马过。桥上青山桥下水,世人曾见几风波。""横绝中流倚画桥,晴虹千丈影迢迢。月随秋色天涯尽,心伴湖波日夜摇。"

可惜,垂虹桥今已坍坏,仅存东西两端十数个破损桥孔。

老匠铁手风运斤[1],一挟刃入千山髡[2]。
明堂有柱不见用,此为失地犹济人[3]。
西潴巨泽江海通[4],狞风撼地波撑空。
当道独能支地险,更东安得与天穷?
莫比垂天绅,莫比跨地带。
渴龙枯死干无鳞,绝海失舟踏鲸背[5]。
秦帝东游逐仙迹[6],累重肉多飞未得。
三洲水隔不到山,借得紫虹三万尺。
平时尘土埋英雄,吾亦弃剑来游东。
欲观水尽朝宗海,安得身乘破浪风!
为约他年可归处,频倚栏干不思去。
季鹰范蠡未足奇[7],待我为名千古归。

【作者简介】

王令(1032—1059),字逢源。原籍元城(今河北大名)。5 岁丧父母,随其叔祖王乙居广陵(今江苏扬州)。成人后以教学为生,有治国安民之志。至和二年(1053),王安石被召进京,路过高邮,他赋《南山之田》诗求见。王安石大喜,誉为"可以任世之重而有功于天下"(《王逢源墓志铭》),并将其妻妹嫁给他。28 岁卒。有《广陵集》传世。

【注释】

[1]风运斤:犹"运斤成风"。谓挥动斧头时呼呼生风。语出《庄子·徐无鬼》。后世谓技艺高超之人。

[2]髡:音 kūn,秃,光头。

[3]失地:谓不可耕种的无用之地。

[4]潴:音 zhū,水停积汇聚之处。

[5]鲸背:此谓长桥。

[6]秦帝:秦始皇。好求仙,不果。

[7]季鹰:张翰字。翰西晋时人,吴郡吴县人。齐王司马冏执政,召授朝中官职。时王室争权,张翰托言见秋风起而思吴中"莼羹"、鲈鱼,弃官还乡。范蠡:字少伯,春秋末期政治家、军事家。楚国宛(今河南南阳)人。辅佐越王二十余年,前 473 年勾践灭吴。范蠡认为盛名之下,难以久居,遂乘舟隐迹而去。入齐,力耕、经商积资巨万,世称"陶朱公"。

喜 雨 亭 记

北宋·苏 轼

【提要】

本文选自《苏东坡全集》(中国书店 1986 年版)。

《喜雨亭记》是苏轼在凤翔府(今陕西凤翔)任判官时所作。

嘉祐六年(1061)十二月,苏轼到凤翔府上任。作为北宋西北军事重镇凤翔府的签书判官,苏轼除佐助太守,掌管文书,负责京都、边陲物资供给外,还经常到府属各县视察,兴修水利,监察狱讼,减决囚禁等等,可谓是勤勉为公,日日不懈。

苏轼在任职的第二年,建官舍,行政事,凿池引流,美化环境,但不巧的是当地整整一个月没有下雨,旱情显现。百姓们盼望下雨,望眼欲穿,结果是天公深解人意,"越三月乙卯,乃雨,甲子又雨……丁卯,大雨,三日乃止"。半月之内连降了三场雨,下得透,下得足,下得实在滋润,真正称得上是好雨、喜雨。于是,"官吏相与庆于庭,商贾相与歌于市,农夫相与忭于野,忧者以乐,病者以愈……"一幅人间喜庆同乐图,亭子恰在此时落成,于是苏轼为之命名"喜雨"。

亭以"喜雨"名之,苏轼与民、与国声气相通。

亭以雨名,志喜也。古者有喜,则以名物,示不忘也。周公得禾,以名其书[1];汉武得鼎,以名其年[2];叔孙胜狄,以名其子[3]。其喜之大小不齐,其示不忘一也。

余至扶风之明年[4],始治官舍,为亭于堂之北,而凿池其南,引流种树,以为休息之所。是岁之春,雨麦于岐山之阳[5],其占为有年。既而弥月不雨,民方以为忧。越三月乙卯,乃雨,甲子又雨,民以为未足,丁卯,大雨,三日乃止。官吏相与庆于庭,商贾相与歌于市,农夫相与忭于野[6],忧者以乐,病者以愈,而吾亭适成。

于是举酒于亭上以属客[7],而告之曰:"五日不雨,可乎?"曰:"五日不雨,则无麦。""十日不雨,可乎?"曰:"十日不雨,则无禾。"无麦无禾,岁且荐饥[8],狱讼繁兴,而盗贼滋炽,则吾与二三子,虽欲优游以乐于此亭,其可得耶?今天不遗斯民,始旱而赐之以雨,使吾与二三子,得相与优游而乐于此亭者,皆雨之赐也。其又可忘耶?

既以名亭,又从而歌之,曰:使天而雨珠,寒者不得以为襦[9];使天而雨玉,饥者不得以为粟。一雨三日,緊[10]谁之力?民曰太守,太守不有。归之天子,天子曰不然。归之造物,造物不自以为功。归之太空,太空冥冥,不可得而名,吾以名吾亭。

【作者简介】

苏轼(1037—1101),字子瞻,号东坡居士。眉州眉山(今四川眉山)人,苏洵第五子。嘉祐二年(1057)与弟辙同登进士。授大理评事,签书凤翔府判官。熙宁二年(1069),父丧守制期满还朝,为判官告院。因反对推行新法,与王安石政见不合,自请外任,出为杭州通判。迁知密州(今山东诸城),移知徐州。元丰二年(1079),罹"乌台诗案",责授黄州(今湖北黄冈)团练副使。哲宗立,累迁至起居舍人、中书舍人、翰林学士知制诰,知礼部贡举。元祐四年(1089)出知杭州,后改知颍州,知扬州、定州。元祐八年(1093)哲宗亲政,被远贬惠州(今广东惠阳),再贬儋州(今属海南)。徽宗即位,遇赦北归,卒于常州(今属江苏),年六十五,葬汝州郏城县(今河南郏县)。有《东坡全集》《东坡乐府》等传世。

【注释】

[1]周公得禾:典出《书·微子之命》:周成王的弟弟唐叔得到一株长相特殊的禾苗,认为是吉兆,就献给成王。成王转送给东边的周公,周公写《嘉禾》,以美其事。

[2]汉武得鼎:汉武帝元狩六年(前116)夏六月,得宝鼎于汾水上,改年号为元鼎元年。

[3]"叔孙胜狄"二句:春秋鲁文公十一年(前616)冬,鄋(sōu)瞒族犯鲁,文公命叔孙得臣率兵迎敌,在咸地(今河南濮阳东南)大败敌军,俘获其首领侨如。为庆祝这次胜利,得臣给自己的儿子更名"侨如"。

[4]扶风:古郡名。在今陕西西安附近。

[5]雨麦:谓下麦子雨。岐山:在今陕西岐山县。

[6]忭:音biàn,高兴,喜欢。

[7]属客:谓劝酒。

[8]荐饥:谓闹饥荒。荐:献,此犹"现"。

[9]襦:音rú,短袄。此谓衣服。

[10]繄:音yī,句首语气词。

进单锷[1]《吴中水利书》状

北宋·苏　轼

【提要】

本文选自《苏轼文集》(岳麓书社2000年版)。

苏轼为官一生,治水是其兴利为民的大功绩之一。

宋神宗熙宁十年(1077)七月,黄河决口于澶州曹村(今河南濮阳西),滔滔洪水夺泗入淮,"平郊脱辔万马逸,一夜径度徐州洪",徐州城成了汪洋中的一叶孤舟,最高水位高出城中平地丈余。城里人惊恐万状,富商大贾争相逃离。此时,上任刚三个月的知州苏轼大声疾呼:"吾在是,水决不能败城!"他组织全城百姓用柴草堵塞城墙洞穴,加固城防,趟水涉泥连夜赶到武卫营禁军驻地,恳请本归皇帝直接指挥的军队参与筑城……经过 70 多个昼夜的连续奋战,终于保全了徐州城。水退后,苏轼为徐州城安全计,又修建了护城长堤。"自公去后五百载,水流无尽恩无穷"。从这次抗洪到明代天启四年(1624)的 540 多年间,徐州虽不断发生水患,但因有长堤为屏,一直安然无恙。后人称其为"苏堤"。

在杭州,苏轼带领役丁疏浚茅山河和盐桥河、复修六井、整治西湖。茅山河和盐桥河是杭州城内的两条大河,北连大运河而入钱塘江。由于江水与河水相混,江潮挟带的大量泥沙常常倒灌淤积于河中,殃及市内稠密的居民区,有碍航运,因此河道每隔三五年就得疏浚一次。苏轼实地勘查后发现淤塞是因为堰闸废坏。于是,他果断地调集捍江兵和厢军一千人,用半年时间修浚两河,又组织军民在串联两河的支流上加修一闸,使江潮先入茅山河,待潮平水清后,再开闸,放清水入盐桥河,以保证城内这条主航道不致淤塞。自此"江潮不复入市",加上在涌金门设堰引西湖水补给,较科学地完善了杭州城的水利系统。

在颍州、在惠州、在琼州……每到一处,苏轼都辛勤奔波疏河理水,他深知"陂湖河渠之类,久废复开,事关兴运。虽天道难知,而民心所欲,天必从之。"

正因为如此,他看到眼光高远、思路清晰、措施得当的《吴中水利书》,便情不自禁地说:"苏、湖、常三州,皆大水害稼",近年来的长桥挽路,积石壅土致使行洪河道艰噎难通,海中泥沙随潮而上,以致灾害频发。"常州宜兴县进士单锷,有水学,故召问之,出所著《吴中水利书》一卷,且口陈其曲折,则臣言止得十二三耳。"

但求利生济民,不避一己利害,苏轼一生如是。

元祐[2]六年七月二日,翰林学士承旨左朝奉郎知制诰兼侍读苏轼状奏。右臣窃闻议者多谓吴中本江海大湖故地,鱼龙之宅[3]。而居民与水争尺寸,以故常被水患,盖理之当然,不可复以人力疏治。是殆不然。

臣到吴中二年,虽为多雨,亦未至过甚。而苏、湖、常三州,皆大水害稼,至十七八。今年虽为淫雨过常,三州之水,遂合为一,太湖、松江[4],与海渺然无辨者。盖因二年不退之水,非今年积雨所能独致也。父老皆言,此患所从来未远,不过四五十年耳,而近岁特甚。盖人事不修之积,非特天时之罪也。三吴之水,潴为太湖[5],太湖之水,溢为松江以入海。海水日两潮,潮浊而江清,潮水常欲淤塞江路;而江水清驶[6],随辄涤去,海口常通,故吴中少水患。昔苏州以东,官私船舫,皆以篙行,无陆挽者[7]。古人非不知为挽路,以松江入海,太湖之咽喉不敢鲠塞故也。自庆历以来[8],松江始大筑挽路,建长桥,植千柱水中,宜不甚碍。而夏秋涨水之时,桥上水常高尺余,况数十里积石壅土[9]筑为挽路乎?自长桥挽路之成,公私漕运便之,日葺不已。而松江始艰噎不快[10],江水不快,软缓而无力,则海之泥沙随潮而上,日积不已,故海口湮灭,而吴中多水患。近日议者,但欲发民浚治海口[11],而不知江水艰噎,虽暂通快,不过岁余,泥沙复积,水患如故。今欲治其本,长桥挽路固不可去,惟有凿挽路于旧桥外,别为千桥,桥拱各二丈,千桥之积,为二千丈,水道松江,宜加迅驶。然后官私出力以浚海口,海口既浚,而江水有力,则泥沙不复积,水患可以少衰[12]。臣之所闻,大略如此,而未得其详。

旧闻常州宜兴县进士单锷,有水学,故召问之,出所著《吴中水利书》一卷,且口陈其曲折[13],则臣言止得十二三耳。臣与知水者考论其书,疑可施行,谨缮写一本,缴连进上[14]。伏望圣慈深念两浙之富,国用所恃,岁漕都下米百五十万石[15],其他财赋供馈不可悉数,而十年九涝,公私凋弊,深可愍惜[16]。乞下臣言与锷书,委本路监司躬亲按行,或差强干知水官吏考实其言[17],图上利害。臣不胜区区[18]。谨录奏闻,伏候敕旨。

【注释】

[1] 单锷:字季隐,宜兴人。嘉祐四年(1059)进士,欧阳修知举时所取。及第以后,不入仕途,独留心吴中水利。尝独乘小舟,往来于苏州、常州、湖州之间,经三十余年。凡一沟一渎,无不周览其源流,考究其形势。实地考察、思考对策,成果尽汇诸《吴中水利书》中。

[2] 元祐:北宋哲宗赵煦年号,1086—1094 年。

[3] 吴中:即今江苏苏州等太湖地区。

[4] 松江:即今吴淞江。

[5] 潴:音 zhū,水停聚的地方。

[6] 清驶:水清流疾。

[7] 陆挽:在岸上用绳子拉船前进。

[8] 庆历:北宋仁宗赵祯年号,1041—1048 年。

[9] 壅土:堆积的泥土。壅,音 yōng。

[10] 艰噎:阻塞难通。

[11] 浚治:疏浚治理。

[12] 少衰:渐渐减少。

[13] 曲折:谓原委、策略。

[14] 缴连:谓(《吴中水利书》与奏状)一并奏进。

[15] 都下:京都。

[16] 愍惜:怜恤。

[17] 强干:精明干练。考实:考证查实。

[18] 区区:谓微不足道。

凤 鸣 驿 记

北宋·苏 轼

【提要】

本文选自《苏轼文集》(中华书局 1986 年版)。

驿馆,古代官府招待所。宋代的馆驿,分为数个等级。国家一级的有高级迎宾馆,招待来自四邻的国家使节。当时北宋都城汴梁,建有四所重要的大型宾馆,其中专门接待北方契丹使者的叫"班荆馆"和"都亭驿",接待西北西夏等少数民族政权使臣的叫"来远驿",接待更远的今新疆地区和中亚来宾的叫"怀远驿"。这些高级宾馆,设备豪华,有时朝廷在此举行国宴,宴请各国使臣和朝内大臣。

地方一级的政府招待所也很华美。外表像大庙,也像达贵官府,亦如豪富邸宅,屋宇十分宽敞,厅堂居室走廊一应具齐,四周还有高高的院墙。门吏候仆随叫随到,可谓是"宾至如归"。

苏轼在文中描述"将去,既驾,虽马亦顾其皂而嘶",可见驿馆之舒适。位于今陕西扶风的凤鸣驿修造动用了 3.6 万个民夫,仅木材和石料消耗白银即达 20 万两以上。苏轼赞叹太守"事复有小于传舍者,公未尝不尽心也"。

是啊,人若到了"不择居而安,安而乐,乐而喜从事者,则是真足书也"。

始余丙申岁举进士,过扶风,求舍于馆人[1]。既入,不可居而出,次于逆旅[2]。其后六年,为府从事[3]。至数日,谒客于馆,视客之所居,与其凡所资用,如官府,如庙观,如数世富人之宅,四方之至者,如归其家,皆乐而忘去。将去,既驾,虽马亦顾其皂而嘶[4]。余召馆吏而问焉。吏曰:"今太守宋公之所新也。自辛丑八月而公始至,既至逾月而兴功,五十有五日而成。用夫三万六千,木以根计,竹以竿计,瓦、甓[5]、坯、钉各以枚计,稍以石计者[6],二十一万四千七百二十有八,而民未始有知者。"余闻而心善之。

其明年,县令胡允文具石请书其事。余以为有足书者,乃书曰:古之君子不择居而安,安则乐,乐则喜从事,使人而皆喜从事,则天下何足治欤?后之君子,常有所不屑,使之居其所不屑,则躁,否则惰。躁则妄,惰则废,既妄且废,则天下之所以不治者,常出于此,而不足怪。今夫宋公计其所历而累其勤,使无龃龉于世[7],则今且何为矣,而犹为此官哉?然而未尝有不屑之心。其治扶风也,视其脆脆[8]者而安植之,求其蒙茸者而疏理之[9],非特传舍而已[10],事复有小于传舍者,公未尝不尽心也。尝食刍豢者难于食菜[11],尝衣锦者难于衣布,尝为其大者不屑为其小,此天下之通患也。《诗》曰:"岂弟君子[12],民之父母。"所贵乎岂弟者,岂非以其不择居而安,安而乐,乐而喜从事欤?夫修传舍,诚无足书者,以传舍之修,而见公之不择居而安,安而乐,乐而喜从事者,则是真足书也。

【注释】

[1]丙申:即嘉祐元年(1056)。

[2]逆旅:客舍,旅店。

[3]从事:嘉祐六年(1061),苏轼被任命为凤翔府判官。

[4]皂:马槽。

[5]甓:音 pì,砖。

[6]稍:音 juān,麦茎。此谓计数。

[7]龃龉:音 jǔ yǔ,上下牙齿对不上,喻意见不合,相互抵触。

[8] 陒臲:音 wù niè,不安。

[9] 蒙茸:杂乱貌。

[10] 传舍:古时供人休息住宿的处所。

[11] 尝:通"常"。刍豢:音 chú huàn,谓牛羊猪狗等。

[12] 岂弟:通"恺悌",和乐平易。

黄州安国寺记

北宋·苏 轼

【提要】

本文选自《苏东坡全集》(中国书店 1986 年版)。

黄州安国寺,苏轼元丰三年(1080)被贬至黄州,在此"焚香默坐,深自省察",每一二日则至,连续五年,终得"物我相忘,身心皆空",黄州安国寺是苏轼精神涅槃的地方,他的人生在此分水,在此他宣布"归诚佛僧"。

安国寺何以能如此?

安国寺又称护国寺,坐落于黄州城南的青云塔下,建于唐显庆三年(658)。 其建筑规模相当庞大,据传原有房屋 5048 间,并有掸堂街、睢阳院、春草亭、竹啸轩、遗爱亭等建筑,寺内"茂林修竹,陂池亭榭",环境幽美。 占地方圆二里,正门和后门分别在今黄冈市四里凉亭和五里凉亭处,需要"骑马关山门,鸣锣开斋饭"。

"堂宇斋阁,连皆易新之,严丽深稳",这是苏轼笔下的安国寺,在这样"悦可人意"的寺院中反省自己,常常忘归便很自然了;甚者,每年正月男女万人的大聚会及"祠瘟神",寺中之乐,乐者愈发忘归。

元丰二年十二月,余自吴兴守得罪[1],上不忍诛,以为黄州团练副使,使思过而自新焉。其明年二月,至黄。舍馆粗定,衣食稍给,闭门却扫,收召魂魄,退伏思念,求所以自新之方,反观从来举意动作,皆不中道,非独今之所以得罪者也。欲新其一,恐失其二。触类而求之,有不可胜悔者。于是,喟然叹曰:"道不足以御气[2],性不足以胜习。不锄其本,而耘其末,今虽改之,后必复作。盍归诚佛僧[3],求一洗之?"得城南精舍曰安国寺,有茂林修竹,陂池亭榭。间一二日辄往,焚香默坐,深自省察,则物我相忘,身心皆空,求罪垢所从生而不可得。一念清净,染污自落,表里翛然[4],无所附丽。私窃乐之。旦往而暮还者,五年于此矣。

寺僧曰继连,为僧首七年,得赐衣。又七年,当赐号,欲谢去,其徒与父老相率留之。连笑曰:"知足不辱,知止不殆。"卒谢去。余是以愧其人。七年,余将有临汝之行[5]。连曰:"寺未有记。"具石请记之。余不得辞。

寺立于伪唐保大二年,始名护国,嘉祐八年,赐今名[6]。堂宇斋阁,连皆易新之,严丽深稳,悦可人意,至者忘归。岁正月,男女万人会庭中,饮食作乐,且祠瘟神,江淮旧俗也。

四月六日,汝州团练副使眉山苏轼记。

【注释】

[1] 吴兴:今浙江吴兴。元丰元年(1079),苏轼因乌台诗案从湖州太守任上获罪入狱,次年被流放至黄州。

[2] 御气:谓制御血气,控制意气。

[3] 盍:音 hé,何不。

[4] 翛然:无拘无束貌。翛,音 xiāo。

[5] 临汝之行:元丰七年(1084),苏轼由黄州调任汝州(今河南临汝)。

[6] 保大二年:944 年。按《弘治黄州府志》:"安国泰平讲寺……唐显庆三年(658)郡人张大用始舍基,僧惠立创建。宋苏轼谪居于黄,常迁居此……"二说不一。考黄冈境内佛寺,多为前唐时建,从《志》说。嘉祐八年:1063 年。

雪 堂 记

北宋·苏 轼

【提要】

本文选自《苏轼文集》(中华书局 1986 年版)。

神宗元丰二年(1079),苏轼因"乌台诗案"被贬至黄州任团练副使。

刚到黄州,没有薪俸。"衣食住行"这些他从前从不关心的琐碎之事,都成了迫在眉睫的头痛大事。由于没有住所,他只得暂居在"定惠院"寺庙里,和僧人们挤在一起吃饭喝汤,而一家老小几十口人,还安置在筠州(今江西高安)苏辙那里,靠着苏辙微薄的收入勉强度日,无法来黄团聚。

数月后,妻儿都来到了他身边。到黄州的第二年冬天,朋友帮他获得城东山坡上的营防废地数十亩。苏轼开始操起锄头,不辞辛劳地开荒种地,播谷植树种菜,生活渐渐安稳下来。

宋神宗元丰五年(1082),遮风挡雨的茅舍落成,落成之时,适遇大雪,他因此将房内四壁均画上雪,命名为"雪堂"。他也从此自号"东坡居士"。

雪堂成,东坡心境亦随之安静下来。"以雪观春,则雪为静;以台观堂,则堂为静",从此后,他升此堂"凄凛其肌肤,洗涤其烦郁",以"无炙手之讥,又免饮冰之疾",雪堂实则苏轼心中趋福避害之所。

现存雪堂为 1986 年重建。

苏子得废圃于东坡之胁[1]，筑而垣之，作堂焉，号其正曰雪堂。堂以大雪中为之，因绘雪于四壁之间，无容隙也。起居偃仰，环顾睥睨[2]，无非雪者。苏子居之，真得其所居者也。苏子隐几而昼瞑，栩栩然若有所适而方兴也。未觉，为物触而寤[3]，其适未厌也，若有失焉。以掌抵目，以足就履，曳于堂下。

客有至而问者曰："子世之散人耶，拘人耶？散人也而天机浅，拘人也而嗜欲深。今似系马而止也[4]，有得乎？而有失乎？"苏子心若省而口未尝言，徐思其应，揖而进之堂上。客曰："嘻，是矣，子之欲为散人而未得者也。予今告子以散人之道[5]。夫禹之行水，庖丁之投刀，避众碍而散其智者也[6]。是故以至柔驰至刚，故石有时以泐[7]。以至刚遇至柔，故未尝见全牛也。予能散也，物固不能缚；不能散也，物固不能释。子有惠矣，用之于内可也。今也如猬之在囊[8]，而时动其脊胁，见于外者，不特一毛二毛而已。风不可拚，影不可捕，童子知之。名之于人，犹风之与影也，子独留之。故愚者视而惊，智者起而轧[9]，吾固怪子为今日之晚也。子之遇我，幸矣，吾今邀子为藩外之游，可乎？"

苏子曰："予之于此，自以为藩外久矣，子又将安之乎？"客曰："甚矣，子之难晓也。夫势利不足以为藩也，名誉不足以为藩也，阴阳不足以为藩也，人道不足以为藩也。所以藩子者，特智也尔。智存诸内，发而为言，则言有谓也，形而为行，则行有谓也。使子欲默不欲默，欲息不欲息，如醉者之呓言，如狂者之妄行，虽掩其口执其臂，犹且喑呜踯躅之不已[10]，则藩之于人，抑又固矣。人之为患以有身，身之为患以有心。是圃之构堂，将以佚子之身也[11]？是堂之绘雪，将以佚子之心也？身待堂而安，则形固不能释；心以雪而警，则神固不能凝。子之知既焚而烬矣，烬又复然，则是堂之作也，非徒无益，而又重子蔽蒙也。子见雪之白乎？则恍然而目眩。子见雪之寒乎？则竦然而毛起。五官之为害，惟目为甚。故圣人不为。雪乎，雪乎，吾见子知为目也。子其殆矣！"

客又举杖而指诸壁，曰："此凹也，此凸也。方雪之杂下也，均矣。厉风过焉，则凹者留而凸者散，天岂私于凹而厌于凸哉？势使然也。势之所在，天且不能违，而况于人乎？子之居此，虽远人也，而圃有是堂，堂有是名，实碍人耳，不犹雪之在凹者乎？"苏子曰："予之所为，适然而已[12]，岂有心哉？殆也，奈何！"

客曰："子之适然也，适有雨，则将绘以雨乎？适有风，则将绘以风乎？雨不可绘也，观云气之汹涌，则使子有怒心。风不可绘也，见草木之披靡，则使子有惧意。睹是雪也，子之内亦不能无动矣。苟有动焉，丹青之有靡丽，冰雪之有水石，一也[13]。德有心，心有眼，物之所袭，岂有异哉？"苏子曰："子之所言是也，敢不闻命？然未尽也，予不能默。此正如与人讼者，其理虽已屈，犹未能绝辞者也。子以为登春台与入雪堂，有以异乎？以雪观春，则雪为静；以台观堂，则堂为静。静则得，动则失。黄帝，古之神人也。游乎赤水之北，登乎昆仑之丘，南望而还，遗其玄珠焉[14]。游以适意也，望以寓情也。意适于游，情寓于望，则意畅情出，而忘其本矣。虽有良贵,岂得而宝哉?是以不免有遗珠之失也。虽然,意不久留,情不再至,必复其初而已矣,是又惊其遗而索之也。余之此堂,追其远者近之,收其近者内之,求之眉睫之间,是有八荒之趣[15]。人而有知也,升是堂者,将见其不溯而偞[16],不寒而栗,凄凛其肌肤,洗涤其烦郁,既无炙手之讥,又免饮冰之疾。彼其趑趄利害之途[17]、猖狂忧患之域者,何异探汤执热之俟濯乎?子之所言者,上也。余之所言者,下也。我将能为子之所为,而子不能为我之为矣。譬之厌膏粱者,与之糟糠,则必有怨词;衣文绣者,被之皮弁,则必有愧色。子之于道,膏粱文绣之谓也,得其上者耳。我以子为师,子以我为资,犹人之于衣食,缺一不可。将其与子游,今日之事,姑置之以待后论。予且为子作歌以道之。"歌曰:

雪堂之前后兮,春草齐。雪堂之左右兮,斜径微。雪堂之上兮,有硕人之颀颀[18]。考盘于此兮,芒鞋而葛衣。挹清泉兮[19],抱瓮而忘其机。负顷筐兮,行歌而采薇。吾不知五十九年之非而今日之是,又不知五十九年之是而今日之非。吾不知天地之大也,寒暑之变,悟昔日之癯[20],而今日之肥。感子之言兮,始也抑吾之纵而鞭吾之口,终也释吾之缚而脱吾之靰[21]。是堂之作也,吾非取雪之势,而取雪之意。吾非逃世之事,而逃世之机。吾不知雪之为可观赏,吾不知世之为可依违。性之便,意之适,不在于他,在于群息已动,大明既升,吾方辗转,一观晓隙之尘飞。子不弃兮,我其子归。

客忻然而笑[22],唯然而出,苏子随之。客顾而颔之曰:"有若人哉!"

【注释】

[1]胁:谓山腰。

[2]睥睨:音 pì nì,侧目而视。

[3]寤:睡醒。

[4]系马:谓拴着的马。

[5]散人:闲散自在的人。

[6]禹:大禹治水,疏导行水。庖丁:典出《庄子》。庖丁解牛,避骨碍,由肌腠而入理。

[7]泐:音 lè,石依纹路而裂散。

[8]猬:刺猬。

[9]轧:音 yà,象声词。

[10]踢蹵:音 jú cù,徘徊不前貌。

[11]佚:通"逸",安逸,安闲。

[12]适然:偶然。

[13]靡丽:精美华丽。水石:谓清丽胜景。

[14]玄珠:《庄子》载:黄帝游于赤水之北,登上昆仑山向南眺望,返回时丢失了玄珠。让知寻找,知找不到。让明目离朱找,也找不到……最后让象罔找,象罔找到了。象罔得珠,是因其"通玄",故能"暗中看夜色,尘外照晴田"(张籍)。

[15]八荒:又称"八方"。谓僻远之处。

[16]偞:音 ài,见之不明貌。

[17]趑趄:音 zī jū,行走困难。

[18]颀颀:音 qí qí,伟岸貌。

[19] 挹:音 yì,舀。

[20] 癯:音 qú,瘦。

[21] 靮:音 jī,马嚼子。

[22] 忻然:喜悦貌。

灵璧张氏园亭记

北宋·苏 轼

【提要】

本文选自《苏东坡全集》(中国书店 1986 年版)。

宋神宗元丰二年(1079),苏轼由徐州知州改任湖州知州。赴任途中,至安徽灵璧境内,游览了该县赫赫有名的张氏私人园亭,并应其子张硕之邀,即兴写下《灵璧张氏园亭记》。

一开篇,作者欲扬先抑,"京师而东,水浮浊流,陆走黄尘,陂田苍莽",苏轼这样的行者步履悠忽、神情倦怠便是很自然的事情了。

一路单调了八百里,来到汴阳。汴水之阳有生机盎然的张氏园:"修竹森然以高,乔木蓊然以深",因汴为源头活水,园内山之怪石,列为岩阜,蒲苇莲芡,椅桐桧柏,奇花美草,华堂厦屋……经过 50 年坚持不懈的营建、修改,园子已经集山林之气、京洛之态于一身,"深可以隐,富可以养"了。50 年持之以恒的努力,使得园内"其木皆十围,岸谷隐然","园之百物,无一不可人意者",见多识广的苏轼都发出了"信其用力之多且久也"的感叹。

于是,他也想买田于泗水之上,南望灵璧张氏园,"幅巾杖屦","与其子孙游"。

道京师而东,水浮浊流,陆走黄尘,陂田苍莽,行者倦厌。凡八百里,始得灵璧张氏之园于汴之阳。其外修竹森然以高,乔木蓊然以深[1]。其中因汴之余浸[2],以为陂池,取山之怪石,以为岩阜。蒲苇莲芡[3],有江湖之思;椅桐桧柏,有山林之气;奇花美草,有京洛之态;华堂厦屋,有吴蜀之巧。其深可以隐,其富可以养。果蔬可以饱邻里,鱼鳖笋茹可以馈四方之宾客[4]。余自彭城移守吴兴[5],由宋登舟,三宿而至其下。肩舆叩门[6],见张氏之子硕。硕求余文以记之。

维张氏世有显人,自其伯父殿中君,与其先人通判府君,始家灵璧,而为此园,作兰皋之亭以养其亲[7]。其后出仕于朝,名闻一时,推其余力,日增治之,于今五十余年矣。其木皆十围,岸谷隐然。凡园之百物,无一不可人意者,信其用力之多且久也。

古之君子,不必仕,不必不仕。必仕则忘其身,必不仕则忘其君。譬之饮食,适于饥饱而已。然士罕能蹈其义、赴其节。处者安于故而难出,出者狃于利而忘返[8]。于是有违亲绝俗之机,怀禄苟安之弊。今张氏之先君,所以为其子孙之计虑者远且周,是故筑室艺[9]园于汴、泗之间,舟车冠盖之冲,凡朝夕之奉,燕游之乐,不求而足。使其子孙开门而出仕,则跬步市朝之上[10];闭门而归隐,则俯仰山林之下。于以养生治性,行义求志,无适而不可。故其子孙仕者皆有循吏良能之称[11],处者皆有节士廉退之行。盖其先君子之泽也。

余为彭城二年,乐其土风。将去不忍,而彭城之父老亦莫余厌也,将买田于泗水之上而老焉。南望灵璧,鸡犬之声相闻,幅巾杖屦[12],岁时往来于张氏之园,以与其子孙游,将必有日矣。元丰二年三月二十七日记。

【注释】

[1] 蓊然:葱绿茂盛貌。

[2] 余浸:谓余水。岩阜:谓峰峦。

[3] 蒲苇:香蒲和芦苇。莲芡:莲子芡果。谓水中结果的植物。

[4] 茹:蔬菜的总称。

[5] 彭城:徐州治所,即今江苏徐州市。吴兴:湖州治所,在今浙江吴兴。

[6] 肩舆:代步工具,由人抬着走。

[7] 兰皋:长兰草的涯岸。

[8] 狃:音 niǔ,贪。

[9] 艺:音 yì,种植。同"艺"。

[10] 跬步:半步。跬:音 kuǐ。

[11] 循吏:守法循理的官吏。

[12] 幅巾:古代男子以全幅细绢裹头的头巾。

李 氏 园[1]

北宋·苏 轼

【提要】

本诗选自《苏东坡全集》(中国书店 1986 年版)。

李氏园系李茂贞在凤翔城东北为其夫人修的。

李茂贞(856—924),深州博野(今河北蠡县)人。原姓宋,名文通,后来被唐昭宗赐姓名为李茂贞。李茂贞生于农家,起于行伍,兴于战乱,盛于分裂,终结于北方的局部统一。镇压黄巢起义、护卫唐僖宗、歼灭劫驾的凤翔节度使李昌部……因此他也获赐名,成为凤翔和陇右节度使,受封为陇西郡王。唐僖宗甚至亲自为他定字为正臣。

于是,李茂贞拥兵自重,割据陇右,将凤翔定为"都城",为"皇后"——妻子修建游赏的园子。

后来,李茂贞归附李存勖的后唐。

苏东坡任职凤翔,来到这处 100 多年前建成的园子中。作者按照西、东、北的方位次序详细描述了园中的山光水色、幽篁曲墙、方池孤岛、野雁家鹜……东坡笔下,这里实为人间一处胜景。可是,"谁家美园圃,籍没不容赎",为造这处园子,李氏夺民田而致失本业、破千家而不敢哭者,岂在少数?苏轼眼里,戎马征战的李将军,有多少闲暇时光能够载美酒、驰香车来此;但园子建造的人力物力耗费却"空使后世人,闻名颈犹缩"。

朝游北城东,回首见修竹。下有朱门家,破墙围古屋。
举鞭叩其户,幽响答空谷。入门所见夥[2],十步九移目。
异花兼四方,野鸟喧百族。其西引溪水,活活转墙曲。
东注入深林,林深窗户绿。水光兼竹净,时有独立鹄。
林中百尺松,岁久苍鳞蹙[3]。岂惟此地少,意恐关中独。
小桥过南浦,夹道多乔木。隐如城百雉,挺若舟千斛。
阴阴日光淡,黯黯秋气蓄。尽东为方池,野雁杂家鹜。
红梨惊合抱,映岛孤云馥。春光水溶漾,雪阵风翻扑。
其北临长溪,波声卷平陆。北山卧可见,苍翠间硗秃[4]。
我时来周览,问此谁所筑。云昔李将军[5],负险乘衰叔。
抽钱算间口,但未榷羹粥。当时夺民田,失业安敢哭。
谁家美园圃,籍没不容赎。此亭破千家,郁郁城之麓。
将军竟何事,虮虱生刀蜀[6]。何尝载美酒,来此驻车谷。
空使后世人,闻名颈犹缩[7]。我今官正闲,屡至因休沐[8]。
人生营居止,竟为何人卜。何当力一身,永与清景逐。

【注释】

[1]李氏园:原注:李茂贞园也,今为王氏所有。

[2]夥:音 huǒ,多。

[3]鳞蹙:鱼鳞般地密集。

[4]硗秃:谓瘠秃。硗,音 qiāo。

[5]李将军:李茂贞。

[6]刀蜀:即蜀刀。蜀中所制有环的刀。

[7]此句下原文有:俗犹呼皇后园,盖茂贞谓其妻也。

[8]休沐:休息洗沐,犹休假。

四菩萨阁记

北宋·苏　轼

【提要】

本文选自《苏轼文集》(中华书局 1986 年版)。

文章作于熙宁元年(1068),记述了苏轼向成都大慈寺和尚惟简捐赠的四菩萨画像的传奇来历及建阁经过:长安有座唐明皇时建造的藏经龛,龛开四门,八扇门板正面画菩萨,背面绘天王,共 16 幅,"皆吴道子画"。

唐僖宗"广明之乱",藏经龛被黄巢起义军焚毁。当时一位僧人在大火中拆下四块门板,历经千辛万苦带到凤翔。迄至宋代,有人花十万钱购得此画,并转卖给苏轼,苏轼又将其献给父亲苏洵。苏洵嗜好古画,奉为至爱。苏洵逝后,苏轼把四菩萨画像捐赠给大慈寺,惟简为此筹钱百万,苏轼又助钱五万,建成楼阁一座,予以珍藏。

四菩萨阁,今已湮灭矣;四菩萨像,不知所踪。

始吾先君于物无所好,燕居如斋[1],言笑有时。顾尝嗜画,弟子门人无以悦之,则争致其所嗜,庶几一解其颜[2]。故虽为布衣,而致画与公卿等[3]。

长安有故藏经龛,唐明皇帝所建,其门四达,八板皆吴道子画,阳为菩萨,阴为天王,凡十有六躯。广明之乱[4],为贼所焚。有僧忘其名,于兵火中拔其四板以逃,既重不可负,又迫于贼,恐不能皆全,遂窍其两板以受荷,西奔于岐,而寄死于乌牙之僧舍,板留于是百八十年矣[5]。客有以钱十万得之以示轼者,轼归其直,而取以献诸先君。先君之所嗜,百有余品,一旦以是四板为甲。

治平四年[6],先君没于京师。轼自汴入淮,溯于江,载是四板以归。既免丧,所尝与往来浮屠人惟简,诵其师之言,教轼为先君舍施必所甚爱与所不忍舍者。轼用其说,思先君之所甚爱轼之所不忍舍者,莫若是板,故遂以与之。且告之曰:"此明皇帝之所不能守,而焚于贼者也,而况于余乎! 余视天下之蓄此者多矣,有能及三世者乎? 其始求之苦不及;既得,惟恐失之,而其子孙不以易衣食者,鲜矣。余惟自度不能长守此也,是以与子。子将何以守之?"简曰:"吾以身守之。吾眼可豁,吾足可削,吾画不可夺[7]。若是,足以守之欤?"轼曰:"未也。足以终子之世而已。"简曰:"吾又盟于佛,而以鬼守之。凡取是者与凡以是予人者,其罪如律。若是,足以守之欤?"轼曰:"未也。世有无佛而蔑鬼者。""然则何以守之?"曰:"轼之以是予子者,凡以为先君舍也。天下岂有无父之人欤? 其谁忍取之? 若其闻是而不悛[8],不惟一观而已,将必取之然后为快,则其人之贤愚,与广明之焚此者一也。全其子孙难矣,而况能久有此乎!且夫不可取者存乎子,取不取者存乎人。子勉之矣,为子之不可取者而已,又何知焉?”

　　既以予简,简以钱百万度为大阁以藏之,且画先君像其上。轼助钱二十之一,期以明年冬阁成。熙宁元年十月二十六日记。

【注释】

　　[1]燕居:闲居。

　　[2]庶几:希望。

　　[3]致画:谓收藏的字画。

　　[4]广明:唐僖宗年号,880—881年。

　　[5]窍:谓钻洞。岐:岐山,在今陕西省。

　　[6]治平:北宋英宗赵曙年号,1064—1067年。

　　[7]豁:舍弃,去除。刬:音cuò,斩,割。

　　[8]悛:音quān,改,悔改。

钱塘六井记

北宋·苏 轼

【提要】

　　本文选自《苏轼文集》(中华书局1986年版)。

　　苏轼在杭州任职前后共两次,一任判官,一任知州。

　　杭州于隋代建市,是京杭大运河的终点。但由于濒临大海,“其水苦恶”,人民生活与城市发展均受到极大制约。唐代宗大历年间,杭州刺史李泌开凿了六井(小方井、白龟池、方井、金牛池、相国井和西井等六井均居今杭州城西部沿西湖一带)。这些井,也就是大小不等的地下蓄水池,引西湖水经暗管注入。唐穆宋长庆二年(822),白居易任刺史,浚治六井,民赖其汲。宋仁宗时,沈遘知杭州,疏治六井,并增凿沈公井。

　　熙宁四年(1071),苏轼通判杭州时,沈公井、古六井尽几于废,市民叫苦不迭。于是,太守陈襄、通判苏轼等组织市民重新整修六井。翌年,江浙一带大旱,水贵如油。而杭州居民却免除了久旱缺水之苦,全城人“汲水皆诵佛”。元祐四年(1089)三月,苏轼出任知州来到杭州时,发现引水用竹管需要经常更换,且不易维修,以致井水短缺而水价昂贵,于是又将引水竹管一律改为瓦筒,并以石槽围裹,使“底盖坚厚。锢捍周密,水既足用,永无坏理”;同时还开辟新井,扩大供水范围,使得“西湖甘水殆遍全城”。

本文叙述的就是六井的兴衰演进史,以常有之水备一时之患,则是苏轼要告诉人们的。

潮水避钱塘而东击西陵,所从来远矣。沮洳斥卤[1],化为桑麻之区,而久乃为城邑聚落。凡今州之平陆,皆江之故地。其水苦恶,惟负山凿井,乃得甘泉,而所及不广。

唐宰相李公长源始作六井,引西湖水以足民用。其后刺史白公乐天治湖浚井,刻石湖上,至于今赖之。始长源六井,其最大者,在清湖中,为相国井,其西为西井,稍西而北为金牛池,又北而西附城为方井,为白龟池,又北而东至钱塘县治之南为小方井。而金牛之废久矣。嘉祐中,太守沈公文通又于六井之南,绝河而东至美俗坊为南井。出涌金门[2],并湖而北,有水闸三,注以石沟贯城而东者,南井、相国、方井之所从出也。若西井,则相国之派别者也。而白龟池、小方井,皆为匿沟湖底,无所用闸。此六井之大略也。

熙宁五年秋,太守陈公述古始至,问民之所病。皆曰:"六井不治,民不给于水。南井沟庳而井高[3],水行地中,率常不应。"公曰:"嘻,甚矣,吾在此,可使民求水而不得乎!"乃命僧仲文、子圭办其事。仲文、子圭又引其徒如正、思坦以自助,凡出力以佐官者二十余人。于是发沟易甃,完缉罅漏[4],而相国之水大至,坎满溢流,南注于河,千艘更载,瞬息百斛。以方井为近于浊恶而迁之少西,不能五步,而得其故基。父老惊曰:"此古方井也。民李甲迁之于此,六十年矣。"疏涌金池为上中下,使浣衣浴马不及于上池。而列二闸于门外,其一赴三池而决之河,其一纳之石槛,比竹为五管以出之,并河而东,绝三桥以入于石沟,注于南井。水之所从来高,则南井常厌水矣。凡为水闸四,皆垣墙扃镝以护之[5]。

明年春,六井毕修,而岁适大旱,自江淮至浙右井皆竭,民至以罂缶贮水相饷如酒醴[6]。而钱塘之民肩足所任,舟楫所及,南出龙山,北至长河盐官海上[7],皆以饮牛马,给沐浴。方是时,汲者皆诵佛以祝公。余以为水者,人之所甚急,而旱至于井竭,非岁之所常有也。以其不常有,而忽其所甚急,此天下之通患也。岂独水哉?故详其语以告后之人,使虽至于久远废坏而犹有考也。

【注释】

[1]沮洳:音 jǔ rù,低湿之地。斥卤:盐碱地。

[2]涌金门:古代杭州西城门之一,又称小金门。

[3]庳:音 bì,低矮。

[4]完缉:彻底修好。

[5]扃镝:音 jiōng jué,关门上锁。

[6]罂缶:盛水的缸等器皿。

[7]盐官海:水名,在今浙江海宁境。

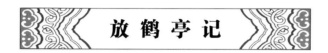

北宋·苏 轼

【提要】

　　本文选自《苏东坡全集》(中国书店 1986 年版)。

　　元丰元年(1078),苏轼在徐州任知州,因朋友张天骥之邀而作此文。

　　文章开篇,苏轼就交代朋友云龙山人张天骥草堂遭了大水,"水及其半扉",门扉淹去一半,不得已,张天骥迁居于东山之麓。登高一望,景物殊异,只见山峦之势"冈岭四合,隐然如大环,独缺其西一面",张造亭以当其缺。于是,苏轼等便看到"春夏之交,草木际天。秋冬雪月,千里一色。风雨晦明之间,俯仰百变"的万千景象。

　　奇特的是,云龙山人亭中养的两只鹤,早上放出去,晚上自己沿着东山又飞回来了。于是,苏轼写了这篇《放鹤亭记》:在朝者、在野者,因了身份的不同,做同一件事招致的却是不同的结果,譬如养鹤、纵酒……失意时,闲云野鹤般的生活就成了苏轼解脱自己的方式。

　　熙宁十年秋[1],彭城大水,云龙山人张君之草堂,水及其半扉[2]。明年春,水落,迁于故居之东,东山之麓。升高而望,得异境焉,作亭于其上。彭城之山,冈岭四合,隐然如大环,独缺其西一面,而山人之亭适当其缺。春夏之交,草木际天。秋冬雪月,千里一色。风雨晦明之间,俯仰百变。山人有二鹤,甚驯而善飞。旦则望西山之缺而放焉,纵其所如,或立于陂田,或翔于云表,暮则傃东山而归[3]。

　　故名之曰放鹤亭。

　　郡守苏轼,时从宾客僚吏往见山人,饮酒于斯亭而乐之,揖山人而告之曰:"子知隐居之乐乎? 虽南面之君,未可与易也。《易》曰:'鸣鹤在阴,其子和之。'《诗》曰:'鹤鸣于九皋[4],声闻于天。'盖其为物,清远闲放,超然于尘垢之外,故《易》《诗》人以比贤人君子。隐德之士,狎而玩之,宜若有益而无损者。然卫懿公好鹤则亡其国[5]。周公作《酒诰》,卫武公作《抑》戒,以为荒惑败乱无若酒者,而刘伶、阮籍之徒以此全其真而名后世。

　　嗟夫! 南面之君,虽清远闲放如鹤者犹不得好,好之则亡其国,而山林遁世之士,虽荒惑败乱如酒者犹不能为害,而况于鹤乎? 由此观之,其为乐未可以同日而语也。"山人忻然而笑曰:"有是哉。"乃作放鹤招鹤之歌曰:

　　鹤飞去兮西山之缺,高翔而下览兮择所适。翻然敛翼,婉将集兮,忽何所见,矫然而复击。独终日于涧谷之间兮,啄苍苔而履白石。鹤归来兮,东山之阴。其下有人兮,黄冠草履葛衣而鼓琴[6]。躬耕而食兮,其余以汝饱。归来归来兮,西山不可以久留。

元丰元年十一月初八日记。

【注释】

[1]熙宁:北宋神宗赵顼年号,1068—1077年。

[2]半扉:谓水把门淹了一半。

[3]傃:音 sù,向,经,沿着。

[4]九皋:鹤的美称。

[5]卫懿公句:卫懿公在位时,不爱政,唯好鹤,凡献鹤者不论远近、国别、身份,均有重赏;还将鹤分为大夫、士等等级,发予俸禄。其在位第九年时,北狄来犯,终亡国。

[6]黄冠:黄色的帽子,多为道士戴着。此谓隐者。

眉州远景楼记

北宋·苏 轼

【提要】

本文选自《苏东坡全集》(中国书店1986年版)。

眉山,苏轼老家;远景楼,眉州太守黎希声所建。元丰元年(1078),苏轼在徐州任上受乡人请托撰《眉州远景楼》,以颂黎太守为官一方,官民融洽、政通人和的和谐景象。

开篇即明苏轼的政治理想:吾乡"士大夫贵经术而重氏族,其民尊吏而畏法,其农夫合耦以相助"。而在此为父母官的黎太守"简而文,刚而仁,明而不苛,众以为易事",太守怀仁爱之心,明察政事而苛责于人,处事果断、简约而文雅,眉州的民众自然能与他心气相通,自然就不想让他一任期满之后就离开。

于是,热爱眉州山水并应百姓之请留任的黎太守在太守衙门北面的城墙上,通过增宽加固墙体,修建了远景楼,这处墙上楼阁就成了士人官民游乐远眺,望一马平川、浅烟远山的好去处。

在苏轼心里,远景楼成为家乡官民熙熙融融、睦睦和谐的一个闪亮符号。所以他在结尾饱含深情地写道:"若夫登临览观之乐,山川风物之美,轼将归老于故丘,布衣幅巾,从邦君于其上,酒酣乐作,援笔而赋之,以颂黎侯之遗爱,尚未晚也。"

吾州之俗,有近古者三。其士大夫贵经术而重氏族,其民尊吏而畏法,其农夫合耦以相助[1]。盖有三代、汉、唐之遗风,而他郡之所莫及也。始朝廷以声律取士[2],而天圣以前[3],学者犹袭五代之弊,独吾州之士,通经学古,以西汉文词为宗师。方是时,四方指以为迂阔[4]。至于郡县胥史[5],皆挟经载笔,应对进退,有足观者。而大家显人,以门族相上,推次甲乙,皆有定品,谓之江乡[6]。非此族也,虽贵且富,不通婚姻。其民事太守县令,如古君臣,既去,辄画像事之,而其贤者,则记录其行事以为口实,至四五十年不忘。富商小民,常储善物而别异之,以待官吏之求。家藏律令,往往通念而不以为非,虽薄刑小罪,终身有不敢犯者。岁二月,农事始作。四月初吉[7],谷稚而草壮,耘者毕出。数十百人为曹[8],立表下漏,鸣鼓以致众。择其徒为众所畏信者二人[9],一人掌鼓,一人掌漏,进退作止,惟二人之听。鼓之而不至,至而不力,皆有罚。量田计功,终事而会之,田多而丁少,则出钱以偿众。七月既望,谷艾而草衰[10],则仆鼓决漏[11],取罚金与偿众之钱,买羊豕酒醴,以祀田祖[12],作乐饮食,醉饱而去,岁以为常。其风俗盖如此。故其民皆聪明才智,务本而力作,易治而难服。守令始至,视其言语动作,辄了其为人[13]。其明且能者,不复以事试,终日寂然。苟不以其道,则陈义秉法以讥切之[14],故不知者以为难治。

今太守黎侯希声,轼先君子之友人也。简而文,刚而仁,明而不苟,众以为易事。既满将代,不忍其去,相率而留之,上不夺其请。既留三年,民益信,遂以无事。因守居之北墉而增筑之[15],作远景楼,日与宾客僚吏游处其上。轼方为徐州,吾州之人以书相往来,未尝不道黎侯之善,而求文以为记。

嗟夫,轼之去乡久矣。所谓远景楼者,虽想见其处,而不能道其详矣。然州人之所以乐斯楼之成而欲记焉者,岂非上有易事之长,而下有易治之俗也哉!孔子曰:“吾犹及史之阙文也。有马者借人乘之。今亡矣夫。”是二者,于道未有大损益也,然且录之。今吾州近古之俗,独能累世而不迁,盖耆老昔人岂弟之泽[16],而贤守令抚循教诲不倦之力也[17],可不录乎!若夫登临览观之乐,山川风物之美,轼将归老于故丘,布衣幅巾,从邦君于其上,酒酣乐作,援笔而赋之,以颂黎侯之遗爱,尚未晚也。

元丰元年七月十五日记。

【注释】

[1]经术:谓经学。合耦:两人各持一耜并肩而耕,谓相佐助。

[2]声律:语言文字的声韵格律、文辞。

[3]天圣:北宋仁宗赵祯年号,1023—1032年。

[4]迂阔:谓不切实际。

[5]胥史:犹胥吏。旧时官府中办理文书的小官吏。

[6]相上:互不谦让。定品:指品级。江乡:多江河的地方。多指江南水乡。

[7]初吉:谓月初。

[8]曹:谓编为一个单位。

[9] 畏信:畏惧信赖。

[10] 谷艾:谓谷子成熟。

[11] 仆鼓决漏:前番鼓漏计劳动竞赛的人数、速度;此番鼓漏乃察勘谷实、产量。

[12] 田祖:谓始耕田者,神农氏。

[13] 了:了解,明白。

[14] 讥切:劝谏。

[15] 墉:城墙。

[16] 耆老:年老而有地位的士绅。昔人:前人,古人。岂弟:同"恺悌"。和乐平易。

[17] 抚循:安抚慰问。

文与可画筼筜谷偃竹记

北宋·苏 轼

【提要】

本文选自《苏东坡全集》(中国书店 1986 年版)。

文与可,名同,字与可。苏轼的从表弟。北宋著名画家,擅长画竹。筼筜,是一种竹子。长在水边,竹节粗大,竹节间的距离也长。神宗熙宁八年至十年(1075—1077),文同任洋州(今陕西洋县)知州,他常到盛产筼筜竹的筼筜谷观察竹子。

文中,苏轼开宗即明义:画竹必须首先有"成竹在胸"。"今画者乃节节而为之,叶叶而累之,岂复有竹乎!"一节一节地添加,一叶一叶地堆叠,指的是当时流行的先细笔勾勒,后逐层上色的画竹法。这种拼拼凑凑的画法,"岂复有竹乎"!文同则不同:"画竹必先得成竹于胸中,执笔熟视,乃见其所欲画者,急起从之,振笔直遂,以追其所见,如兔起鹘落,少纵则逝矣。"苏轼道出了艺术创作的一个基本规律:平日里认真仔细观察,竹子的形态、神态尽入胸中,枝枝叶叶、千沟万壑、万方摇曳;提笔时,奋力千钧,凝神注视,竹子的形象就尽呈眼前,于是奋笔挥写,毫不间断,犹如兔跃鹰扑,疾不由分,神完气足、生机盎然的竹子就画好了。

成竹在胸方能万千气象。

竹之始生,一寸之萌耳,而节叶具焉。自蜩腹蛇蚹以至于剑拔十寻者[1],生而有之也。今画者乃节节而为之,叶叶而累之,岂复有竹乎!故画竹必先得成竹于胸中,执笔熟视,乃见其所欲画者,急起从之,振笔直遂[2],以追其所见,如兔起鹘落,少纵则逝矣。与可之教予如此。予不能然也,而心识其所以然。夫既心识其所以然而不能然者,内外不一,心手不相应,不学之过也。故凡有见于中而操之不熟者,平居自视了然[3],而临事忽焉丧之,岂独竹乎!子由为《墨竹赋》以遗与可曰:"庖丁,解牛者也,而养生者取之。轮扁,斫轮者也,而读书者与之。今夫夫子之托于斯竹也,而予以为有道者,则非耶?"[4]子由未尝画也,故得其意而已。若予者,岂独得其意,并得其法。

与可画竹,初不自贵重,四方之人持缣素而请者[5],足相蹑于其门。与可厌之,投诸地而骂曰:"吾将以为袜。"士大夫传之,以为口实。及与可自洋州还,而余为徐州。与可以书遗余曰:"近语士大夫,吾墨竹一派,近在彭城,可往求之。袜材当萃于子矣[6]。"书尾复写一诗,其略曰:"拟将一段鹅溪绢,扫取寒梢万尺长。"予谓与可,竹长万尺,当用绢二百五十匹,知公倦于笔砚,愿得此绢而已。

与可无以答,则曰:"吾言妄矣,世岂有万尺竹也哉。"余因而实之,答其诗曰:"世间亦有千寻竹,月落庭空影许长。"与可笑曰:"苏子辩矣。然二百五十匹,吾将买田而归老焉。"因以所画筼筜谷偃竹遗予,曰:"此竹数尺耳,而有万尺之势。"筼筜谷在洋州,与可尝令予作《洋州三十咏》,《筼筜谷》其一也。

予诗云:"汉川修竹贱如蓬,斤斧何曾赦箨龙[7]。料得清贫馋太守,渭滨千亩在胸中。"与可是日与其妻游谷中,烧笋晚食,发函得诗,失笑喷饭满案。

元丰二年正月二十日,与可没于陈州[8]。是岁七月七日,予在湖州曝书画,见此竹,废卷而哭失声。昔曹孟德《祭桥公文》,有"车过""腹痛"之语[9],而予亦载与可畴昔戏笑之言者[10],以见与可与予亲厚无间如此也。

【注释】

[1]蜩腹蛇蚹:蝉腹上的横纹,谓竹节细密;蛇腹上的鳞片,谓竹衣密实繁多。蜩,音tiáo,蝉的总称;蚹,音fù,蛇腹下横鳞。蛇蚹:蛇蜕下的皮。

[2]振笔直遂:动笔作画,一气呵成。直,径直。遂,完成。

[3]平居:平日,平素。

[4]庖丁:语出《庄子》。指善解牛者。初时,眼之所见乃全牛。三年后,技艺大进,看到的只是牛皮骨的间隙,所以"解千牛矣而刀刃若新发于硎"。轮扁:语出《庄子》。指春秋时齐国有名的造车工人。其技术精湛,其"得之于手而应于心"的见解亦精辟。

[5]缣素:细白绢,可供书画。

[6]萃:聚集,停止。

[7]汉川:汉水。箨龙:竹笋别名,又名龙孙。箨:音tuò,竹笋上一片一片的皮。

[8]陈州:在今河南淮阳县。

[9]"车过""腹痛":曹操微时,桥玄赏识他。曾对曹操开玩笑说:"殂逝之后,路有经由,不以斗酒只鸡相沃酹,车过三步,腹痛勿怪。"(曹操《祀故太尉桥玄文》)

[10]畴昔:往日,从前。

书蒲永升画后

北宋·苏 轼

【提要】

本文选自《苏轼文集》(中华书局 1986 年版)。

苏轼为文,正如他自己所说"吾文如万斛泉源,不择地而出""及其与山石曲折,随物赋形而不可知"(《文说》),故其文"大略如行云流水,初无定质,但常行于所当行,常止于不可不止,文理自然,姿态横生"(《答谢民师书》),因其"合于天造,厌于人意"。

为文如此,论画亦如此。他在《画水记》中谈孙知微在大慈寺寿宁院壁作湖滩水石之画,营度经岁,终不肯下笔。"一日,仓皇入寺,索笔墨甚急,奋袂如风,须臾而成。作输泻跳蹙之势,汹汹欲崩屋也。"而蒲永升得"活水"真谛,"遇其欲画,不择贵贱,顷刻而成"。作者记录自己亲历与永升临寿宁院作水画二十四幅的情形:"每夏日挂之高堂素壁,即阴风袭人,毛发为立。"

文中,苏轼揭示的是艺术创作深刻规律:第一,艺术创作就是一个把平素观察、体验积累起来,熔炼事物形、理的"发酵"过程;第二,"发酵"未完满时,不可勉强创作,一旦蓄积之物成熟,则不可不发;第三,"欲画"之时,则有如十月怀胎一朝分娩那样地"不能自己",此即所谓"兴会"、灵感迸发。

为文作画,营山设水,造园构亭……无不如此。

古今画水,多作平远细皱,其善者不过能为波头起伏。使人至以手扪之,谓有洼隆[1],以为至妙矣。然其品格,特与印板水纸争工拙于毫厘间耳。

唐广明中[2],处逸士孙位始出新意,画奔湍巨浪,与山石曲折,随物赋形,尽水之变,号称神逸。其后蜀人黄筌、孙知微[3],皆得其笔法。始,知微欲于大慈寺寿宁院壁作湖滩水石四堵,营度经岁,终不肯下笔。一日,仓皇入寺,索笔墨甚急,奋袂如风,须臾而成。作输泻跳蹙之势,汹汹欲崩屋也。知微既死,笔法中绝五十余年。

近岁成都人蒲永升,嗜酒放浪,性与画会,始作活水,得二孙本意。自黄居寀兄弟、李怀衮之流,皆不及也[4]。王公富人或以势力使之,永升辄嘻笑舍去。遇其欲画,不择贵贱,顷刻而成。尝与余临寿宁院水,作二十四幅,每夏日挂之高堂素壁,即阴风袭人,毛发为立。

永升今老矣,画益难得,而世之识真者亦少。如往时董羽[5],近日常州戚氏画水[6],世或传宝之。如董、戚之流,可谓死水,未可与永升同年而语也。

元丰三年十二月十八日夜,黄州临皋亭西斋戏书。

【注释】

〔1〕洼隆:凹凸。

〔2〕广明:唐僖宗李儇年号,880—881年。

〔3〕黄筌(903—965):五代后蜀成都人。中国花鸟画鼻祖。孙知微:五代宋初画家,眉州彭山人。善写圣像,事先必斋戒沐浴,虚神静思,至用笔放逸率意,不蹈前人笔墨畦畛。

〔4〕黄居寀(933—?):五代宋初画家,黄筌第三子。筌逝后,居寀成为画界领袖人物,受到北宋太祖、太宗的重用,其画法也成为宫廷画院的标准,主导画法90余年。其《山鹧棘雀图》以细线勾出轮廓,然后敷重彩,层层晕染,笔法极为细腻,画风华丽富贵。李怀衮:北宋魏郡人。工花卉翎毛,亦善山水。学黄筌。其居处及寝处皆置笔砚,虽中夜酒醒、睡中得意,迅疾起而画于地或被上,迟明模写之。

〔5〕董羽:字仲翔,毗陵(今江苏常州)人。擅龙鱼,尤擅海水,尽汹涌澜翻之势。初仕李煜,后归宋。太宗命画端拱楼下《龙水》四壁,又于玉堂(学士院)北壁画《水图》,皆极精思。宋白赞云:"回眸已觉三山近,满壁潜惊五月寒。"

〔6〕戚氏:戚文秀,毗陵(今江苏常州)人。以画水得名。尝于太平寺画《清济灌河图》,旁题云:"中有一笔长五丈。"一日郭若虚既寻之,果有"一笔":自边际起,通贯波浪之间,融通贯汇,不失次序,"超腾四折,实逾五丈"。

乞度牒修庙宇状

北宋·苏 轼

【提要】

本文选自《苏轼文集》(中华书局1986年版)。

度牒与官舍修缮有何关系? 苏轼这篇奏状为我们提供了一个生动的范例,让我们得窥宋代财政收支路径之一线。

杭州本吴越国钱氏经营之地,高梁大屋,连绵壮丽,可是历经近百年风雨,加上全无修缮,至苏轼时已经破败不堪了。度牒,乃国家为得到公度、成为僧尼者所发放的证明文件。度牒发放的主要目的,是为了防止私度僧尼,有效控制僧尼数量。度牒详细记载了僧尼原籍、俗名、年龄、所属寺院、剃度师名及所属官署。持有度牒的僧尼,不但有了明确的身份,获得政府保护,而且享有免除租税徭役的特权。

宋代,由于一纸度牒的特权诱惑,私售度牒之风盛行。于是朝廷直接出卖空名度牒,将之纳入财政收入账户。最初,政府出卖度牒只是用于筹款赈济。渐渐地,度牒所入也被官员们用来兴水利、筑长堤,乃至修公署、筹军费。

据史料记载,度牒发放的数量、价格总体上呈上升趋势。神宗时限每年一万道,徽宗时则每年达 3 万道;价格,神宗时每道 130 贯,哲宗时每道涨至 170 贯。到北宋末年,度牒在财政上的重要性,相当于盐课和商税,度牒销售额,甚至作为考察地方官吏治绩的内容之一。

按照文中苏轼的计算,缮修费用"共计使钱四万余贯",哲宗皇帝如果"赐度牒二百道",得钱 34 000 贯,再支公使钱 500 贯,这样官舍"明年一年监修官吏供给,及下诸州划刷兵匠"的酬钱就有着落了。

身为知州的苏轼着实不易!

元祐四年九月某日[1],龙图阁学士朝奉郎知杭州苏轼状奏。右臣伏见杭州地气蒸润[2],当钱氏有国日,皆为连楼复阁,以藏衣甲物帛。及其余官屋,皆珍材巨木,号称雄丽。自后百余年间,官司既无力修换[3],又不忍拆为小屋,风雨腐坏,日就颓毁。中间虽有心长吏,果于营造,如孙沔作中和堂[4],梅挚作有美堂[5],蔡襄作清暑堂之类[6],皆务创新,不肯修旧。其余率皆因循支撑,以苟岁月。而近年监司急于财用,尤讳修造,自十千以上,不许擅支。以故官舍日坏,使前人遗构,鞠为朽壤[7],深可叹惜。

臣自熙宁中通判本州[8],已见在州屋宇,例皆倾邪,日有覆压之惧。今又十五六年,其坏可知。到任之日,见使宅楼庑,欹仄罅缝,但用小木横斜撑住,每过其下,栗然寒心,未尝敢安步徐行[9]。及问得通判职官等,皆云每遇大风雨,不敢安寝正堂之上。至于军资甲仗库[10],尤为损坏。今年六月内使院屋倒,压伤手分书手二人[11];八月内鼓角楼摧,压死鼓角匠一家四口,内有孕妇一人。因此之后,不惟官吏家属,日负忧恐,至于吏卒往来,无不狼顾。

臣以此不敢坐观,寻差官检计到官舍城门楼橹仓库二十七处[12],皆系大段隳坏,须至修完[13],共计使钱四万余贯,已具状闻奏,乞支赐度牒二百道[14],及且权依旧数支公使钱五百贯,以了明年一年监修官吏供给,及下诸州划刷兵匠应副去讫[15]。臣非不知破用钱数浩大,朝廷未必信从,深欲减节,以就约省。而上件屋宇,皆钱氏所构,规摹高大,无由裁樽,使为小屋[16]。若顿行毁拆,改造低小,则目前萧然,便成衰陋,非惟军民不悦,亦非太平美事。窃谓仁圣在上,忧爱臣子,存恤远方,必不忍使官吏胥徒,日以躯命,侥幸苟安于腐栋颓墙之下。兼恐弊陋之极,不即修完,三五年间,必遂大坏,至时改作,又非二百道度牒所能办集[17]。伏望圣慈,特出宸断[18],尽赐允从。如蒙朝廷体访得不合如此修完,臣伏欺罔之罪。

谨录奏闻,伏候敕旨。

【注释】

[1] 元祐四年:1089 年。时苏轼任杭州太守。

[2] 蒸润:潮湿闷热。

[3] 官司:官府。

［4］孙沔(996—1066):字元规,越州会稽(今浙江绍兴)人。仁宗时历知处、楚、庆、徐、秦、杭等州,官至枢密副使。因事除废。英宗即位,改知庆州。徙延州,卒于道中。

［5］梅挚(994—1059):字公仪,北宋成都府新繁县人。累官大理评事、殿中侍御史等,先后出任苏州通判,陕西转运使,昭州、滑州、杭州知州等职。为官勤政爱民、清正廉洁,绩声卓著。

［6］蔡襄(1012—1067):字君谟,兴化军仙游(今属福建)人。累官翰林学士、三司使、端明殿学士等职,并出任福建路转运使,知泉州、福州、开封及杭州府事。蔡襄为人忠厚正直,重崇信义,学识渊博。以书名世,史上与苏轼、黄庭坚、米芾并称"宋四家"。

［7］鞠:弯曲,折塌。

［8］通判:官名。北宋始,通判在知府下掌管粮运、兵民、钱谷、户口、赋役和诉讼等,为州郡官副职。到南宋,通判还兼有监察之责。熙宁四年(1071),苏轼自求外放,到杭州任通判,直到熙宁七年(1074)。

［9］楼庑:楼宇廊屋。欹仄:倾斜,歪斜。罅缝:缝隙,裂缝。栗然:(因害怕而)发抖貌。

[10]甲仗:亦作"甲杖"。兵器库。

[11]手分:宋代州县雇募的一种差役。

[12]楼橹:守城或攻城用的高台战具。

[13]修完:整修使完好。

[14]度牒:旧时官府发给僧尼的证明身份文件。至宋时,因其含有税赋免除等特权,度牒发放已成为官府财政来源之一途。

[15]划刷:谓泥水匠。划,音chǎn,削铲(使平)。应副:酬应,支付。去讫:完毕,完了。

[16]上件:上述。规摹:同"规模"。

[17]办集:谓办成。

[18]宸断:皇帝的裁决、决断。宸:音chén,帝王住的地方,宫殿。

杭州乞度牒开西湖状

北宋·苏 轼

【提要】

本文选自《苏轼文集》(中华书局 1986 年版)。

"欲把西湖比西子,浓妆淡抹总相宜。"这是苏轼描绘西湖的句子,这是经过太守苏轼争取、募役整治后的西湖,西湖至今风光旖旎,苏轼打下了坚实的底子!

元祐四年(1089)三月,苏轼出任杭州知州,他当时看到的西湖"水涸草生,渐成葑田","父老皆言十年以来,水浅葑横,如云翳空,倏忽便满,更二十年,无西湖矣。"苏轼——列举白居易、钱氏开浚西湖,生民受益的情形。他把西湖比作人之眉目,"盖不可废也"。

西湖不可废原因有五：放生鱼鳖，国之吉祥之地；杭州全城百姓的水源地；农田灌溉水源；运河补给用水来源地，酿酒用水水源地。五条原因，条条关乎国脉。

文中，苏轼系统回顾了西湖的演变史及有功之人，如实描写了西湖现状，点明如不疏浚给皇上、百姓、城市发展、交通运输、国家经济造成的危害。更为可贵的是，我们还能读出苏轼系怀民情的苦心。

在紧接着写的《申三省起请开湖六条状》中，他开宗明义说，之所以要这么做，就是到杭后广泛"访问民间疾苦"。他对治理西湖的考虑可以用系统科学、细致入微来描述：挖出的葑根、淤泥堆往何处？环湖三十里往返得一天，如何提高疏浚工效？苏轼采用了一举两得的办法：取淤泥、葑草直线堆于湖中，筑起一条贯通南北的长堤。堤上筑六桥，自南屏山至北山一路让水"鼻息"；堤道两旁广植芙蓉、杨柳。同时，为利疏浚、整治日常化，苏轼设立"开湖司"。同时雇人在湖中种植菱藕，以其收入充岁修费用。他还订立禁约，建立三座石塔（原塔已毁），规定石塔以内的湖面不许占湖为田等。三塔即今三潭印月之滥觞。

"水光潋滟晴方好，山色空蒙雨亦奇。"苏轼知杭州仅两年半多，留下的西湖却已让后人神往了千百年，陶醉了千百年。

元祐五年四月二十九日，龙图阁学士左朝奉郎知杭州苏轼状奏。右臣闻天下所在陂湖河渠之利，废兴成毁，皆若有数。惟圣人在上，则兴利除害，易成而难废。昔西汉之末，翟方进为丞相[1]，始决坏汝南鸿隙陂[2]，父老怨之，歌曰："坏陂谁？翟子威。饭我豆食羹芋魁[3]。反乎覆，陂当复。谁言者？两黄鹄。"盖民心之所欲，而托之天，以为有神下告我也。孙皓时[4]，吴郡上言，临平湖自汉末草秽壅塞[5]，今忽开通，长老相传，此湖开，天下平，皓以为己瑞，已而晋武帝平吴。由此观之，陂湖河渠之类，久废复开，事关兴运。虽天道难知，而民心所欲，天必从之。

杭州之有西湖，如人之有眉目，盖不可废也。唐长庆中[6]，白居易为刺史。方是时，湖溉田千余顷。及钱氏有国，置撩湖兵士千人[7]，日夜开浚。自国初以来，稍废不治，水涸草生，渐成葑田[8]。熙宁中，臣通判本州，则湖之葑合，盖十二三耳。至今才十六七年之间，遂堙塞其半。父老皆言十年以来，水浅葑合，如云翳空[9]，倏忽便满，更二十年，无西湖矣。使杭州而无西湖，如人去其眉目，岂复为人乎？

臣愚无知，窃谓西湖有不可废者五。天禧中[10]，故相王钦若始奏以西湖为放生池，禁捕鱼鸟，为人主祈福。自是以来，每岁四月八日，郡人数万会于湖上，所活放羽毛鳞介以百万数，皆西北向稽首，仰祝千万岁寿。若一旦堙塞，使蛟龙鱼鳖同为涸辙之鲋[11]，臣子坐观，亦何心哉！此西湖之不可废者，一也。杭之为州，本江海故地，水泉咸苦，居民零落，自唐李泌始引湖水作六井[12]，然后民足于水，井邑日富[13]，百万生聚，待此而后食。今湖狭水浅，六井渐坏，若二十年之后，尽为葑田，则举城之人，复饮咸苦，其势必自耗散。此西湖之不可废者，二也。白居易作《西湖石函记》云："放水溉田，每减一寸，可溉十五顷；每一伏时，可溉五十顷。若蓄泄及时,则濒河千顷,可无凶岁。"今岁不及千顷,而下湖数十里间,茭菱谷米,所获不赀[14]。此西湖之不可废者,三也。西湖深阔,则运河可以取足于湖水。若湖水不足,则必取足于江潮。潮之所过,泥沙浑浊,一石五斗。不出三岁,辄调兵夫十余万工开浚,而河行市井中盖十余里,吏卒搔扰,泥水狼籍,为居民莫大之患。此西湖之不可废者,四也。天下酒税之盛,未有如杭者也,岁课二十余万缗[15]。而水泉之用,仰给于湖,若湖渐浅狭,水不应沟,则当劳人远取山泉,岁不下二十万工。此西湖之不可废者,五也。

臣以侍从,出膺宠寄[16],目睹西湖有必废之渐,有五不可废之忧,岂得苟安岁月,不任其责。辄已差官打量湖上葑田,计二十五万余丈,度用夫二十余万工。

近者伏蒙皇帝陛下、太皇太后陛下以本路饥馑,特宽转运司上供额斛五十余万石,出粜常平米亦数十万石[17],约敕诸路,不取五谷力胜税钱,东南之民,所活不可胜计。今又特赐本路度牒三百,而杭独得百道。臣谨以圣意增价召入中,米减价出卖以济饥民,而增减耗折之余,尚得钱米约共一万余贯石。臣辄以此钱米募民开湖,度可得十万工。自今月二十八日兴工,农民父老,纵观太息,以谓二圣既捐利与民,活此一方,而又以其余弃,兴久废无穷之利,使数千人得食其力以度此凶岁,盖有泣下者。臣伏见民情如此,而钱米有限,所募未广,葑合之地,尚存大半,若来者不嗣,则前功复弃,深可痛惜。若更得度牒百道,则一举募民除去净尽,不复遗患矣。

伏望皇帝陛下、太皇太后陛下少赐详览,察臣所论西湖五不可废之状,利害较然[18],特出圣断,别赐臣度牒五十道,仍敕转运、提刑司,于前来所赐诸州度牒二百道内,契勘赈济支用不尽者,更拨五十道价钱与臣,通成一百道[19]。使臣得尽力毕志,半年之间,目见西湖复唐之旧,环三十里,际山为岸,则农民父老,与羽毛鳞介,同泳圣泽,无有穷已。臣不胜大愿,谨录奏闻,伏候敕旨。

贴黄[20]。目下浙中梅雨,葑根浮动,易为除去。及六七月,大雨时行,利以杀草,芟夷蕴崇,使不复滋蔓[21]。又浙中农民皆言八月断葑根,则死不复生。伏乞圣慈早赐开允,及此良时兴工,不胜幸甚。

又贴黄。本州自去年至今开浚运河,引西湖水灌注其中,今来开除葑田逐一利害,臣不敢一一烦渎天听,别具状申三省去讫[22]。

【注释】

[1] 翟方进:字子威,上蔡(今河南上蔡西南)人。23岁时,举明经,调任议郎。通晓律令,善于用人,博学多识,入仕途十余年擢至相位。方进做丞相9年,绥和二年(7),据报"荧惑守心"。术师称应由大臣承担责任。汉成帝赐册斥责:为相十年,灾害并至,民受饥馑;盗贼蜂起,吏民相残;群下泅泅,怀奸朋党……令方进自尽。方进死后,成帝多次亲临翟府吊唁,所赐之物超过前例,谥恭侯。

[2] 鸿隙陂:汉代著名的水利工程。汉武帝亲临瓠子治理黄河决口后,全国各地纷纷起而兴修水利。汝南鸿隙陂即是其中一项。鸿隙陂是利用自然地势修建的蓄水灌溉水库,东汉初复建后有陂塘四百里,溉田数千顷。

西汉末,家住鸿隙陂上游的翟方进看中了鸿隙陂蓄水区的大片土地。一年,灵宝大水成灾,翟勾结孔光,称:灵宝暴雨成灾,乃由于众多陂塘压住了"龙脉"。成帝信之,下令扒开鸿隙陂。从此,良田成为瘠地,当地百姓只好改种耐旱的豆类作物。

［3］芋魁:谓以芋根为汤羹。豆食芋魁:喻食物粗劣。

［4］孙皓(242—284):字元宗,三国吴第四代君主。也是吴最后一位皇帝。

［5］临平湖:在今浙江海盐境。

［6］长庆:唐穆宗李恒年号,821—824年。

［7］撩湖兵:工程兵种。专事湖泊清淤。

［8］葑田:谓湖泽中水草莲茨因干涸腐殖而变成泥田。

［9］翳空:蔽空。

［10］天禧:北宋真宗赵恒年号,1017—1021年。

［11］涸辙之鲋:在干涸的车辙里的鲫鱼。喻情况紧急、亟待救援的人。涸:音hé,干。

［12］李泌(722—789):字长源,京北(今陕西西安)人。玄宗时为皇太子供奉官,功仕肃宗、代宗、德宗三朝,位至宰相,封邺侯。唐代宗时(763—779),李泌在杭州刺史任上于城内开凿六井,引西湖水供居民饮用。

［13］井邑:市井,城镇。

［14］不赀:不可比量,不可计数。

［15］岁课:一年的赋税。缗:音mín,穿铜钱的绳子。古代一千文为一缗。

［16］宠寄:(因)宠信而委以重任。

［17］出粜:卖出粮食。粜:音tiào,卖出粮食。常平米:古代一种调节米价的方法。方法是:官府筑仓储谷,谷贱时增价购进,谷贵时减价卖出。

［18］较然:谓分明。

［19］契勘:宋元公文用语。按察,核查。通成:全部,凑满。

［20］贴黄:宋代奏札意有未尽,摘要另书于文尾称之。

［21］芟夷:除草。芟:音shān,割草。蕴崇:积聚,堆积。

［22］烦渎:冒昧打扰。三省:指中书省、门下省、尚书省。隋唐时三省同为最高政务机构。宋沿袭,但神宗改制前,鲜有实权。

乞罢宿州修城状

北宋·苏 轼

【提要】

本文选自《苏轼文集》(中华书局1986年版)。

宋以来,城市蜂起。

由唐入宋,坊市制度的突破使城市成为更多黎民百姓向往的生活场所。据《宋史·地理志一》记载,宋太祖建隆三年(962),"广皇城东北隅,命有司画洛阳宫殿,按图修之,皇居始壮丽矣"。雍熙三年(986),"欲广宫城,诏殿前指挥使刘延翰等经度之",试图用城墙将官署与民居分开,"以居民多不欲徙遂罢"。于是,北宋都城开封没有能承袭隋唐长安和洛阳城用城墙将官署与民居分开的格局,很多官署就在内城和外城与民宅、商业店铺、手工作坊交错杂处,由此开始了城市世俗化的进程。如果说唐长安城东墙景风门仍保持着肃杀与威严之气,北宋东京宫城东墙的东华门外则已成为专作大内生意的市场,其中央大道——御街两侧由于店铺林立也成为最繁华的商业街。

北宋以后,南方新兴的工商城市和雨后春笋般的市镇、草市则成为城市发展的亮点。它们有的原是一级行政治所所在,因而有城有墙;有的则因市而兴,但随着行政级别的升格也开始建造城墙,或整修扩建原有的城墙;还有的始终只是劳动产品的交换场所或集散地,初兴时既无城也无墙,这种集市在规模扩大后,只要没有晋升为一级行政单位,即使筑起了防御性的墙,也不能视同城市。

于是,零壁镇豪富们便想着升镇为县,位于中华腹地的宿州亦想展筑外城。苏轼认为,全国类似宿州城这种情况太多了,"岂可一一展筑外城"。苏东坡认为,不展筑外城,并不会影响宿州城市职能的发挥,而且"诸处似此城小人多,散在城外,谓之草市者甚众",但没有展筑外城的也不在少数;更何况,一旦扩展外城,劳役之费,暴露坟茔之害,加上宿州土脉疏恶……扩城全无必要。

苏轼所论,反映出北宋时期大量不当锋镝的内地二三线地区想着扩大城市规模的愿望相当普遍。一道城墙,不仅有御敌的功能,还使中国的老百姓被分成了城里人与城外人,后来又有了城里人与乡下人的区分。不知苏轼在乞罢修宿州外城时,是否考虑到这一纸书状,有可能断送了多少人成为城里人的梦想,但他反对宿州这样的二三线城市展扩外城却并未妨碍中国城市雨后春笋般快速扩展、迅猛生长。

元祐七年九月某日,龙图阁学士左朝奉郎新除兵部尚书苏轼状奏。臣近自淮南东路钤辖[1]被召,过所部宿州,体访得本州见将零壁镇改作零壁县[2],及本州见准朝旨展筑外城两事[3],各有利害,既系臣前任部内公事,而改镇作县,又系兵部所管,所以须至奏陈,谨具条件如后。

零壁镇人户靳琮等,先经本路及朝省陈状,乞改零壁镇为县。却准转运使赵偁状称,看详得元只是本镇官势有力人户,意欲置县,增添诸般营运,妄有陈状。寻准敕依奏,依旧为镇。后来有转运使张修等及知州周秩别行奏请,却欲置县,仍取得本镇人户状称,所有置县费用,情愿自备钱物。致朝廷信凭[4],许令置县。臣今体访得零壁人户出办上件钱物,深为不易。元料置县用钱四千五十余贯,至今年八月终,已纳二千八百五十余贯,其余未纳钱数,认是催纳不行,纵使尽行催纳,亦恐使用不足。看详始议置县,只为本镇居民曾被惊劫,及人户输纳词讼,去县稍远。然未置县时,本镇已有守把兵士八十人,及京朝官一员,专领本镇烟火盗贼,别有监务官一员,又已移虹县尉一员[5],弓手六十人,在本镇足以弹压盗贼。而本镇去虹县六十里,至符离县一百二十里,至蕲县一百里,即非地远,又至符离县,各系水路,本不须添置一县[6]。委只是本镇豪民靳琮等私自为计[7],却使近下人户一时出钱,深为不便。

宿州自唐以来,罗城狭小[8],居民多在城外。本朝承平百余年,人户安堵[9],不以城小为病,兼诸处似此城小人多,散在城外,谓之草市者甚众[10],岂可一一展筑外城。近年周秩奏论,过为危语,以动朝廷。意谓恐有盗贼窃据,以断运路,遂奏乞展筑外城一十一里有余,役兵及雇夫共五十七万有余工,每夫用七十省钱,召募雇夫及物料,合用钱一万九千余贯,约五年毕工。已蒙朝廷支赐抵当息钱一万贯,欲取来年春兴工。臣体访得元只是宿州豪民,多有园宅在外,扇摇此说[11],官吏不察,遂与奏请。

况宿州土脉疏恶,若不有砖砌甃,随即颓毁,若待五年毕工,则东城未了,西城已坏,或更用砖,其费不赀。又七十省钱,亦恐召募不行,官吏避罪,必行差雇,搔扰不细,其间一事,深害仁政。缘今来踏逐外城基地,合起遣人户大坟墓六千九百所,小者犹不在数[12]。不知本州有何急切利害,而使居民六千九百家暴露父祖骸骨,费耗擘画改葬[13],若家贫无力,便致弃捐,劳费公私,痛伤存殁,已上并有公案,可以覆验。

右臣今相度上件改镇作县事,系已行之命,兼构筑廨宇,略已见功,恐难中辍。而展城一事,有大害而无小利,兼未曾下手,犹可止罢。欲乞速赐指挥,更不展筑,却于已支赐一万贯钱内,量新置县合用数目,特与支拨修盖了当。其人户未纳到钱数,均乞与放免。

谨录奏闻,伏候敕旨。

【注释】

[1]钤辖:节制管辖。
[2]体访:察访。
[3]展筑:展拓筑构。
[4]信凭:信任,相信。
[5]虹县:今安徽泗县。
[6]符离县:今安徽宿州市境,县治所在埇桥区符离镇。蕲县:今安徽宿州市境,治所在埇桥区蕲县镇。
[7]委:原委,原因。
[8]罗城:城外的大城。
[9]安堵:安定,安居。
[10]草市:乡村集市。
[11]扇摇:扇惑动摇,煽动。
[12]踏逐:寻访,勘察。起遣:遣送。此谓迁坟。
[13]擘画:筹划,安排。

上清储祥宫碑

北宋·苏　轼

【提要】

　　本文选自《苏轼文集》(中华书局 1986 年版)。

　　上清储祥宫,本名上清宫。太宗赵匡义至道元年(995)在朝阳门内建上清宫,以"旌兴王之功"。可是,庆历三年(1043)便遭火灾,随后 37 年间,成为"荆棘瓦砾之场"。神宗皇帝下决心恢复这块"国家子孙地"。于是,从度牒出售、田租等收入中筹集款项,元丰四年(1081)开始,历经两年多,终于建成"三门两庑,中大殿三,旁小殿九,钟经楼二,石坛一"的雄伟壮丽、房舍达 700 余间的皇家道观。

　　宋代,佛道两教盛行,社会思想渐渐形成以儒为主、佛道为辅的基本格局。新建的上清储祥宫落成后不久,刘混康出任住持。哲宗元祐元年(1086),太后孟氏误吞针入喉,太医想尽办法,莫能出。混康应召入宫,化符进奏,太后服即呕吐,"针刺符上"(《茅山志》卷十一),宫中皆称神奇。哲宗因之接见,赐号洞元通妙先生,赐其住持此宫。

　　此宫今已不存。

　　元祐六年六月丙午,制诏臣轼,上清储祥宫成,当书其事于石。臣轼拜手稽首言曰:"臣以书命侍罪北门[1],记事之成,职也。然臣愚不知宫之所以废兴,与凡材用之所从出,敢昧死请。"乃命有司具其事以诏臣轼。

　　始,太宗皇帝以圣文神武佐太祖定天下。既即位,尽以太祖所赐金帛作[2]上清宫朝阳门之内,旌兴王之功,且为五代兵革之余遗民赤子,请命上帝,以至道元年正月宫成,民不知劳,天下颂之。至庆历三年十二月,有司不戒于火,一夕而烬。自是为荆棘瓦砾之场,凡三十七年。元丰二年二月,神宗皇帝始命道士王太初居宫之故地,以法箓符水为民禳禬[3],民趋归之,稍以其力修复祠宇。诏用日者言,以宫之所在为国家子孙地,乃赐名上清储祥宫。且赐度牒与佛庙神祠之遗利,为钱一千七百四十七万,又以官田十四顷给之,刻玉如汉张道陵所用印,及所被冠佩剑履以赐太初[4],所以宠之者甚备。宫未成者十八,而太初卒,太皇太后闻之,喟然叹曰:"民不可劳也,兵不可役也,大司徒钱不可发也,而先帝之意不可以不成。"乃敕禁中供奉之物,务从约损[5],斥卖珠玉以巨万计,凡所谓以天下养者,悉归之储祥,积会所赐,为钱一万七千六百二十八万,而宫乃成。内出白金六千三百余两,以为香火瓜华之用[6]。召道士刘应真嗣行太初之法,命入内供奉官陈衍典领其事[7]。起四年之春,讫六年之秋,为三门两庑,中大殿三,旁小殿九,钟经楼二,石坛一,建斋殿于东,以待临幸,筑道馆于西,以居其徒,凡七百余间。雄丽靖深[8],为天下伟观,而民不知、有司不与焉。呜呼,其可谓至德也已矣!

臣谨按道家者流,本出于黄帝、老子。其道以清净无为为宗,以虚明应物为用[9],以慈俭不争为行,合于《周易》"何思何虑"、《论语》"仁者静寿"之说,如是而已。自秦、汉以来,始用方士言,乃有飞仙变化之术,《黄庭》《大洞》之法[10],太上、天真、木公、金母之号,延康、赤明、龙汉、开皇之纪,天皇太一、紫微、北极之祀,下至于丹药奇技,符箓小数,皆归于道家,学者不能必其有无。

然臣尝窃论之,黄帝、老子之道,本也,方士之言,末也,修其本而末自应。故仁义不施,则韶濩之乐[11],不能以降天神;忠信不立,则射乡之礼,不能以致刑措[12]。汉兴,盖公治黄、老,而曹参师其言,以谓治道贵清静,而民自定。以此为政,天下歌之曰:"萧何为法,颟若画一[13]。曹参代之,守而勿失。载其清静,民以宁壹[14]。"其后文景之治,大率依本黄、老,清心省事,薄敛缓狱,不言兵而天下富。

臣观上与太皇太后所以治天下者,可谓至矣。检身以律物,故不怒而威;捐利以予民,故不藏而富;屈己以消兵,故不战而胜;虚心以观世,故不察而明。虽黄帝、老子,其何以加此。本既立矣,则又恶衣菲食,卑宫室,陋器用,斥其赢余[15],以成此宫,上以终先帝未究之志,下以为子孙无疆之福。宫成之日,民大和会,鼓舞讴歌,声闻于天,大地喜答,神祇来格,祝史无求,福禄自至,时万时亿,永作神主。故曰"修其本而末自应",岂不然哉!臣既书其事,皇帝若曰:"大哉太祖之功,太宗之德,神宗之志,而圣母成之。汝作铭诗,而朕书其首曰上清储祥宫碑。"臣轼拜手稽首献铭曰:

> 天之苍苍,正色非耶? 其视下也,亦若斯耶? 我作上清,储祥之宫。
> 无以来之,其肯我从。元祐之政,媚于上下[16]。何修何营,曰是四者。
> 民怀其仁,吏服其廉;鬼畏其正,神予其谦。帝既子民,维子之视。
> 云何事帝,而瘝其子。允哲文母,以公灭私。作宫千柱,人初不知。
> 于皇祖宗,在帝左右。风马云车,从帝来狩。阅视新宫,察民之言。
> 佑我文母,及其孝孙。孝孙来缮,左右耆耇[17]。无竞惟人,以燕我后。
> 多士为祥,文母所培。我膺受之,笃其成材。千石之钟,万石之虡[18]。
> 相以铭诗,震于四海。

【注释】

[1]北门:唐宋学士院在禁中北门,因以为称。元祐六年(1091),苏轼从杭州太守任上被召进京任翰林学士。

[2]作:建造。

[3]王太初:北宋初,道士王太初以学习传授天心正法治鬼妖而闻名于世,成为道教天心派之大擘。法箓:道教语。用以"驱鬼压邪"的丹书、符咒。符水:巫师道士以符箓焚化于水中,或直接向水画符诵咒,迷信者以为可以辟邪治病。禳祓:音 ráng guì,为消灾除病而祭祀。

[4]被:音 pī,披,佩戴。

[5]约损:减省,俭约。

[6]瓜华:泛指瓜果。

[7] 典领:主持领导。

[8] 靖深:静穆深沉。

[9] 虚明:空明,此谓内心清虚纯洁。

[10]《黄庭》:《黄庭经》是道教上清派的主要经典。书中认为人体各处都有神仙,首次提出了三丹田理论,介绍了诸多存思观想的方法。该书约出于魏晋之际,传说此经为南岳魏夫人华存笔录,后流传开来。《大洞》:即《上清大洞真经》。是道教《上清经》中之首卷,亦是最主要的一卷,被视为道家"三奇第一之奇",历代流传不绝,有若得《大洞》,不须金丹之道,读万遍,便仙也。

[11] 韶濩:汤乐名。后泛指庙堂、宫廷之乐或雅正之古乐。濩,音 hù。

[12] 射乡:儒家礼仪名。指乡射乐和乡饮酒礼。刑措:亦作"刑错"。谓置刑法而不用。

[13] 颣:音 jiǎng,直白,明确。

[14] 宁壹:安定统一。

[15] 赢余:亦作"盈余"。收支相抵后的财物。

[16] 媚于:谓政通上下,合乎民心。

[17] 耆耇:音 qí gǒu,老者。

[18] 虡:音 jù,古代悬挂编钟、编磬的木架的立柱。后又指代悬挂钟磬的架子。作者此极言梁柱之壮大。

乞桩管钱氏地利房钱修表忠观及坟庙状

北宋·苏 轼

【提要】

本文选自《苏东坡全集》(中国书店 1986 年版)。

钱氏吴越国(907—978)是五代十国时期的十国之一,由钱镠所建。都城为杭州。强盛时拥有十三州疆域,约为现今浙江全省、江苏东南部和福建东北部。

吴越国开国君主钱镠曾以贩盐、为盗谋生;后应募为兵,渐由偏将而升掌一州之兵。渐渐强大后,逐步拥有了杭、越、湖、苏、秀、婺等州,势力延伸到今天江苏、浙江、福建等地。吴越国偏居一隅,一直以效忠于中原王朝为基本国策。唐亡以前,钱镠忠于唐朝;朱温建梁,效忠于后梁;后唐灭梁,钱镠又向后唐上表称臣。北宋太宗太平兴国三年(978)上版籍于宋,吴越国亡。立国 70 余年,钱镠等吴越历代国王勤于政事,如钱镠的筑捍海塘等水利工程,就颇得民心。

苏东坡在《表忠观碑记》中说:"吴越地方千里,带甲十万,铸山煮海,象犀珠玉之富甲于天下","其民至于老死,不识兵革,四时嬉游,歌鼓之声相闻,至于今不废,其有德于斯民甚厚"。他对其重民轻土、纳土归宋,实现和平统一,使两浙人民再次避过兵火之灾,苏杭继续富甲天下赞赏有加。

正因为如此,与其他败亡之君相比,吴越君臣被北宋视为功勋之臣,受到极高的礼遇,获得诸多荣誉。彰表功绩的表忠观等建筑便是其中一项,但这些建筑历经百年风雨的侵蚀、人为破坏，破败不堪情在理中。作为一任地方官员，钦佩钱氏的苏轼不愿看着对大宋忠心耿耿的功臣庙观坟茔荒芜下去，想着各种途径筹集缮修资金，推荐护守人选。苏轼之心亦可鉴日月。

元祐六年二月二十八日，龙图阁学士左朝奉郎知杭州苏轼状奏。检准熙宁十年十月十一日中书札子节文[1]："资政殿大学士右谏议大夫知杭州赵抃奏[2]，伏见故吴越国王钱氏，有坟庙在本州界，欲乞两县应管钱氏诸坟庙，每县选委僧道一名，专切主管内钱塘县界文穆王元瓘等二十六处坟庙[3]。勘会当州天庆观道正通教大师钱自然[4]，本钱氏直下子孙，欲令钱自然永远住持。并临安县界武肃王镠等庙坟一十一处，今召到本县净土寺赐紫僧道微，乞依钱自然例主管。又勘会得文穆王元瓘坟庙并忠献王仁佐坟，并在龙山界，其侧有香火妙因院，本钱氏建造，见是道正钱自然权令徒弟道士在彼看守，欲望改赐观额，令钱自然已下徒弟，永远住持，渐次修葺，兼得就便照管坟庙，不致荒废。奉敕依奏。其钱塘妙因院，特改赐表忠观为额。并临安净土寺，令尚书祠部每遇同天节[5]，各特与披剃童行一名。"

又准元丰五年三月十八日中书札子节文："皇城使庆州防御使钱晖等奏，臣等先臣祠庙，在杭、越二州者五所，坟垅在钱塘、临安两县者六十余处。独临安有田园房廊，岁收一千三百四十贯有奇，太平兴国已后，寄纳本县，至大中祥符间，本处申明，蒙朝旨令杭州楼店务于军资库作臣家钱寄纳，日后不曾请领[6]。近岁先臣祠庙，例皆摧塌，私家无力修葺，前项寄纳钱数虽多，切缘年岁深远，不敢更乞支给，今只乞降指挥下杭州，许将临安县旧田园房廊拨还臣家，庶收岁课，渐次完补坟庙。谨录奏闻，伏候敕旨。"

右奉圣旨"宜令杭州每年特支钱五百贯，与表忠观置簿拘管[7]，只得修葺坟庙，不得别将支用，札付杭州，准此"者。臣检会熙宁十年七月二十六日，据管内道正钱自然状，乞将临安县祖先置到产业，每年收掠赁钱一千三百五十四贯，修葺诸处坟庙[8]。此时差官检计到钱塘、临安县所管钱氏坟庙[9]，委是造来年深[10]，木植朽损，共合用工料价钱一万二千八百九十贯九百九十九文。及临安县勘会到管内钱氏归官房廊田产等赁钱，年纳一千三百五十四贯三百四十文省，送纳军资库，寻系本州申奏。乞将临安县管催上件赁钱支拨修葺，约计九年，方得完备。直至元丰五年内，因皇城使钱晖等奏乞方准。当年三月十八日中书札子，奉圣旨，每年特支钱五百贯，与表忠观修葺坟庙，不得别将支用。自后至元祐五年，虽支得四千五百贯省[11]，盖为庙宇旧屋间架元造广大，一百余年不曾修治，例皆损塌，须得一起修葺，稍可完补。若每年只支得五百贯，虽逐旋修得大段倒损去处，又为连接屋宇数多，随手损塌。自熙宁十年检计，止今又及一十四年，寻于去年再差官重行检计到两县坟庙已修再损、未及修屋宇神像等，共合用工料价钱，内临安县四千三百五十八贯一百四十四文省，钱塘县一万二千五百二十贯五百九十一文省，两县共合用工料价钱计一万六千八百七十八贯七百三十五文省，须至奏陈者。

右臣窃惟钱氏之忠，著于甲令，朝野共知，不待臣言[12]。而坟庙荒毁，行路嗟伤。就使朝廷特赐钱物,为之修完,犹不为过,而况本家自有地利房钱,可以支用,岂忍利此毫末,归之有司! 恭惟神宗皇帝,深念钱氏之忠,特改妙因院,赐名表忠观,仍使其裔孙道士钱自然住持。而有司不能推明圣意,奏乞尽数拨还地利房钱,以助修完,经今十四年,表忠观既未成就,而诸处坟庙,依前荒毁,使先帝表显忠臣之意,徒为空言。臣愚欲望圣慈特许每年临安县所收地利房钱一千三百五十四贯三百四十文省,令表忠观每遇修本观及杭、越州诸坟庙,即具所修名件及合用钱数[13],赴州请领,仍候修造了,差官检计,具委无大破,保明申州。所贵事体稍正,毋使小民窃议。谨录奏闻,伏候敕旨。

贴黄。如蒙朝廷依奏,即乞指挥本州,将逐年所收到上件地利房钱[14],令须桩管[15],只得充修造表忠观及钱氏坟庙使用,官私不得别行支借使用。

【注释】

[1]检准:翻查已准奏(的奏折)。熙宁:北宋神宗赵顼年号,1068—1077 年。

[2]赵抃(1008—1084):字阅道,北宋衢州(今浙江衢县)西安人。为官常微服查访民间疾苦,重教育,启民智,清廉为民。以太子少保改仕,卒谥"清献"。

[3]专切:专门切实。元瓘:文穆王元瓘(guàn)字明宝,钱镠第七子,后继位为吴越国文穆王。在位十年,政治开明,百姓安居乐业;且一生好儒学,喜招纳文士,有诗千首。

[4]勘会:审核查定。道正:道观的住持,观主。

[5]同天节:谓皇帝生日。

[6]太平兴国:北宋太宗赵炅(jiǒng)年号,976—984 年。寄纳:寄存纳缴。

[7]拘管:管束,监督。

[8]赁钱:租金。

[9]检计:犹审计。钱塘:今属浙江杭州。临安:今浙江临安市。

[10]委是:确实。

[11]省:减少。此谓不到。

[12]甲令:谓朝廷颁布的重要法令。

[13]名件:谓名目。

[14]上件:上述。

[15]桩管:储存保管。

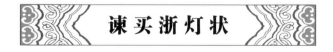

谏买浙灯状

北宋·苏 轼

【提要】

本文选自《苏轼文集》(中华书局 1986 年版)。

说北宋京师元宵节是灯的世界一点也不夸张。

元宵节的"万灯会",原是伴着王安石一系列变法措施的实施而举行的,其本意也是宣扬皇帝"变法"的决心。

掌灯时分,京师汴梁宫殿楼宇、大街小巷形态万千、明暗各异的灯笼纷纷亮起,人影绰绰,丝弦浮曳,世界上最为繁华的大都市尽情地挥洒着她的迷离神奇:这种状况一直持续到熙宁四年(1071)。

和往年不一样,熙宁四年的"万灯会"因为苏轼的这份《谏买浙灯状》缩小了规模。苏轼在奏表中直称:"皆谓陛下以耳目不急之玩,而夺其口体必用之资。"更有甚者,那些卖灯人家大都贫苦,举债买来灯料,经年营办,全指望这十来天有个好价钱,但"陛下又令减价收买,见已尽数拘收,禁止私买","与此小民争此豪末"之利,必然亏损圣德,贻误国家。苏轼说,俭约娱身治国,不仅省费,而且弭怨,古来贤君无不如此。

书上,宋神宗连夜下诏停止收买浙灯。

营造,一灯一饰当思黎民之辛劳,当思银两得来之不易。

熙宁四年正月□日,殿中丞直史馆判官告院权开封府推官臣苏轼状奏:右臣向蒙召对便殿,亲奉德音,以为凡在馆阁,皆当为朕深思治乱,指陈得失,无有所隐者。自是以来,臣每见同列,未尝不为道陛下此语,非独以称颂盛德,亦欲朝廷之间如臣等辈,皆知陛下不以疏贱间废其言[1],共献所闻,以辅成太平之功业。然窃谓空言率人,不如有实而人自劝。欲知陛下能受其言之实,莫如以臣试之。故臣愿以身先天下试其小者,上以补助圣明之万一,下以为贤者卜其可否,虽以此获罪,万死无悔。

臣伏见中使传宣下府市司买浙灯四千余盏[2],有司具实直以闻,陛下又令减价收买,见已尽数拘收[3],禁止私买,以须上令。臣始闻之,惊愕不信,咨嗟累日。

何者?窃为陛下惜此举动也。臣虽至愚,亦知陛下游心经术[4],动法尧舜,穷天下之嗜欲,不足以易其乐;尽天下之玩好,不足以解其忧,而岂以灯为悦者哉。此不过以奉二宫之欢,而极天下之养耳。然大孝在乎养志,百姓不可户晓,皆谓陛下以耳目不急之玩,而夺其口体必用之资。卖灯之民,例非豪户,举债出息,畜之弥年。衣食之计,望此旬日。陛下为民父母,惟可添价贵买,岂可减价贱酬?

此事至小,体则甚大。凡陛下所以减价者,非欲以与此小民争此豪末,岂以其无用而厚费也?如知其无用,何必更索[5]?恶其厚费,则如勿买。且内庭故事[6],每遇放灯,不过令内东门杂物务临时收买,数目既少,又无拘收督迫之严,费用不多,民亦无憾。故臣愿追还前命,凡悉如旧。京城百姓,不惯侵扰,恩德已厚,怨讟易生[7],可不慎欤!可不畏欤!

近日小人妄造非语,士人有展年科场之说,商贾有京城榷酒之议,吏忧减俸,兵忧减廪[8]。虽此数事,朝廷所决无,然致此纷纷,亦有以见陛下勤恤之德,未信于下,而有司聚敛之意,或形于民。方当责己自求,以消逸谗之口[9]。而台官又劝陛下以严刑悍吏捕而戮之,亏损圣德,莫大于此。而又重以买灯之事,使得因缘以为口实,臣实惜之。

方今百冗未除,物力凋弊,陛下纵出内帑财物,不用大司农钱,而内帑所储,孰非民力?与其平时耗于不急之用,曷若留贮以待乏绝之供[10]?故臣愿陛下将来放灯与凡游观苑囿宴好赐予之类,皆饬有司,务从俭约。顷者诏旨裁减皇族恩例,此实陛下至明至断,所以深计远虑,割爱为民。然窃揆其间,不能无少望于陛下,惟当痛自刻损,以身先之,使知人主且犹若此,而况于吾徒哉[11]。非惟省费,亦且弭怨[12]。

昔唐太宗遣使往凉州讽李大亮献其名鹰,大亮不可,太宗深嘉之[13]。诏曰:"有臣若此,朕复何忧。"明皇遣使江南采鸡鹝,汴州刺史倪若水论之,为反其使[14]。又令益州织半臂背子、琵琶捍拨、镂牙合子等,苏许公不奉诏[15]。李德裕在浙西,诏造银盝子妆具二十事,织绫二千匹,德裕上疏极论,亦为罢之[16]。使陛下内之台谏有如此数人者,则买灯之事,必须力言;外之有司有如此数人者,则买灯之事,必不奉诏。陛下聪明睿圣,追迹尧舜[17],而群臣不以唐太宗、明皇事陛下,窃尝深咎之。臣忝备府寮,亲见其事,若又不言,臣罪大矣。陛下若赦之不诛,则臣又有非职之言大于此者,忍不为陛下尽之。若不赦,亦臣之分也。

谨录奏闻,伏候敕下。

【注释】

[1]间废:亦作"闲废"。谓不以为然而废弃。
[2]市司:即司市。古代管理市场的衙门。宋代称评定物价的机构。
[3]拘收:收缴。
[4]游心:潜心,留心。
[5]更索:谓历加索取。
[6]内庭:宫禁以内。故事:旧例,惯例。
[7]怨讟:亦作"怨默"。怨恨诽谤。讟:音 dú,谤言。
[8]榷酒:谓国家对酒实行专卖。减廪:减少粮食供应。
[9]谗慝:邪恶奸佞。慝:音 tè,邪恶。
[10]曷若:何如。以反问的语气表示"不如"。
[11]窃揆:谓忝居官员之列。揆:音 kuí,官职。少望:谓辜负希望。刻损:谓节俭。
[12]弭怨:消除怨愤。
[13]李大亮:唐太宗时凉州都督。贞观三年(629),朝廷使臣到凉州,发现当地盛产名鹰,便暗示大亮进献。大亮暗中启奏:陛下停猎很长时间了,使臣却来索鹰。如果是陛下的意思,则与以前圣旨相悖;如果是使臣自己的意思,就是陛下用错了人了。太宗下诏褒嘉。
[14]倪若水(?—719):字子泉,唐藁城(今属河北)人。开元初官至中书舍人、尚书右丞。后任淠州(今河南开封)刺史。开元四年(716),玄宗令宦官往江南捕珍禽奇鸟。经淠州,若水得知,上书称,夏忙季节营私,"道路观者,岂不以陛下贱人贵鸟也!"(《旧唐书·倪若水传》)玄宗见奏章,尽放所捕珍禽。鸡鹝:音 jiāo jīng,一种水鸟,即"池鹭"。
[15]苏许公:苏瓌(639—710),字昌容,京兆武功(今陕西武功县)人。弱冠举进士。累迁尚书右丞、户部尚书,进封许国公。以正立朝,独申谠论。
[16]李德裕(787—850):字文饶,真定赞皇(今河北赞皇县)人。历官翰林学士、浙西观察

使、西川节度使、兵部尚书等,二度为相。主政期间,重视边防,力主削藩,巩固中央集权,稍缓晚唐内忧外患的局面。银蓝子:银制小型妆具。多用作藏香器或盛放玺印、珠宝。蓝,音 lù。

[17] 追迹:效法。

白鹤新居上梁文

北宋·苏 轼

【提要】

本文选自《苏轼文集》(岳麓书社 2000 年版)。

上梁文是一种施用于建筑物"上梁"仪式的实用性文体。上梁文首见于北朝温子升,唐五代主要流行于敦煌民间民俗中,北宋前期,经王禹偁、杨亿等人改造,成为一种重要的文章类型。

古代,营造建筑物,择吉上梁是一个不可或缺的重要仪式。除了表明建筑物主体结构完成之外,上梁文也隐含着对工程安全的重视。细研古代上梁文中六合方位的祝祷之词,我们可以发现其经由承袭、对称、接续等手法将各种元素互相环扣,营造出一个以构筑物为中心,四周井井有条、万物吉祥共生的生存环境。社会人心、营构旨要通过上梁文可见一斑。

苏轼贬放惠州期间写作的《白鹤新居上梁文》,使上梁文的精神实质出现了新的趋向。"尽道先生春睡美,道人轻打五更钟",贪睡的苏轼、问道的使君……苏公天性、意趣蝶舞飞扬。苏轼以后,上梁文的写作表现出鲜明的个性化倾向,成为文人抒情写意、言志言趣的重要载体。

但是,上梁文的基本功能没有改变,祈愿"山有宿麦,海无飓风""同增福寿"的美好愿望古来一辙。

鹅城万室[1],错居二水之间;鹤观一峰,独立千岩之上。海山浮动而出没,仙圣飞腾而往来。古有斋宫,号称福地。鞠为茂草[2],奄宅狐狸。物有废兴,时而隐显。东坡先生,南迁万里,侨寓三年。不起归欤之心,更作终焉之计。越山斩木,溯江水以北来;古邑为邻,绕牙墙而南峙,送归帆于天末,挂落月于床头。方将开逸少之墨池[3],安稚川之丹灶[4]。去家千岁,终同丁令之来归[5];有宅一区,聊记扬雄之住处[6]。今者既兴百堵,爰驾两楹。道俗来观,里闾助作。愿同父老,宴乡社之鸡豚;已戒儿童,恼比邻之鹅鸭。何辞一笑之乐,永结无穷之欢。

儿郎伟,抛梁东,乔木参天梵释宫[7]。尽道先生春睡美,道人轻打五更钟。

儿郎伟,抛梁西,袅袅虹桥跨碧溪。时有使君来问道,夜深灯火乱长堤。

儿郎伟,抛梁南,南江古木荫回潭。共笑先生垂白发,舍南亲种两株柑。

儿郎伟,抛梁北,北江江水摇山麓。先生亲筑钓鱼台,终朝弄水何曾足。

儿郎伟,抛梁上,璧月珠星临蕙帐[8]。明年更起望仙台,缥缈空山陟云仗。

儿郎伟,抛梁下,凿井疏畦散邻社。千年枸杞夜长号,万丈丹梯谁羽化[9]。

伏愿上梁之后,山有宿麦[10],海无飓风。气爽人安,陈公之药不散;年丰米贱,林婆之酒可赊。凡我往还,同增福寿。

【注释】

[1] 鹅城:今广东惠州。

[2] 鞠:弯曲,倒伏。

[3] 逸少:王羲之字。传说其练书法成痴,洗笔成池,曰墨池。

[4] 稚川:葛洪(283—363),字稚川,东晋道教学者,著名炼丹家。丹灶:葛洪曾受封为关内侯,后隐居罗浮山炼丹。

[5] 丁令:《搜神后记》卷一:"丁令威,本辽东人,学道于灵虚山,后化鹤归辽。"《续搜神记》也记有这则传闻:"有鸟有鸟丁令威,去家千岁今来归。城郭如故人民非,何不学仙去,空伴冢垒垒。"

[6] 杨雄(前53—18):字子云,蜀郡成都人。汉辞赋家、哲学家、语言学家。少好学,博学多识,酷好辞赋。不善言谈,好深思,家贫但不慕富贵。

[7] 梵释:谓色界诸天王及欲界帝释天王。梵释宫:指寺庙。

[8] 蕙帐:帐的美称。

[9] 千年枸杞:道书言,千年枸杞,其根形如犬状者,方士称"西王母杖"。白居易有"不知灵药根成狗,怪得时闻夜吠声"之句。丹梯:谓寻仙访道之路。

[10] 宿麦:隔年成熟的麦子。

望海楼晚景

北宋·苏 轼

【提要】

本诗选自《苏东坡全集》(中国书店1986年版)。

"海上涛头一线来,楼前相顾雪成堆。"苏轼笔下,钱塘潮的壮观一线明晃晃扑面而来,粉雪成堆白花花尽卧楼前被眼界一网打尽,这都是因为望海楼独特的位置。

站在望海楼上,雨过潮平的如碧海面,青翠山峦中兀立的个个塔尖,隔岸人家的声声唤归,甚至楼下人家烧夜香的袅袅气味、哀怨的声声玉笙都——尽揽……望海楼果然是人间胜景。

海上涛头一线来,楼前相顾雪成堆。
从今潮上君须上,更看银山二十回。

横风吹雨入楼斜,壮观应须好句夸。
雨过潮平江海碧,电光时掣紫金蛇。

青山断处塔层层,隔岸人家唤欲应。
江上秋风晚来急,为传钟鼓到西兴[1]。

楼下谁家烧夜香,玉笙哀怨弄初凉。
临风有客吟秋扇,拜月无人见晚妆。

沙河灯火照山红,歌鼓喧喧笑语中。
为问少年心在否,角巾欹侧鬓如蓬[2]。

【注释】

[1] 西兴:今属杭州滨江区。
[2] 欹侧:倾斜,歪倒摇晃貌。欹:音 qī,倾斜。

无锡道中赋水车

北宋·苏 轼

【提要】

本诗选自《苏东坡全集》(中国书店 1986 年版)。

宋代,龙骨水车已作为灌溉稻田的重要农具广泛使用。为灌高岸田,有时几条、十几条水车从河中"接力"车水,场面蔚为壮观。这与宋代统治者重视推广先进的耕作技术关系较大。

水车的工作情形在诗人的笔下有着生动的描述。龙骨翻动,犹如只剩骨节、"荦荦确确"的蛇,可它劈开翠玉、吐出银波,于是绿稻抽出嫩黄芽穗……在苏轼眼里,天公作美,雷雨齐下,农家才笑得开心。

翻翻联联衔尾鸦,荦荦确确蜕骨蛇[1]。

分畴翠浪走云阵,刺水绿针抽稻芽。

洞庭五月欲飞沙,鼍鸣窟中如打衙[2]。

天公不见老农泣,唤取阿香推雷车[3]。

【注释】

[1]荦荦:分明貌,显著的样子。荦,音 luò。确确:坚硬貌。

[2]鼍:音 tuó,扬子鳄。

[3]阿香:神话传说中推雷车的女神。

两 桥 诗

北宋·苏 轼

【提要】

本诗选自《苏东坡全集》(中国书店 1986 年版)。

两桥诗是苏轼在惠州写下的。两座桥的建造都与他有直接的关系。

绍圣元年(1094),苏东坡被贬惠州任宁远军节度副使。惠州西湖与东江、西枝江将惠州州城和归善县城隔开,官员、百姓往来十分不便。

苏东坡到惠州不久,便开始为筹建西枝江大桥奔走,并捐出了朝廷赏给自己的犀带;一方面集思广益,拟定切实可行的建桥方案。最后,采纳罗浮山道士邓守安的建议,并由邓道士主持修造。于是在西枝江上,用 40 艘船连成浮桥,名曰"东新桥"。从此两岸往来,安全便捷。

惠州有湖,名丰湖。是横槎、天螺、水帘诸水源入江冲刷出来的洼地,属西支江改道后的河床。苏轼倡议湖中建造通道以方便两岸往来,同时说服弟媳捐出皇帝赐予的黄金以资建造。工程由栖禅院僧希固主持,先"筑进两岸"为堤,再用"坚若铁石"的石盐木在堤上建桥,取名西新桥。绍圣三年(1096)六月,堤桥落成,东坡写诗描述了营造过程,还与百姓共同庆祝:"父老喜云集,箪壶无空携。三日饮不散,杀尽西村鸡。"丰湖被苏轼改为西湖。后人称湖中此堤为苏公堤。

惠州之东,江溪合流,有桥,多废坏,以小舟渡。罗浮道士邓守安始作浮桥,以四十舟为二十舫,铁销石碇,随水涨落,榜曰东新桥。州西丰湖上有长桥,屡作屡坏,栖禅院僧希固筑进两岸,为飞阁九间,尽用石盐木,坚若铁石,榜曰西新桥。皆以绍圣三年六月毕工,作二诗落之。

【东新桥】

群鲸贯铁索,背负横空霓。首摇翻雪江,尾插崩云溪。

机牙任信缩,涨落随高低[1]。辘轳卷巨索,青蛟挂长堤[2]。

奔舟免狂触,脱筏防撞挤。一桥何足云,欢传广东西。

父老有不识,喜笑争攀跻[3]。鱼龙亦惊逃,雷霆生马蹄[4]。

嗟此病涉久,公私困留稽。奸民食此险,出没如凫鹥[5]。

似卖失船壶,如去登楼梯。不知百年来,几人陨沙泥。

岂知涛澜上,安若堂与闺。往来无晨夜,醉病休扶携。

使君饮我言,妙割无牛鸡。不云二子劳,叹我捐腰犀[6]。

我亦寿使君,一言听扶藜[7]。常当修未坏,勿使后噬脐[8]。

【西新桥】

昔桥本千柱,挂湖如断霓[9]。浮梁陷积淖[10],破板随奔溪。

笑看远岸没,坐觉孤城低。聊因三农隙,稍进百步堤[11]。

炎州无坚植,潦水轻推挤[12]。千年谁在者,铁柱罗浮西。

独有石盐木,白蚁不敢跻。似开铜驼峰,如凿铁马蹄。

炎炎类鞭石,山川非会稽[13]。嗟我久阁笔,不书纸尾鹥[14]。

萧然无尺箠,欲构飞空梯[15]。百夫下一杙,椓此百尺泥[16]。

探囊赖故侯,宝钱出金闺[17]。父老喜云集,箪壶无空携[18]。

三日饮不散,杀尽西村鸡。似闻百岁前,海近湖有犀[19]。

那知陵谷变[20],枯渎生茭藜[21]。后来勿忘今,冬涉水过脐。

【注释】

[1]机牙:器械的启动机关。

[2]辘轳:起重装置。青蛟:本喻虬居的藤蔓。此谓拴船的绳索。

[3]攀跻:谓攀登。

[4]雷霆:谓宏大而急骤的声响。

[5]凫鹥:凫和鸥。泛指水鸟。鹥,音 yī。

[6]腰犀:原注:二士造桥,余尝助施犀带。

[7]扶藜:亦作"杖藜"。拄着拐杖行走。此谓老者。

[8]噬脐:喻后悔不及。

[9]断霓:谓残存的梁柱如同断截的彩虹。

[10]浮梁:浮桥。

[11]三农:古谓居住在平地、山区、水泽三类地区的农民。此谓农事间隙。

[12]炎州:泛指长江以南等江南地区。潦水:谓积水。

[13]炎炎:急速貌。鞭石:《艺文类聚》:"始皇作石桥,欲过海观日出处。于时有神人,能驱石下海,城阳一山石,尽起立,巍巍东倾,状似相随而去。云石去不速,神人辄鞭之,尽流血,石莫不悉赤,至今犹尔。"后遂以"鞭石"为神助之典。

[14]阁笔:停笔,放下笔。纸尾鹥:谓(文章)结束。鹥,凤的别名。此喻结尾。

[15]尺箠:亦作"尺棰"。短鞭。

[16] 杙:音yì,木桩。棳:音zhuó,击打。原注:桥柱石磉下,皆有坚木,棳入泥中丈余,谓之顶桩。

[17] 金闺:原注:子由之妇史,顷入内,得赐黄金钱数千助施。

[18] 箪壶:皆盛酒器。箪,音dān。

[19] "有犀"句:原注:丰湖旧名鳄湖,盖尝有鲛鳄之类。

[20] 陵谷变:谓沧海桑田之变化。《诗·小雅·十月之交》:"高岸为谷,深谷为陵。"

[21] 渎:河川。茭藜:水草荆棘。

迁龙泉县城水北议

北宋·何嗣昌

【提要】

　　两文选自《全宋文》卷四〇八、四〇九(巴蜀书社1990年版)。

　　吉州龙泉县,在今江西省。五代十国,南唐保大元年(943),析泰和龙泉乡什善镇置龙泉场,南唐建隆元年(960)升场为县,名龙泉县,以旧场治为县治,在水南十七都慈云寺(今泉江镇小溪村境内)。宋开宝八年(975),南唐国亡,龙泉县地归宋。明道三年(1034),龙泉县城迁至遂水北岸。宣和三年(1121)改名为泉江县。南宋绍兴元年(1131)复名龙泉县,隶属江南西路吉州军。

　　何嗣昌这两篇文字,一说迁县城至遂水北岸的理由。原县城离吉州府治270余里,这里"高山茂林,深谷盘桓",南唐时升场为县,便在场地就地筑城,"规模隘陋,未为允臧"。这里与郴、衡、南、赣等犬牙交错,"屡为恶少出没之地",民众深受其害。加上"水南之地势污下,非所以壮观瞻"。

　　而水北就不同了,"桐木墈地,四塞宏敞,高下得宜",这是何嗣昌心中县城将要落脚的地点情形;县城新址"南有天马,北有平冈,遂水环流,复有五峰莲花之胜",水灵山秀。如果以此为新县城,"凡钱粮之催征,仓库之储蓄,公事之勾摄",乃至"化民成俗,布置宣猷",诸事方便。

　　作为县令,深感当年"未卜地善止",城"周回三里,高仅八尺"的逼仄局促,难忍眼前破败不堪的景象,于是上书请求筑城,很快得到朝廷的批准。他迅速指定县丞王文炳、县尉杨嘉宪会同县绅罗觉、乡耆李志仁等董理此役,所谓政府、乡绅、平民等各方意见汇于一炉,于是县城规划、构建就成了戮力同心之工程。遂水北岸桐木墈的正中央放县衙,以此为核心规划安排各类机构、坊街,"前后左右衢道沟浍,一一列定厥位,经画分明"。尤值一提的是,对那些"民居有不便者,筑室迁之","不便"是老弱病残? 还是囊中窘迫? 只要情况属实,政府便为其构筑"安居房",建好后,从南岸迁过来,新县城可谓是实实在在的民心工程。

　　新县衙爽垲宏敞,功能样样齐备,布局紧凑合理,次第极其整备,"地址南北直深八十二丈(一丈合今3.12米),东西宽六十五丈,四周环以土垣"。

　　县衙筑就,但城未备,何嗣昌先"复挈其高卑,度其广狭,计其丈尺",再次实地调查,心里有数后,找来百姓趋事兴役。城多大?"周围凡四百四十八丈有奇,高一丈二尺,加垛雉六尺",城设东、西、南三门,门上建楼。北面不设门,是因为"不便于民"。城墙外"濠阔二丈,深五尺,接虎潭水,由西南门而下流"。城修好了,何嗣昌说,"未能大堰以砖石",因为财力有限。他把这个未了的心愿留给了后人。

龙泉居吉州上流,离府治二百七十余里。高山茂林,深谷盘桓。官斯土者,号称难治。

予以寺丞来知县事,窃见城池卑小,官舍弗称。昉自南唐升场为县,因即场地筑城,规模隘陋,未为允臧[1]。中更豪杰多矣,而莫有议及者。

孟子谓"天时不如地利",《孙子》五事,三曰地,其论形变详矣,俱言城池欲其坚且固也。今泉邑居万山之中,与郴、衡、南、赣诸郡邑犬牙相错,屡为恶少出没之地。群雄扰攘[2],数犯邑,为民间害。故城池之修,诚不可以已。

予观水南之地势污下,非所以壮观瞻。细阅水北,桐木墈地,四塞宏敞,高下得宜。南有天马,北有平冈,遂水环流,复有五峰莲花之胜,洵百里之侯疆。苟能将城迁徙斯地,立县以临其民,凡钱粮之催征,仓库之储蓄,公事之勾拼[3],与夫化民成俗,布治宣猷,永为称便。

虽然《春秋》谨书城,慎劳民也,尔绅士百姓人等,有见识超特、能知时务、深明地理者,不妨各呈一说,以俟采择,第毋为道旁筑室之议可耳[4]。

【作者简介】

何嗣昌,生卒年不详。

【注释】

[1]允臧:完善,确实好。

[2]扰攘:吵闹混乱的纷乱,搅扰。

[3]勾拼:谓处理,处置。拼,音 shè,古同"摄"。

[4]第毋:谓千万别。诚其认真对待此事。

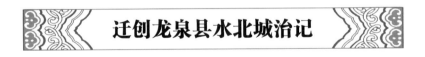

迁创龙泉县水北城治记

北宋·何嗣昌

明道癸酉之秋[1],予甫下车,首诹风土与沿革之由[2]。金曰[3],泉之疆域东接分水,西联秋坪,南至南康,北达永新,地僻而险,俗尚勤俭。士清慧而文雅,农专力于耕耘,工鲜务为精巧,商少出于远方。男婚女嫁,多从幼而纳聘[4],祭礼丧仪,惟随有以从宜。此一县民情之大凡也。

《禹贡》属扬州之域,秦隶九江郡。汉献帝建安四年[5],孙策定庐陵郡,以孙辅为太守,始设县于江口,名曰遂兴。吴嘉禾四年[6],改为新兴县。晋太康元年[7],徙县于上流光化乡,复名为遂兴。迨隋,罢遂兴县,其地附泰和州管辖。立什善镇,在今南乡。唐天祐十六年[8],杨隆演据江南[9],伪号吴,改元武义,以什善镇置龙泉场。至南唐元宗李璟十八年[10],升场为县,建县遂水之南,曰龙泉,即我太祖神德皇帝大宋建隆元年也。

县境旧所隶四乡,曰遂兴、龙泉、光化、禾蜀。南唐李氏分四乡为六,增怀德、永乐。而职方入我本朝[11],改遂兴为永兴,并龙泉、怀德、永乐三乡为南北二乡,合光化、永兴、禾蜀为五乡,舆地方百里许。当年设县立城,未卜地之善止,周迴三里,高仅八尺,规模陋隘,或葺或圮。

予思国家涵濡之泽[12],休养生息,庶类日繁。为令者承升平隆盛之时,抚育群黎,不事城郭宫室,而民熙游化日,自相安于田里而无事,间有萑苻之患[13],蹂躏我民人,荒废我土地,倾败我室庐,绸缪未先,如我民之荼毒何?《春秋》书筑城数十,故非虽时必书,独责郑之不能有虎牢,卒以地资敌取侮。故设险守国,圣经明以为训,而揆日卜吉[14],亦载赓于《卫风》[15]。此城治创建之不可无,而择地经营尤所宜究心也。

今一县之形势,所谓水北桐木塸者,气象高敞,更胜于南方。予周视详审,永可设县,以为民极,而泉邑人心亦感激思奋,咸乐新迁以保桑梓。金谋既定,疏奏报可,乃核帑庾[16],计其多寡。复百端措画,凡可以佐其费者,小则便宜行之,大则具题取决[17]。于是一钱不敛于民,上下交而事克济矣。遂属县丞王文炳同尉杨嘉宪暨邑绅罗觉、乡耆李志仁、郭本彝、孙希颜督役[18]。蒋应俊等相厥土宜,平其高下,民居有不便者,筑室迁之。

以正中为县治。若前后左右衢道沟浍[19],一一列定厥位,经画分明。乃选材木,具瓴甓[20]、备畚器、授工人以成算。先作正堂三间,听政临民,宏大轩昂,高二丈六尺有奇,深倍之,广加于深者六之一。堂之后为嘉善堂,名仍存旧额,屋五间,高一丈八尺,深杀于正堂者五之一[21],广视正堂不及者七之三。衙宇处其中,厨庖仆隶居其两旁。堂之南面作仪门三间,以肃其出入。堂之前,东为皇华使馆[22],西为廉宪分司。其余戒石有亭[23],丰衍有库[24],更鼓有楼,以及学舍、同官廨舍、司狱司吏胥之舍诸所宜设者,次第极其整备。地址南北直深八十二丈,东西横宽六十五丈,四围环以土垣。其规制大概若此。

然治基虽立,犹未城也。予复絫其高卑[25],度其广狭,计其丈尺,召民趋事。金谓和会筑之而功简,登登薨薨[26],百堵皆作,不数月而城就。周围凡四百四十八丈有奇,高一丈二尺,加垛雉六尺。设东、西、南三门,门上建楼。其北门未辟,以不便于民也。濠阔二丈,深五尺,接虎潭水,由西南门而下流。城制略备,虽未能大墁以砖石,而金汤之固可以历世而永赖。

是役也,民不苦劳,事皆就绪。工始于景祐元年之八月[27],讫于三年之十月,约费一万八千六百有余两,俱取诸公藏。用皆官给而有节,民皆子来而协心,其成功亦何速耶!至是而百里之地金塘有庆,五乡之民颙然瞻仰[28]。所以卫寇防盗,弭变消虞,维持泉疆于太平永远之域者,不在此一举乎!

予何敢以功自居哉,但述其事以镵之石[29],俾后之官斯土者有所考焉。是为记。

【注释】

[1] 明道癸酉:1033 年。

[2] 诹:音 zōu,咨询,询问。

[3] 佥:音 qiān,皆,咸。

[4] 纳聘:旧时订立婚约时男方赠给女方聘定之物。

[5] 建安四年:199 年。

[6] 嘉禾四年:235 年。

[7] 太康元年:280 年。

[8] 唐天祐十六:唐朝无"天祐十六年",时为五代十国时期。作者言十六年(919),实为"续正统"。

[9] 杨隆演(897—920):字鸿源,原名杨瀛,又名杨渭,五代时期南吴君主,杨行密次子,杨渥之弟。天祐五年(908 年,此时唐已亡,南吴不承认后梁,遂沿用唐哀帝天祐年号),弘农王杨渥为张灏、徐温所杀,杨隆演因之继立。徐温寻杀张灏,因此专权。天祐十六年(919),杨隆演即吴国国王位,改元武义,自是与唐朝断绝关系。隆演个性稳重恭顺,徐温父子专权,他心平气和,因此徐温也很放心。但建立吴国后,杨隆演并不快乐,放纵自己饮酒,第二年去世。

[10] 李璟十八年:960 年。

[11] 职方:版图。

[12] 涵濡:滋润,浸润。

[13] 萑苻:盗贼、草寇。萑,音 huán,芦类植物。

[14] 揆日:选择时日。

[15] 赓:音 gēng,连续不断。

[16] 帑庾:音 tǎng yǔ,钱粮。

[17] 具题:谓题本上奏。

[18] 乡耆:乡里中年高德隆的人。

[19] 沟浍:谓水道。

[20] 瓴甓:音 líng pì,砖块。

[21] 杀:消减,减少。

[22] 皇华:《诗·小雅·皇华》序谓:《皇皇者华》,君遣使臣也。送之以礼乐,言远而有光华也。后因以"皇华"为赞颂出使或出使者的典故。

[23] 戒石:宋以来,立于地方官署中有警戒官吏铭文的石碑。明朝田艺蘅《留青日札·戒石》:"我朝立石于府州县甬道中,作亭覆之,名曰戒石。镌二大字于其前,其阴刻'尔俸尔禄,民膏民脂,下民易虐,上天难欺'十六字。"

[24] 丰衍:谓(财物粮谷)富裕盈足。

[25] 絜:音 xié,测量,度量。

[26] 登登甓甓:象声词,杵筑声。

[27] 景祐:宋仁宗赵祯年号,1034—1038 年。

[28] 颙然:肃敬貌。颙:音 yóng,肃敬貌,景仰貌。

[29] 镵:音 chán,刻,凿。

武昌九曲亭记

北宋·苏 辙

【提要】

本文选自《苏辙集》(中华书局 1990 年版)。

此文作于元丰五年(1082)。当时,作者贬至筠州(今江西高安),苏轼贬至黄州,虽遭贬谪但兄弟二人并不消沉,"适意为悦"是二人的共同选择。

文章记述的是苏轼重建武昌九曲亭的由来。苏轼谪迁黄州,但好游"陂陁蔓延,洞谷深密,中有浮图精舍""隐蔽松枥,萧然绝俗"的武昌(今湖北鄂州)。作者称,苏轼在黄州三年"不知其久"的原因就在武昌西山风景好,山里人也好。连俸禄都没有、较长时间内必须自食其力的苏轼在失意中自寻其乐的样子倒也玉树临风、潇潇洒洒。

喜游西山,但"至此必息"的九曲亭址虽是赏景佳处,而"其遗址甚狭,不足以席众客"。且周围"古木数十,其大皆百围千尺,不可加以斤斧"。深知保护古木、呵护环境的苏轼有心造亭却不思斧斤相加。然而天助人愿,一场大风雷雨刮倒一棵大树,造亭子的地方宽了,材料也有了,九曲亭重新建成,"西山之胜始具"。最快乐的人当然是苏轼!

"无愧于中,无责于外","以适意为悦",新造的亭子就是沉醉山水的苏公磊落胸怀和洒脱风度的外化之物。

子瞻迁于齐安[1],庐于江上。

齐安无名山,而江之南武昌诸山[2],陂陁蔓延[3],洞谷深密,中有浮图精舍[4],西曰西山,东曰寒溪。依山临壑,隐蔽松枥[5],萧然绝俗,车马之迹不至。每风止日出,江水伏息,子瞻杖策载酒,乘渔舟,乱流而南[6]。山中有二三子,好客而喜游。闻子瞻至,幅巾迎笑[7],相携徜徉而上。穷山之深,力极而息,扫叶席草,酌酒相劳。意适忘反,往往留宿于山上。以此居齐安三年,不知其久也。

然将适西山,行于松柏之间,羊肠九曲,而获小平。游者至此必息,倚怪石,荫茂木,俯视大江,仰瞻陵阜,旁瞩溪谷,风云变化,林麓向背,皆效于左右[8]。有废亭焉,其遗址甚狭,不足以席众客。其旁古木数十,其大皆百围千尺,不可加以斤斧。子瞻每至其下,辄睥睨终日[9]。一旦大风雷雨,拔去其一,斥其所据,亭得以广。子瞻与客入山视之,笑曰:"兹欲以成吾亭邪?"遂相与营之。亭成,而西山之胜始具。子瞻于是最乐。

昔余少年,从子瞻游。有山可登,有水可浮,子瞻未始不褰裳先之[10]。有不得至,为之怅然移日。至其翩然独往,逍遥泉石之上,撷林卉,拾涧实,酌水而饮之,见者以为仙也。盖天下之乐无穷,而以适意为悦。方其得意,万物无以易之。及其既厌,未有不洒然自笑者也[11]。譬之饮食,杂陈于前,要之一饱,而同委于臭腐。大孰知得失之所在?惟其无愧于中,无责于外,而姑寓焉。此子瞻之所以有乐于是也。

【作者简介】

苏辙(1039—1112),字子由,一字同叔。眉州眉山(今属四川)人。19岁与苏轼同登进士第。入仕途任大名府推官。因上书神宗,力陈法不可变,又致书王安石,激烈指责新法,不久徙任河南推官。元丰八年,旧党当政,他回京城任秘书省校书郎、右司谏,进为起居郎,迁中书舍人、户部侍郎。哲宗元祐四年(1089)权吏部尚书,出使契丹。不久,拜尚书右丞,进门下侍郎,执掌朝政。元祐八年,哲宗亲政,新法重新实施,他因上书反对,被贬出知汝州、袁州,责授化州别驾、雷州安置,后又贬循州等地。崇宁三年(1104),苏辙在颍川(今河南许昌)定居,开始隐逸生活,筑室曰"遗老斋",自号"颍滨遗老",以读书著述、默坐参禅为事。死后追复端明殿学士,谥文定。有《栾城集》传世。

【注释】

[1]齐安:古郡名,即黄州。今湖北黄冈。

[2]武昌:今湖北鄂州。与黄州隔江相望。

[3]陂陀:音 pō tuó,倾斜不平貌。

[4]浮图:塔。精舍:佛寺。

[5]隐蔽松枥:谓林木茂盛,遮天蔽日。

[6]乱流:谓横渡大江。

[7]幅巾:不著冠,以幅巾束首。句谓东坡与山中少年之熟络、融洽。

[8]效:呈现。

[9]睥睨:音 bì nì,侧目而视,若有所思貌。

[10]褰裳:提起衣服。褰:音 qiān,提起。

[11]厌:满足。洒然:了然而悟。

黄州快哉亭记

北宋·苏 辙

【提要】

本文选自《苏辙集》(中华书局1990年版)。

亭之名,有来历。

先看亭的位置与视域。黄州长江赤壁之上,清河人张梦得营一亭,于是,波流浸灌,"昼则舟楫出没于前,夜则鱼龙悲啸于其下"的江流之胜,东出西陵峡,合沅湘、收汉沔后"与海相若""奔放肆大"的滔滔江水尽揽入怀;据亭中,目力所及,"南北百里,东西一合",乃至武昌诸山的"冈陵起伏,草木行列,烟消日出,渔夫樵夫之舍"皆可指数:兄苏轼将之名为"快哉"亭,理所当然。

亭为建筑中之逸品,亭寄托的当然是主人的"闲风逸骨"。作亭者,张梦得;名亭者,苏轼;乃至记亭者苏辙:皆为贬谪之人。廷堂之上,不可造次;遭遇贬谪,筑亭观胜:忧乐全在我心。文中说,"此中应有过人者",当为张君、苏轼尔,因为他们胸怀坦坦荡荡,因为他们虽不遇却并不悲伤憔悴,因为他们的浩然之气都写在山水之间。

岂不快哉?!

江出西陵,始得平地;其流奔放肆大,南合沅、湘[1],北合汉沔[2],其势益张。至于赤壁之下[3],波流浸灌[4],与海相若。

清河张君梦得[5],谪居齐安,即其庐之西南为亭,以览观江流之胜。而余兄子瞻名之曰"快哉"。

盖亭之所见,南北百里,东西一合,涛澜汹涌,风云开阖。昼则舟楫出没于其前,夜则鱼龙悲啸于其下。变化倏忽[6],动心骇目,不可久视。今乃得玩之几席之上,举目而足。西望武昌诸山,冈陵起伏,草木行列,烟消日出,渔夫樵夫之舍,皆可指数:此其所以为"快哉"者也。至于长洲之滨[7],故城之墟,曹孟德、孙仲谋之所睥睨[8],周瑜、陆逊之所驰骛[9],其流风遗迹,亦足以称快世俗。

昔楚襄王从宋玉、景差于兰台之宫[10],有风飒然至者,王披襟当之曰:"快哉此风!寡人所与庶人共者耶?"宋玉曰:"此独大王之雄风耳,庶人安得共之!"玉之言,盖有讽焉。夫风无雄雌之异,而人有遇不遇之变。楚王之所以为乐,与庶人之所以为忧,此则人之变也,而风何与焉?

士生于世,使其中不自得,将何往而非病?使其中坦然,不以物伤性,将何适而非快?今张君不以谪为患,窃会计之余功[11],而自放山水之间,此其中宜有以过人者。将蓬户瓮牖,无所不快;而况乎濯长江之清流,揖西山之白云,穷耳目之胜以自适哉!不然,连山绝壑,长林古木,振之以清风,照之以明月,此皆骚人思士之所以悲伤憔悴而不能胜者,乌睹其为快也哉[12]!

元丰六年十一月朔日赵郡苏辙记。

【注释】

[1]沅、湘:沅江、湘江,在今湖南。
[2]汉沔:即汉水。
[3]赤壁:黄冈赤壁后世称东坡赤壁、文赤壁。
[4]浸灌:谓水势纵横有力。
[5]清河:今河北清河。
[6]倏忽:迅速。倏,音 shū,极快貌。

[7] 长洲:泛指长江黄冈段沙洲,如得胜洲、峥嵘洲等。

[8] 曹孟德:曹操。孙仲谋:孙权,吴主。睥睨:音 pì nì,窥伺貌。

[9] 周瑜:字公瑾。赤壁之战之东吴主将。赤壁之战战场在今湖北赤壁市,又称武赤壁。陆逊:东吴名将。曾两次率兵驻黄冈。驰骛:谓驰骋追逐。

[10] "宋玉"句:典出宋玉《风赋》。赋中详细描述了雄风、雌风的不同。景差:楚国辞赋家。兰台:在今湖北钟祥。

[11] 窃:谓公闲时。会计:宋时掌钱粮赋税事务者称之。

[12] 乌:怎能,哪里。

再论京西水柜状

北宋·苏　辙

【提要】

本文选自《苏辙集》(中华书局 1990 年版)。

北宋定都汴梁,其地千里平川,良田万顷,就是水源不足,农业与非农业用水的矛盾十分突出。

宋代主要水运通道是汴河。汴河源出黄河,因流量不均,官府便在沿岸设置调节流量的水柜(水库),蓄夏秋之水以备冬春之用。汴河沿岸原有的沼泽洼地,因为河流水位逐年下降渐渐涸露出来,形成滩地,久已被垦为农田。随着官府拟将这些地方重新辟为水柜,许多农民便失去田地,失去了生活来源。

于是,呼吁废水柜之声渐渐高涨,苏辙便在其中。他说,兴建水柜所占农田均应以官地封还;无地,则应估价定值,"弃利于民,无所靳惜"。这份写于元祐元年(1086)的奏状导致了该年的水柜停办。

可是,汴河水源问题不解决,这种禁令是不能坚持长久的。绍圣年间,在中牟、管城以西,强占民田,潴蓄雨水,以备清汴乏水之用的水柜仅中牟一县,所占农田便达 850 余顷。另一方面是漕运和农业用水之间的直接矛盾。宋代汴河漕运每年承担着 600 万石粮食至汴京的任务。熙宁二年(1069)时有人建议利用汴河两岸的牧马地和公私废田进行屯田,在汴河两岸设置斗门,分汴水以灌溉,"岁可得谷数百万以给兵食,此减漕省卒,富国强兵之术也"(《宋会要辑稿》卷二八七)。自此以后,引汴溉田之风盛起,沿汴良田达 8 万顷。这样一来,汴河漕运大受影响。例如熙宁六年六月十二,正当旺水季节,也是漕运最繁忙的时候,汴河水位突然减落,"中河绝流,其洼下处,才余一二尺许"。查访结果原来是上游放水溉田时,"下流公私重船,初不预知",至水位骤落,"减剥不及数,皆阁折损坏,至留滞久,人情不安"(《宋会要辑稿》卷四四三)。

漕运与农业,因为水的不足长期存在矛盾。

右臣三月中奏,乞令汴口以东州县各具水柜所占顷亩及每岁有无除放二税[1],仍具水柜可与不可废罢[2],如决不可废,即当如何给还民田,以免怨望[3]。

寻蒙朝旨令都水监差官相度到中牟、管城等县水柜[4],元旧浸压顷亩,及见今积水所占及退出数目,应退出地皆拨还本主;应水占地皆以官地封还。如无田可还,即给还元估价直[5]。圣恩深厚,弃利与民,无所靳惜[6],所存甚远。然臣访闻水所占地至今无官地可以封还,而退出之田,亦以迫近水柜,为雨水浸淫占压,未得耕凿。知郑州岑象求近奏称[7]:"自宋用臣[8]兴置水柜以来,原未曾以此水灌注清、汴。清、汴水流自足,不废漕运。乞尽废水柜,以便失业之民。"臣愚以为,信如象求之言,则水柜诚可废罢。欲乞朝廷体念二县近在畿甸,民贫无告,特差无干碍水部官重行体量[9]。若信如象求所请,特赐施行,不胜幸甚。

谨录奏闻,伏候敕旨。

【注释】

[1]顷亩:顷与亩,泛指土地面积。除放:免除。二税:即夏秋两季完纳的赋税。始于唐,后世因之。

[2]废罢:废除。

[3]怨望:怨恼愤恨。

[4]都水监:中国古代负责水利(包括航运、桥梁等)工程计划、施工、管理的中央机构。宋、金、元时,其主管官亦称都水监。相度:观察估量。中牟:今属河南,位于开封西。管城:今郑州管城区。

[5]价直:款额,价格。

[6]靳惜:吝惜,吝啬。

[7]岑象求:字严起,梓州(治所在今四川绵阳三台县)人。举进士后累官郑州知州、提点刑狱、殿中侍御史,后知郓州。

[8]宋用臣:生卒年月不详。字正卿,开封人。宋代著名建筑家和水工专家。《宋史》称:"为人有精思强力,神宗建东西府,筑京城,建尚书省,起太学,立原庙,导洛通汴,凡大工役,悉董其事。"

汴河以黄河水为源。宋代虽采取许多措施,但泥沙淤积日益严重。沈括《梦溪笔谈》载,熙宁初,"京城东水门,下至雍丘(今河南杞县)、襄邑(今河南睢县),河底皆高出堤外平地一丈二尺余,自汴堤下瞰民居,如在深谷"。

为了根本改善汴河条件,保证京都供应,撇开黄河,改引洛水入汴之议遂起。元丰元年(1078),朝廷曾派数人往汴口考察,有人以为黄河河道北滚,"退滩高阔,可凿为渠,引洛入汴";有人以为"工费浩大,不可为"。二年正月,神宗复遣宋用臣前往调查。用臣返回京城后,认为引洛入汴之议可行,并提出了自己的补充意见:"自任村沙谷口至汴口开河五十里,引伊洛水入汴河,每二十里置束水一,以刍楗为之,以节湍急之势,取水深一丈,以通漕运。引古索河为源,注房家、黄家、孟家三陂及三十六陂,高仰处潴水为塘,以备洛水不足,则决以入河。又自汜水关北开河五百五十步,属于黄河,上下置闸启闭,以通黄、汴二河船筏。即洛河旧口置水汰,通黄河,以泄伊、洛暴涨。古索河等暴涨,即以魏楼、荥泽、孔固三斗门泄之。计工九十万七千有余。仍乞修护黄河南堤埽,以防侵夺新河。"神宗批准了这个方案,"三月庚寅,以用臣都大提举导洛通汴"。"四月甲子兴工……六月戊申,清汴成,凡用工四十五日。自任村沙(谷)口至河阴县瓦亭子;并氾水关北通黄河,接运河,长五十一里。两岸为堤,总长一百三里,引洛水入汴。七月甲子,闭汴口,徙官吏、河清卒于新洛口"(《宋史·河渠志》)。引洛济汴工程全部竣工。

引洛入汴后,泥沙大为减少,汴河航道改善,漕运顺畅。元祐年间虽曾一度复引黄河水入汴,但不久即再引洛通汴。直到北宋末年,汴河的水源一直以洛河为主。

[9]干碍:牵连,涉及。体量:体察情况,予以权衡。

虏 帐

北宋·苏 辙

【提要】

本诗选自《历代塞外诗选》(内蒙古人民出版社 1986 年版)。

哲宗元祐四年(1089),苏辙权吏部尚书,出使契丹。

契丹人建立辽,临潢(今内蒙古巴林左旗)为其上京。从 918 年到 1125 年辽亡,这里一直是辽代政治、经济、文化、交通中心。

上京城遗址位于今内蒙古自治区巴林左旗林东镇南。上京未建成前,名"西楼",是辽太祖阿保机创业之地,建成后称皇都,后改称上京,府曰临潢。上京城幅员广阔,气势恢宏。有南北二城,北曰皇城,南曰汉城,两城相连。全城周长 12.5 公里,与《辽史》记载的基本契合。

皇城是契丹贵族居住的地方。城呈方形,分内外两部,即外城和皇城(又称大内)。皇城城墙夯土筑成,城墙高 5—6 米。墙体上窄下宽,横断面呈梯形。城墙外壁有马面(半圆形的土垒)。近年考古发现,皇城内现存城门 4 个,宫殿建筑遗迹 100 余处,其中暴露于地表的建筑台基 50 座。城内西部山丘上有寺庙和窑址。

汉城位于皇城南面,是百姓居住的区域。城呈不规则形,墙为土筑,残存 3 段,墙高 4 米,周长约 5.7 公里。墙较皇城低矮且无马面、瓮城。现存的西门址豁口宽 10 米,残存柱础。

虽有城池可居,但马背上的契丹人还是喜欢捺钵。

捺钵,汉语意为"行营""行在""营盘"。辽人每年"四时巡守",四时各有行在之所,谓之捺钵。辽太宗耶律德光取燕云十六州后,其国土包括长城以南的广大地区,其拔帐转徙,车马为家的天地更为广阔了。秋冬违寒,春夏避暑,随水草就畋渔,契丹人的管理体制中,逐渐形成了一套具有鲜明游牧特点的四时捺钵制度。契丹皇帝四时巡行的宫帐(也称牙帐),即春捺钵、夏捺钵、秋捺钵、冬捺钵。

春捺钵　皇帝的春猎活动主要是凿冰取鱼,纵鹰鹘捕捉鹅雁。时间是正月上旬至四月。活动地点有四处:鸭子河(今松花江)、长春河(今洮儿河)、鱼儿泺(长春河附近)、鸳鸯泺(今河北省张北县)。钓鱼后有"头鱼宴",捕鹅雁要用一种体小力大而凶猛的猎鹰名"海东青",捕鹅后也设庄严隆重的"头鹅宴",相当于中原皇帝的亲耕大典。

夏捺钵　时间五月末至七月中旬,地点多在吐儿山、黑山。皇帝与南北臣僚议国事兼避暑游猎。黑山在今内蒙古自治区巴林右旗西北白塔子庙东汗山,吐儿山在其东北。

秋捺钵　时间在七月中旬至九月。主要是入山射猎,打虎猎鹿,故又称之"秋山"。秋山活动与春水一样,有着浓重的政治典礼色彩,在行猎中还有宴会等活动,同时也有习武教战的功能。

冬捺钵　时间在十月。主要是皇帝与南北大臣议国事,射猎讲武,并接待宋朝及各国使节的朝贺。地点在永州东南三十里的广平淀(在今内蒙古西拉木伦河与老哈河合流处),这里是冬季气候较暖的地方。

苏辙此诗描写的就是契丹人的帐篷生活实景及塞外生态环境。

虏帐冬住沙陀中[1],索羊编苇称行宫[2]。
从官星散依冢阜[3],毡庐窟室欺霜风[4]。
春粱煮雪安得饱[5]?击兔射鹿夸强雄。
朝廷经略穷海宇[6],岁赠缯絮消顽凶[7]。
我来致命适寒苦[8],积雪向日积不融[9]。
联翩岁旦有来使[10],屈指已复过奚封[11]。
礼成即日卷庐帐,钓鱼射鹅沧海东[12]。
秋山既罢复来此[13],往返岁岁如旋蓬[14]。
弯弓射鹰本天性,拱手朝会愁心胸。
甘心王饵堕吾术,势类鸟兽游樊笼[15]。
祥符圣人会天意[16],至今燕赵常耕农[17]。
尔曹饮食自谓得,岂识图霸先和戎[18]?

【注释】

〔1〕沙陀:古部落名。居今新疆东北,境内有大碛,故号沙陀突厥。此谓北方沙漠地区。诗中指广平淀。

〔2〕索羊:用绳索围拦羊群,圈之。编苇:编苇成屋。此谓起居饮食十分简陋。

〔3〕冢阜:土山,大土堆。

〔4〕窟室:谓以洞窟为居室。欺霜风:谓被寒风侵袭。

〔5〕春:音 chōng,把东西放在石皿或钵里捣去皮壳或捣碎。

〔6〕经略:筹划治理。海宇:海内,宇内。

〔7〕缯絮:缯帛丝绵。句谓朝廷每年向辽输送银、绢以消除边患。

〔8〕致命:传达朝廷善意。寒苦:谓苦寒之地。

〔9〕向日:往日,从前。积不融:谓厚积不融化。

〔10〕联翩:谓连续不断。岁旦使:澶渊之盟后,宋辽每年元旦互派至对方致贺的使者。

〔11〕奚封:奚族所居地区。居今河北省东北及辽东一带。

〔12〕"钓鱼"句:写辽帝至"春捺钵"地捕鱼、射鹅。

〔13〕秋山:秋天射猎。辽帝秋捺钵地在庆州(今内蒙古昭乌达盟林西县境)。

[14] 旋蓬:谓随风飞旋的蓬草。

[15] 樊笼:关鸟兽的器具。句谓辽接受金帛乃入宋之圈套,犹如鸟兽被诱入樊笼而不再自由。此句是苏辙为宋廷解嘲。

[16] 祥符:大中祥符是宋真宗年号,真宗与辽订下"澶渊之盟",宋以岁贡换得边境和平。

[17] 燕赵:宋辽边境。句谓辽宋议和,燕赵得以太平无事,人民得以正常农耕。

[18] 戎:谓辽。

进新修《营造法式》序

北宋·李 诫

【提要】

选自《营造法式》(人民出版社 2006 年版)。

绍圣四年(1097)年,李诫受命重新编修《营造法式》(哲宗元祐六年,即 1091 年曾修《元祐法式》),元符三年(1100)完成,徽宗崇宁二年(1103)颁行。此书成为当时官方颁行的建筑规范。

《营造法式》全书正文共 34 卷,加上《看详》(相当于"编者说明")1 卷,《目录》1 卷,共计 36 卷。正文共有 357 篇,3 555 条,其中除解释名词的两卷 283 条外,其余 308 篇、3 272 条是工匠的经验总结,这些条目占全书的九成以上。《营造法式》当之无愧地成为我国古代劳动人民的建筑智慧宝典。

《营造法式》体系严谨,内容丰富,是当时建筑科学技术的一部百科全书。全书内容包括四个部分:

第一部分,整理汇聚北宋以前的经史群书中有关建筑工程技术方面的史料,编成"总释"两卷。

第二部分,按照建筑行业中的不同工种分门别类,编制成技术规范和操作规程,即"各作制度"共 13 卷。其中包括:壕寨制度,即有关房屋地基处理及筑城、筑墙、测量、放线等方面的制度;大木作制度,汇聚有关建筑物结构技术、构造作法等制度;小木作制度,汇聚有关建筑物的门、窗、栏杆、龛、橱等精细木工的型制及构造作法制度;石作制度,汇撰有关建筑中石构件的使用及加工制度,石雕的题材及技法;彩画作制度,即有关建筑上绘制彩画的格式,使用的颜料及操作方法的制度;雕作制度,即有关木雕的题材、技法等方面的制度;旋作制度,即有关建筑上使用的旋工制品规格及加工技术的制度;锯作制度,即有关木质材料切割的规矩及节约木料的制度;竹作制度,即有关建筑中使用竹编制品的规格及加工技术的制度;瓦作制度,即有关瓦的规格及使用制度;砖作制度,即有关砖的规格及使用制度;泥作制度,即有关垒墙及抹灰的制度;窑作制度,即有关烧制砖瓦的技法。

第三部分,总结编制出各工种的用工及用料定额标准,共 15 卷。

第四部分,结合各作制度绘图 193 幅,共 6 卷。

《营造法式》产生于王安石变法的历史背景之下，目的乃是为了加强对官办建筑行业的管理。该书全面、准确地反映了中国 12 世纪初前后建筑行业的科学技术水平和管理经验，李诫不仅向人们展示了北宋建筑的技术、科学、艺术风格，还反映出当时的社会生产关系、建筑业劳动组合、生产力水平等多方面的状况。概而言之，该书有以下鲜明特点：

第一点，以"参阅旧章，稽参众智"为编书基础。"旧章"是指古典文献中有关土木建筑方面的史料，李诫共查得 283 条，在书中占 8%；"稽参众智"是指李诫亲自调查各行业的工匠，收集每个行业中世代相传的口诀经验，并将其整理成为技术、管理制度，此类条文共 3 272 条，在全书中占 92%。

第二点，以建筑的标准化、定型化为编辑各作制度的指导方针，《营造法式》提出了一整套木构架建筑的模数制设计方法。例如，对于结构构件采用"材分模数制"，以对门窗装修时控制构件的比例；对于砖、瓦等构件则制定出与主体结构相匹配的系列定型制品；对于彩画、雕刻等艺术性较强的工种，则对当时流行的式样、风格加以归纳和整理，并指出其特征和变化规律。

第三点，绘制大量工程图样，用以说明制度。《营造法式》以 6 卷的篇幅，绘制了中国有史以来的第一套建筑工程图。图样的内容包括有：建筑的平面、立面、剖面图，即书中所谓的地盘图、正样图、侧样图；构架节点大样图，如一组组斗拱图；构件单体图，如梁、柱乃至一只拱、一个斗的图样；门、窗、栏杆大样图；佛龛、藏经橱图；彩画及雕刻纹样图；测量仪器图；等等。

图样的绘制方法有正投影，也有近似的轴侧图，它使许多失传的技术、不见经传的作法被记录下来，成为人们认识宋代建筑，读懂《营造法式》不可缺少的钥匙。

《营造法式》具有高度的科学价值，它在中国古代建筑史上起着承前启后的作用，对后世的建筑技术的发展产生了深远影响。元朝水利工程技术中关于筑城部分的规定，几乎和《营造法式》的规定完全相同。明朝的《营造法式》和清朝的《工部工程做法则例》也吸取了其中很多内容。该书在南宋和元代均被重刊，明代还被用于当时的建筑工程。《营造法式》成为中国传统建筑的宝典。

臣闻"上栋下宇"，《易》为"大壮"之时[1]；"正位辨方"，《礼》实太平之典[2]。"共工"命于舜日[3]，"大匠"始于汉朝。各有司存，按为功绪。况神畿之千里，加禁阙之九重；内财宫寝之宜，外定庙朝之次；蝉联庶府[4]，棋列百司。櫼栌枅柱之相枝[5]，规矩准绳之先治；五材并用，百堵皆兴。惟时鸠僝之工[6]，遂考翚飞之室[7]。

而斫轮之手[8]，巧或失真；董役之官，才非兼技，不知以"材"而定"分"，乃或倍斗而取长。弊积因循，法疏检察。非有治"三宫"之精识[9]，岂能新一代之成规？

温诏下颁，成书入奏。空糜岁月，无补涓尘[10]。恭惟皇帝陛下仁俭生知，睿明天纵。渊静而百姓定，纲举而众目张。官得其人，事为之制。丹楹刻桷[11]，淫巧既除；菲食卑宫，淳风斯复。乃诏百工之事，更资千虑之愚。

臣考阅旧章，稽参众智。功分三等[12]，第为精粗之差；役辨四时，用度短长之晷。以至木议刚柔，而理无不顺；土评远迩，而力易以供。类例相从，条章具在。研精覃思[13]，顾述者之非工；按牒披图，或将来之有补。

通直郎、管修盖皇弟外第、专一提举修盖班直诸军营房等、编修臣李诫谨昧死上。

【注释】

［1］上栋下宇：《易·系辞下》：上古穴居而野处，后世圣人易之以宫室，上栋下宇，以待风雨，盖取诸大壮。

［2］正位辨方：《周礼·天官冢宰》：惟王建国，辨方正位，体国经野，设官分职，以为民极。正位：正其位，确定位置。辨方：辨别四方。郑玄云：别四方，正君臣之位。

［3］共工：官名。工官。本谓供百工之职，后为官名，管理百工、水利等。

［4］庶府：谓各官府衙门。

［5］㰍：音 jiān，同"栌"，斗拱。栌：柱头承托栋梁的短木。枅：音 jī，柱上的横木。

［6］鸠僝：谓筹集工料，从事或完成建筑工程。

［7］翬飞：《诗·斯干》：如翬斯飞。朱熹集传：其簷阿华采而轩翔，如翬之飞而矫其翼也。后因以形容宫室的高峻壮丽。

［8］斲轮：谓斲木制造车轮。后借指经验丰富、水平高超之人。

［9］三宫：谓天子、太后、皇后。或为虚数，言顶级造作经历。

［10］涓尘：细水与微尘。喻微小的事物。

［11］桷：音 jué，方椽。

［12］功分三等：书中，李诫按照"功分三等，役辨四时，木议刚柔，土评远近"的原则，规定各种"作"的劳动定额。

［13］覃思：深思。

劄　子

准崇宁二年正月十九日敕[1]："通直郎试将作少监、提举修置外学等李诫劄子奏[2]：契勘熙宁中敕，令将作监编修《营造法式》，至元祐六年方成书[3]。准绍圣四年十一月二日敕[4]：'以元祐《营造法式》只是料状，别无变造用材制度；其间工料太宽，关防无术[5]。三省同奉圣旨，差臣重别编修。臣考究经史群书，并勒人匠逐一讲说，编修海行《营造法式》[6]，元符三年内成书[7]。送所属看详[8]，别无未尽未便，遂具进呈，奉圣旨：依。续准都省指挥[9]：只录送在京官司。窃缘上件《法式》，系营造制度、工限等，关防功料，最为要切，内外皆合通行。臣今欲乞用小字镂版，依海行敕令颁降，取进止。'正月十八日，三省同奉圣旨：依奏。"

【注释】

［1］崇宁二年：北宋徽宗赵佶年号，1103 年。

［2］劄子：官府中用来上奏或启事的一种文书。劄，音 zhá。

［3］元祐六年：北宋哲宗赵煦年号，1091 年。

［4］绍圣四年：1097 年。

［5］关防：防备，防范。此指管控修造工程成本，保证工程质量，防范官吏在营造工程中的上下勾结、虚报冒估、偷工减料等行为。

[6]海行:谓通行。

[7]元符三年:1100年。

[8]看详:审阅研究。

[9]都省指挥:尚书省等对于法律条文,临时发布一种指令,称之曰指挥。为法律中"例的一种"。

附:重刊《营造法式》后序

民国·朱启钤

李明仲《营造法式》三十六卷,己未之春曾以影宋钞本付诸石印。庚辛之际,远涉欧美,见其一艺一术皆备图案,而新旧营建悉有专书,益矍然于明仲。此作为营国筑室不易之成规。

还国以来,汇集公私传本重校付梓。良以三代损益,文质相因,《周礼》"体国经野",《冬官·考工记》有世守之工,辨器饬材,侪于六职。匠人所掌,建国、营国、为沟洫三事,分别部居,目张纲举。晚周横议道器分涂,士大夫于名物象数阙焉不讲。秦火以降,将作匠监虽设专官,而长城、阿房、西京、东都千门万户,以及洛阳伽蓝、开河迷楼徒于词人笔端,惊其巨丽而制作形状绝鲜贻留,近古纪载亦鲜。专门讲求此学者若柳宗元亲见都料匠画宫于堵,盈尺而曲尽其制,计其毫厘而构大厦,作《梓人传》而不著匠人姓字;欧阳修、沈括见都料匠喻皓《木经》而叹其用心之精,此则较可征信者也。

明仲身任将作,奉敕修书,适丁北宋全盛、土木繁兴之际,书称"工作相传,经久可用";又复援据经史,研精诂训。故其完善精审,足以继往开来。

启钤学殖朽落,无当绍述,铅椠既藏,用敢标举要义以谂读者?列朝营缮,皆取办于赋役,故营造之良窳,恒视国家之财力以为。衡宋代功限料例当与晚近官价有别,按《汴故宫记》《东京艮岳记》诸书所载,竭天下之富以成伟观。靖康劫后,输来幽燕,伊古帝王兼并侵略,迁人重器,夸耀武功,巨制宏工散亡摧毁。再过为墟有,古今同慨者。重以金革相寻,释道互哄,无妄之虐,文物荡然。幸有明仲此书,于制度、功限、料例,集营造之大成。古物虽亡,古法尚在,后人有志追求,舍此殆无途径。

《法式》所举,准之辽、金塔寺,元、明故宫造法,固多符合;按之明清《会典》、档案及《则例》做法,亦复无殊。益信南宋迄今之营造,靡不由此书衍绎而出。譬诸良史以《春秋》为不刊之书,法家以《尉律》为令甲之祖,其义一也。书数为六艺之一,取准定平,非有比例不足以穷其理而神其用。方今欧式东来,奇觚日出,然工匠就其图样以比例推求,仍可得其理解。《法式》所引《周髀》《九章》、诸家算经,实为工师之钤键。

故《看详》有"与诸作谙会经历造作工匠,详悉讲究规矩,比较诸作利害,随物之大小,有增减之法"云云。书中于高广深厚均准积寸积分以为法,学者先明读法、析以数理,自当迎刃而解,其义二也;《看详》及《总释》各卷,于古今名物皆援引经史,逐类详释,尤于诸作异名,再三致意。诚以工匠口耳相传,每易为方言所限。然北宋以来,又阅千载。旧者渐佚,新者渐增,世运日新,辞书林立,学者亟应本此义例,合古今中外之一物数名及术语名词,续为整比,附以图解,纂成《营造辞典》,庶几博关群言,用祛未寤,其义三也;图样各卷所以发凡举证,而操觚之士仍以隔反为难,或谓"原书简略,应设补图"或因"变化所生,宜增新样"。例如,大木作制度图样为匠氏绳墨所寄,钞本易有毫厘千里之差,爰就现存宫阙之间架结构附撰今释;又彩画作制度图样繁缛恢诡,仅注色名,恐滋谬误,兹复按注敷采以符原书晕素,相宣深浅随宜之旨。盈尺之堵,后素之绘,了如视掌,一旦豁然,其义四也;抑更有进者,上古民风朴僿,不相往来,而言语、嗜欲、天赋从同,夫制作者自然心理所表著也。仓颉结庐,始制文字,象形、会意,声教以通,而宫室器服,亦嗜欲之大端,居气养体,习俗移人,互相则效,心同此理,是知茅茨土阶不胜其质,凋墙峻宇不厌其文。乃至宝刹精蓝、丹楹刻桷,或取则于遐方,或滥觞于邃古。斗角钩心,标新领异,于是五洲万国营造之方式,乃由隔阂而沟通,由沟通而混一。气运所趋,不可遏也。营巢构干,有开必先。西竺环奇,随象教而东渐。汉晋六朝,天方景教之制作灿然满目。至石赵之营邺都,胡匠蕃材乃盛行于中土。

宋承五季之后,明仲折衷众制,奄有群材;上下千年,纵横万里。引而伸之,触类而长之。文轨大同,庶几有夨。况乎海通以来,意匠殊绝;材美工巧,借镜尤多。究其进化之所由,不外质文之递嬗。盖考古博物,系统为先。本末始终,无征不信。而国势之汙隆,民力之消长,系焉如希腊、埃及、罗马、波斯、印度,固为世界艺术之原。而欧亚变迁,亦可因此而推寻其迹。至于今日流沙石窟,坠简遗文,橐载西行,珍逾球璧。质诸汉唐之通西域,举国若狂,项背相望者;渐被不同,壤地未改,易位以观,殆可相视而笑。夫居今而稽古,非专有爱于一名一物也。萃古英杰之宫室,器服比类具陈,下至断础颓垣,零缣败楮,一经目击而手触,即可流连感叹,想象其为人,较之图史、诗歌,兴起尤切而浚发智巧。抱残守缺,犹其细焉者也。

我国历算绵邈,事物繁赜,数典恐贻忘祖之羞,问礼更滋求野之惧。正宜及时理董,刻意搜罗,庶俾文质之源流秩然不紊,而营造之沿革乃能阐扬,发挥前民而利用,明仲此书特其羔雁而已。来轸方遒,此启钤所以有无穷之望也。

中华民国十四年岁次乙丑孟夏中浣紫江朱启钤序

按:本文选自《营造法式》(中国书店 2006 年版)。

李公墓志铭

北宋·傅冲益

【提要】

本文选自《营造法式》(中国书店 2006 年影印本)。

李诫（1035—1110），字明仲，郑州管城县（今郑州市管城回族区）人。北宋著名建筑师。

其曾祖父李惟寅、祖父李敦裕、父亲李南公、兄弟李谠，都供职于朝。宋神宗元丰八年（1085），李诫任郊社斋郎，后任曹州济阴（今山东菏泽县）县尉。从哲宗元祐七年（1092）开始在将作监（主管土木建筑工程的机构）供职，前后共达13年，历任将作监主簿、监丞、少监和将作监，主持营建的较大建筑有龙德宫、棣华宅、朱雀门、景龙门、九成殿、开封府廨及太庙。李诫一生除主要在将作监任职外，还一度当过虢州知州，政绩斐然。

李诫为人博学多闻，另著有《续山海经》《琵琶录》《续同姓名录》《马经》《六博》《古篆说文》等，他的书画深受宋徽宗的好评。

墓志称长期在将作监供职的李诫于"考工庀事，必究利害，坚窳之制，堂构之方，与绳墨之运，皆已了然于心"。也就是说，有关营造的材料、制度、役费、工程量，乃至工具特性等方方面面全都清清楚楚，这为他撰写《营造法式》夯就牢固的基础；对待营构，"畴咨而后命之"，"慎且重"，"以授法庶工，使栋宇器用不离于轨物"，对待工程极为仔细、认真；丁忧之际，皇帝命"国医以行"，并"赐钱百万"，李诫告以俸禄足以自给，称百万钱将用来造佛像"以侈上恩"。正因为如此，李诫在将作衙门13年，逐渐地位显赫，所谓德才兼备！

大观四年二月丁丑[1]，今龙图阁直学士李公谠对垂拱上问弟诫所在[2]。龙图言，方以中散大夫知虢州。有旨趣召，后十日，龙图复奏事殿中，既以虢州不禄闻[3]，上嗟惜。久之，诏别官其一子。公之卒，二月壬申也。越四月丙子，其孤葬公郑州管城县之梅山，从先尚书之茔。

公讳诫，字明仲，郑州管城县人。曾祖讳惟寅，故尚书虞部员外郎，赠金紫光禄大夫。祖讳惇裕，故尚书祠部员外郎、秘阁校理，赠司徒。父讳南公，故龙图阁直学士、大中大夫，赠左正议大夫。

元丰八年，哲宗登大位，正议时为河北转运副使，以公奉表致方物，恩补郊社斋郎，调曹州济阴县尉。济阴故盗区，公至则练卒除器，明购罚，广方略，得剧贼数十人，具以清净，迁承务郎。元祐七年，以承奉郎为将作监主簿。绍圣三年[4]，以承事郎为将作监丞。

元符中[5]，建五王邸成，迁宣义郎。时公在将作且八年，其考工庀事，必究利害，坚窳之制[6]，堂构之方，与绳墨之运，皆已了然于心。遂被旨著《营造法式》。书成，凡二十四卷。诏颁之天下。

已而丁母安康郡夫人某氏丧。崇宁元年[7]，以宣德郎为将作少监。二年冬，请外以便养。以通直郎为京西转运判官[8]。不数月，复召入将作为少监。辟雍成[9]，迁将作监再入将作。又五年，其迁奉议郎，以尚书省；其迁承议郎，以龙德宫、棣华宅；其迁朝奉郎，赐五品服，以朱雀门；其迁朝奉大夫，以景龙门、九成殿；其迁朝散大夫，以开封府廨；其迁右朝议大夫，赐三品服，以修奉太庙；其迁中散大夫，以钦慈太后佛寺成。大抵自承务郎至中散大夫，凡十六等。其以吏部年格迁者七官而已[10]。

大观某年,丁正议公丧。初,正议疾病,公赐告归,又许挟国医以行,至是上特赐钱百万。公曰:"敦匠事,治穿具[11],力足以自竭。然上赐不敢辞,则以与浮屠氏为其所谓释迦佛像者,以侈上恩[12],而报罔极云。"

服除知虢州[13],狱有留系弥年者,公以立谈判。未几,疾作,遂不起。吏民怀之,如久被其泽者。盖享年若干,公资孝友[14],乐善赴义,喜周人之急。又博学多艺能,家藏书数万卷,其手钞者数千卷。工篆籀草隶,皆入"能品"[15]。尝纂《重修朱雀门记》,以小篆书丹以进,有旨勒石朱雀门下。善画,得古人笔法。上闻之,遣中贵人谕旨,公以《五马图》进,睿鉴称善。公喜著书,有《续山海经》十卷、《续同姓名录》二卷、《琵琶录》二卷、《马经》三卷、《六博经》三卷、《古篆说文》十卷。

公配王氏,封奉国郡君,子男若干人,女若干人云云。

冲益观虞舜命九官,而垂共工居其一[16],畴咨而后命之[17],盖其慎且重如此,诚以授法庶工,使栋宇器用不离于轨物[18],此岂小夫之所能知哉?及观周之《小雅·斯干》之诗,其言考室之盛,至于庭户之端,楹桷之美,且又嗟咏骞扬、奂散之状[19],而实本宣王之德政[20]。鲁僖公能复周公之宇作为寝庙,是断是度,是寻是尺,而奚斯实授法于庶工[21]。

方绍圣、崇宁中,圣天子在上,政之流行,德之高远,巍然沛然与山川其俟大也。而后以先王之制,施之寝庙官寺栋宇之间,当是时地不爱材,工献其巧,而公独膺垂奚斯之任者十有三年[22],以结睿知致显位,所谓"君子攸宁""孔曼且硕"者,视宣王、僖公之世为甚陋,而公实尸其劳,可谓盛矣[23]。

冲益初为郑圃治中[24],始从公游。及代,远京师,久困不得官遇。公领大匠,遂见取为属,渐以微劳,窃资秩絷[25],公德是赖。既日夕后先,熟公治身临政之美,泣而为铭。铭曰:

维仕慕君,不有其躬。何适非安,唯命之从。譬之庀材,唯匠之为。

尔极而极,尔榱而榱[26]。亦譬在镕[27],不谒而择。为利则断,为坚则击。

垂在九官,世载厥贤。曰汝共工,没齿不迁[28]。匪食之志,緊职则然。

公为一尉,群盗斯得。公在将作,寝庙奕奕。为垂奚斯,以复帝绩[29]。

仕无大小,必见其贤。无不自尽,以虔所天。帝以为能,世以为才。

劳能实多,福禄具来。有生会终,公有贻宪。篡辞贞珉[30],尽力之劝。

【作者简介】

傅冲益,生卒年不详。曾供职将作监,为李诫属吏。

【注释】

[1]大观四年:1110年。

[2]垂拱:垂衣拱手。此谓皇帝治国的风度,悠闲无为而国治。

[3]不禄:此谓去世。

[4]绍圣三年:1096年。

〔5〕元符:徽宗年号,1098—1100年。

〔6〕坚窳:谓(木质)等坚密粗劣。窳:音 yǔ,粗劣。

〔7〕崇宁元年:1102年。

〔8〕便养:便于赡养。

〔9〕辟雍:学校。本为周天子所设大学,校址圆形,围以水池,前门外有便桥。东汉以后,历代皆有辟雍。

〔10〕年格:通常称"停年格"。北魏崔亮所创的选官制度。不问贤愚,只以年资深浅为录用标准。

〔11〕治穿:营建凿治。

〔12〕侈:此谓谢,报答。

〔13〕服除:守丧期满。虢州:治所今河南灵宝市。

〔14〕资:天资,天性。

〔15〕能品:精品。《唐朝名画录》以"神、妙、能、逸"四品论画,品评唐代画家120人。

〔16〕垂:人名。共工:官名。本谓供百工之职,后为工官名。《书·舜典》:帝曰:"俞,咨垂,汝共工。"孔颖达:帝谓此人堪供此职,非呼此官名为共工也。

〔17〕畴咨:访问,访求。

〔18〕轨物:规范,准则。

〔19〕骞扬:飘扬。

〔20〕宣王:即周宣王。在位前期讨伐戎、狄和淮夷,使各方国服从、进贡,一时周朝从衰颓中走出来,号宣王中兴。《诗经》中有《江汉》《崧高》《黍苗》等颂其功绩之诗。

〔21〕奚斯:鲁公子鱼的字。《诗·閟宫》是一篇歌颂鲁僖公的诗歌,其中有"居常与许,复周公之宇","松桷有舄,路寝孔硕,新庙奕奕。奚斯所作,孔曼且硕"等句,言奚斯作新庙。但朱熹称,僖公作新庙,奚斯作颂。

〔22〕膺垂:谓担任,任职。

〔23〕君子攸宁:出自《诗经·斯干》。孔曼且硕:出自《诗经·閟宫》,皆为赞宫室的诗句。尸:配,配享。

〔24〕郑圃:古地名。在今河南中牟县。治中:治理政事的文书档案。此谓管理文书档案的吏卒。

〔25〕秩繄:谓官职、俸禄。繄,音 yī,文言助词。

〔26〕"尔极"句:谓匠人用材,置为房屋的正梁便是正梁,用作椽条便是椽条。

〔27〕镕:铸造器物的模子。

〔28〕没齿:终身。谓为工官,李诚乃不二人选。

〔29〕夐:音 xuàn,营求。

〔30〕窾辞:空洞的言辞。窾,音 kuǎn,空洞,不实。自谦之辞。贞珉:石刻碑铭的美称。

水 云 村 记

北宋·黄 裳

【提要】

本文选自《古今图书集成·考工典》卷一三一(中华书局、巴蜀书社1985年影印本)。

水云村,在今福建南平。山围八面绿、水绕二江青的南平在风景秀丽的武夷山,"长涧自衍峰道广教出田坑"之后,一支水绕西山之麓,"停之以为沼,走之以为渠","异花奇果,垂条倚实,飘云坠影,在泉之上。下有云于山,朝隮而暮合。闲适之态,虚白之像,与夫流泉相应以无心,相偶以不纷"。于是,元丰之初自京师还省的黄裳在此"俯仰行坐,瞻顾燕笑",他应邀为此村命名为"水云村"。

南平是黄裳的家乡,黄裳在郡时,尝结庐读书衍(演)山下,后高中状元。资料显示,黄裳在知福州之前,曾有两度合计约15年在衍山麓下、长涧水边的水云村活动。他《题水云村》云:"水云深处寻幽客,竞把银瓶飞虎珀。坐间玉篆流杯来,时伴桃花献春色。尘劳不到清樽前,何幸山翁设歌席。人在夕阳方醉时,回首云迷武陵宅。"又有《曲水亭》云:"盘龙偃蹇吸长涧,数篆寒光来向人。谁信云门有仙子,洒落恐是华筵宾。落英俄逐酒船到,世间乃得渔溪春。素纤举盏宁可却,清光聊涤胸中尘。"在此曲水流觞、舟钓剑潭,更加上隐逸之士相与唱吟,其乐也极。

黄裳在衍山草堂结庐,看"朝云既断,万仞横空,夕照方收,平岩凝碧。神深气爽,果致高真。发育谁知,遗丹常在,鸾鹤之踪、烟霞之景、牛斗之光、风雷之信,有时变现,南北相照,而予常以自适独游乎其间,或曳杖以穿云,或挐舟而泛月,对景无系,触类有感道德之乡、义理之境,乘兴而言,惟意所在"(《演山集自序》)。

水云村,封建时代官宦士夫精神"歇脚"的桃花之源。

长涧,自衍峰道广教出田坑始。从父得之于西南山之麓,取其一支停之以为沼,走之以为渠,厨灶之以酌,桥跨之以渡,异花奇果,垂条倚实,飘云坠影,在泉之上下。有云于山,朝隮而暮合[1]。闲适之态,虚白之像,与夫流泉相应以无心,相偶以不纷,俄然相得于东西,杳然相忘于得丧,其孰为此者耶?

元丰之初[2],余自京师而还,省余从父流水之间。俯仰行坐,瞻顾燕笑。及夫日落而禽还,山暝而云收,援毫于壁间,乃以"水云村"名之而后去。自是郡人始知有水云村之可乐也,寻春逃暑,车盖相属。越十有五年,友人王公实来京师,谓余曰:"今为水云村主人矣!仆将益治之,养生于其间。"予曰:"子之得水云村,固可乐也,其亦知水云村之得子乎?"公实之为人,苟可而止,不为生而劳,不为名而伪;遇吟而忙,得酒而休;方东而俄西,未始而适;莫要其中,平旷而惠。直是水云翁者也,君归乎哉?!

余后此数年亦筑草堂于衍峰,有钓舟于剑潭。是时,水云翁黎杖而相寻衍山[3],居士肩罍而忽往于是[4],两放相得于无情中,有舞有歌,有吟有谑,妙思绝景,不可得而究也;会归于至,无余之乐也,不知水云翁之乐亦出于此乎? 然则水云村之于我,果有分哉,故为之记。公实他日相从出此,以为质焉[5]。镌诸石。

【作者简介】

黄裳(1044—1130),字勉仲,延平(今福建南平)人。小时有大志,决意科场夺魁。北宋元丰五年(1082)策试于廷,举进士第一。累官越州签判、太学博士、秘书省校书郎、大宗正丞、尚书考功员外郎、太常少卿、端明殿学士、礼部侍郎。宋徽宗时,请求外放,后任颖昌知府等地方官。政和年间(1111—1117)任福州知府,任上纠正时弊,整肃户政,严明税收,植榕营林,颇有政绩,为民所念。宣和七年(1125)回京任礼部尚书。有《演山先生文集》,其词结为《演山词》。

【注释】

[1]朝跻:早晨的虹,或谓早晨的云霞。
[2]元丰:宋神宗年号,1078—1085 年。
[3]黎杖:用藜的老茎制成的手杖。黎,通"藜"。
[4]罍:音 léi,盛酒的器具。
[5]质:证据,依据。

洛阳名园记(节选)

北宋·李格非

【提要】

本文选自《邵氏闻见录》(津逮秘书本,据《古今图书集成》校)。

洛阳,位于伊洛夹川盆地,北依邙山,南对伊阙,地势平坦;五水环绕,城中流水交错,花木繁多,《洛阳名园记》:"自东大渠引水注园中,细泉清流,涓涓无不通处。"家家有流水,户户造园林,隋唐北宋间,这里成为皇家、达官、士大夫乃至一般人家造园的圣地。

中国式园林的高妙意境,与中国文人士大夫的意趣追求关系极大。北宋时,洛阳的新、旧园林近千座,这些园林有两个重要特点:一是活水缭绕成为景观气脉;二是遍植牡丹、芍药等花木,国色天香,自有精神。《洛阳名园记》中,作者介绍了 19 个园子,多数是在唐朝庄园别墅型园林的基础上演变而来的,其类型可分为宅园型、花园型、游憩型等,著者如富郑公园、董氏西园、刘氏园……

上百亩的富郑公园,探春亭是它的序曲,接下来宏大的乐章分成几大部分,四景堂、方流亭、荫樾亭,历四洞、过五亭、登梅台,再上天光台,怪不得曾为北宋宰相的富弼"还政事归第"之后,谢绝宾客,"燕息此园"。富郑公园景观特色是南区多水系,北边为竹林,周围是游赏建筑,园中布满了亭台楼阁。富郑公园名气很大,南宋陆游在《老学庵笔记》中回忆园中所见:"凌霄花未有不依木而生者,惟西京富郑公园中一株,挺然独立,高四丈,围三尺余,花大如杯,旁无依附。"他说的"富郑"即富弼,获封祁国公,晋封郑地。富弼因反对王安石变法而被罢相,他不喜攀附权势,陆游提及的凌霄花"挺然独立",既是赞物,也是赞人。

而董氏西园的"亭台花木,不为行列",布局周旋,模仿自然:入园门之后三堂相望,一进门是正堂,西边又有一堂,东边还有一堂。过小桥有流水,还有一高台,地形处理起伏变化,使人进园后难以一览无余,往往迷失方向,作为游憩型园林,该园已懂得使用"障景"手法,这在造园艺术上是一个突破。

董氏东园是专供载歌载舞游乐的园林。文中所言,园中有的部分已经荒芜,而流杯亭、寸碧亭尚完好。此园西边大池,四周有水喷泻池中而阴出,故朝夕如飞瀑而池水不溢出,可见此园的水景营造高人一筹。"朝夕如飞瀑",洛人盛醉者,"走登其堂,辄醒",这真是水景的妙用了。

刘氏园以园林建筑取胜,最为突出的是凉堂建筑高低比例构筑非常适合人意;又有台一区,在不大的建筑空间中,楼横堂列,廊庑相接,组成完整的建筑空间,又有花木的合理配置,使得该园的园林建筑更为优美。

丛春园营造的特点有二:一是树木的成行排列种植。这得益于唐宋时期对外交流的频繁,西方园林绿化配置方法也在我国古典园林艺术中得到应用。另一特点是借景与闻声。《名园记》中写道:"其大亭有丛春亭,高亭有先春亭。"丛春亭出荼蘼架上,北可望洛水,汹涌的洛水自西向东,冲撞垒石而为的"天津桥",水花喷薄成霜雪,声闻数十里。丛春园的设计别出心裁地建亭得景,借景园外,景、声俱为我用的"借景法"运用得极为成功。

另外,以园林建筑取胜的刘氏园,引湖水入园、以清幽静谧取胜的张氏园,烟波浩淼、因地制宜、水景尤胜的东园,以木茂竹盛取胜的吕文穆园,还有牡丹十万株的天王院花园子、四季花期不断的归仁园……北宋洛阳园林的书卷气尤浓,强调景物契合心境,诗情画意,变化多端,造园手法日趋精细,艺术追求日渐空灵而精致。

富 郑 公 园

洛阳园池,多因隋唐之旧,独富郑公园最为近辟[1],而景物最胜。游者自其第东出[2]"探春亭",登"四景堂",则一园之景胜可顾览而得。南渡"通津桥",上"方流亭",望"紫筠堂"而还。右旋花木中,有百余步,走"荫樾亭""赏幽台",抵"重波轩"而止。直北走"土筠洞",自此入大竹中。凡谓之洞者,皆斩竹丈许,引流穿之,而径其上。横为洞一,曰"土筠",纵为洞三,曰"水筠",曰"石筠",曰"榭筠"。历四洞之北,有亭五,错列竹中,曰"丛玉",曰"披风",曰"漪岚",曰"夹竹",曰"兼山"。稍南有"梅台";又南有"天光台",台出竹木之杪。遵洞之南而东还,有"卧云堂",堂与"四景堂"并。南北左右二山,背压通流[3],凡坐此,则一园之胜,可拥而有也。郑公自还政事归第,一切谢宾客,燕息此园,凡二十年[4]。亭台花木,皆出其目营心匠,故逶迤衡直,闿爽深密,皆曲有奥思。

【作者简介】

李格非(约1045—1106),字文叔,济南历下人,北宋文学家。女词人李清照父。登熙宁九年(1077)进士第,入仕途累官冀州司户参军、著作佐郎、礼部员外郎、提点京东刑狱等。仕途微浅的他以文章受知于苏轼,与廖正一、李禧、董荣同在馆职,俱有文名,称为"后四学士"。崇宁元年(1102),入元祐党籍。

李格非一生最爱的是泉。唐宋时期,济南一带清泉颇多,多到可以"养"的程度。李清照出生时,李格非在家中就养着5眼泉,宛如5只宠物。其次爱竹,曾在屋舍南轩种竹,名为有竹堂。

李格非一生著作颇丰,但流传至今只有《洛阳名园记》。

【注释】

[1] 富郑公:富弼(1004—1083),字彦国,洛阳人。宋仁宗、神宗朝二度为相。熙宁二年,因与王安石"新法"异议,罢相。二度出使契丹,不卑不亢,仁而有威,致契丹之王自知理亏,息兵宁事。与范仲淹等共推庆历新政。晋封郑国公。年八十卒。近辟:谓营园时间最近。

[2] "东出"句:园在居第边,或与之相接,称"宅园";别在他处,称"别业""别墅"。

[3] 背压通流:谓山背上有流水通过。

[4] 燕息:安息。二十年:熙宁四年(1071)至元丰六年(1083),富弼致仕到去世,共十二年左右。故"二十年",疑为误笔。

董 氏 西 园

董氏西园[1],亭台花木,不为行列区处周旋,景物岁增月葺所成。自南门入,有堂相望者三。稍西一堂,在大池间。逾小桥,有高台一。又西一堂,竹环之,中有石芙蓉,水自其花间涌出。开轩窗四面,甚敞,盛夏燠暑[2],不见畏日,清风忽来,留而不去,幽禽静鸣,各夸得意,此山林之乐,而洛阳城中遂得之于此。小路抵池,池南有堂,面高亭,堂虽不宏大,而屈曲甚邃,游者至此,往往相失,岂前世所谓"迷楼"者类也[3]?元祐间,有留守喜宴集于此[4]。

【注释】

[1] 董氏:董俨,字望之,洛阳人。太平兴国三年(978)进士。累官大理评事,左拾遗,知泰州、泉州、青州、郓州等。以贿败。

[2] 燠暑:酷暑。燠:音 yù,热。

[3] 迷楼:典自隋炀帝。炀帝喜幸扬州,造"江都宫",幽房曲室,千门万户,误入其间,久不得出,名"迷楼"。宋人托唐人写有《迷楼记》。

[4] 留守:北宋定都开封,称东京;西京洛阳、南京应天府(今河南商丘)、北京大名府(今

河北大名县)，各置留守一人。

董 氏 东 园

董氏以财雄洛阳，元丰中，少县官钱粮[1]，尽籍入田宅[2]。城中二园，因芜坏不治，然其规模尚足称赏。东园北向，入门有栝，可十围，实小如松实，而甘香过之。有堂可居，董氏盛时，载歌舞游之，醉不可归，则宿此数十日。南有败屋遗址，独"流杯""寸碧"二亭尚完。西有大池，中为堂，榜之曰"含碧"。水四面喷泻池中，而阴出之，故朝夕如飞瀑，而池不溢，洛人盛醉者，走登其堂，辄醒，故俗目曰"醒酒池"。

【注释】

[1] 县官：谓政府。

[2] 籍入：没收。

环　　溪

"环溪"，王开府宅园[1]。甚洁。"华亭"者，南临池，池左右翼，而北过"凉榭"，复汇为大池，周围如环，故云然也。榭南有"多景楼"，以南望，则嵩高、少室、龙门、大谷[2]，层峰翠巘，毕效奇于前。榭北有"风月台"，以北望，则隋唐宫阙楼殿，千门万户，岧峣璀璨[3]，延亘十余里，凡左太冲十余年极力而赋者[4]，可瞥目而尽也。又西，有"锦厅""秀野台"。园中树松、桧、花木千株，皆品别种列。除其中为岛坞，使可张幄次[5]，各待其盛而赏之。"凉榭""锦厅"，其下可坐百人，宏大壮丽，洛中无逾者。

【注释】

[1] 王开府：王拱辰(1021—1085)，字君贶，开封咸平(今河南通许)人。天圣八年(1030)进士。累官郑州、澶州、瀛州、并州知州，官至南院宣徽使。74 岁卒，赠开府仪同三司。有文集71卷。

[2] 嵩高：嵩山。东称太室，西曰少室。龙门：伊阙山。众山均在洛阳东南。

[3] 岧峣：音 tiáo yáo，高峻，高耸。

[4] 左太冲：左思(约250—305)，字太冲，临淄(今山东临淄)人，西晋时著名文学家。构思10年而作《三都赋》，极力摹写蜀、魏、吴都城之美。

[5] 幄次：谓于花木中辟平地，搭棚轩，应时赏花。

刘 氏 园

刘给事园[1]，凉堂高卑，制度适惬可人意。有知《木经》者见之，且云："近世建造,率务峻立,故居者不便而易坏,惟此堂正与法合。"西南有台一区,尤工致,方十许丈地,而楼横堂列,廊庑回缭,阑楯周接,木映花承,无不妍稳[2],洛人目为"刘氏小景"。今析为二,不能与他园争矣。

【注释】

[1]刘给事:疑为刘元瑜。其曾官右司谏,故称"给事"。

[2]妍稳:美好妥帖。

丛 春 园

今门下侍郎安公[1]买于尹氏,岑寂而乔木森然[2]。桐、梓、桧、柏,皆就行列。其大亭有"丛春亭",高亭有"先春亭"。"丛春亭"出荼蘼架上,北可望洛水,盖洛水自西汹涌奔激而东,"天津桥"者[3],垒石为之,直力潴其怒而纳之于洪下[4],洪下皆大石,底与水争,喷薄成霜雪,声闻数十里。予尝穷冬月夜登是亭,听洛水声,久之,觉清冽侵人肌骨,不可留,乃去。

【注释】

[1]安公:安焘,字厚卿,开封人。以欧阳修推荐,为秘阁校理,累官知枢密院、门下侍郎。崇宁元年(1102),因弃守湟州,贬官移建昌军。还洛,卒,年七十五。

[2]岑寂:清冷。

[3]天津桥:洛水穿行洛阳城中,原编连大船以渡行人。后因水涨船损,唐贞观十四年垒石为桥,称"天津桥"。

[4]潴:音 chù,水停聚,急。此谓石桥墩阻流而水激之,奔腾而下。洪下:谓河流分道处。

附:书《洛阳名园记》后

论曰:洛阳处天下之中,挟崤、渑之阻,当秦、陇之襟喉,而赵、魏之走集,盖四方必争之地也。天下常无事则已,有事,则洛阳必先受兵。予故尝曰:"洛阳之盛衰,天下治乱之候也。"

方唐贞观、开元之间,公卿贵戚开馆列第于东都者,号千有余邸;及其乱离,继以五季之酷,其池塘竹树,兵车蹂践,废而为丘墟;高亭大榭,烟火焚燎,化而为灰烬,与唐共灭而俱亡者,无余处矣。予故尝曰:"园圃之兴废,洛阳盛衰之候也。"

且天下之治乱,候于洛阳之盛衰而知;洛阳之盛衰,候于园圃之废兴而得,则《名园记》之作,予岂徒然哉?

呜呼!公卿大夫,方进于朝,放乎一己之私以自为,而忘天下之治忽,欲退享此乐,得乎?唐之末路是矣!

婺州新城记

北宋·杨 时

【提要】

本文选自《古今图书集成·职方典》卷四四一(中华书局、巴蜀书社 1985 年影印本)。

方腊(?—1121),1120 年 10 月率众在歙县七贤村起义,建立了包括江苏、浙江、安徽、江西的 6 州 52 县在内的农民政权。1121 年夏起义失败,方腊被俘,被朝廷处死。按照杨时的说法,起义"蹂数州之地",造成了巨大的破坏。

婺州新守范公率众平息寇乱后,因婺州旧城而新之,"周十里,基三丈,面广三之一,而高倍之。浚隍而为池,陶甓以为堞"。

金华古名婺州、婺城。金华古城池始建于唐天复三年(903)四月,吴越王钱镠筑以周长九里一百步、高一丈五尺、厚二丈八尺之城墙,并开设 4 个城门。历经 200 余个春秋,逐渐毁坏。北宋宣和四年(1122),知州范之才重新修筑,设门 11 处,不久其中 4 门毁坏,留有 7 门。以后渐圮,元至元年间,元廷下令毁城,古城尽废。

元至正十二年(1352),廉访副使伯嘉纳等在旧址重建城墙,周长 17 792 尺,厚二寻有四尺,高二寻二尺,共有城门七。西面和北面的二门,环以瓮城,即环绕城门外筑起小城,砌砖石为路,高与城等。在城墙上筑起齿状矮墙,高五尺。在城楼旁构筑房屋 7 间,作守备瞭望之用。城南临江,以大溪为险,东、北、西三面挖掘护城河,宽约 50 尺深 16 尺多,全长 8 625 尺。在护城河上设吊桥 3 座,桥头有石坝作阻拦。在护城河边造房 36 间,作守城戍卒的营房。明清时期,金华城墙曾多次修筑。清顺治十四年(1657)修筑时,有雉堞 2 454 个。

"闻说双溪春尚好,也拟泛轻舟。只恐双溪舴艋舟,载不动许多愁。"李清照这首《武陵春》说的双溪就是东洋江、武义江,两江交汇处的婺州就是千年古城——金华。

宣和三年,盗发清溪,蹂数州之地,皆狼顾失守,而婺女罹害尤甚[1]。天子恻然念之,遴简儒臣镇抚兹土[2],河南范公实被其选。

公至之日,残孽未殄[3],四境之内钲鼓之声相闻。环寇之师殆且数万,而转输馈饷取具焉。夷伤之余窜伏山谷,还定安集无一不得其所。越岁杪寇平[4],百废具兴。顽凶革心屏息听命,无敢复出为恶者。政成治定,乃顾谓僚属曰:"国家承五季之乱,海内分裂,擅强兵负固而不服者,地相属也。独钱氏据有全吴,首效臣顺,为国屏翰垂二百年[5],无东顾之忧。故城郭不修,士卒不练,一夫跳梁而六州为之暴骨[6]。盖承平之久,吏惰而不知戒故也。则城郭之不完,其可忽诸?

于是,因其旧而新之,周十里,基三丈,面广三之一,而高倍之。浚隍而为池[7],陶甓以为堞。募七邑之夫,倍其佣直[8],因以济其艰,食其费,无虑数百万,而一毫不取于民。又载食与醪,时往劳之。故人乐于趋事,而忘其勤焉。以工计之,六万一千七百有奇。经始于九月甲戌,告成于十有二月丁酉。

望之屹然山立,不可陵犯。民吏欢欣鼓舞,相与诣余而告曰:"昔之堄垣废址,践为通衢,故关无讥宵[9],行者无禁。草窃奸宄得以自肆,而人受其弊。今吾民奠枕而居,无异时之患,宁可不知其所自耶? 愿纪成绩以昭示于后。"

余尝读《易》,至《坎》之彖曰:"天险不可升也,地险山川丘陵也。王公设险以守其国。"而后知先王为城郭沟池之固,盖本诸天地义理之不可无者。故文武以天保、以上治,内《采薇》以下治,外卒命南仲往城朔方,以《六月》之诗考之文武[10]。所以治内外者,其本末先后废一不可也,故《出车》废则功力缺矣。今婺女之政,纲条纪律,纤悉备具,而又完其郭郛,为邦人无穷之赖。芳猷伟绩,追配南仲,是宜有纪也。使后之人知本末先后之序,无废前修,岂曰小补之哉?

【作者简介】

杨时(1053—1135),字中立,南剑将乐(属今福建)人。宋熙宁九年(1076)进士。宋元丰四年(1081),杨时拜程颢为师,为程门四大弟子之一。宋元祐八年(1093),杨时途经洛阳,拜程颐为师,并引出"程门立雪"的尊师佳话。杜门不仕将10年。历知浏阳、余杭、萧山三县,多有惠政。高宗时,官至龙图阁直学士。有《龟山集》等传世。

【注释】

[1]婺女:星宿名。即女宿,二十八宿之一。越地乃婺女之分野。

[2]遴简:谓挑选。

[3]殄:音 tiǎn,尽,灭绝。

[4]岁杪:年底。杪:音 miǎo,末。

[5]屏瀚:谓屏障辅翼。

[6]跳梁:跳跃。此谓挑起事端。

[7]隍:没有水的护城壕。

[8]佣直:工钱,报酬。

[9]"讥宵"句:古时关隘有巡夜的梆声,称"宵柝",以时闭关门,行者欲过不能,故讥之。

[10]采薇:《诗经》篇名。讲的是西周时期北方猃狁族侵扰,周宣王命将士出征抗击。多年的战争、恶劣的环境,士兵们饥苦不堪,极度厌倦,却又无可奈何,因之唱"雨雪霏霏"。南仲:周文王时为将帅,受命赴朔方(今陕西陕北、甘肃陇东、宁夏南部)筑城讨伐西戎。事见《诗经·小雅·出车》。六月:《诗经》篇名。诗赞周宣王臣尹吉甫奉命出征猃狁,师捷庆功。

山阴县朱储石斗门记

北宋·沈 绅

【提要】

本文选自《会稽掇英总集》(人民出版社 2006 年版)。

朱储斗门,后称三江斗门、玉山斗门,位于山阴县斗门镇(今属绍兴市),16 世纪中叶三江闸建成前,承担平原抗咸排涝、蓄淡灌溉的重任,是山会平原著名古水利工程之一。

朱储斗门,是汉永和创筑鉴湖时所建斗门中"特为宏大"者。唐贞元二年(786)浙东观察使皇甫政扩为 8 孔,蓄泄功能大增。沈绅称,山、会两县闸之南,鉴湖以北,"东(曹娥江)西(钱清江)距江(钱塘江)百有十五里,总一十五乡,溉田三千一百十九顷有奇"。

闸初为木结构,后常因磨啮损坏,难以启闭,影响蓄泄。北宋嘉祐三年(1058)山阴知县李茂先始砌石墩,凿石槽,"以石治朱储斗门八间"。遂启闭自如,发挥蓄泄功效。不仅如此,还"覆以行阁,中为之亭,以节二县塘北之水"。

30 年后的元祐三年(1088),朱储斗门大修。宋邵权撰《越州重修山阴县朱储斗门记》:"大抵当众浦之会,因两山之间得地二十步,两端稍陷,则凿而通之。植木为柱,衡木为闸,分为八间。其中石阜隆然,则存而不凿。"以后各代,斗门不断修缮,直至明嘉靖十六年(1537),玉山闸下游约 3 公里之三江口建成三江闸,玉山闸功能被替代,遂撤闸板,废启闭,成为闸桥。

清康熙五十七年(1718),知府俞卿因闸"洞狭水急,往往碎舟",把闸墩通体升高。据清高辉《重修玉山斗门闸记》载:"左右各高三尺,复去右四洞中一柱合为三以宽水道,增葺其坏且缺者。"

玉山闸桥于 1954 年 10 月拆除。原址上建成每孔宽 11.6 米、桥面宽 3.31 米 3 孔钢筋混凝土平梁桥,名"建设桥"。今玉山闸遗址尚存,右岸闸墙和中墩闸槽残迹,亦清晰可辨。

朝廷方修天下水职,乃命知山阴、会稽二县事者提举鉴湖。嘉祐三年五月[1],赞善大夫李侯茂先既至山阴,尽得湖之所宜,与其尉试校书郎翁君仲通,始以石治朱储斗门八间,覆以行阁,中为之亭,以节二县塘北之水。东西距江百有十五里,总一十五乡,溉田三千一百十九顷有奇。

昔之为者木,久磨啮[2],启闭甚艰。众既不能力,当政者复失其原,每岁调民筑遏以苟利,骚然烦费无纪,而水旱未尝不为之戚。大夫之治,如平一身之疹,必先宁其心,而针砭以辅之,诚良民医也。故邑老助教虞元昱,率门长季文用、周文宠,愿发赀以听命效力,唯恐在后。遂择天章寺元耸^[3],相与募财,属之成功。明年秋,众以其成,请书于绅,而为之辞曰:

越比北东,两山束湖。桀石中蹲,斯流于江。噤木植门,自古邦侯^[4]。淫霏虐阳,时其畜施^[5]。衣食其腴,丰公逮私。岁卒无虞,酣酣笑歌。木腐不支,筑堨以劳^[6]。孰究孰惟?民夷有来。大夫至止,手摩百疾。始而眺视,徐迹本末。校书嘉闻,胥抃奏勤^[7]。汗饥骭涂,莫我告烦^[8]。唯虞季周,倡勇莫遏。唯耸群悦,赀来云委。乃砻于山,壁削林立^[9]。逾时门完,芘有宁宇^[10]。沸川阗郊,万夫聚观。勿忧勿恫,鉥吾二君。材美工坚,曷日之单^[11]。智经其初,仁以绍承。司命尔民,敢告后贤。

绅将为之记,考其言于句践,曰宗庙社稷,在湖之中,乃知后汉太守马臻^[12],初筑塘而大兴民利也。自尔沿湖水门众矣。今广陵、曹娥是皆故道,而朱储特为宏大。及观地志与乡先生赵宗万石记,则谓贞元中观察使皇甫政所造,此特纪一时之功。尔后景德二年,大理丞段棐为县,修之,其记存焉。鉥汉已来,且千岁,唯政、棐二人,名表于世,而人不忘。至大夫,始建不朽之绩,宜悉其论次,章示来代,以尉吾民之思。

是冬十二月丙戌谨记。

【作者简介】

沈绅,生卒年不详。字公仪,会稽(今浙江绍兴)人。仁宗景祐五年(1038)进士。英宗治平四年(1067),以尚书屯田员外郎为荆湖南路转运判官。神宗元丰中,知庐州。

【注释】

[1] 嘉祐三年:1058 年。

[2] 磨啮:磨损咬啮。

[3] 天章寺:《嘉泰会稽志》:天章寺,在县西南二十五里兰亭。

[4] 噤木:谓闸木。

[5] 时其畜施:谓蓄水、开闸应时而动,启闭自如。畜,通"蓄"。

[6] 堨:《四库全书》作"堨",同"疆"。

[7] 抃:鼓掌,拍手表示欢欣。

[8] 汗饥骭涂:谓汗流浃背、两腿酸软。骭:小腿骨。

[9] 砻:音 lóng,磨。

[10] 芘:音 pí,同"庇"。庇护。

[11] 单:通"殚",尽,竣工。

[12] 马臻,字叔荐,水利专家,东汉茂陵人,一说山阴人。顺帝永和五年(140)为会稽太守。到任之初,即详考农田水利,发动民众,创立鉴湖。堤长 127 里,湖周长 358 里,上蓄洪水,下拒咸潮,旱则泄湖溉田,使山会平原 9 000 余顷良田得以旱涝保收。但因创湖之始,多淹家宅,为豪强所诬,马臻被刑。越人思其功,将遗骸由洛阳迁回山阴,安葬于鉴湖边,并立庙纪念。

引泾水会郑白渠记

北宋·蔡 溥

【提要】

本文选自《古今图书集成·职方典》卷五一九（中华书局、巴蜀书社1985年影印本）。

郑白渠，古代陕西关中地区的大型引泾灌渠，为秦代郑国渠和汉代白渠的合称，是近代泾惠渠灌区的前身。秦王政元年（前246）韩国水工郑国主持兴建郑国渠，10年后完工。干渠西起泾阳，引泾水向东，下游注入洛水，全长300余里，灌溉面积号称4万余顷。西汉太始二年（前95），赵中大夫白公建议增建新渠，引泾水东行，至栎阳（今陕西临潼东北）注于渭水。干渠长200里，灌溉面积4500余顷。此后灌区称郑白渠。《汉书·沟洫志》记载当年广泛流传的一首民谣："田于何所？池阳谷口。郑国在前，白渠起后。举臿为云，决渠为雨。泾水一石，其泥数斗，且溉且粪，长我禾黍，衣食京师，亿万之口。"

唐代永徽年间（650—655），郑白渠灌溉面积有1万多顷。由于官吏豪强大量设置水磨，层层截流，灌渠径流量越来越小，大历间（766—779）仅灌6200余顷。于是，朝廷先后数次下令废毁水磨，甚至颁布了专门的水利法规《水部式》，但收效甚微。

由于人为与天灾的双重作用，郑白渠的灌溉效能越来越差，不断缮修就成了唐宋以来的重要工作。宋代改用临时性梢桩坝，每年均需重修。泾水河床持续下切，郑白渠引水渠口不断上移。北宋乾德年间（963—967）、至道元年（995）、景德三年（1006）、景祐三年（1036）、庆历七年（1047）、熙宁七年（1074）、大观二年（1108）多次维修郑白渠。

元人李好文所撰《长安志图》对宋代郑白渠（丰利渠）的修造有着详细的记载，足补《宋史》无"丰利渠"之阙。神宗熙宁七年至八年（1074—1075），时任殿中丞的侯可奉命从仲山旁开凿石渠，引泾水东南流，以灌溉民田。但侯可的开凿石渠工作很快因为"岁欠"而被迫中断。到了徽宗时期，主客员外郎穆京、宣德郎范镐、鄜州观察推官穆卞，以及一些"献说者"纷纷向朝廷建言，陈说开渠的好处，于是徽宗诏令永兴军路提举常平使赵佺和"献说者"一道，在侯可开凿石渠的基础上进一步开渠，终于在大观末开成渠道，神宗赐名"丰利渠"。

这项重大工程，宋朝散大夫、专管勾永兴军耀州三白渠公事、都大提举、开修石渠飞骑尉蔡溥写于大观四年（1110）九月的《记》给予详细的记载，包括开凿石渠的缘由、开渠所费物料和支付劳工的详细数字、渠口引水及防洪设施建设、所溉7县田地的亩数等等。《记》中说，泾水湍急，所以宋开丰利渠时，"乃即渠口而工，入水凿二渠，各开一丈。南渠百尺，北渠百五十尺，使水势顺流而下。又泾水涨溢不常,乃即火烧岭之北及岭下,因石为二闸,曰回澜,曰澄波,限以七尺。又其南为二闸,曰静浪,曰平流,限以六尺,以捍湍激"。文中还说,赵佺针对泾水及灌区特性,分别设闸、"凿地陷木为柱""叠石为渠岸"。

大观年间修成的丰利渠,共修石渠 3 141 尺,土渠 3 978 尺,总计 7 119 尺;渠上宽 14 尺,底宽 12 尺,干渠设节制闸和退水闸以及一系列交叉建筑物,省去了渠口梢桩坝,灌溉面积"一日一夜所溉田六十顷,周一岁可溉二万顷"。需要指出的是,与此相适应,宋廷订立了一整套管理灌区、水利的法律制度。

元明清各代灌区不断修治,但灌溉面积还是一再缩小。清代,由于引水困难和泥沙淤积,乾隆二年(1737)将渠口封闭,专引干渠段的山泉灌溉,改称龙洞渠,灌溉面积还是缩小至清末的 2 万多亩。1932 年,在李仪祉主持下,泾惠渠初步建成,引泾灌溉得以恢复。新中国成立后,对泾惠渠灌区进行了扩建和改建,灌区了陕西省主要的粮棉生产基地。

永兴军耀州六县民田[1],旧资白渠灌溉之利,历时已久。泾流渐低,渠势高仰不能取水。乃岁八月,六县令率夫数千,集良材,起巨堰水入渠。至明年四月,去堰,所溉田才二千顷,然堰成辄坏,或数月坏,故兴修之功要为具文[2],而民无实利。大观元年,今秦凤路经略使穆公侍郎京以大府少卿出使陕西,宣德郎范镐、承直郎穆卞因言开修洪口石渠之利,穆公具闻于朝,提举永兴军等路常平等事赵公佺被旨相视,具陈可成之策,朝廷从之,遂命赵公总提渠事。

初议凿石与泾水适平,然后立堰以取水。赵公谓:"立堰当为远计。乃使渠深下水面五尺,则无修堰之弊,而利博且久。"既终功,凡石土渠共七千一百一十九尺,石渠北自泾水上流凿山尾,南与土渠接。初计一千四百二十五尺,其后土石积处,发土见石,乃展一千七百一十六尺,通计二千一百四十一尺;上广十有四尺,下广十有二尺。浅深随山势,其最深者三十八尺。分隶六县,会工四十六万二千九百一十三,料工之始视石之坚柔,定以尺寸为工。其下石顽攻不可穿,乃增工二万七千九百五十三。凡石渠之工,总四十九万八百六十六。元年九月工兴,四年九月毕。

土渠地自石渠口东南与故渠接,初计六千四百五十九尺,而所展石渠既已省一千七百一十六尺,其后接故渠处,土杂沙石,随治随坏,度不可持久。乃即其石,开横渠二百尺,与古渠合。地脉坚实,功简而径,又省旧所治渠九百六十五尺,实计土渠三千九百七十八尺;上广五十尺,下广十有八尺,浅深随地形,其最深者六十五尺,分隶六县,会工二十一万一千八百一十六。内泾阳、高陵、三原所隶有石棚隐土,下厚或一丈,或七尺、八尺,乃损土工一万一千八百一十一,而增凿之工四万七千九百七十九。凡土渠之工总二十六万七千九百八十四。二年九月工兴,四年五月毕,渠成。

惟石渠依泾之东岸,不当水冲,乃即渠口而工,入水凿二渠,各开一丈。南渠百尺,北渠百五十尺,使水势顺流而下。又泾水涨溢不常,乃即火烧岭之北及岭下,因石为二闸,曰回澜,曰澄波,限以七尺。又其南为二闸,曰静浪,曰平流,限以六尺,以捍湍激[3]。渠之东岸有三沟,曰大王渠,曰小王渠,又其南曰透槽沟。夏雨溪水集,每与大石俱下壅遏渠水,乃各即其处凿地陷木为柱,密布如拎,贯大木于其上,横当沟之口,与石棚接,如此已无患。余二渠则凿,渠两岸北大木,覆沟水入于泾。又其东且十里曰樊坑,当白渠之南岸,其北直大沟。沟水暴则岸坏,与渠流俱溃壅之[4],则渠不能容而下流,为田患。乃叠石为渠岸,东西四十尺,北高八尺,上阔十有七尺,其南石尾相冲而下四十尺。沟水至则渠之所受满其堤而止,其下泄余水以注坑中,与泾合。

土石之工毕,于是平导泾水深五尺,下泻三白,故渠增溉七县之田,一日一夜所溉田六十顷,周一岁可溉二万顷。

【作者简介】
蔡溥,生卒年不详。大观中任管理三白渠职。

【注释】
[1]永兴军:宋置,治所京兆府(今西安),辖今陕甘各一部,豫西一小部。耀州:今陕西铜川市耀州区。

[2]具文:空文。

[3]捍:抵御。

[4]溃壅:溃塌阻塞。

新州竹城记

北宋·胡 寅

【提要】
本文选自《古今图书集成·职方典》卷四四一(中华书局、巴蜀书社 1985 年影印本)。

竹子能筑城? 可以,新州(在今广东)在绍兴二十年(1150)就造了一座,规划、设计、建造此城的是知州黄齐。"新昌郡自两汉及齐,皆置县,号曰临允。至萧梁氏,始升为新州。废于隋而复于唐,本朝因之,既七百年,亦可谓古郡矣。然有城而无郭,无以考其故。"胡寅介绍毕新州城建置的由来后,接着说:"绍兴二十年,八桂黄齐义卿由肇庆别驾来摄郡符,值鼠盗数十辈倚山为害,官兵三讨而未克,坊市数掠。最后受谕出降,人犹汹汹,义卿于是有兴筑之意。"

决定筑城的黄齐首先是勘查、规划、设计,"巡行四周,求古遗迹,相今所宜,标示其处分",确立了竹城基址、范围;紧接着,委任官员"各督所部丁夫,夷凹凸,裨狭虚",构筑、平整地坪,"基址既坚"之后,"取野竹骈植之。环袤一千二百八十四丈,再月而毕,不愆于素"。胡寅的眼里,竹城同样固若金汤。

可是，毕竟有人狐疑："辟土为城，不易之道也……今也望固御于檀栾蔽翳之间，曾是以为可乎？"还是不相信竹城的防御能效。胡寅说，唐朝大中年间，王式任安南都护（唐朝管理南部边疆地区的主要机构，属岭南道），刚到时无城池。王式乃立木栅，壕沟外栽竹，南诏人试图犯疆但终莫能克。胡寅说："凡物有同类而殊材者，斯竹也。引梢如城，分枝如棘，既众且多，森如蒺藜。其丛则缪辀致密，望隔表里。及岁久而愈繁，鸡鹜羔豚不能道也。或者火之，叶毁干存，乃益悍劲。"胡寅描述道："且方言刺竹曰：笌竹。盖岭南谓'棘竹'云。工庸告成，竹日盛长。州之人欢喜晏然。"

稍后不久，范成大《桂海虞衡志》记载此事，称新州旧素无城，桂人黄齐以竹"画"城，以竹作墙圈护黎民百姓，羔豚、匪盗被阻于城郭之外，市民无忧，号竹城，至今为利。

黄齐以竹为城，是因为地处岭外的新州穷陋？还是岭南的竹子格外尖利？！史载，宋朝视竹林为国防屏障，在南方大力营造，称之为箐竹林。《宋会要辑稿》载，川峡四路南部与少数民族接壤的"泸、叙州、长宁军沿边接夷蛮，全籍山林箐竹以为限"。宋王朝为保障边郡安宁，禁伐"禁山箐竹"。

砖石城墙风吹雨打会逐渐破败，但竹林却随着时间的推移却日夜壮大、兴旺！泸、叙一带的宋代国防竹林如今面积达数万平方公里，当地人称为"长宁竹海"或"蜀南竹海"，成为国家级著名风景名胜旅游区。

新昌郡自两汉及齐，皆县置，号曰临允[1]。至萧梁氏，始升为新州。废于隋而复于唐，本朝因之，既七百年，亦可谓古郡矣。

然有城而无郭，无以考其故。惟城之北曰：朝天门者，断堷翼之，岿然犹存。读其记，则政和[2]中太守古公革承诏[3]，所为经始之绩，未就绪也。城才一里百有十二步耳，仅容州治，列廥狱，余官廨民居悉在城外，莫为保障，理不应尔。

绍兴二十年，八桂黄齐义卿由肇庆别驾来摄郡符，值鼠盗数十辈倚山为害，官兵三讨而未克，坊市数惊。最后受谕出降，人犹汹汹，义卿于是有兴筑之意。会拜真守，乃俾推官朱洵，权令黄熙巡行四周，求古遗迹，相今所宜，标示其处分[4]，委兵马监押赵公俦、巡检董元、县尉周祺各督所部丁夫，夷凹凸，禆狭虚，基址既坚，取野竹骈植之。环表一千二百八十四丈，再月而毕，不愆于素[5]。

或曰："辟土为城，不易之道也。恐其未坚，则有蒸而筑之者矣；虞其易圮，则有甓而石之者矣。今也望固御于檀栾蔽翳之间[6]，曾是以为可乎？"唐大中中，王式为安南都护[7]，始至无城池，式乃立木栅，堑其外而栽竹焉。是时，诏蛮渐强，莫能犯也。孰谓竹不可恃哉？凡物有同类而殊材者，斯竹也。引梢如城，分枝如棘，既众且多，森如蒺藜。其丛则缪辀致密[8]，望隔表里。及岁久而愈繁，鸡鹜羔豚不能道也[9]。或者火之，叶毁干存，乃益悍劲。

呜呼异哉！昔樊川子目于郊园，赋所见者，有曰："竹林外裹分十万丈夫，甲刃枞枞[10]，密陈而环卫。"始以为词人之空言，今施于实用，乃如此物，孰不然在人处之。且方言刺竹曰：笌竹。盖岭南谓"刺竹"云。

工庸告成,竹日盛长。州之人欢喜晏然,若有壁垒之恃,咸曰:"后之来者,与公同志。本之以德政,重之以备豫[11]。申严戒令,有培勿剪,非特《甘棠》一召伯之思也[12],其为斯民之惠所覃远矣[13]。"

义卿勤于职业,厚于爱民,兴利补弊甚众,新兴户知之,若推排丁口以均徭役。既新子城楼观雉堞,又作南门及竹城,则其最大者也。郡学正麦克等来道耆老之意,恐久而无传,丐余为之记。余忧患疹疾[14],笔力衰老,不能兼载众美,独其最大者而书之云尔。

【作者简介】

胡寅(1098—1156),字明仲,建州崇安(今福建武夷山)人。少桀黠难制,闭于空阁。宣和间,中进士甲科。靖康(1126)初,召除秘书省校书郎,迁起居郎。金人南侵,拟万言书上高宗,遂奉祠归。复召为起居郎,迁中书舍人。以徽猷阁直学士致仕。学者称致堂先生。有《斐然集》《读史管见》《崇正辩》等传世。

【注释】

[1] 临允:在今广东新兴县。

[2] 政和:宋徽宗年号,1111—1118 年。

[3] 古革:字仲道。祖籍江西,迁广东梅州。绍圣四年(1097)进士。入仕为秘书省校书郎,累官凉州教授、潮州太守等。

[4] 处分:处置。

[5] 愆:逊色。

[6] 檀栾:竹之美称。秀美貌。

[7] 王式:唐末将领。曾任监察御史,被劾为江陵少尹。858 年,任安南都护使。860 年,浙东裘甫起义,王式以浙东观察使率军平复。升检校右散骑常侍,862 年任武宁节度使,还京后为左金吾大将军。

[8] 镠镺:音 jiāo gé,纵横交错。致密:细致紧密。

[9] 鹜:鸭子。

[10] 枞枞:音 cōng cōng,排比貌。

[11] 备豫:防备,准备。

[12] 甘棠:《史记·燕召公世家》:周武王之灭纣,封召公于北燕……召公巡行乡邑,有棠树,决狱政事其下,自侯伯至庶人各得其所,无失职者。召公卒,而民人思召公之政,怀棠树不敢伐,歌咏之,作《甘棠》之诗。

[13] 覃:音 tán,长,悠长。

[14] 疹疾:疾病。

壮 观 亭 记

北宋·刘 焘

【提要】

本文选自《古今图书集成·职方典》卷七○三(中华书局、巴蜀书社 1985 年影印本)。

壮观亭在今仪征北五里北山之巅,今已不存。

宋代,真州(今仪征有真州镇)成为漕运的中转枢纽,南方各地的粮食从长江进入运河,都要在这里卸落,然后转运至汴京,加之淮南的盐又在这里集散,真州的繁荣速度大大加快。"隋唐以前江在扬子⋯⋯舟车辐辏,廛闬填咽,商贾毕集而江都(今扬州)雄盛,遂甲于天下。"仪真在江都繁盛时默默无闻,但运河繁忙起来后,就不一样了,荆湖闽越江浙之物都由此北上,因此,"为郡虽未远,而四方错处,邑屋日增,其势甚冲会,尽移隋唐江都之旧"。

市井繁华,游观便成为要事。于是,知州詹度在国家交通要道、下瞰舟车水陆风景的北山之上,"地因其旧,而审曲面势,侈基构、隆栋宇",起于政和乙未(1115)十一月,第二年六月便告竣工;接着,便"置酒高会,鼓吹作而旌旆扬",庆祝壮观亭落成。"壮观"亭额为米芾手迹。

元符三年(1100),米芾任江淮荆浙等路制置发运司管勾文字之职。其时,真州为漕盐转运枢纽,江南、淮南、湖北、浙江等地粮食都经过这里转运京师,因而负责诸路粮食转运的机构———发运司就设在真州。米芾赴真州上任。

米芾书法造诣"超逸入神",在真州,迎来送往少不得登山临水,米芾应酬诗酒中留下诸多"壮观":邀宾壮观不辞寒,玉立风神气上干。詹度修亭成,便从米芾诗赋中撷取"壮观"制为亭匾。

壮观亭在杨万里的笔下,则是这样:"居高俯下,江淮表里皆在目中。自城中以望亭,中如高人胜士,登山临水而送归人也⋯⋯"但建炎庚戌(1130)、绍兴辛亥(1131)两遭兵火,"淮人过之,罔不慨叹"。十余年间,亭便隳颓。郡守左昌上任,"嘱工徒为屋三楹,为墙百堵,前敞以轩,后邃以槛"。亭之西北植万棵松,南边山谷则广种桃、李、梅、杏、杨柳等数千株,壮观亭又有壮观之景矣。

壮观亭今已湮灭。

大江日夜奔流不停,群山今古秀峙,自若烟云异色,动静殊态,荣枯改观,瞰瞑易方[1],罗列目前,应接不暇。至于领略要会,一失其当,则散漫无收,偃蹇难近[2]。虽强羁逸足,却曳风帆[3],终不可得而致也。

隋唐以前江在扬子,不远城郭,由是舟车辐辏,廛阓嗔咽[4],商贾毕集而江都雄盛,遂甲于天下。仪真于古未闻也,水行当荆、湖、闽、越、江、浙之咽,陆走泗上不三日,又为四达之衢,为郡虽未远,而四方错处,邑屋日增,其势甚冲会[5],尽移隋唐江都之旧。前日朝廷次第郡国,固已望于淮左矣,每恨雄楼杰阁,未足以比踪风亭月观之未观夫巨丽也[6]。

壮观据江山之会,其左长道也,舟车水陆尽在眺听之下。敝屋数楹,不蔽风雨,州守詹君作而新之。虽地因其旧,而审曲面势,侈基构[7],隆栋宇,一举首而眼界所极无不致焉。规制环丽,壮观于傍近,斯可以展高怀而纾杰思矣[8]。作始于政和乙未十一月己丑,丙申六月庚戌落而成之。詹君与客置酒高会,鼓吹作而旌旆扬,倾都士女,巷无居人,咸曰:"乐哉!吾邦所未尝有也。"

尝试与客指天末之叠巘[9],望原表之平陆,曰:"此吴蜀之所争也;此六朝之所都也;此曹孟德、汉昭烈之所摧败奔北,而陆逊、周瑜之所得志而长驰也;此梁武之所不振,而侯景之所陆梁而睢盱也[10];此孙皓、陈叔宝穷侈极丽[11],惟日不足,而今日之荒墟也;可以寄万世之一笑而付长空之一吁者也。盖其景物是矣,其实不足为今日道也。"前瞻五山如奔如趋,如倚如扶,岚光朝除,霁霭夕舒,如机旋而策驱,莫敢趑趄以向[12]。于座隅下视,长江源远流长,潜洈茫洋[13],万轴千樯,越宦吴商,飞钱走粮,下峡浮浙,游秦入梁,如电发而云翔,以集于南疆。

于是时也,重熙累洽,万国一轨,年谷荐登[14],民物丰乐,不闻兵革之声,不见调发之苦。如登春台,若醺醇醴,康衢列邸,行旅四集,以故繁穰百倍[15],畴曩乃得[16],与客共此一亭之乐,非太平时而能有此壮观之实乎哉!

史君世居是邦,尤知民俗利疾,下车未几,最课褒出玺书[17],褒封累增阶官,再进延阁,恩纶骈蓄[18]。且将继下,邦人惟恐君舍我而去也。于是,奉使淮部者既相与列上于朝矣,而嘉其再新斯亭,又为书其实。史君名度,字安世[19]。以奉议郎守仪真云。

【作者简介】

刘焘,生卒年月不详。字无言,长兴(今属浙江)人。哲宗元祐三年(1088)进士。绍圣元年(1094),知郓州。徽宗建中靖国元年(1101),以秘书省正字权兼著撰。累官权提点淮南东路刑狱、监察御史、提举嵩山崇福宫、秘阁修纂等。靖康(1126)中,因擅离官守,被弹劾致仕。有《南山集》50卷,已佚。

【注释】

[1] 瞰暝:谓明暗。瞰,音 chè,明。

[2] 偃蹇:谓曲折迂回。

[3] 却曳:谓收起(风帆)。

[4] 廛阓:音 chán hàn,廛里,闹市。嗔咽:拥挤,熙熙攘攘。

[5] 冲会:要冲。重要道路会合之所。

[6] 比踪:比迹。

[7] 侈:大。作动词。

[8] 纡:萦绕,回旋。

[9] 叠巘:重叠的山峰。

[10] 梁武:南朝梁武帝萧衍信奉佛教,广建寺庙佛塔,还出家,令群臣集巨款为他赎身。致梁政风萎靡,笃佛成风,社会畸形。侯景是羯族人,曾是东魏将领,投靠西魏。梁武帝为收复中原而招纳侯景,封为河南王。梁宗室子弟萧渊明被东魏俘获,梁武帝打算用侯景与东魏进行交换。此事激怒了侯景。548 年,侯景举兵反叛。叛军攻入京城建康,第二年,攻破皇城,困死萧衍,自己当丞相,执掌朝政。551 年,侯景自封为帝,国号汉。次年,梁将王僧辩、陈霸先大败侯景军,攻下建康。侯景乘船出逃,被部下杀死。陆梁:嚣张,猖獗。睢盱:喜悦貌。

[11] 孙皓:字元宗。三国吴第四代君主,亦为最后一位君主。初立,有善政,但性暴戾,好酒色。陈叔宝:即陈后主。字元秀,南朝陈皇帝。在位时大建宫室,日与妃嫔、文臣游宴,专宠张丽华,作艳词《玉树后庭花》。589 年,隋兵入建康,亡国被俘,死于洛阳。

[12] 趑趄:音 zī jū,徘徊。欲进又退、小心翼翼貌。

[13] 澘沱:音 dè tuó,水波迭起,层层叠翻。茫洋:辽阔无边貌。

[14] 年谷:一年中种植的谷物。荐登:进献。此谓丰收。

[15] 繁穰:谓繁盛。

[16] 畴曩:往日,过去。

[17] 最课:谓官吏政绩考核的最优等级。

[18] 恩纶:恩诏。骈蕃:繁多。

[19] 史度:当为"詹度。"詹度:字世安,缙云(今属浙江)人。徽宗政和初知真州,以课最,加直龙图阁,迁两浙转运使。宣和五年(1123),随童贯克燕京,就权帅事,与郭药师同知燕山府。度告朝廷:"药师心怀异志,与金人交结,兴祸不远,愿早为之虑。"朝廷恐其交恶,命蔡靖代度,易度知河间府,复改中山府。后药师果叛,人服其先识。钦宗靖康元年(1126),为中山路安抚使,守城有功,除资政殿学士。

附:重建壮观亭记

南宋·杨万里

仪真游观登临之胜处有二,发运使之东园[1],北山之壮观亭是也。

亭立北山之椒,居高俯下,江淮表里皆在目中。自城中以望亭,中如高人胜士,登山临水而送归人也;如仰中天之台,缥缈于烟云之外也。自亭中以望江南之群山,如骊黄骎骎[2],竞奔争驰而不可絷也[3];如安期羡门[4],御风骑气,隔水相招而不得亲也。

米元章尝官发运司[5],暇则徘徊其上,为之赋且大书其扁[6]。至建炎庚戌[7],火于兵。再至绍兴辛巳[8],又火于兵。淮人过者,罔不慨叹。

今太守左昌,时属工徒为屋三楹,为墙百堵,前敞以轩,后邃以槛。种万松以缭其西北,又艺桃、李、梅、杏、杨柳千本以物其南谷[9]。仪真之士民登而乐之,相与谒予记,且曰:"吾侯秩满,将归于朝,留之不可。惟侯奉法循理,节用爱人。至于葺府庾[10]、缮沟垒、训兵戎、虞疆场,夙夜殚力,以整以备,江海盗寇悉缚至麾下,奸慝迹熄不敢窃发[11],年谷洊登倍蓰他境[12]。因治之余,复此壮观,州人耄倪再见承平气象,俾过之者得以挹江南之形胜而起骚人之思,北望神州而动击楫枕戈之想,则斯亭岂特游观登临之胜而已哉?愿为特书,惠尔淮土以诏于无止。"余曰:"诺哉。"

绍兴二年四月记[13]。

按:本文选自《古今图书集成·职方典》卷七六五(中华书局,巴蜀书社1985年影印本)。

【作者简介】

杨万里(1127—1206),字廷秀,号诚斋,吉州吉水(今属江西)人。高宗绍兴二十四年(1154)进士。累官太常博士、广东提点刑狱、尚书左司郎中兼太子侍读、秘书监等,先后知筠州、赣州。后因抗金抱负无法施展,乞祠官(无实际官职,只领祠禄,等于退休)而归,从此诀别仕途。因痛恨韩侂胄弄权误国,忧愤而死。有《诚斋集》传世。

【注释】

[1]发运使:官名。唐置宋袭,初置京畿东西水陆发运使,后有江淮两浙发运使兼制置茶盐事。南宋初,发运使只掌购买食粮。东园:发运使官家花园,欧阳修有《记》。

[2]骊:黑马。黄:谓黄马。骉骊:音 lù ěr,良马名。

[3]絷:音 zhí,束缚。

[4]安期:一名安期生,人称千岁翁,安丘先生。晋皇甫谧《高士传》记载,秦始皇东游,请与语三日三夜,留书始皇:"后数年求我于蓬莱山"。始皇得信,再访时已不复见到安期生,于是天天远眺东海,并派徐福出海寻找,无果。

[5]米元章:米芾字元章,北宋书法家,画家,书画理论家。号襄阳居士、海岳山人等。祖籍山西太原,后迁居湖北襄阳,长期居润州(今江苏镇江)。累官校书郎、书画博士、礼部员外郎等。善诗,工书法,擅篆、隶、楷、行、草等书体,与苏轼、黄庭坚、蔡襄并称宋代四大书法家。

[6]扁:同"匾",匾额。

[7]建炎庚戌:1130年。

[8]绍兴辛巳:按:当为"辛亥",1131年。

[9]牣:满,充满。

[10]庾:露天的谷仓。

[11]奸慝:奸恶之人。

[12]洊登:谓连获丰收。洊:音 jiàn,再,接连。倍蓰:数倍。蓰:音 xǐ,五倍。

[13]绍兴二年:1132年。

铜壶阁记

北宋·吴拭

【提要】

本文选自《古今图书集成·职方典》卷五九四（中华书局、巴蜀书社1985年影印本）。

铜壶阁在成都府"稍东垂五十步"的位置，置铜壶刻漏供报时之用。初建于北宋仁宗天圣（1023—1032）中，燕肃所制莲花漏置于其中。

钟表出现以前，计时主要用刻漏。学识渊博的燕肃深感当时计算时间的仪器不够准确，且结构复杂，使用颇为不便，决心发明一种新的计时器。仁宗天圣八年（1030），经过反复研究，终于制造出新的莲花刻漏。燕肃发明的莲花漏由上、下两个水池盛水，上池漏于下池，再由铜鸟均匀地注入石壶，石壶上有莲叶盖，一支箭首刻着莲花的浮箭，插入莲叶盖中心。箭为木制，由于水的浮力，便能穿过莲心沿直径上升，箭上有刻度，从刻度就可以看出是什么时刻和什么节气了。根据全年每日昼夜的长短微有差异，又把二十四节气制成长短刻度不同的48支浮箭，每一个节气昼夜各更换一支。这种刻漏制作简单，计时准确，设计精巧，很快在全国推广开来。朝官夏竦称其"秒忽无差"。

成都也用上了这项发明，可是徽宗崇宁元年（1102）铜壶阁的一场火灾让刻漏毁坏已经十年，直到政和元年（1111）吴拭前来任郡宰。他觉得铜壶阁所在处垒土为台很是怪异，一问方知，前尹蒋堂曾经想恢复铜壶，无奈木材不够，他下令砍伐蜀主刘备惠陵上的乔木，引起"蜀人浸不悦，狱讼滋多"。不久，朝廷因此将他调任外地，铜壶阁复建又搁浅了。至此，"阅十载，更六尹于兹"，阁还是土台。

郡宰吴拭责官员各负其责，申朝廷获得准许，问卜筮定下动土日子，"得九月壬申始，命工如所卜日，迄十一月戊寅告成"。

重修的铜壶阁，"通阁上下一十有四间，其高一丈六尺有五寸，广十丈，深五丈有六尺。审曲面势，丹垩是饰；瓴覆甓甃，厥有彝度；中设关键，辟阖惟谨"。宋时一丈约为今3.12米。弘堂大阁，安置下"燕肃刻漏"："柜一、壶一、泉一、箭四十有八，铜鸟逼水而下，金莲浮箭而上，气二十四，候七十二，百刻十二辰，率是箭而定。"

相天法地，刻漏计时在古代都是大事，所以，阁成后，"大合乐以落之"。

府门稍东垂五十步，庆历四年，知府事蒋公堂作漏阁以直午门[1]。嘉祐中[2]，先公签书府幕事，拭侍行[3]，犹及见阁，以八分大字题其额曰[4]：铜壶。岿然南向，一府之冠也。

崇宁元年七月乙酉，阁灾。政和元年三月乙卯，拭承乏尹事[5]。始至府，视阁故处，累土如台然。问吏，吏曰："前尹蒋即台为门，治材略具。朝廷亦尝赐度牒[6]，售钱六百万有奇。尹去弗克成。"问钱与材今安在，曰："材为他所缮，备辍用之。钱则帑官专辄兑费矣[7]。"拭曰："午门既台门也，兹唯阁之宜，奚台之有？"即日便彻累土，图阁如庆历时。戒府以本末闻计台愿给[8]，帑官向所辄费钱，檄旁郡市木若石[9]，余悉从府办计。使者然之。

于是，府委倅路侯康国、安侯章成都、谭令愈华阳、赵令申锡供奉官，城外巡检段希戡供奉官，监养马务高士若总领分莅凡役事。拭谓是举也，非闻诸朝以期限，趣其成则弛而姑置之，犹前日也。亟驰以章上，被旨曰："可。"赐之限者半年。占于龟筮，得九月壬申始，命工如所卜日，迄十一月戊寅告成。

通阁上下一十有四间，其高一丈六尺有五寸，广十丈，深五丈有六尺。审曲面势，丹垩是饰；瓴覆甍甃，厥有彝度[10]；中设关键，辟阖惟谨。此邦士大夫，若稚若老，相与欢曰："吾邦之壮观矣！使地理书而可信吾邦自是其冈弗吉矣！"

他日，大合乐以落之[11]。酒行，拭语客曰："周官挈壶以令军井[12]，挈辔以令舍[13]，挈畚以令粮[14]，盖号令不能相闻，故令之各以其物，省繁趋疾，以便事也。然则，漏刻之作，周官之所甚重，夫岂末务也哉？《齐诗》："颠之倒之，自公召之。倒之颠之，自公令之。不能晨夜，不夙则莫[15]。"则挈壶氏不能掌其职故也。

按，阁初置天圣中，燕梓州肃所制莲花漏于其下。阁灾漏毁，阅十载，更六尹于兹。今吾阁成，漏悉如燕制：柜一、壶一、泉一、箭四十有八，铜鸟逼水而下，金莲浮箭而上，气二十四，候七十二，百刻十二辰，率是箭而定。凡吾将佐若掾属吏士[16]，时其寝与悉心公家以弗懈厥职，尚何瞿瞿狂夫之所听哉[17]？

虽然阁成非难，不扰于民者是为难。上既赐以阁成之期，又虑夫因阁而扰也，乃勅提点刑狱走马承受官以警察其事。夫为民之长而不知爱民，使民不自聊而困于力役，故其官府园观卜筑缔构殆无虚日，而藻绘镂刻穷极技巧，会不以殚财蠹民之为念？此曹不击于中，执法不劾于司，财非幸何也？

今营阁以严，漏刻正周官之法，上犹以谓扰，则民受弊。德音督训，至申言之，此君等所具闻者。请与君等体上之所以仁民爱物之至意，终身铭之，以庶几不忍人之政[18]。于是，客皆起曰："敢不拜幸公录今日语，并以属来者览观焉。"

【作者简介】

吴拭(一作栻)，生卒年不详。字顾道，建州(今福建建瓯)人。熙宁六年(1073)进士。出使高丽，从此高丽不断遣使贡物。回国后，任开封府知府，升为工部、户部侍郎。后调宛丘(今河南淮阳)知府。大观元年(1107)以后，历任苏州、陈州、河中及成都府知府，迁兵部侍郎，调龙图阁大学士，再镇守成都，调中山府知府时去世。有《论语十说》《蜀道纪行诗》《庵峰集》《鸡林记》(鸡林即高丽地)等传世。

【注释】

［1］庆历四年:1044 年。蒋堂(980—1054),子希鲁,号逐翁,宜兴(今属江苏)人。真宗大中祥符五年(1012)进士。历知临川县,通判眉、吉、楚州,知泗州,召为监察御史。仁宗朝任侍御史,因谏阻废郭皇后事,出为江南东路转运使,徙淮南,兼江淮发运事,又降知越州,徙苏州。入判刑部,擢三司副使。复历梓夔路安抚使、江淮制置发运使,知应天、河中府及洪、杭、益、苏州,累迁枢密直学士。皇祐中,以尚书礼部侍郎致仕。有《吴门集》20 卷传世。

［2］嘉祐:北宋仁宗赵祯年号,1056—1063 年。

［3］先公:亡父。

［4］八分:即八分体。秦书八体之一,即隶书。

［5］承乏:暂任某职的谦称。

［6］度牒:国家对于依法得到公度为僧尼的人所发给的证明文件(度是说度之入道)。度牒在唐代也称为祠部牒,都是绫素锦素钿轴(北宋用纸,南宋用绢,其上详载僧尼的本籍、俗名、年龄、所属寺院、师名以及官署关系者的连署)。僧尼持此度牒,不但有了明确的身份,可以得到政府的保障,同时还可以免除地税徭役。

宋代度牒,不仅有法定的价格,且其价格还随使用范围的扩大而与日俱增。元丰七年(1084)著令度牒每道为钱百三十千,夔州路至三百千,以次减为百九十千。元祐间定价为三百千。南宋绍熙三年(1192)定价为八百千。元丰至绍熙,百年间度牒价格增至六倍以上,而它的用途也异常宽泛:以度牒充青苗资,限制高利贷者的盘剥,减轻人民负担,增加朝廷收入;以度牒充市易本钱,防止大商人垄断物价,稳定市场,并增加朝廷收入;以度牒作赈饥救荒;以度牒充军费……

度牒领得之后,可以免丁钱避徭役,保护资产。因此豪强兼并之家,公然冒法,买卖度牒,从中取利,甚至伪造度牒。而基层政府往往通过度牒出售获得救荒、公共事业营缮等资金。

［7］帑官:谓掌管官府钱财的官员。专辄:专管,专擅。

［8］计台:谓计省。即三司。愿给:谓财政拨付意愿。

［9］檄:晓谕。

［10］彝度:道理法则。

［11］合乐:谓诸乐合奏。

［12］军井:军中将士用的水井。《周礼》:挈壶氏,掌挈壶以令军井。《淮南子》:军井通,然后敢饮。

［13］挈罃:悬罃,谓停马息止。舍:休息。

［14］挈畚:《周礼注》:盛粮之器,挈以表之,使军中知取粮处。

［15］莫:通"暮",晚。

［16］掾属:佐治的官吏。

［17］瞿瞿:惊视不安貌。《易·震》:震索索,视瞿瞿。

［18］庶几:或许可以,差不多。

艮 岳 记

北宋·张 淏

【提要】

本文选自《中国历代名园记选注》(安徽科技出版社 1983 年版)。

艮岳是北宋著名宫苑。宋徽宗政和七年(1117)动工建设,宣和四年(1122)竣工,初名万岁山,后改名艮岳、寿岳,或连称寿山艮岳,亦号华阳宫。徽宗赵佶亲撰《御制艮岳记》。

艮,八卦中为山之象,方位东北。宋徽宗即位之初,未有子嗣,道士刘混康进言,京城东北隅,风水甚佳,但形势稍下,倘少加耸高,当有多男之祥。徽宗随即决定开工建设。

艮岳位于汴京(今河南开封)景龙门内以东,封丘门(安远门)内以西,东华门内以北,景龙江以南,周长约 6 里,面积约为 750 亩。

汴梁附近数千里,一马平川,少洪流巨泽,而尊崇道教、精通书画的徽宗认为帝王或神灵皆非形胜不居,所以对寿山艮岳景观布局极为重视,并担纲总设计。全园以山石奇秀、洞谷幽深的艮岳为园内各景点的构图中心。"山周十余里,其最高一峰九十步(宋代一步合 1.536 米),上有介亭,分东西二岭,直接南山"。介亭所在之山是整个山岭中的主岳,万松岭和寿山是宾是辅,主从分明,这就是我国造园艺术中山贵有脉、主山始尊、岗阜拱伏的手法。

宾主已立,远近有形,加上恰到好处的叠石理水,使得山无止境,水无尽意,山因水活,山水即刻生动非常。"寿山两峰并峙,列峰如屏,瀑布下入雁池,池水清澈涟漪,凫雁浮泳水面,栖息石间,不可胜数"。池水出为溪,自南向北行岗脊两石间,往北流入景龙江,往西与方沼、凤池相通,形成了谷深林茂、曲径通幽的完善水系,艮岳景致布局随心"穿凿景物,摆布高低"。艮岳东麓,植梅万株。艮岳之西是药用植物园圃。西庄是农家村舍,帝王之家在此可耕可憩,大可"放怀适情,游心玩思"。

因地制宜的造园原则,使艮岳构园精当而合宜。依翠楼、降雪楼依山而建;沼池有洲,洲中梅、芦,亭、榭隐其间,庭园内尽撒四季颜色。宜亭斯亭,宜榭斯榭,使得艮岳如天造地设,自然生成。

艮岳中的亭台轩榭根据不同的景区要求,布置疏密错落。或远眺,或静思,或宜小酌,或可弄箫,有的清淡脱俗、典雅宁静,有的适于吟红唱紫,临风放歌。艮岳中也有宫殿,但是因势因景点的需要而建,与唐以前宫苑大不相同,布置的理念是"宫殿退其次,山水居其前"。

艮岳中养禽兽较多,但其功能作用有了根本的变化,已不再供狩猎之用,而是起增加自然情趣的作用,是园林景观的组成部分之一。

艮岳作为皇家园林,其营造突破了秦汉以来宫苑"一池三山"的规范,把诗情画意移入园林,以写意、概括的山水创作作为主题,是中国园林营造的一大转折。山水之妙、亭台楼阁之趣……山水宫苑谋篇布局的理念与技巧成为随后各朝造园的重要"思想库"。

寿山艮岳完工未久即遇金人围城,及金人再至,围城日久,钦宗命取苑中山禽水鸟十余万尽投之沐河,并拆屋为薪,凿石为炮,伐竹为笆篱,又取大鹿数百千头杀之以饷卫士。至都城被攻陷,居民皆避难于寿山、万岁山之间,次年春,苑已尽毁矣。随后各朝,由"花石纲"搜刮来的太湖、灵璧等地奇石源源不断被搬运到北京,成为北海琼华岛上白塔、瀛台的构筑材料。正所谓:"中原自古多亡国,亡宋谁知是石头?"(元·郝经)

徽宗登极之初,皇嗣未广,有方士言:"京城东北隅,地协堪舆[1],但形势稍下[2],倘少增高之,则皇嗣繁衍矣。"上遂命工培其冈阜,使稍加于旧,已而果有多男之应。自后海内乂安[3],朝廷无事,上颇留意苑囿。政和间,遂即其地,大兴工役,筑山号"寿山艮岳",命宦者梁师成[4]专董其事。

时有朱勔者,取浙中珍异花木竹石以进,号曰:"花石纲"。专置应奉局于平江[5],所费动以亿万计,调民搜岩剔薮[6],幽隐不置,一花一木,曾经黄封[7],护视稍不谨,则加之以罪。断山輦石[8],虽江湖不测之渊、力不可致者,百计以出之,至名曰:"神运"。舟楫相继,日夜不绝,广济四指挥[9],尽以充挽士,犹不给。时东南监司、郡守、二广市舶[10],率有应奉。又有不待旨,但进物至都,计会宦者以献者[11]。大率灵璧、太湖诸石[12],二浙奇竹异花[13],登、莱文石[14],湖、湘文竹[15],四川佳果异木之属,皆越海度江、凿城郭而至。后上亦知其扰,稍加禁戢[16],独许朱勔及蔡攸入贡[17]。

竭府库之积聚,萃天下之伎艺,凡六载而始成。亦呼为"万岁山",奇花美木,珍禽异兽,莫不毕集。飞楼杰观,雄伟瑰丽,极于此矣。

越十年,金人犯阙,大雪盈尺,诏令民任便斫伐为薪。是日[18],百姓奔往,无虑十万人[19]。台榭宫室,悉皆拆毁,官不能禁也。

予顷读国史及诸传记,得其始末如此。每恨其他不得而详,后得徽宗御制记文及蜀僧祖秀所作《华阳宫记》读之,所谓"寿山艮岳"者,森然在目也。因各摭其略[20],以备遗忘云。

御制《艮岳记》略曰:

于是按图度地,庀徒僝工[21],累土积石,设洞庭、湖口、丝溪、仇池之深渊,与泗滨、林虑、灵璧、芙蓉之诸山,最瑰奇特异瑶琨之石[22]。即姑苏、武林、明、越之壤,荆、楚、江、湘、南粤之野,移枇杷、橙、柚、橘、柑、椰、栝、荔枝之木[23];金蛾、玉羞、虎耳、凤尾、素馨、渠那、茉莉、含笑之草;不以土地之殊,风气之异,悉生成长养于雕阑曲槛。而穿石出罅,冈连阜属,东西相望,前后相属,左山而右水,沿溪而傍陇,连绵而弥满,吞山怀谷[24]。

其东则高峰峙立,其下植梅万数,绿萼承跗[25],芬芳馥郁,结构山根,号"绿萼华堂"。又旁有"承岚""昆云"之亭。有屋内方外圆,如半月,是名"书馆"。又有"八仙馆",屋圆如规。又有"紫石"之岩,"祈真"之磴[26]"揽秀"之轩,"龙吟"之堂。其南则"寿山"嵯峨,两峰并峙,列嶂如屏。瀑布下入"雁池",池水清泚涟漪,凫雁浮泳水面,栖息石间,不可胜计。其上亭曰"噰噰",北直"绛霄楼",峰峦崛起,千叠万覆,不知其几十里,而方广兼数十里。

其西则参、术、杞菊、黄精、芎䓖[27],被山弥坞,中号"药寮"。又禾、麻、菽、麦、黍、豆、粳、秫,筑室若农家,故名"西庄"。上有亭,曰"巢云",高出峰岫,下视群岭,若在掌上。自南徂北,行冈脊两石间,绵亘数里,与东山相望。水出石口,喷薄飞注如兽面,名之曰"白龙渊","濯龙峡""蟠秀""练光""跨云亭""罗汉岩"。

又西半山间,楼曰"倚翠",青松蔽密,布于前后,号"万松岭"。上下设两关,出关下平地,有大方沼,中有两洲,东为"芦渚",亭曰"浮阳";西为"梅渚",亭曰"云浪"。沼水西流为"凤池",东出为"研池"。中分二馆,东曰"流碧",西曰"环山"。馆有阁曰"巢凤",堂曰"三秀",以奉九华玉真安妃圣像[28]。

东池后,结栋山下,曰"挥云厅"。复由磴道盘纡萦曲,扪石而上,既而山绝路隔,继之以木栈,倚石排空,周环曲折,有蜀道之难。跻攀至"介亭",此最高于诸山。前列巨石,凡三丈许,号"排衙",巧怪巉岩,藤萝蔓衍,若龙若凤,不可殚穷。"麓云""半山"居右,"极目""萧森"居左。北俯"景龙江",长波远岸,弥十余里,其上流注山间。西行潺湲,为"漱玉轩"。又行石间,为"炼丹亭","凝观""圆山亭"[29],下视水际,见"高阳酒肆""清斯阁"。北岸万竹,苍翠蓊郁,仰不见天,有"胜云庵""躏云台""消闲馆""飞岑亭",无杂花异木,四面皆竹也。又支流为"山庄",为"回溪"。

自山蹊石罅,搴条下平陆,中立四顾,则岩峡洞穴,亭阁楼观,乔木茂草,或高或下,或远或近,一出一入,一荣一凋,四面周匝,徘徊而仰顾,若在重山大壑、深谷幽岩之底,不知京邑空旷坦荡而平夷也;又不知郛郭寰会纷萃而填委也[30]。真天造地设、神谋化力,非人力所为者,此举其梗概焉。

祖秀《华阳宫记》曰:

政和初,天子命作"寿山艮岳"于京城之东陬[31],诏阉人董其役。舟以载石,舆以辇土,驱散军万人,筑冈阜高十余仞,增以太湖、灵璧之石,雄拔峭峙,功夺天造。

石皆激怒抵触,若踶若啮[32],牙角口鼻,首尾爪距,千态万状,殚奇尽怪。辅以蟠木、瘿藤,杂以黄杨、对青竹荫其上。又随其幹旋之势[33],斩石开径,凭险则设磴道,飞空则架栈阁,仍于绝顶,增高树以冠之。搜远方珍材,尽天下蠹工绝伎而经始焉[34]。山之上下,致四方珍禽奇兽,动以亿万计。犹以为未也,凿池为溪涧,叠石为堤捍,任其石之怪,不加斧凿,因其余土,积而为山。山骨暴露,峰棱如削,飘然有云姿鹤态,曰"飞来峰"。高于雉堞,翻若长鲸,腰径百尺,植梅万本,曰"梅岭"。接其余冈,种丹杏、鸭脚,曰"杏岫"。又增土叠石,间留隙穴,以栽黄杨,曰"黄杨瑹"。筑修冈以植丁香,积石其间,从而设险,曰"丁嶂"。又得赭石[35],任其自然,增而成山,以椒兰杂植于其下,曰"椒崖"。接水之末,增土为大陂,种东南侧柏,枝干柔密,揉之不断,叶为幢盖、鸾鹤、蛟龙之状,动以万数,曰"龙柏陂"。循"寿山"而西,移竹成林,复开小径,至百数步。竹有同本而异干者,不可纪极,皆四方珍贡。又杂以对青竹,十居八九,曰"斑竹麓"。又得紫石,滑净如削,面径数仞,因而为山,贴山卓立,山阴置木柜,绝顶开深池,车驾临幸,则驱水工登其顶,开闸注水,而为瀑布,曰"紫石壁",又名"瀑布屏"。从"艮岳"之麓,琢石为梯,石皆温润净滑,曰"朝真磴"。又于洲上植芳木,以海棠冠之,曰"海棠川"。"寿山"之西,别治园圃,曰"药寮"。

其宫室台榭,卓然著闻者:曰"琼津殿""绛霄楼""绿萼华堂"。筑台高千仞,周览都城,近若指顾。造"碧虚洞天",万山环之,开三洞,为品字门,以通前后苑。建八角亭于其中央,桄橡窗楹,皆以玛瑙石间之。其地琢为龙础。导"景龙江"东出"安远门",以备龙舟行幸东、西"撷景"二园。西则溯舟造"景龙门",以幸曲江池亭。复自"潇湘江亭",开闸通金波门,北幸"撷芳苑"。堤外筑垒卫之,滨水莳绛桃[36]、海棠、芙蓉、垂杨,略无隙地。又于旧地作野店,麓治农圃。开东、西二关,夹悬岩,磴道隘迫,石多峰棱,过者胆战股栗。凡自苑中登群峰所出入者,此二关而已。又为胜游六七,曰"濯龙洞""漾春陂""桃花闸""雁池""迷真洞",其余胜迹,不可殚纪。工已落成,上名之曰"华阳宫"。然"华阳"大抵众山环列,于其中得平芜数十顷,以治园圃,以辟宫门于西,入径广于驰道,左右大石皆林立,仅百余株,以"神运""昭功""敷文""万寿"峰而名之,独"神运峰"广百围,高六仞,锡爵"盘固侯",居道之中,束石为亭以庇之,高五十尺,御制记文,亲书,建三丈碑,附于石之东南陬。其余石,或若群臣入侍帷幄,正容凛若不可犯,或战栗若敬天威,或奋然而趋,又若伛偻趋进,其怪状余态,娱人者多矣。

上既悦之,悉与赐号,守吏以奎章画列于石之阳[37],其他轩榭庭径,各有巨石,棋列星布,并与赐名,惟"神运峰"前巨石,以金饰其字,余皆青黛而己,此所以第其甲乙者。乃名群峰,其略曰:朝日升龙、望云坐龙、矫首玉龙、万寿老松、栖霞扪参、衔日吐月、排云冲斗、雷门月斧、蟠螭坐狮、堆青凝碧、金鳌玉龟、叠翠独秀、栖烟恰云、风门雷穴、玉秀、玉窦、锐云巢凤、雕琢浑成、登封日观、蓬瀛须弥、老人寿星、卿云瑞霭、淄玉、喷玉、蕴玉、琢玉、积玉、叠玉、丛秀,而在于渚者曰"翔鳞",立于溪者曰"舞仙",独居洲中者曰"玉麒麟",冠于"寿山"者曰"南屏小峰",而附于池上者曰"伏犀""怒猊""仪凤""乌龙",立于沃泉者曰"留云""宿雾",又为"藏烟谷""滴翠岩""搏云屏""积雪岭"。其间黄石仆于亭际者曰"抱犊天门"。又有大石二枚,配"神运峰",异其居以压众石,作亭庇之,置于"寰春堂"者曰"玉京独秀太平岩",置于"绿萼华堂"者曰"卿云万态奇峰"。括天下之美,藏古今之胜,于斯尽矣。

靖康元年闰十一月,大梁陷,都人相与排墙[38]避虏于"寿山艮岳"之巅,时大雪新霁,丘壑林塘,杰若画本,凡天下之美,古今之胜在焉。祖秀周览累日,咨嗟惊愕,信天下之杰观,而天造有所未尽也。明年春,复游"华阳宫",而民废之矣。

【作者简介】

张淏,字清源,本开封人,侨居婺州(今浙江金华)。生卒年不详,约宋宁宗嘉定中前后在世。仕至奉议郎。著有《云谷杂记》四卷,《会稽续志》八卷,《艮岳记》一卷等。

【注释】

[1] 堪舆:风水。

[2] 形势:地势。

[3] 乂安:太平,安定。

[4] 梁师成(? —1126):字守道,开封人,北宋末年宦官,与蔡京、童贯等合称"六贼"。后被府吏缢杀之。

[5] 平江:北宋政和三年(1113),升苏州为平江府。

[6] 搜岩剔薮:艮岳太湖石产自苏州,故须剔搜湖水。薮:音 sǒu,水少而草木茂盛的湖泽。

[7] 黄封:皇家的封条。色黄,故称。

[8] 辇石:运石。辇:音 niǎn,用人拉挽的车子。

[9] 广济四指挥:宋代禁军(直属中央)和厢兵(地方军队)编制,通称指挥。因不同兵种或其他原因分别称为某某指挥,每一指挥额定兵员五百人,同一名称的指挥因兵员较多又分别以"第一""第二"等为名。熙宁(1068)以后,淮南路厢兵水军驻扎宿州、泰处等处的,称"广济指挥"。"四指挥"即二千人。

[10] 市舶:市舶使或市舶司的省称。

[11] 计会:计虑,计算。

[12] 灵璧:在今安徽省境。其地产石,扣之铿然有声,天成峰峦透空之象。宋以来,世人视为奇货。太湖石:唐以来即视以为奇石,艮岳大量取用更使其身价倍增。

[13] 二浙:即浙东、浙西路,分合不常,合并为一路时,称两浙路。

[14] 登、莱:即今山东蓬莱、莱州市。《云林石谱》载,登州石出鼍矶岛、沙门岛,色黑白或斑斓;莱州石,产于莱州市、烟台一带,质地细腻,呈半透明蜡状光泽。花纹颜色五彩斑斓,白者晶莹,绿者透碧,佳者光润似玉。

[15] 湖、湘:泛指今湖南洞庭湖一带。文竹:即斑竹。茎细弱,枝纤细呈叶状水平开展。花小白色。浆果球形,黑色。

[16] 禁戢:禁止,杜绝。

[17] 朱勔(1075—1126):宋苏州(今属江苏)人。因其父朱冲谄事蔡京、童贯,父子均得官。时徽宗迷奇花异石,朱勔奉迎上意,搜求苏浙奇花异石进献。政和间,在苏州设应奉局,百般搜索,连年不绝。蔡攸(1077—1126):蔡京子,受宠显贵,以至父子争权。后被贬至广东万安军(今海南万宁),不久被钦宗使者杀死。

[18] 是日:金人破汴京之日在靖康元年(1126)闰十一月二十四日。

[19] 无虑:大约,大概。

[20] 摭:音 zhí,选取,拾取。

[21] 庀徒僝工:召集工匠徒役,筹集工料。庀,音 pǐ,治理,具备。僝,音 chán,显现,具备。

[22] 瑶琨:谓美玉美石。

[23] 栝:音 guā,桧树,又称圆柏。

[24] 吞山怀谷:谓乔木美草布满山冈深谷。

[25] 趺:音 fū,脚背。此谓山脚。

[26] 磴:登山石阶。

[27] 芎䓖:音 xiōng qióng,一种多年生草本植物。

[28] 安妃:《宋史·后妃记》载:政和三年(1113),徽宗刘贵妃卒,次年又有出身酒保家的刘贵妃得宠。徽宗信道教,方士林灵素恭维他是天上第九重霄玉清王长子,第二个刘贵妃是仙女下凡,号为"九华玉真安妃"。宣和三年(1121),安妃卒,年三十四。徽宗在艮岳供其遗像。

[29] 圌:音 chuán,一种类囤的盛粮器具。

[30] 郛郭寰会:谓乡村都会。填委:纷集、堆积。

[31] 陬:音 zōu,角,角落。

[32] 踶:音 dì,用蹄子踢、踏。啮:音 niè,咬。

[33] 斡旋:扭转。

[34] 蠹工绝伎:谓能工巧匠。

[35] 赪石:红色的石头。赪:音 chēng,红色。

[36] 莳:音 shì,移栽。

[37] 奎章:御笔,谓石皆宋徽宗题名。画列:谓管事者摹刻御笔于石头阳面。

[38] 排墙:谓人列集如墙。

新昌县石城山大佛身量记

北宋·僧辨端

【提要】

本文选自《会稽掇英总集》(人民出版社 2006 年版)。

新昌大佛位于今浙江新昌南明山,这里群山环抱,奇岩怪石,陡壁迂回,宛如天然石城,故又名"石城山"。山中有大佛寺,殿阁巍峨,古木参天,是浙江著名的古刹。

该寺的大雄宝殿紧贴悬崖崖壁而建,外观五层,其中四层的内部实际上通作一层,其上为石梁,石梁上再架檐一层,高大雄伟。后壁正中有一尊雕于南朝梁天监年间(502—519)的石弥勒大佛,是江南现存最大最古的石刻造像。这尊石弥勒大佛,依山开凿,原来是立像,依僧辨端描述,"佛身通高一十丈,坐广五丈有六尺五寸",即高 31.2 米、宽 17.6 米余,仅指掌通长便有 3.9 米。难怪辨端叹其"敞博崇伟",认为"天下鲜可比拟者"。

至元代元统二年(1334),用砖砌泥涂的办法,新昌大佛改为坐像。现存石像为方脸长耳、螺发肉髻,上额宽广,眉眼细长,方颐薄唇,容相丰满,身躯亦比较肥胖;着袈裟而袒胸,双手掌心向上交叠于胸前作禅定印,双脚盘曲作全跏趺坐式,端坐在一个高 2.4 米的石座上。造型庄严,体态匀称,衣纹流畅,风格写实。身后的背光、分头光和身光上下两重。大佛通高 13 米余,两膝宽 10.6 米,耳长 2.7 米,鼻长 1.48 米。距大佛寺西北约 300 米有一个千佛院,院内后壁依山势凿成小佛像一千多尊,也是南朝的作品,大多为小坐佛,高不盈尺、宽近 5 寸,排列整齐,个个神采飞逸,与大佛形成鲜明对照。

新昌大佛被学界称之为"江南第一大佛"。

本书先秦至五代卷《梁建安王造剡山石城寺石像碑》述佛像初造事。

剡溪之东三十里而远,属新昌县,有石城,曰隐岳,实天台之西门。去县五六里而近,双峦骈耸,状犹琢削[1]。实其表,无暇隙,而草树不得殖;虚其中,无翳隘[2],而虎豹不得入。豁然若堂奥,窅然若龛室[3],诚造物者独有意于是焉。其左右前后,皆圆岑崎峰,胥以环卫[4]。

案刘勰旧记,当永明四年,有浮屠氏,厥号僧护,尝兹矢誓,期三生恭造弥勒之像。梁天监十二年二月,始经营开凿之。洎毕[5],龛高一十一丈,广七丈,深五丈。佛身通高一十丈,坐广五丈有六尺,其面自发际至颐,长一丈八尺,广亦如之,目长六尺三寸,眉长七尺五寸,耳长一丈二尺,鼻长五尺三寸,口广六尺二寸。从发际至顶,高一丈三尺。指掌通长一丈二尺五寸,广六尺五寸。足亦如之。两膝跏趺[6],相去四丈五尺。咸壮丽特殊。其四八之相,冈弗毕具。

咸平五年[7],端东游天台,路经是岳,故得雄观其敞博崇伟,且叹仰之不暇。谅嘉陵并郡石像外,至于斯,天下鲜可比拟者。乃询其数量之延袤,刊之于石,以垂坚久,庶传于四方之耳目,俾洽于闻见也[8]。若其神异之感召,事物之奇胜,悉存诸刘公之文,此不当复有说矣。

时皇宋咸平壬寅记[9]。

【作者简介】

僧辨端,行迹不详。

【注释】

[1]琢削:雕刻,刻削。

[2]翳隘:阴蔽狭窄。

[3]窅然:幽深遥远貌。窅,音 yǎo。龛室:壁上小龛;墓室。

[4]胥:全,都。

[5]洎毕:谓竣工。洎,音 jì,及,到。

[6]跏趺:"结跏趺坐"的略称。修禅者的坐法:两足交叉置于左右股上,称"全伽坐";左、右单足押之股上,谓"半跏坐"。

[7]咸平五年:1002 年。

[8]俾:使。洽:合。

[9]咸平壬寅:咸平五年。

丁谓传(节选)

元·脱　脱 等撰

【提要】

本文选自《宋史》卷二八三(中华书局 1977 年版)。

丁谓(926—1033)字谓之,长洲(今江苏吴县)人。淳化进士。历任转运使、工部员外郎、权三司使、参知政事、同中书门下平章事,在相位 7 年,封晋国公,是北宋太宗、真宗、仁宗三朝元老,显赫一时。曾不动刀枪,安抚西南地区少数民族的叛乱,并根据西南地区产粟米,缺食盐的情况,从内地调入食盐换取当地粟米以充军粮,使官民两利。还建议按当年全国户籍和粮赋数为准,固定粮赋的数额,获朝廷采纳。

真宗时,与参知政事王钦若迎帝意,大搞封禅,排挤寇准。仁宗即位,丁谓独揽朝政,后被贬崖州。

丁谓才智过人。《梦溪笔谈·权智》:"祥符中,禁火。时丁晋公主营复宫室,患取土远,公乃令凿通衢取土,不日皆成巨堑。乃决汴水入堑中,引诸道竹木排筏及船运杂材,尽自堑中入至宫门。事毕,却以斥弃瓦砾灰尘壤实于堑中,复为街衢。一举而三役济,计省费以亿万计。"丁谓主持的皇宫修建工程一举三得,令人叹为观止。

丁谓为官,心术不正,做事"多希合上旨,天下目为奸邪"(《宋稗类钞》卷六)。他与王钦若、林特、陈彭年、刘承珪都以奸邪险伪著名,人称"五鬼"。真宗封禅泰山,丁谓极力奉迎;真宗欲营建玉清昭应宫,左右近臣上疏劝谏。丁谓道:陛下有天下之富,建一宫奉上帝,而且用来祈皇嗣。群臣有沮陛下者,愿以此论之。从此无人再敢劝谏。大中祥符二年(1009),宋真宗命丁谓为修玉清昭应宫使,又加天书扶侍使、总领建造会灵观、玉皇像迎奉使、修景灵宫使、天书仪卫副使。丁谓做此类事情可谓尽心尽力。玉清昭应宫计 3 600 余楹,原估计 25 年建成。丁谓征集大批工匠,严令日夜不停,只用了 7 年时间便建成,皇帝大加赞赏,赐宴赋诗以宠其行。

多行不义必自毙。乾兴元年(1022)二月,宋真宗死,仁宗即位,时年 13 岁。太后听政,丁谓利用职位之便修改"诏书",把真宗死因归罪于寇准,并以此为借口,将朝中凡是与寇准相善的大臣全部清除。丁谓勾结宦官雷允恭,把持朝政。雷允恭监修真宗皇陵,擅自移改陵穴,"众议日喧",但被丁谓搁置、庇护下来。可此事终被揭发,太后震怒,雷允恭被诛,丁谓罢相,贬为崖州(今海南)司户参军,4 个儿子全被降黜。

丁谓虽然才华横溢、足智多谋,但心机恶毒,有才无德,作恶大焉。

丁谓,字谓之,后更字公言,苏州长洲人。少与孙何友善,同袖文谒王禹偁[1],禹偁大惊重之,以为自唐韩愈、柳宗元后,二百年始有此作。世谓之"孙丁"。

淳化三年[2],登进士甲科,为大理评事、通判饶州。逾年,直史馆,以太子中允为福建路采访。还,上茶盐利害[3],遂为转运使,除三司户部判官。峡路蛮扰边,命往体量[4]。还奏称旨,领峡路转运使,累迁尚书上部员外郎,会分川峡为四路,改夔州路。

……

大中祥符初,议封禅,未决,帝问以经费,谓对"大计有余",议乃决。因诏谓为计度泰山路粮草使。初,议即宫城乾地营玉清昭应宫[5],左右有谏者。帝召问,谓对曰:"陛下有天下之富,建一宫奉上帝,且所以祈皇嗣也。群臣有沮陛下者[6],愿以此论之。"王旦密疏谏,帝如谓所对告之,旦不复敢言。乃以谓为修玉清昭应宫使,复为天书扶侍使,迁给事中,真拜三司使[7]。祀汾阴,为行在三司使[8]。建会灵观,谓复总领之。迁尚书礼部侍郎,进户部,参知政事。建安军铸玉皇像,为迎奉使[9]。朝谒太清宫,为奉祀经度制置使、判亳州。帝赐宴赋诗以宠其行,命权管勾驾前兵马事[10]。谓献白鹿并灵芝九万五千本。还,判礼仪院,又为修景灵宫使,摹写天书刻玉笈,玉清昭应宫副使。大内火,为修葺使。历工、刑、兵三部尚书,再为天书仪卫副使,拜平江军节度使、知升州。

……

仁宗即位,进司徒兼侍中,为山陵使。寇准、李迪再贬[11],谓取制草改曰[12]:"当丑徒干纪之际,属先王违豫之初,罹此震惊,遂至沈剧[13]。"凡与准善者,尽逐之。是时二府定议,太后与帝五日一御便殿听政。既得旨,而谓潜结内侍雷允恭[14],令密请太后降手书,军国事进入印画[15]。学士草制辞,允恭先持示谓,阅讫乃进。盖谓欲独任允恭传达中旨,而不欲同列与闻机政也[16]。允恭倚谓势,益横无所惮。

允恭方为山陵都监,与判司天监邢中和擅易皇堂地[17]。夏守恩领工徒数万穿地,土石相半,众议日喧,惧不能成功,中作而罢,奏请待命。谓庇允恭,依违不决。内侍毛昌达自陵下还,以其事奏,诏问谓,谓始请遣使按视。既而咸谓复用旧地,乃诏冯拯、曹利用等就谓第议,遣王曾覆视[18],遂诛允恭。

后数日,太后与帝坐承明殿,召拯、利用等谕曰:"丁谓为宰辅,乃与宦官交通。"因出谓尝托允恭令后苑匠所造金酒器示之,又出允恭尝干谓求管勾皇城司及三司衙司状[19],因曰:"谓前附允恭奏事,皆言已与卿等议定,故皆可其奏;且营奉先帝陵寝,而擅有迁易,几误大事。"拯等奏曰:"自先帝登遐[20],政事皆谓与允恭同议,称得旨禁中。臣等莫辨虚实,赖圣神察其奸,此宗社之福也。"乃降谓太子少保、分司西京。故事,黜宰相皆降制,时欲亟行,止令拯等即殿庐召舍人草词,仍榜朝堂,布谕天下。

……

谓机敏有智谋,憸狡过人,文字累数千百言,一览辄诵。在三司,案牍繁委,吏久难解者,一言判之,众皆释然。善谈笑,尤喜为诗,至于图画、博弈、音律[21],无不洞晓。每休沐会宾客,尽陈之,听人人自便,而谓从容应接于其间,莫能出其意者。

真宗朝营造宫观,奏祥异之事,多谓与王钦若发之。初,议营昭应宫,料功须二十五年,谓令以夜继昼,每绘一壁给二烛,七年乃成。真宗崩,议草遗制,军国事兼取皇太后处分,谓乃增以"权"字。及太后称制,又议月进钱充宫掖之用,由是太后深恶之,因雷允恭遂并录谓前后欺罔事窜之[22]。

【注释】

[1]袖文:谓携带写就的文章。古时袖宽大,文章等常置其中,故云。

[2]淳化三年:992年。

[3]茶盐利害:宋代沿袭前代对茶、盐等的国有化管理,设有提举茶盐司,"凡给之不如期,鬻之不如式,与州县之不加恤者,皆劾以闻"(《宋史·官职七》)。

[4]体量:体察情况。

[5]乾地:谓东京的南面。

[6]沮:阻止。

[7]真拜:谓实授官职。

[8]行在:即行在所。《老学庵笔记》:已而大驾幸建康,六宫留临安,则建康为行在,临安为行宫。

[9]建安军:治所今江苏仪征。玉皇像:在建安军西北小山上,工匠张文昱、王文度为玉清昭应宫铸玉皇像,大中祥符六年(1013)铸成。朝廷以极隆重的仪式运往汴京。建安军亦诏升真州,冶铸之地建仪真观。

[10]管勾:亦作"管句",管理。

[11]寇准(961—1023),字平仲,华州下邽(今陕西渭南)人。宋太宗太平兴国五年(980)进士。淳化五年(994)为参知政事,深得宋太宗赏识。宋真宗时,任同中书门下平章事。景德元年(1004),辽军大举侵宋,寇准力主抵抗,并促使真宗渡河亲征,与辽立澶渊之盟。不久,因大臣王钦若排挤罢相。晚年再度被起用。封莱国公。后因大臣丁谓等陷害遭贬,流徙道州、雷州。病死于雷州。谥号忠愍。有《寇莱公集》等传世。

李迪(971—1047),字复古,濮州(今山东鄄城)人。宋真宗景德二年(1005)状元。授将作监丞。真宗封禅泰山时,李迪因事贬为海州监税。召还,命知亳州,很快平息盗贼。进右谏议大夫、集贤院学士,知永兴军,后擢吏部侍郎兼太子少傅,同中书门下平章事。丁谓专权,李迪被罢相,知郓州,几被迫害至死。丁谓败,王曾为相,起为秘书监,知舒州。后拜同中书门下平章事,集贤殿大学士。景祐中(1034—1037),李迪被吕夷简排挤陷害,罢为刑部尚书,知亳州、知天雄军。因请求赴西抗元昊不准,心情郁闷,后致仕。

[12]制草:谓制书的草稿。

[13]干纪:违反法纪。违豫:帝王有病的讳称。沈剧:谓病情加重。沈:通"沉"。

[14]内侍:宫廷内官名。常以宦者担任。

[15]印画:谓在诏令上用印画即可,常谓帝王。犹今言批准。此指丁谓所为。

[16]机政:同"政机",指政务。

[17]擅易:擅自更改。皇堂:谓皇帝的墓室。

[18]王曾(978—1038),字孝先,青州益都(今山东益都)人。宋真宗咸平五年(1002)壬寅科状元。解试、省试、殿试皆第一,成为科举史上连中"三元"的状元。以将作监丞通判济州,入

京为著作郎,值史馆。真宗大建玉清昭应宫,王曾力陈五害以劝谏。为参知政事后,因受宰相王钦若排挤,出知应天府,徙天雄军,后复参知政事。玉清昭应宫火灾后,刘太后借机贬王曾知青州。仁宗亲政,王曾为同中书门下平章事,判河南府。景祐二年(1035),拜右仆射兼门下侍郎,平章事,集贤殿大学士,封沂国公。后因不容吕夷简专断,被罢相。有《王文正公笔录》传世。

　　[19]干:求取。

　　[20]登遐:谓帝王之死。

　　[21]博弈:下棋。

　　[22]窜:放逐。

怀 丙 传

元·脱 脱 等撰

【提要】

　　本文选自《宋史》卷四六二(中华书局 1977 年版)。

　　怀丙,河北真定(今河北正定县)僧人。北宋出色的工程力学家,他出色在哪?

　　当真定木构 13 层木塔"既久而中级大柱坏,欲西北倾",其他工匠都无力修复时,"怀丙度短长,别作柱,命众工维而上。已而却众工,以一介自从,闭户良久,易柱下,不闻斧凿声"。没有直接描写怀丙换柱的具体方法和整个过程,但柱子换好了。可惜技艺今已无人知晓,然从简洁的记录中我们仍可看出,怀丙首先观察力敏锐,先度量尺寸,继而另做新柱,严丝合缝。这座势尤孤绝的浮图就是天宁寺凌霄塔,位于今正定县城内,是城内现存的 4 塔中最高的一座,约 41 米,现为 9 层,四层至九层为木结构。塔内中心立有一根木柱,直达塔顶,这是唐宋时期常用的塔心柱式,全国的佛塔中仅存此一处,堪称孤例。

　　还有赵州安济桥,隋李春"凿石为桥,熔铁贯其中",唐以来数百年大水不能坏,但由于"乡民多盗凿铁",结果还是损坏了大桥上大批铁楗,使"桥遂欹倒,计千夫不能正"。怀丙"以术正之,使复故"。用什么办法复故,却没说。其实,当年隋朝李春修建赵州桥用的是纵向并列砌筑法,这样一来桥身每道拱券都能独立,损坏后不会相互影响;但拱券之间却缺乏横向联系,为了弥补这种缺陷,李春又设计了腰铁和铁拉杆,以勾连、固定各拱券,于是桥身就浑成一体、无比牢固了。怀丙修桥,重新铸造腰铁,逐一嵌合石块,使大桥牢固如故。

　　另外,河中府(今山西永济县)有座浮桥,原来用八尊巨大的铁牛牵引固定,一条牛重量便将近万斤。"后水暴涨绝梁,牵牛没于河,募能出之者。怀丙以二大舟实土,夹牛维之,用大木为权衡状钩牛,徐去其土,舟浮牛出。"即,怀丙首先请人摸清了铁牛的位置,然后把两只装满泥沙的木船并排拴紧,并用结实的木梁在船上搭好架子,又请人潜入水中将铁牛与架子相连。准备工作做好后,怀丙让人把船里的土铲入河里,这样船身越来越轻,慢慢上浮。随着这股浮力,陷在泥里的铁牛就被一点一点地拔出来了。

怀丙的故事进入了今天的小学课本。

僧怀丙,真定人。巧思出天性,非学所能至也。真定构木为浮图十三级,势尤孤绝。既久而中级大柱坏,欲西北倾,他匠莫能为。怀丙度短长,别作柱,命众工维而上[1]。已而却众工,以一介自从,闭户良久,易柱下,不闻斧凿声。

赵州洨河凿石为桥,熔铁贯其中。自唐以来相传数百年,大水不能坏。岁久,乡民多盗凿铁,桥遂攲倒[2],计千夫不能正。怀丙不役众工,以术正之,使复故。

河中府浮梁用铁牛八维之[3],一牛且数万斤。后水暴涨绝梁,牵牛没于河,募能出之者。怀丙以二大舟实土,夹牛维之,用大木为权衡状钩牛,徐去其土,舟浮牛出。转运使张焘以闻,赐紫衣。寻卒。

【注释】

　　[1]维:护维。

　　[2]攲倒:歪倒。

　　[3]河中府:在今山西。府治今山西永济县蒲州镇。

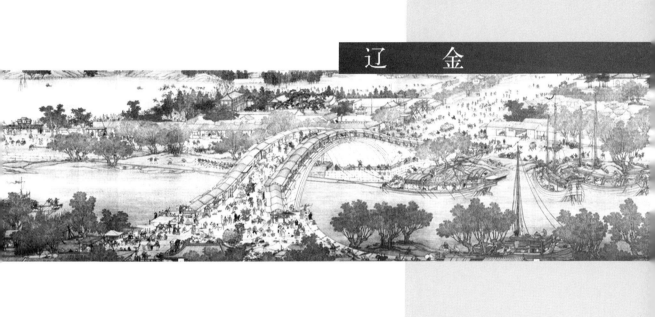

燕山云居寺碑

辽·王 正

【提要】

本文选自《古今图书集成·职方典》卷二五(中华书局、巴蜀书社 1985 年影印本)。

位于今北京房山区的云居寺,僧静琬创自隋大业中(605—618),经过历代修葺,形成今天五大院落、六进殿宇之巨刹。两侧有配殿和帝王行宫、僧房,并有南北两塔对峙;寺院坐西朝东,环山面水,形制宏伟。

云居寺是佛经荟萃之地,寺内的石经、纸经、木版经号称"三绝"。石刻佛教大藏经始于隋大业年间的僧人静琬,历经隋、唐、辽、金、元、明等六朝,共镌刻佛经 1 122 部、3 572 卷、14 278 块。刊刻规模之大,延续时间之长,绝无仅有,故有"北京的敦煌""世界之最"等称誉。纸经现藏 22 000 多卷,为明代刻印本和手抄本,包括明南藏、明北藏和单刻佛经等。其中《大方广佛华严经》为妙莲寺比丘祖慧刺破舌尖血写成,被誉为"舌血真经",尤为珍贵。《龙藏》木经始刻于清朝雍正十一年(1733)至乾隆三年(1738),现存 77 000 多块,内容极为丰富,是集佛教传入中国 2 000 年来译著之大成,堪称我国木板经书之最。

云居寺内还有千年古塔,其中唐塔 4 座、辽塔一座。四座唐塔平面均呈正方形,七层,分单檐和密檐式两种。北塔是辽代砖砌舍利塔,又称"罗汉塔",始建于辽代天庆年间(1111—1120),高 30 多米,塔身集楼阁式、覆钵式和金刚宝座 3 种形式为一体,造型极为特殊。塔的下部为八角形须弥座,上面建楼阁式砖塔两层,再上置覆钵和"十三天"塔刹。

云居寺东一里左右有石经山,山海拔 450 米,腰间有 9 个藏经洞,其中雷音洞为开放式,洞内宽广如殿,四壁镶嵌经板大都是静琬所刻。洞中有 4 根石柱,其上雕佛像 1 056 尊,故称千佛柱,9 洞共藏经 4 196 块。

在辽代,云居寺屡有兴筑。仅辽穆宗之世,15 年间云居寺即兴建讲堂、佛殿、碑楼、库堂、暖厅、廊房、门屋计数十座,"加朱施粉,周而复始,不可殚论"。钱从何来?《金石萃编》卷一五三《大辽涿州涿鹿山云居寺续秘藏石经塔记》云:"至辽,刘公法师奏闻圣宗皇帝,赐普度坛利钱续造;次兴宗皇帝赐钱又造;相国杨公遵勖、梁公颖奏道宗皇帝,赐钱造经四十七帙。"

1942 年,云居寺被日军炮火夷为废墟。现庙宇为当代重修。

云居寺东一里有高峰,峰之上十余步有九室。室之内有经四百二十万言,本自静琬始厥谋[1],历道暹诸公,成其事。佛宇经厨、僧坊钟阁,材惟杞梓,砌则琳珉[2]。古桧星罗,流水环绕,堰堤相望,门阃洞开。风俗以四月八日共庆佛生,凡水之滨、山之下,不远百里,预馈供粮号为义食。

先是庚年,寺主谦讽和尚为门徒。是时仆自皇后台披褐来游,论难数宵[3],以道相得。自兹一别,仆以职倅于瀛[4],掌记于武定[5],廉察于奉圣[6],陟在宪台[7],迁在谏署,佐兹邦计,迨今十五年,复会于兹寺。

和尚建库堂一座,五间六架;厨房一座,五间五架;转轮佛殿一座,五间六架;暖厅一座,五间五架。又化助[8]前燕王侍中、兰陵公,建讲堂一座,五间七架。又化助公主建碑楼一座,五间六架,并诸腰座次。建饭厅一十三间四架,次又建东库四间五架,次建梵纲经廊房八间四架,次盖后门屋一座,余有舍短从长加朱施粉,周而复始,不可殚论。

乙丑岁,天顺皇帝御宇之十五载[9],丞相秦王统燕之四年,泰阶平格泽周,八风草偃,四海镜清,和尚庆此得时,恳求作记。仆以谦讽等同德经营,协力唱和,结一千人之社,一千人之心。春不妨耕,秋不废获,立其信,导其教,无贫富后先,无贵贱老少,施有定例,纳有常期,贮于库司,补兹寺缺。寺不坏于平地,经不坠于东峰,稽首灵岩,载铭贞石。监铁判官朝议郎行右补阙赐绯鱼袋王正述,前乡贡士郑熙书。

【作者简介】

王正,生卒年不详。所撰碑文后因宋辽战火毁,现碑刻为其子王教出俸禄、依僧人诠晓记忆重刻。

【注释】

[1] 厥:代词。其,那个。

[2] 杞梓:杞和梓。均为良材。琳珉:精美的玉石。

[3] 论难:辩论诘难。

[4] 倅:音 cuì,副,副职。

[5] 掌记:官名。掌管记载。唐代,观察使或节度使的属官掌书记省称之。武定:今属山东。

[6] 廉察:官名。职掌各州县吏治巡察、考核。奉圣:今河北涿鹿。

[7] 陟:登高;晋升。宪台:官署名。后汉改称汉御史府为宪台。后亦以之称御史等官职。

[8] 化助:谓让兰陵公出资襄助。

[9] 天顺皇帝:即辽穆宗耶律述律(931—969)。951 年即位。辽世宗在耶律察割发动的政变中被杀死后,述律乘乱夺取帝位。即位后,排斥异己,滥杀无辜,好游戏荒淫。朝局动荡,终在 969 年遇弑。

重修阳台万寿宫记

金·李俊民

【提要】

本文选自《古今图书集成·山川典》卷四六（中华书局、巴蜀书社1985年影印本）。

阳台宫全称"大阳台万寿宫"。为王屋山著名的"三宫之一"，主持建造的是司马承祯。唐玄宗开元九年（721），派遣使者迎司马承祯入宫，亲受法箓，成为道士皇帝。开元十五年（727），又召入宫，请他在王屋山自选佳地，建造阳台观以供居住。"树木丛薉，虎豹却走，宫殿森肃而鬼神护守者，上方院也"，李俊民描述说。宫观建成后，"壁画神仙龙鹤、云气升降、辇节羽仪，金彩辉光满宇"。于是，司马承祯让"监斋韦元赍图画事迹奏闻"。

阳台宫建成后，玄宗又让他的胞妹玉真公主拜司马承祯为师进山学道。此举轰动朝野，一时间上至士大夫，下至黎民百姓，纷纷云集王屋山。

金贞元二年（1154）改观曰宫，称"阳台万寿宫"。金贞祐二年（1214）遭兵燹而毁。正大四年（1227），道人王志佑"由平水抵王屋"，因邑令及道人的请求，"起废为事"。"宏大堂，修置廊庑，复灵官之位，列斋厨以次接遇，则有宾馆延纳，则有道院。"于是重又兴旺起来。

现存阳台宫主要建筑物为明清时所建。殿依山阳，布局严谨，高低错落有致，为三进院落。三清大殿居前，玉皇阁座后，旁列廊庑，西有道院，占地600余平米。三清大殿（亦称大罗三镜殿）面阔五间，进深四间，系单檐歇山九脊殿，五踩斗拱，为河南省现存规模最大的明代木结构建筑，保留有唐、宋遗风。殿中方形柱通身浮雕道教神话故事，形象优美，栩栩如生。殿内天花藻井，斗拱层叠，气势宏阔，制作精巧，皆为明代艺术珍品。殿后5米高台上的三檐三层琉璃玉皇阁，为河南最高大的古阁，高近20米，五踩云龙斗拱参差层叠，云带缠绕，规模宏伟。底台上的20根小八角石柱和阁内8根高达11米的冲天柱，承载着全阁重量，为明代遗物。石柱通身浮雕云龙丹凤、花鸟禽兽及神仙人物故事，技艺精湛。

1963年，重修玉皇阁。1980年，维修三清大殿，补修玉皇阁。1981年，重修东廊房8间，并砌院墙。2006年，阳台宫作为明清古建筑，被国务院批准列入第六批全国重点文物保护单位名单。

王屋山在底柱析城之东[1]，仙家小有洞天三十六洞天之一也，坛之南十六里曰："阳台宫"，又小有洞天之一也。其靡然而逝[2]，隆然而起，似近而远，欲断而连,隐隐乎山之阳者,八仙洞也。东向二百步许,溢太乙之水,白而不浊,甘而不坏,为九鼎金丹之祖者,洗蓼泉也。岩窦其腹[3],廓然有容,嘘吸元气,与山潜通者,西北白云洞也。位高而自抑,势仰而远俯,如竦如惧,如趋如附,北面而朝坛者,华盖峰也。乱峰之间,邃而深,幽而往,窈窕而入,延袤而上者,紫薇溪也。树木丛翳,虎豹却走,宫殿森肃而鬼神护守者,上方院也。自是出避秦,沟陟瘦龙岭,蹑仙人桥,款天门[4],然后登坛而朝,玉顶凌风汗漫,披云沓冥,其去天阙犹咫尺[5]。尔时,天容、诸天仙派现于每岁朝山之会,宜其为洞天冠也。

唐中岩道士司马炼师始奏置阳台观,并御书额,壁画神仙龙鹤、云气升降、辇节羽仪,金彩辉光满宇[6]。遣监斋韦元赍图画事迹奏闻,时开元二十三年六月十二日也[7]。元祖之教由此而振,山林学者皆至无上道,以不退持志,宜其为福地冠也。

又按《司马别记》曰:"余届王屋清虚洞侧,获《真篆仙经》二品,一曰'元精',二曰'丹华'。又睹《玉皇宝箓》,乃知上古帝王丹宝并传,莫不遐年,自夏禹后遂止。余不敢泄,复藏于名山以俟其人。开元十七年仲秋十五日记。"以是考之,阳台之成也,在司马炼师藏丹宝后之六年,开元二十三年己亥也。下值大金贞祐二年庚戌,凡四百八十年。兵燹而毁,改观曰宫,随世沿革,崇其名尔。

呜呼!玉笈秘文,流运道气,犹有升沉之时。况巍峨华构,岂无成坏?累代重规,一旦焦土,草木色敛,烟霞气沮,方外之游,未尝过而问焉。

正大四年丁亥,林川王志佑由平水抵王屋,周览胜区,慨然有动于心,邑令及司氏昆仲挽留,住持以起废为事。宏大堂,修置廊庑,复灵官之位,列斋厨以次接遇[8],则有宾馆延纳,则有道院。其用俭,其功速,废始于戌,兴始于亥,终于亥。一纪而废,一纪而兴,疑有数存焉[9]。

先生幼丛儒术,长慕元理[10],年高行积,境灭以休,幽人逸士,望风禀受,号曰:栖神子。一日与余邂逅近于山前,颇得其所长。盖以静为基,以慈为宝,敬而愿,厉而温。味老子五千言,不读非圣书;悟广成长生说,不作矫俗事。龙伯钓后,长愁海上之鳌[11];子晋归时,难驻云间之鹤[12]。大金己亥岁三月二十二日,登真子岳云观,春秋八十有八。其徒曰定、曰正、曰祥、曰元、曰忠、曰温,索余文其碑,故书以示来者。

【作者简介】

李俊民(1176—1260),字用章,自号鹤鸣老人。泽州晋城(今属山西)人。金章宗承安五年(1200)举经义进士第一,官应奉翰林文字。不久,不满政治腐败,挂冠而去。宣宗贞祐二年(1214)南渡黄河,隐于嵩山。入元,忽必烈召见,颇加优礼。他仍乞还山。卒谥庄靖先生,有《庄靖集》传世。

【注释】

[1]底柱:即砥柱。在今河南三门峡市东黄河之中。以其形似柱,故名。析城:析城山,在今山西阳城。四周崖壁似城,中间凹陷如盆,有东、西、南、北门分析,故曰析城。

[2]靡然:草木顺风而倒貌。

[3]岩窦:岩洞。窦,音 qiào,孔。

[4]款:缓,慢。款步。

[5]汗漫:渺茫飘忽。沓冥:极高或极远以致看不清。

[6]辇节羽仪:车辇仗节,羽毛旌旗。

[7]开元二十三年:735 年。

[8]接遇:接待。

[9]数:运数。

[10]元理:即玄理。

[11]龙伯:龙伯钓鳌。《列子·汤问》:龙伯之国有大人……一钓而连六鳌,合负而趣归其国。后以喻非凡的事业。

[12]子晋:王子乔字。东周人。《列仙传》:王子乔者,周灵王太子晋也。好吹笙,作凤凰鸣。游伊洛之间,道士浮丘公接以上嵩高山。三十余年后,求之于山上,见桓良曰:"告我家,七月七日待我于缑氏山巅。"至时果乘白鹤驻山头,望之不得到,举手谢时人,数日而去。

游西山记

金·刘 祁

【提要】

本文选自《归潜志》(中华书局 1983 年版)。

刘祁描述的龙山在今山西省浑源县境内,往东 20 余公里就是今天闻名遐迩的北岳恒山,但在金元时期浑源龙山的名气却比恒山大。

龙山位于荆庄村东南 15 公里处,山形似龙,海拔 2 226.8 米。亦名封龙山。山上有文殊岩,山顶有萱草坡,夏天雨过气色如虹。东北五里有玉泉山,山的东北有惠岭,风景秀丽,又名秀丽岭。山下有黑龙池,云气上升,3 日之内必有雨。池东有五峰山,山上有三阳洞,蜿蜒数十里。《水经注》中所说的"龙兑"指的就是龙山,山上有四个洞穴,四时出风。

文中,刘祁详细记述了游山之人、出行季节与时间、游玩路线,当然,最为重要的还是山中美景:"两崖夹峙峭峻,其石皆跨谷萦路,诡怪若坐卧起立。且时闻水声,盘折而上,足栗目荒。"正在心战栗、步颤抖的关头,"忽见一峰,突兀孤高,树色青黄红紫间错,晓日映之锦鲜"。一惊一喜,游山大致如此;"又前数步,忽闻有声如风雨震山,又如千人喧笑不已。逼视之,乃流泉一派,自山下入绝壑,穿林络石,雪练飞逐。"有水,山就有了活力、灵气,于是,一行人"相与俯视川野,倚树浩歌"。

名山必有大寺。"又前几二三里,树木丛阴中,殿阁屹然四五所,盖玉泉寺也。路侧皆暗泉行草间,沥沥如人语言。"虽被破坏,但此寺所处地势、规模气势、近天缈地情形磊落皦然,如在玉壶中。

而龙山寺,大殿在山腹,虽然丹碧湮摧不存,但"缘石磴上,方丈大室三楹,极整鲜。西有一径,入树阴中百余步,至文殊殿。殿在孤峰上,号舍身崖,神像精致妙绝。远望千岩万壑,络绎参差,树叶日光,烂然五色,虽巧笔妙手不能图且绣,盖其雄丽冠龙山。阑外石如掌平,其首骞,下窥,黝黪无底。"

更有万花堆锦的萱草坡:"每当秋夏之交,万花被坡锦绣堆,花多金莲,如灯照山谷。"萱草又叫忘忧草,色橙红粉黄,花形如伞盖,连片开时,夺人心魄。

类似的笔墨不能一一尽举,但"秋物烂斑""黄花红叶"之中,听山风摆荡,看水光泼黛,岂不"可胜快哉",焉能不啸歌赋诗!

余髫乱间[1],尝闻先大人言,龙山之胜甲乡山[2]。时幼,未能往。其后在南方,北望依依,每以为歉。

甲午岁还浑水[3]。明年秋八月,释菜于先圣[4]。越明日,拉友人河阳乔松茂寿卿、云中刘偕德升,暨弟郁同游。

初出西城,日方中,望西山而行。一二里,涉水。又前七八里,至李谷。谷在永安山下,流波古木相交。仰视之,秋色如画。稍东,山之腋,见崖间一抹碧,尤佳。村民曰:"此麻汇也。"予与二三子杖而诣,步渐高,并路旁水声铿铴数股[5]。涉水,行乱石间。里余,忽见青松绿杨荟蔚中[6],凿崖而屋。既至,有僧居,因共坐西轩,望平原诸峰横立,南顾永安山,岧峣独雄尊[7]。斜日秋烟,滉荡百里[8]。迫暮,留诗而回。夜宿李谷。

迟明,上永安山。初入谷,路甚艰,两崖夹峙峭峻,其石皆跨谷萦路,诡怪若坐卧起立。且时闻水声,盘折而上,足栗目荒。前二三里,忽见一峰,突兀孤高,树色青黄红紫间错,晓日映之锦鲜。东,诸小峰侧列相附。又东,一岭独岚翠无日气[9],真帷帐间,诸人喜快咏诗,步益健。又前数百步,峰转境又佳,遂各坐大石,且在青桧影中。石有苔华涵渍[10],绣文缕缕可爱。因相与俯视川野,倚树浩歌。又前数十步,忽闻有声如风雨震山,又如千人喧笑不已。逼视之,乃流泉一派,自山下入绝壑,穿林络石[11],雪练飞逐,竚听久[12]。前至烈风崖,崖险特,盖两峰最高,苍藤赭蔓蒙冒[13],下有泉源。诸人相谓曰:"此境绝不可不志。"即手泉研石各题诗。又前数步,路益险,见西崖间复有泉出,流大石上。树影交幂[14],声锵锵,微风吹散,珠琲四落[15]。余曰:"此石名琴泉。"又赋诗。又前几二三里,树木丛阴中,殿阁屹然四五所,盖玉泉寺也[16]。路侧皆暗泉行草间,沥沥如人语言。或者披草掀石,决其源方去。

既入寺,寺宇岁深[17],且经乱,多摧毁。厨堂钟阁雨崩草翳,僧寮多坏址。独万圣殿完丽可观。殿中金碧璀璨溢目,又有石罗汉像数百,击之铿然,亦奇致[18]。晚憩僧舍,其舍盖余儿时从大父避乱所居。追维旧事,为之恻怆。起寻玉泉,泉在西南石崖下。如井崖间,枝溜滴沥。络莓苔上,有古树覆荫,颇阴肃。因留题殿壁,纪予今昔游。诸人亦各诗其后。南上祖堂,堂绝高。北望神州在掌上,城邑如棋局。东则岳神山如屏,青松翠柏间隐隐有楼观。南则群山迤逦,高下浅深异姿,秋叶古林色明艳,斜阳照灼,金紫满山。堂后有径上山巅,余纵步独往,径狭而危,扪萝以前[19]。望峰端树明,度其境必异,锐进百余步,困惫,又皆落木梗路,遂回。然终以为恨。北过法堂,观维摩像,堂亦倾漏不完。天曛[20],入僧舍。既夜月出,清寒逼人。予与诸人散步檐外,见峰峦崒嵂[21],树木阴森,禽声嘲哳相应答[22]。仰视星斗磊落[23],与人近。皦然天地,如在玉壶中。又相与啸咏,约二更,方就寝。

诘旦,出户,见白云数缕出东山,延布南岭上,状如飞龙,蜿蜒山中。露气萧爽[24],回念尘域,恍如梦间。利火名膏[25],销铄净尽。复往祖堂,川原浮蔼苍茫,城中青烟万道。俄而濒洞弥漫[26],莫能辨。须臾,日出东岭,红霞青云属联,满山草木光炯炯,从石峭壁,呈奇献异,欲动摇如生。乃率二三子登北台,台并绝顶支一峰,缘崖百余步方至。回观大山峭拔,则蜡然草树红碧[27],点缀班驳。西顾诸峰,如彩楼相蔽亏[28],阳光阴气,晦明不一。北望平原百里,际北岭外。云中城阙浮屠如锥金成[29],浑源二郡及诸村落若盘盂罗列,田畴若龟甲开张。涧波数处,若缺镜裂素散掷。微云薄雾乍起乍伏,若鲜衣轻袂婆娑[30]。又相与赋诗赏欢。粥余,别寺僧,游龙山。

路自西南,往穿枯木翠蔓间。里余,遇山脊,恍然异境也。俯视重峰复岭,秋物烂斑,且目极皆山,无平地。崖左折,径稍夷,崖上多大石,或人立,或兽呀,或禽翔,或鬼攫[31],森竦可畏。前至大林,林皆青黄红紫,相间栉密[32]。时时逢怪石睨路,状诡异。山风飚至[33],叶落如雨,触石覆面,濛濛飞岚走翠,隐映林影中,旋变灭。又三四里,林穷,有平冈数亩可田,下有泉北流。又入林,益西三四里,大木翳空蔽日,树底有暗泉,蒙榛败叶,萦渍微有声。崖转而南,忽见龙山寺[34],乾机坤秘,骈露叠开,四面诸峰如踊跃相跂[35]。

大殿在山腹,丹碧湮摧。云堂影室,在殿西檐,牖亦圮。然其规制宏且邃,依然南俯深涧,涧外皆山相联。下有大林,杳窕望莫际[36]。遂缘石磴上,方丈大室三楹,极整鲜。西有一径,入树阴中百余步,至文殊殿。殿在孤峰上,号舍身崖,神像精致妙绝。远望千岩万壑,络绎参差,树叶日光,烂然五色,虽巧笔妙手不能图且绣,盖其雄丽冠龙山。阑外石如掌平,其首骞[37],下窥,黝黯无底[38]。南则清凉山、五台历历,且遥见代郡川[39]。西则鄯阳、马邑诸诚[40],皆微茫可数,诸人欢息久之。稍北往西,方丈室在峭岩下,悬柱而修,旁视讶且恐。室中读雷少中诗石刻,盖予从大父洺州君所书。又有予从父怀远君诗在壁。其南境物不减文殊殿。斯须,过钟楼,出方丈后,上萱草坡。寺僧云:"每当秋夏交,万花被坡锦绣堆,花多金莲[41],如灯照山谷。又萱草无数,故以云,又号百花冈。"惜余来暮,不得见。绿坡草滑,步旋颠。既上,立大木间,东望峰峦奇秀。又南数步,至山颠,旷荡开廊,千里目中,秋容苍然,群山齿立,盖天下绝境也。下瞰西方丈在崖中。又有大石突空出,德升独踞而歌,余栗不能往。忽闻有声如雷震,在文殊殿西,游氛飚起,疑霹雳出硐底,诸人骇焉。后问之寺僧,乃大木落也。磅礴移时,片云突涌垂空,恐雨作,乃下。

饭余,往西岩。岩在西方丈西,数峰如崭截,岧峣磊砢相倚[42],仰观凛凛褫人神[43]。下有屋三楹,幽洁。前有大石,石上有大树,阴翳翳,其境物大概如西方丈前。忽见浮阴四合,微雨落。又飞云汹涌上走,腾腾然,诸人皆在云气中,只尺相失。未几,夕日出,光景鲜明,余云变化半隐晦。暮归方丈,见白云缥缈,如帷幔数十幅,自文殊殿东南来,奔马莫能追。其间树彩崖姿,披露闪烁,怪丽甚。山风摆荡,林木骇人,若天地轰磕开震矣[44]。

夜宿方丈东轩。未寝,开门,月在空,阴氛已开。岩峦树木、殿阁相映,颇悸㤉[45]。予行吟轩外,几夜半方眠,自觉襟怀萧洒,意气雄壮,如神仙中人也。晓阴复合,予独曳杖复往文殊殿,云光雾色,冲突勃郁如元气中[46]。西望川原,莽苍不可见。西岩、西方丈皆为烟雨晦藏。秋风怒号,疑鬼神交战。青林红叶隐映,乍有无。余欢曰:"生年三十,局促城市间,不意今朝见天地伟观!"以寒甚,不能久留,乘云气而回。迨雨止,复与诸人往西岩、西方丈题诗,且谈笑良久。时日已中,别寺僧而归。

复过云堂,见梁秀岩瑀诗,字画亦美。遂由旧路东北往。林间残雨滴衣,岚气烟霏,交走横骛,皆眷恋不忍去,因共作龙山诗。又恐雨复作,仍迟疑,忽见平川,晴色烂然。行至水窟,路益北,一二里,出林。四望龙山脊,巍峻与天角[47]。又数十步,忽见高崖峭壁,扶裂分张,日光中映,如泼黛,如接蓝[48]。崖间有水光,炯然如剑出匣射日,四山树叶炫人。余与二三子健跃欢赏,又作诗以纪之。

自此,无深林大木,行黄花红叶中。又二三里,行甚苦,扳援方能进[49]。忽见孤峰嵌天,峰上埼,攒拥牙角,口鼻轩轩[50]。下一峰腋出如剑,诸人不觉失声称奇,又作诗纪之。回顾诸峰,千态万状,不可殚纪。路益下,三四里至神谷,谷中有泉出石罅,浪然。其流散漫出山外。崖东有神祠,祠边有树,余与二三子憩祠下,题诗。天已暮,月上,随水声行。又里余,方出谷。又涉水乘月往,咸谋宿野寺中。明旦,别寿卿,予三人者归浑水。

乌乎,余生山水间,故有乐山水心。然南游二十年,所居皆通都大邑,无山林,尝迫狭不自得。今因北归,得游历故山,可胜快哉!况干戈未已,栖隐为上,行当结屋山中,览天地变化之机,而又读书足以自娱,著书足以自奋,浩歌足以自适,默坐足以自观。逍遥涧谷,傲睨云林,与造化为徒,与烟霞为友,虽饭蔬饮水无愠于中[51]。振迹宽心,可以出一世之外,又何必高车大盖、驺骑满前方为大丈夫哉[52]?因记。

【作者简介】

刘祁(1203—1250),字京叔,号神川遁士。山西大同市浑源县人。出身书香门第,父亲刘从益金朝为官,祁幼而颖异,随父在任所读书。后成为太学生,屡试不第。元兵入汴京,祁目睹战争的残忍,料到金亡的结局,归隐乡里耕于龙山脚下,名所筑住室曰"归潜堂"。写下自己的所见所闻,取名《归潜志》。书14卷,记录了北宋、金朝的一些著名人物;卷十三为杂说,其中不少被《金史》收入。入元后,刘祁一试即中,曾任山西东路考试官,著有《神川遁士集》,今佚。

【注释】

[1] 髫龀:音 tiáo chèn,谓幼年。

［2］龙山:浑源境内有龙山、恒山等名山。元代,龙山名气远盛于恒山。

［3］甲午:1234 年。

［4］释菜:通"释采",古代入学时祭祀先圣先师的一种典礼。

［5］铿鍧:音 kēng hōng,谓声音洪亮,铿锵有力。

［6］荟蔚:草木繁盛貌。

［7］嵬礧:音 wéi lěi,高峻貌。

［8］滉荡:闪烁不定貌。

［9］岚翠:苍翠色的山雾。薄雾罩山,犹如帷帐耳。

［10］苔华:谓苔藓块块,其形状如花。涵渍:涵润浸渍。

［11］络:缠绕。

［12］竚:同"伫",久立。

［13］罥:音 juàn,网。此谓藤蔓攀援织盖,如网罩住树梢。

［14］交幂:交织覆盖。幂:音 mì,盖东西用的巾。

［15］珠琲:谓树影斑斓,如珠玉散落。琲,音 fēi,珠五百枚也。

［16］玉泉寺:在龙山东侧玉泉沟内,寺旁泉水叮咚,花木扶疏。

［17］岁深:谓年代久远。

［18］奇致:新颖别致。

［19］扪萝:攀援葛藤。

［20］曛:音 xūn,日落时的余光。

［21］崒嵂:音 zú lǜ,高峻貌。

［22］嘲哳:音 zhāo zhā,谓声音杂乱。

［23］磊落:清晰明亮。

［24］萧爽:凉爽。

［25］利火名膏:谓功名利禄等欲望、诱惑。

［26］澒洞:绵延,弥漫。澒,音 hòng。

［27］蜡然:谓如图画般。蜡:动物、植物或矿物所产生的某些油汁,常用作颜料。

［28］蔽亏:谓因遮蔽而半隐半现。

［29］锥金:一种手工艺,先在金上涂漆,再以锥画图。

［30］袂:音 mèi,袖子。

［31］攫:音 jué,抓夺。

［32］栉密:谓如梳齿般密集排列。

［33］飚:音 biāo,迅疾。

［34］龙山寺:龙山顶峰上的洼地上,自北魏时便始建寺,为北方著名佛刹。

［35］跂:音 qí,谓引颈而望。

［36］杳窈:音 yǎo tiǎo,渺远,深邃。

［37］骞:谓低陷。

［38］黝黤:音 yǒu yǎn,深黑貌。

［39］代郡:古郡名。治所在今山西高阳县西北。

［40］鄯阳、马邑:均在今山西朔州市境。

［41］金莲:金莲花又名旱金莲。花茎直立,叶形如碗莲,夏季,乳黄色花朵盛开时,如群蝶飞舞,美极。

[42] 岧嵽:高大。磊砢:谓众多委积的石头。

[43] 褫:音 chǐ,夺。

[44] 轰磕:形容风声树摇声,轰隆隆如磕碰、如怒吼。

[45] 悸竦:恐惧。

[46] 勃郁:回旋貌。

[47] 角:动词,角力。

[48] 挼:音 nuó,两手揉搓。

[49] 扳援:谓攀着他物前进。

[50] 轩轩:高扬飞动貌。

[51] 愠:音 yùn,怨气,怨恨。

[52] 骖骑:驾驭车马的骑士。

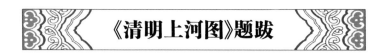

《清明上河图》题跋

金·张 著等

【提要】

北宋著名画家张择端绘制的《清明上河图》是我国绘画史上的无价之宝。它是一幅用现实主义手法创作的长卷风俗画,通过对市俗生活的细致描绘,生动地再现了 12 世纪北宋全盛时期都城汴京(今河南开封)的繁荣景象。

现藏故宫博物院的《清明上河图》,绢本,纵 24.8 厘米,横 528 厘米,用笔兼工带写,设色淡雅,不同一般的界画(界画,指用界笔直尺划线的绘画方法),可谓"别成家数"。作者用传统的手卷形式,采取"散点透视法"组织画面。画面长而不冗,繁而不乱,严整紧凑,犹如一气呵成。

该图描绘的是清明时节,北宋京城汴梁以及汴河两岸的繁华景象和自然风光。作者将繁杂的景物纳入统一而富于变化的画面中,画中人物 500 多,衣着不同,神情各异,其间穿插各种活动,注重戏剧性,构图疏密有致,注重节奏感和韵律的变化,笔墨章法都很巧妙。全图分为三个段落。

首段,汴京郊野的春光:

在疏林薄雾中,掩映着几家茅舍、草桥、流水、老树、扁舟。两个脚夫赶着五匹驮炭的毛驴,向城市走来。一片柳林,枝头刚刚泛出嫩绿,使人感到虽是春寒料峭,却已大地回春。路上一顶轿子,内坐一位妇人,轿顶装饰着杨柳杂花,轿后跟随着骑马的、挑担的,从京郊踏青扫墓归来。环境和人物的描写,点出了清明时节的特定时间和风俗,为全画撩开了序幕。

中段,繁忙的汴河码头:

汴河是北宋国家漕运枢纽,商业交通要道。画面上人烟稠密,粮船云集,人们或在茶馆休息,或在看相算命,或在饭铺进餐,还有卖祭品的"王家纸马店",不一而足。河里船只往来,首尾相接,纤夫牵拽者,船夫摇橹者,或满载货物,或靠岸卸货,忙碌! 横跨汴河上的是一座规模宏大的木质拱桥,结构精巧,形如飞虹,故名虹桥。一只大船正待过桥:船帆正在放下,竹竿撑水、长竿钩桥、麻绳挽船……船夫们忙得不亦乐乎! 邻船的人指指点点,像在大声吆喝着什么;桥上的人,密密匝匝伸头探脑看稀奇,捏把汗。哦! 这里原来就是大名鼎鼎的虹桥码头区:车水马龙,熙来攘往,名副其实的一个水陆交通要地。

后段,热闹的市区风光:

以高大的城楼为中心,两边的屋宇鳞次栉比,茶坊、酒肆、脚店、肉铺、庙宇、公廨……不同的商店经营着绫罗绸缎、珠宝香料、香火纸马,此外还有医药门诊,大车修理、看相算命、修面整容,各行各业,各色店铺应有尽有,大的商店门首还扎着"彩楼欢门",悬挂市招旗帜,招揽生意。再看街上,人群摩肩接踵,川流不息,有做生意的商贾,有看街景的士绅,有骑马的官吏,有叫卖的小贩,有乘轿逛街的大家眷属,有身负背篓的行脚僧人,有问路的外乡游客,有听说书的街巷童倪,狂饮酒楼的豪门子弟,城边行乞的残疾老者,各色人等,应有尽有。轿子、骆驼、牛马车、人力车、太平车、平头车,交通器具形形色色,样样俱全。

总长 5 米多的画卷里,张择端描绘了 550 多个人物,五六十匹牛、马、骡、驴等牲畜,20 余车辆,20 多艘大小船只,多座桥梁,加上成片连栋的城区、乡村城楼、房屋等,端出了一部宋代社会生活、建筑风貌的恢宏长卷。画卷后幅有金张著、明吴宽等 13 家题记,钤 96 方印。

《清明上河图》问世后,声名鹊起。但是原作一直辗转于帝王巨卿手中,普通民众根本无法一睹真容,所以世间仿品层出不穷,甚至明朝大画家仇英也讹仿一本,并有大书画家文征明题跋,传讹更广。当今世界各博物馆收藏的《清明上河图》同名作就有上百本。当时国内作为真迹收藏的就是一伪本。1945 年伪满洲国灭亡,从末代皇帝溥仪手中截获的就有 4 本之多。1950 年冬,沈阳博物院名誉馆长、著名古书画鉴定家杨仁恺在东北博物馆库房的赝品堆里翻出有燕山张著跋的张择端《清明上河图》,经众专家鉴定,一致认定此本是世上所有《清明上河图》的祖本真迹,才洗清了《清明上河图》千年冤案。

【作者简介】

张择端,字正道,东武(今山东诸城)人。宋徽宗时为宫廷画家。少年时到京城汴梁(今河南开封)游学,后习绘画,尤喜画舟车、市桥、郭径,自成一家。《清明上河图》是他的代表作,曾经为宣和内府所收藏。

一、金·张著[1]

翰林张择端,字正道,东武人也。幼读书,游学于京师,后习绘事,本工其界画,尤嗜于舟、车、市桥、郭径,别成家数也[2]。按向氏《评论图画记》云:《西湖争标图》《清明上河图》,选入神品,藏者宜宝之。

大定丙午清明后一日[3],燕山张著跋。

【注释】

[1]张著:字仲扬,永安(在今北京市)人。泰和五年(1205)以诗名,召见应制,称旨,特恩授监御府书画。"可知张氏为《清明上河图》作跋,在其进入金内府的前19年。

按:依张著所述,他应是同时见到《向氏评论书画记》一书及《清明上河图》画卷之人。

[2]家数:流派风格。

[3]大定:金世宗完颜雍年号。丙午:1157年。

二、金·张公药[1]

通衢车马正喧阗,祇是宣和第几年[2]。当日翰林呈画本,承平风物正堪传[3]。

水门东去接隋渠[4],井邑鱼鳞比不如。老氏从来戒盈满,故知今日变丘墟。

楚柂吴樯万里舠[5],桥南桥北好风烟。唤回一晌繁华梦,萧鼓楼台若个边[6]。

竹堂张公药

【注释】

[1]张公药:字元石,号竹堂,滕阳(今山东滕县)人。以文荫入仕,曾任郾城(今河南许昌)令,以昌武军节度副使致仕,有《竹堂集》传世。

[2]喧阗:亦作"喧填",喧哗热闹。祇:音 zhī,仅仅。宣和:北宋徽宗年号,1119—1125年。

[3]承平:持久太平。

[4]隋渠:此谓张择端笔下的汴河盛景。

[5]柂:音 yí,舵。此谓船。樯:桅杆。此谓船。

[6]若个边:何处。

三、金·郦权[1]

峨峨城阙旧梁都,二十通门五漕渠[2]。何事东南最阗溢,江淮财利走舟车。

车毂人肩困击磨,珠帘十里沸笙歌。而今遗老空垂涕,犹恨宣和与政和[3]。

京师得复比丰沛,根本之谋度汉高。不念远方民力病,都门花石日千艘[4]。

邺郡郦权

【注释】

[1]郦权:字元舆,临漳人,明昌(1190—1196)初,以著作郎召之,未几卒。著有《坡轩集》。

[2]梁都:唐末,节度使朱温曾在开封建立后梁政权。漕渠:人工挖掘或疏浚的主要用于漕运的河道。

[3]宣和、政和:作者注:宋之奢靡至宣政间尤甚。宣和、政和均为徽宗年号。

[4]都门:作者注:晚宋花石之运来自此门。

四、金·王硐[1]

歌楼酒市满烟花,溢郭阗城百万家。谁遣荒凉成野草,维垣专政是奸邪[2]。

两桥无日绝江舡[3]，十里笙歌邑屋连。极目如今尽禾黍，却开图本看风烟。

临洺王磵

【注释】

[1]王磵(？—1203)：字逸宾，一作逸滨，先世临洺(今河北永年)人，徙家汴梁(今河南开封)，遂以为籍。博学能文，不就科举。家无担石之储，晏如也。明昌(1190—1196)中，故相马惠迪判开封，以德行才能荐磵，为鹿邑主簿。乞致仕。出身贫寒，诗风冲淡；操守高尚，一代师表。故文人学者，皆以师友尊之。

[2]维垣：典出《诗经》：价人维藩，大师维垣。后以"维垣"称太师。徽宗时，太师蔡京专权。

[3]两桥：作者注：东门二桥俗谓之上桥、下桥。

五、金·张世积[1]

画桥虹卧浚仪渠，两岸风烟天下无。满眼而今皆瓦砾，人犹时复得玑珠。繁华梦断两桥空，唯有悠悠汴水东。谁识当年图画日，万家帘幕翠烟中。

博平张世积

【注释】

[1]张世积：生平事迹不详。博平(今山东聊城境)人，宋亡入金。

六、元·杨准[1]

右故宋翰林张择端所画清明上河图一卷，金大定年间，燕山张著跋云《向氏图画记》所谓选入神品"者是也。

我元至正之辛卯[2]，准寓蓟日久，稍访求古今名笔，以新耳目。会有以兹图见喻者，且云："图初留秘府[3]，后为官匠装池者[4]，以似本易去，而售于贵官某氏，某后守真定[5]，主藏者复私之，以鬻于武林陈某，陈得之且数年，坐他事稍窘急，又闻守且归，恐遂速祸怨[6]，思欲密付诸贤士君子。"准闻语，即倾橐购之，盖平生癖好在是也。

卷前有徽庙标题[7]，后有亡金诸老诗若干首，私印之杂志于诗后者若干枚。其位置若城郭、市桥、屋庐之远近高下，草树、马牛、驴驼之小大出没，以及居者行者舟车之往还先后，皆曲尽其意态，而莫可数计，盖汴京盛时伟观也。

汴自朱梁来，消耗极矣，至宋列圣修养百年，始获臻此甚盛，其君相之勤劳，闾井之丰庶，俗尚之茂美，皆可按图想其万一。吾知画者之意，盖将以观当时而夸后代也，不然则厄于时而思殚其伎[8]，以杰然自异于众史也，何其精能之至，而毫发无遗恨欤！此岂一朝一夕所能就者，其用心亦良苦矣。夫何京、攸父子[9]，以权奸柄国，使万姓愁痛，强虏桀骜，而汴之受祸有不忍言者。

意是图脱稿[10]，曾几何时，而向之承平故态，已索然荒烟野草之不胜其感矣。当是时，城外内之金帛珍玩，根括殆尽[11]，而是图独沦落至今，逾二百年而未甚弊坏,岂有数耶! 自时厥后,其地遂终不睹汉宫,而困于战争且日甚,虽欲求卷中所图仿佛,又安可得矣。

呜呼! 都邑废兴,虽系运数,而人谋弗臧,盖各有自。天津闻鹃之叹,崇、宣秉钧之虐,谓非基于熙、丰大臣之谬误可乎[12]! 其所以致汴之陆沉[13],而不可复振者,亦必有任其责矣。

今天下一家,前代故都咸沐圣化,其生聚浩穰[14],宜不减昔,惜吾未得一一躬造其地以览观其盛,故于是卷既嘉起笔墨之工,而又因以识予之感慨云。

至正壬辰九月望月,西昌玉华素士杨准跋[15]。

【注释】

[1] 杨准:生平不详。《槎翁文集》载其"兄弟五人,以家学竞爽,为文诘义……居里中,尝夷视龌龊,谓不足语……所交皆一时名士,无不倾接。"

[2] 至正辛卯:1353 年。

[3] 秘府:古代禁中藏图书秘记之所。

[4] 装池:装裱古籍或书画。

[5] 真定:今河北正定县。石家庄崛起之前,真定府一直是华北大平原中部最繁华的大都会,世有"锦绣太原城""花花真定府"以喻井陉口内外这两大都会。

[6] 速:招致。

[7] 徽庙:北宋皇帝赵佶庙号徽宗,宋人因称之为"徽庙"。

[8] 伎:技能,本领。

[9] 京、攸:蔡京、蔡攸父子,均善弄权术,后父子生隙,相互倾轧,终误国家。

[10] 意:料想,猜想。

[11] 根括:彻底搜括。

[12] "天津"句:此谓睹视画卷中汴河桥,思亡国事,叹惜不已。崇、宣秉钧:徽宗崇宁、宣和间,蔡氏执掌国柄,以朋党论亲疏。秉钧:秉钧衡,执掌政权。熙、丰大臣:王安石等。蔡京投王所好,受其重用。熙、丰:俱宋神宗赵顼年号,熙宁(1068—1077)、元丰(1078—1085)。

[13] 陆沉:国土沦丧。

[14] 浩穰:众多、繁多。谓人众之多。

[15] 至正壬辰:1354 年。西昌:在今四川西南。

七、元·刘汉[1]

余自幼喜画学,业之四十年,平生所见画,古今以轴计者,奚啻累千百[2],其精粗高下,要皆各擅一绝,往往不能兼备。

壬辰秋,避地来西昌,杨君公平以余之专门也,出所藏《清明上河图》以示。其市桥、郭迳、舟车、邑屋、草树、马牛,以及于衣冠之出没远近,无一不臻其妙。余熟视再四,然后知宇宙间精艺绝伦有如此者,向氏所谓"选入神品"诚非虚语;而或者犹以井蛙之见,妄加疵颣[3],甚矣! 其不知子都之姣,而亦何足为是图轻重哉。

呜呼,此希世玩也,为杨氏子若孙者,当珍袭之。

至正甲午正月望[4]，新喻刘汉谨跋。

【注释】

[1] 刘汉：生平不详。

[2] 奚啻：何止。啻：音 chì，仅仅，只有。

[3] 疵颣：缺点，毛病。颣：音 lèi，疵病，缺点。

[4] 至正甲午：1356 年。新喻：今江西新余。

八、元·李祁[1]

静山周氏文府所藏《清明上河图》，乃故宋宣、政年间名笔也，笔意精妙，固自宜入神品。观者见其邑屋之繁、舟车之盛、商贾财货之充羡盈溢，无不嗟赏歆慕[2]，恨不得亲生其时，亲目其事。

然宋祚自建隆至宣、政间[3]，安养生息，百有五六十年，太平之盛，盖已极矣。天下之势，未有极而不变者，此固君子之所宜寒心者也。然则观是图者，其将徒有嗟赏歆慕之意而已乎，抑将犹有忧勤惕厉之意乎[4]？

噫！后之为人君、为人臣者，宜以此图与《无逸图》并观之[5]，庶乎其可以长守富贵也。

岁在旃蒙大荒落，云阳李祁题[6]。

【注释】

[1] 李祁：字一初，茶陵（今湖南茶陵）人。元统元年（1333）进士。授应奉翰林文字，母老就养江南，除婺源州同知，迁江浙儒学副提举，以母忧解职，退隐永新山中。入明，力隐。年七十余，卒。有《云阳先生集》传世。

[2] 歆慕：羡慕。

[3] 建隆：北宋太祖赵匡胤年号，960—963 年。

[4] 惕厉：警惕，戒惧。

[5]《无逸图》：《宋史》载，仁宗时，龙图阁学士孙奭，日侍讲读。讲至前世乱君亡国，必反复规讽，帝竦然听之。奭以《书·无逸》篇中帝王勤民事迹为素材，作一图。仁宗喜之，命挂于讲读阁中，日日观览。后新造迩英、延义二阁成，命蔡襄摹写而悬之新阁屏。

[6] 旃蒙大荒落：远古纪年方法之一。太岁星运行到天干"乙"，曰"旃蒙"；运行到地支"巳"，曰"大荒落"。乙巳年，1365 年。

九、明·吴宽[1]

金燕山张著，以此图为张择端笔，必有所据。至后人乃以择端作于宋宣政间，今画谱俱在，当时有如斯人斯艺，而独遗其名氏何耶？大卿朱公[2]，藏此已久，予始获展阅，然如入汴京，置身流水游龙间，但少尘土扑面耳。朱公云：此图有稿本，在张英公家[3]。盖其经营布置[4]，各极其态，信非率易所能成也[5]。吴宽

【注释】

[1]吴宽(1435—1504):字原博,号匏庵。长洲(今江苏吴县)人。明宪宗成化八年(1472),会试、廷试获第一,入翰林,授修撰。曾侍孝宗于东宫,孝宗即位,迁左庶子,预修《宪宗实录》,进少詹事兼侍读学士,后又升任吏部右侍郎、礼部尚书等。官至礼部尚书。谥文定。饱读诗书,善文辞,书学苏轼。有《匏翁家藏集》存世。

[2]朱公:谓大理寺卿朱奎。奎字文征,号鹤坡,华亭人(今上海松江)。景泰初授中书舍人,官终大理寺卿。是有名的书法家,极喜书画收藏,藏品极为丰富。

[3]张英公:谓张辅。河间王玉长子。从战有功,封信安伯。妹为帝妃。永乐三年(1405)封新城侯。十三年镇守交趾,有治绩。仁宗即位,封太师。历事四朝,上马征战,入阁辅政,威震海外,同心辅佐、国内安定。后死于土木堡之难,追封定兴王,谥忠烈。

[4]经营:此谓构图安排。

[5]率易:轻率,随便。

十、明·李东阳[1]

宋家汴都全盛时,万方玉帛梯航随[2]。清明上河俗所尚,倾城士女携童儿。城中万物羃霮起[3],百货千商集成蚁。花棚柳市围春风,雾阁云窗灿朝绮。芳原细草飞轻尘,驰者若飙行若云。虹桥影落浪花里,掠舵撇篷俱有神[4]。笙歌在楼游在野,亦有驱牛种田者。眼中苦乐各有情,纵使丹青未堪写。翰林画史张择端,研朱吮墨镂心肝。细穷毫发夥千万,直与造化争雕镌。图成进入缉西殿,御笔题签标卷面。天津回首杜鹃啼,倏忽春光几时变。朔风卷地天雨沙,此图此景复谁家?家藏私印屡易主,赢得风流后代夸。姓名不入宣和谱,翰墨流传藉吾祖[5]。独从忧乐感兴衰,空吊环州一抔土[6]。丰亨豫大纷此徒,当时谁进《流民图》[7],乾坤俯仰意不极,世事枯荣无代无。

【注释】

[1]李东阳(1447—1516):明朝诗人、书法家、政治家。字宾之,号西涯,祖籍湖广茶陵(今属湖南),长期生活在北京。

幼习书法,4岁能写径尺大字,代宗曾召试,喜而抱至膝上,赐珍奇水果和金银元宝。英宗天顺八年(1464)进士,授编修。后任侍讲学士、东宫讲官。孝宗时任太常少卿,上书议时政得失,多有匡正,擢升礼部右侍郎。弘治八年(1495),直文渊阁参预机务,累迁太子少保、礼部尚书兼文渊阁大学士,为朝廷重臣。武宗立,太监刘瑾专权,老臣、忠直官员放逐殆尽,屡遭迫害,独李东阳依附周旋,委蛇避祸,颇为当世气节之士所不满和非议,但他未曾助纣为虐,反"潜移默夺,保全善类,天下阴受其庇"(《明史·李东阳传》),遭刘瑾迫害的官员,东阳皆委曲匡持,或明或暗地尽力保护和营救。死后谥文正。

李东阳为官50年,史称其"坐拥图书消暇日"。曾于孝宗时奉旨任总裁官,撰《明会典》180卷,史料丰富。又著《新旧唐书杂论》一卷,摘唐史事迹,辨其是非,前人评其多为影射或借以自明心迹之处。清康熙时茶陵州学正廖方达集李东阳诗文,成《怀麓堂集》,今存,刊为100卷。

[2]梯航:谓水陆交通。

[3]羃霮:音huī méng,两头上翘,状如鸟飞的屋脊。

［4］捩：音liè，扭转。撇：此谓放倒。

［5］吾祖：下文中称"云阳先生"即是。

［6］抔：音póu，捧。量词。

［7］丰亨：语出《易·丰》："丰亨。王假之。"孔颖达疏："财多德大，故谓之为丰；德大则无所不容，财多则无所不济，无所拥碍，谓之为亨，故曰丰亨。"后即以表富厚顺达。《豫》："圣人以顺动，则刑罚清而民服，预之时义大矣哉。"谓富饶安乐的太平景象。丰亨豫大：谓好大喜功，奢侈挥霍。《流民图》：北宋小官郑侠所绘。熙宁七年（1074）春，天下久旱，饥民流离，神宗忧心如焚，对朝嗟叹。王安石曰：水旱常数，尧、汤所不免。郑侠上疏，绘所见流民扶老携幼困苦之状，曰："旱由安石所致。去安石，天必雨。"宣仁太后睹而流涕谓帝曰："安石乱天下。"帝遂罢安石相，知江宁府。

十一、明·李东阳

右《清明上河图》一卷，宋翰林画史东武张择端所作。上河云者，盖其时俗所尚，若今之上冢然[1]，故其盛如此也。

图高不满尺，长二丈有奇，人行不能寸，小者才一二分，他物称是。

自远而近，自略而详，自郊野以及城市。山则巍然而高，陨然而卑[2]，洼然而空；水则澹然而平，渊然而深，迤然而长引[3]，突然而湍激；树则槎然枯[4]，郁然秀，翘然而高耸，蓊然而莫知其所穷[5]；人物则官、士、农、贾、医、卜、僧道、胥吏、篙师、缆夫、妇女、臧获之行者、坐者、授者、受者、问者、答者、呼者、应者、骑而驰者、负者、载者、抱而携者、导而前呵者、执斧锯者、操畚锸者、持杯罂者、袒而风者、困而睡者、倦而欠伸者、乘轿而搴帘以窥者[6]，又有以板为舆无轮箱而陆曳者，有牵重舟溯急流极力寸进，圜桥匝岸、驻足而旁观，皆若交欢助叫百口而同声者；驴骡马牛橐驼之属，则或驮或载，或卧或息，或饮或秣[7]，或就囊龁草首入囊半者[8]；屋宇则官府之衙、市廛之居[9]、村野之庄、寺观之庐，门窗屏障篱壁之制，间见而层出；店肆所鬻，则若酒若馔、若香若药、若杂货百物，皆有题扁名氏[10]，字画纤细，几至不可辩识。

所谓人与物者，其多至不可指数，而笔势简劲，意态生动，隐见之殊行，向背之相准，不见其错误改窜之迹，殆杜少陵所谓毫发无遗憾者。非覃作夜思，日累岁积，不能到，其亦可谓难已。

此图当作于宣政以前，丰亨豫大之世，卷首有祐陵瘦筋五字签及双龙小印[11]，而画谱不载。金大定间，燕山张著有跋，据《向氏书画记》，谓与《西湖争标图》俱选入神品。既归元秘府，至正间，为装池官匠以似本易去，售于贵官某氏。某出守真定，主藏者复私之，以售于武林陈彦廉氏[12]，陈有急又闻守且归，惧不能守，西昌杨准重价购之，而具述其故云尔。后又为静山周氏所得，吾族祖云阳先生为跋其后。又有蓝氏珍玩、吴氏家藏诸印，皆无邑里名字，不知何年复入京师。

予始见于大理卿朱文征家，为赋长句，继为少师徐文靖公所藏[13]，公未属纩[14]，谓云阳手泽[15]所在，诒命其孙中书舍人文灿以归于予[16]，其卷轴完整如故，盖四十余年，凡三见而后得也。呜呼！韩退之《画记》[17]，其所系几何，旋复丧失，独其文奇妙,故传之至今。有图如此,又于予有世泽之重,而予之文不足以发之,姑撮其要如此。

且见夫逸失之易而嗣守之难,虽一物,而时代之兴革、家业之聚散关焉,不亦可慨也哉!噫,不亦可鉴也哉!

正德乙亥三月二十七日,李东阳书于怀麓堂之西轩[18]。

【注释】

[1]上塚:上坟。塚,通"冢"。

[2]隤:音 tuí,崩颓,坠下。

[3]迤:音 yí,地势斜着延伸。

[4]槎:音 chá,错杂,参差不齐貌。

[5]蓊:音 wěng,草木蓬勃茂盛貌。

[6]胥吏:官府中的小吏。篙师:撑船的熟手。臧获:古代对奴婢的贱称。畚锸:音 běn chā,筐子、锹铲。罂:音 yīng,泛指小口大腹的瓶。搴:音 qiān,通"褰",提起。陆曳:陆地滑行。

[7]秣:音 mò,吃草料。

[8]龁:音 hé,咬嚼。

[9]市廛:店铺集中之处。廛,音 chán,古代城市平民一户人家所居之地。

[10]题扁:题写匾额。

[11]祐陵:徽宗赵佶的墓地叫"永祐陵",故宋人多称之。

[12]武林:今杭州。

[13]徐文靖:徐溥(1428—1499),字时用,宜兴人。景泰五年(1454)进士,官至华盖殿大学士。性凝重有度,居内阁 12 年,从容辅导,爱护人才,安静守成。年七十二,卒,谥文靖。

[14]属纩:谓临终。

[15]手泽:先辈存迹。

[16]诒:遗留。

[17]韩退之:韩愈字退之。其《画记》以文写画,尽记画中人、物,各类事物,颇特立。

[18]正德乙亥:1515 年。

十二、明·陆完[1]

图之工妙入神,论者已备,吴文定公讶宣和画谱不载张择端,而未著其说,近阅书谱,乃始得之。盖宣和书画谱之作,专于蔡京,如东坡、山谷[2],谱皆不载,二公持正,京所深恶耳。择端在当时,必亦非附蔡氏者,画谱之不载择端,犹书谱不载苏、黄也。小人之忌嫉人,无所不至如此;不然,则择端之艺或著于谱成之后欤[3]!

嘉靖甲申二月望日[4],长洲陆完书。

【注释】

[1]陆完:字全卿,长洲(今江苏苏州)人。成化二十三年(1465)进士,官至吏部尚书。

[2]山谷:黄庭坚。

[3] 著:显扬,成名。

[4] 嘉靖甲申:1524年。

十三、明·冯保[1]

余侍御之暇,尝阅图籍,见宋时张择端《清明上河图》,观其人物界画之精,树木舟车之妙,市桥村郭,迥出神品,俨真景之在目也,不觉心思爽然。虽隋珠和璧[2],不足云贵,诚稀世之珍宝欤! 宜珍藏之。

时万历六年[3],岁在戊寅,仲秋之吉,钦差总督东厂官校办事兼掌御用监事、司礼监太监、镇阳双林冯保跋。

【注释】

[1] 冯保(? —1583),字永亭,号双林,北直隶深州(今河北深县)人。嘉靖年间入宫,善琴能书,隆庆初年掌管东厂兼理御马监。万历皇帝即位,升司礼秉笔太监,得"朱批"权,替皇帝处理军国大事。时万历十岁,冯保协理李太后负责小皇帝教育,万历称冯保为"大伴",惧他三分。冯与首辅张居正交厚,支持张推行"一条鞭"法,增加了国家财政收入,裁减冗员,减少支出,使大明政权一度出现复苏局面。

张居正成为首辅,在取得太后、皇帝的支持,和内相冯保相互配合,主政多年。冯保贪财好货,史载张居正先后送给冯保名琴7张、夜明珠9颗、珍珠帘5副、金3万两、银20万两。冯保花费巨款,给自己建造了生圹,张居正写了《司礼监秉笔太监冯公预作寿藏记》,对他歌颂不已。隆庆元年(1567),冯保晋升为秉笔兼提督东厂太监。冯保写得一手好字,万历六年(1578),冯保在《清明上河图》后面题跋。

万历年间,神宗查抄了冯保家产,并发配其至南京孝陵种菜,死后便葬在孝陵附近。

[2] 隋珠和璧:隋珠与和氏璧。《淮南子》高诱注:"隋侯,汉东三国,姬姓诸侯也。隋侯见大蛇伤断,以药敷之。后蛇于江中衔大珠以报之,故曰隋侯之珠,盖明月珠也。"和璧:即和氏璧。《韩非子》:楚人和氏得玉璞楚山中,献之厉王。厉王使玉人相之。玉人曰:"石也。"玉以和为诳,而刖其左足……历武王,至文王,终"使玉人理其璞而得宝焉,遂命曰:和氏之璧。"

[3] 万历六年:1578年。

十四、如寿[1]

汴梁自古帝王都,兴废相寻何代无。独惜徽钦从北去[2],至今荒草遍长衢。妙笔图成意自深,当年景物对沉吟。珍藏易主知多少,聚散春风何处寻?

鹭津如寿

【注释】

[1] 如寿:生平不详。

[2] 徽钦:靖康初年(1126),金兵破东京,北宋徽、钦二帝及其皇室家眷等3 000余人被虏北行。南宋建炎四年(1130)抵金国胡里改路,即今黑龙江依兰县五国头城,开始了漫长而屈辱的囚徒生活。

重修平山县城记

金·吴 浩

【提要】

本文选自《古今图书集成·职方典》卷一〇六(中华书局、巴蜀书社 1985 年影印本)。

在古代,由于土木结构的特点,城郭重新修缮之事经常发生。如何让较为浩繁的工役不致成为百姓的心病?平山县城的重修具有标本意义。

首先是,经始岁月久远的平山镇,"其弛久矣"。"墉壑之缺坏湮没,出入无间,如履坦途"……城者,国之大防,平山镇城池的这一功能丧失殆尽;然后一位贤能之吏,新县令贾彦"正直廉能",奉于朝、历于藩"靡不称职","朝廷将复大用,试以临民",选择了平山;新县令一来,奸猾之党、傲侮之吏无不"革面改行",狱无停囚,官无留事,赋税砥平,黎庶熙乐。

于是,贾彦有修城之意。询之乡老,广征民意,祷于城隍之神。惦之念之,以致夜有所梦,乃城将成之兆。更加上,大雪节气"天气温和",于是前令想做但没有勇气做的重修城池之事变为现实。"一言温谕,众口忻然","人自忘劳而勤事,负版荷锸,献工者日有数千"。贾公谋划着"广其基址,画其沟渠,宏其门橹,巩其桥梁"。大工地上,"冯冯登登,鼛鼓弗胜",一派繁忙热烈的景象。不多时日,平山镇便"蠹似长云,潭潭岩岩,称其雄壮"了。

于是,平山"外无险御之侮,内无夜警之忧",受益最多的当然还是当地百姓了。

平山镇,州之属邑也。城垒之经始,岁月愈远,增修之劳,其弛久矣。

大定二年四月初七日[1],士庶导迎新令贾公也。公讳彦,字子美,都下人。自壮岁陞都省令史,屡擢为宣抚使,镇服西夏,签选兵军。正直廉能,靡不称职。朝廷将复大用,试以临民,首为出宰是邑。

兹春岁旱大甚,入境之初,时雨滂沱。下车之后,政声洋溢。凡奸猾之党、傲侮之吏,咸革面改行,以至总府邻郡移鞫质成之讼[2],折以片言,人不能欺。而又砥平赋税,黎庶所乐者深矣。狱无停囚,官无留事。

于是辍鸣琴之暇视,墉壑之缺坏湮没,出入无间,如履坦途。公慨然曰:"余闻君子之居,一日必葺。况兹城郭为保民而为之,岂忍见如此乎?"询及故老,云前政亦皆有兼济起奋之意,失通变使民不倦之权。或谓计庸之浩大[3],或谓众动之无名,故事以避难废置到今。公曰:"我则不然矣,苟便于国、利于民,胸中无毫发之私,何使之不行,何施之不办?"

爰以农隙,遂乃致祭于城隍之神。祝文曰:至诚感神,神依于人,土役之兴,神不劳矣。祠宇宁存,神之灵兮,预以报我。是夜,梦巨蛇盘城,首尾相接,顾盼不常,公提剑怒而叱之曰:"无得动摇,敢加损坏,断汝于刃。"蛇乃俯首寂然听其命焉,知告成之兆也。月令大雪[4],天气温和,又其应也。

一言温谕,众口忻然,广其基址,画其沟渠,宏其门橹,巩其桥梁。奚烦勾率,人自忘劳而勤事;负版荷锸,献工者日有数千,挈蔬携饷者时亦不绝。"冯冯登登,薨鼓弗胜,攻之营之,不日而成。"深乎重险也,崒若断崖;巍乎巨防也,矗似长云。潭潭岩岩[5],称其雄壮。

噫!陶潜种柳于彭泽[6],潘岳栽花于河阳[7],后世犹为之称颂,岂比令尹贾公增筑城郭、镇压郡封、使外无险御之侮,内无夜警之忧,民之受赐其利溥哉[8]。

余自清源而还,道过嘉阳[9],诸儒乡老市民嘱以为记,坚让不退,因而实录焉。庶后来而思齐因,传之不朽。

【作者简介】

吴浩,生平不详。

【注释】

[1]大定二年:1162年。

[2]移鞫:移审。鞫:音 jū,审讯,审问。质成之讼:已判但有争议的案子。

[3]计庸:谓估算费用。

[4]月令:谓节气。

[5]潭潭:深广貌。岩岩:高耸貌。

[6]陶潜:陶渊明隐居彭泽时,种柳宅边,并作《五柳先生传》,以表其淡泊名利,安贫守志之心。

[7]潘岳:晋潘岳为河阳令,在县中满栽桃李,后因以"栽花"称颂县令。

[8]溥:广大。

[9]嘉阳:今属天津。

创开溽水渠堰记

金·元好问

【提要】

本文选自《传世藏书》(海南国际新闻出版中心1995年版)。

开渠筑堰以利农耕、利航运为历朝政权的大事,元朝亦不例外。而民间修渠,尤其是修长沟大堰,没有雄厚的财力和崇高的威望是不可能做到的。滹沱河发源于"雁门东山之三泉",过繁峙县变成大川,向西南流经恒山与五台山之间,至界河折向东流,切穿系舟山和太行山,东流至河北省献县臧桥与子牙河另一支流滏阳河相会入海。全长587公里,流域面积2.73万平方公里。

作者写道,流域百姓开渠引水灌溉者不绝如缕,先是尔朱氏,继之无畏庄信武乔公,后来"吾里齐全羡率乡曲大家"欲修而未成。终于,元好问自己"赖县豪杰、乡父兄子弟伙助",历时两年终于谋划、修成滹水渠堰,渠"起汤头岭西之白村,上下逾六十里,经建安口乃合流"。第二年的三月十六日,"置酒张乐以落之"。

新渠落成之日,作者前往观看,就只见流波沄沄,甘泉盈沟,汩汩的清泉就像被大力暗暗推搡着向前涌动。有了水,"农事奋兴,坐享丰润"便不再是奢望,"禾麻菽麦,郁郁弥望",正所谓稻菽泛起千层浪,郁郁葱葱说丰年。

辅其成事者,侯子成,于是作者也为他记上一笔。

州仆定襄李侯介于教官刘浚明之深[1],以《滹水新渠记》为请,曰:"滹水之源,出于雁门东山之三泉,过繁峙,遂为大川。放而出忻口,并北山而东,去仆所居横山为不远。上世以来,知水利可兴,故尝兴之,由宋尔朱氏而下,凡三人焉。尔朱丘村人,家有赐田百顷,因以雄吾乡。役家之僮奴,欲从忻口分支流为渠,乡之人以是家公为较固之计[2],莫有助之者,且姗笑之[3],因自沮而罢。大定戊子[4],无畏庄信武乔公,号称'十万乔氏'者,度其财力,易于与造,复以渠为事。开及日阳里,农民以盗水致讼,有避罪而就死者,事出于暧昧,甲乙钩连,无从开释[5],役夫散归,至以水田为讳。承安中[6],吾里齐全羡率乡曲大家,按乔公故迹,欲终成之,而竟亦不成。

仆不自度量,以先广威尝与齐共事,思卒前业[7],赖县豪杰、乡父兄子弟伙助之[8],历二年之久,仅有所立。盖经始于壬寅之八月,起汤头岭西之白村,上下逾六十里,经建安口乃合流。又明年之三月既望,合乡人预议泊执役者[9],置酒张乐以落之。老幼欣快,欢呼动地,出平昔所望之外。宜有文辞以垂示永久,幸吾子留意焉。"

余以谓立功立事,必天时人事合而后可,然系于人事者为尤多。曩余官西南邓之属邑[10],多水田,业户余三万家,长沟大堰率因故迹而增筑之,而其用力有不可胜言者,试一二考之。夫水在天壤间为至平,且善利万物而不争,有余者损之,不足者补之,时乃天之道。兼并之家,力足以制单贫,而贿足以侮文法,身私九里之润,人无一溉之益者多矣,以至平为不平,不争为必争,补有余,损不足,伤水之性,逆天之道。覆车之辙,前后相接,田野细民,有敢复与大豪共公者乎?矧夫非大变之后[11],无不争之田;非娄丰之年[12],无供役之食。事艰于虑始,人习于恶劳,贤否异情,理难吻合,彼己分利,孰为纲维?故虽有万折必东之心,而终屈于七遇皆北之势,使临之以公上之命,且无望于必成,况创始于乡社二三之议乎?

有其时而乏其人,有其人而无其志,力不前胜,事必后艰。大哉志乎!唯强也故能立天下之懦,唯坚也故能易天下之难。由是而克之,关辅之三白、襄樊之黔芦[13],皆此物也。故尝谓江乡泽国巧于用水,凡可以取利者无不尽,举锸投袂[14],

随为丰年。今河朔州郡非无川泽,而人不知有川泽,捐可居之货,失当乘之机,如愚贾操金,昧于贸迁之术[15],旱暵为虐[16],乃无以疗之,求象龙[17],候商羊[18],坐为焚尪、暴巫、禳祫[19],家之所误,搏手困穷,咎将谁执?

方新渠之成也,余往观焉,流波沄沄,净潊盈沟,若大有力者拥之而前[20]。农事奋兴,坐享丰润,禾麻菽麦,郁郁弥望,计所收拾,如有以相之。夫孤倡而合众力,一善而兼万夫,暂劳而有亡穷之利,若李侯者,其可谓有志之士矣。虽然,水利之在吾州者,非特潊河而已也。出东门一舍,少折而南,由三霍而东,尽南邢之西,其间无井邑、无聚落、无丘垄,特沮洳之烁而已[21],诚能引牧马之水,以合三会于蒙山之麓,堤障有所,出内有限,才费数千人之功,平湖渺然,当倍晋溪之十。惜无大农尺一之板[22],使扁舟落吾手中耳。因记侯兴建始末,慨然有感于中,故兼及之。

侯名子成,先广威用承直郎荫,当补官,州牒已上吏曹矣,而新令限至朝请大夫者乃系班,广威诣登闻鼓院自陈,道陵从之。预供奉者四百二十人,仕至蠡州酒务使。李侯所谓是以似之者欤!

【作者简介】

元好问(1190—1257),字裕之,号遗山,世称遗山先生。山西秀容(今山西忻州)人。七岁能诗。兴定五年(1221)进士,官至尚书省左司员外郎。金亡不仕,隐居乡里,以故国文献自任,先后编成了史料价值极高的《中州集》和《壬辰杂编》。有《遗山集》四十卷传世。

【注释】

[1] 州倅:州佐,知州的副职。

[2] 较固:谓牢固。

[3] 姗笑:讥笑,嘲笑。

[4] 大定戊子:金世宗年号大定,1168 年。

[5] 开释:谓释放(被拘的人)。

[6] 承安:金章宗年号,1196—1200 年。

[7] 卒:完成。

[8] 伙助:帮助。伙:音 cì,帮助,资助。

[9] 洎:至。执役:担任劳役之人。

[10] 曩:音 nǎng,以往,过去。

[11] 矧:音 shěn,况且,何况。

[12] 娄:通"屡"。

[13] 关辅:关中及三辅地区。三白:三白草,植物名。《酉阳杂俎·草篇》:三白草,此草初生不白,入夏叶端方白,农人候之莳田。三叶白,草毕秀矣。黔芦:黑色芦苇。

[14] 举锤投袟:谓不费力气,轻而易举。

[15] 贸迁:贩运买卖。

[16] 旱暵:干旱。暵:音 hàn,旱。

[17] 象龙:刻绘龙形,以求雨。

[18] 商羊:传说中的鸟名,大雨前,常屈一足起舞。

[19] 禳祫:音 rǎng guì,祭名。消灾除难之祭。

[20] 沄沄:水流汹涌貌。净湿:谓纯净的流水。湿,音 nà。

[21] 沮洳:低湿之地。洳,音 rú。

[22] 大农:大司农。尺一板:亦称"尺一牍""尺一"。古代诏板长一尺一寸,故称天子诏书为"尺一"。

济 南 行 记

金·元好问

【提要】

本文选自《古今图书集成·职方典》卷二〇五(中华书局、巴蜀书社 1985 年影印本)。

此文不同于一般的游记,不按通常的游踪落笔,而是综合 20 天时间内所见名山胜水、名胜古迹,将之分门别类归而述之。

1235 年,也就是作者所说的乙未岁。隐居的元好问应好友李辅之之邀,约三两好友来游济南,先到历下亭,继览环波、鹊山等 8 亭,泛舟大明湖,寻访金线泉,南登千佛山,东攀华不注,即景赋诗,兴会淋漓。他笔下的大明湖"秋荷方盛,红绿如绣",他慨赞"承平时,济南楼观天下莫与为比"。济南在他的心中就是北国江南,"羡煞济南山水好"(《题解飞卿山水卷》),他想"有心常做济南人"(《济南杂诗》)。

记了游踪,更记了山水名胜,不少历史资料因之今日得见;至于"小雨后,太山峰岭历历可数"等摹景语句更是大家手笔。

　　予儿时从先陇城府君官掖县[1],尝过济南,然但能忆其大城府而已。长大来,闻人谈此州风物之美,游观之富,每以不得一游为恨。

　　岁乙未秋七月,予来河朔者三年矣[2]。始以故人李君辅之之故[3],而得一至焉。因次第二十日间所游历,为行记一篇,传之好事者。

　　初至齐河,约杜仲梁俱东[4]。并道诸山,南与太山接[5],是日以阴晦不克见[6]。至济南,辅之与同官权国器置酒历下亭故基[7]。此亭在府宅之后,自周齐以来有之。旁近有亭,曰环波、鹊山、北渚、岚漪、水香,水西曰凝波、狎鸥。台与桥同曰百花芙蓉,堂曰静化,轩曰名士。水西亭之下,湖曰大明,其源出于舜泉,其大占城府三之一,秋荷方盛,红绿如绣,令人渺然有吴儿州渚之想。大概承平时,济南楼观天下莫与为比;丧乱二十年[8],惟有荆榛瓦砾而已。正如南都隆德故宫[9],颓圮百年,涧溪草树,有荒寒古澹之趣。虽高甍画栋,无复其旧;而天巧具在,不待外饰而后奇也。

几北渚亭[10]，所见西北孤峰五，曰匡山[11]，齐河路出其下，世传李白尝读书于此；曰粟山；曰药山，以阳起石得名[12]；曰鹊山，山之民有云：每岁七、八月乌鹊群集其上，亦有一山皆曰鹊时，此山之所以得名欤！曰华不注，太白诗云："昔岁游历下，登华不注峰。兹山何峻秀，青翠如芙蓉。"此真华峰写照诗也。大明湖由北水门出[13]，与济水合，弥漫无际，遥望此山，如在水中，盖历下城绝胜处也。

华峰之东，有卧牛山。正东百五十里邹平之南[14]，有长白山，范文正公学舍在焉[15]，故又谓之黉堂[16]。岭东十里有南北两妙山，两山之间有闵子骞墓[17]，西南大佛头岭下有寺[18]。千佛山之西有函山[19]，长二十里所，山有九十谷，太山之北麓也。太山去城百里而近，特为函山所碍，天晴登北渚[20]，则隐隐见之。历山去城四五里许。山有碑云："其山修广，出材不匮。"今但兀然一丘耳[21]。西南少断有蜡山，由南山而东，则连亘千里，与海山通矣。

爆流泉在城之西南[22]。泉，泺水源也[23]。山水汇于渴马崖，洑而不流，近城出而为此泉[24]。好事者曾以谷糠验之，信然。往时漫流，才没胫[25]，故泉上涌高三尺许。今漫流为草木所壅，深及寻丈，故泉出水面才二三寸而已。近世有太守改泉名槛泉，又立槛泉坊，取《诗》义而言[26]。然土人呼爆流如故。爆流字又作趵突，曾南丰云然[27]。金线泉有纹若金线，夷犹池面[28]。泉今为灵泉庵，道士高生妙琴事，人目为琴高，留予宿者再。进士解飞卿好贤乐善，款曲周密[29]，从予游者凡十许日，说少日曾见所谓金线者[30]。尚书安文国宝亦云："以竹竿约水[31]，使不流，尚或见之。"予与解裴回泉上者三四日[32]，然竟不见也。杜康泉今湮没，土人能投其处[33]。泉在舜祠西庑下[34]，云：杜康曾以此泉酿酒。有取江中冷水与之较者[35]，中冷每升重二十四铢[36]，此泉减中冷一铢。以之瀹茗[37]，不减陆羽所第诸水云[38]。舜井二，有欧公诗，大字石刻。《甘露园纪·历下泉》云："夫济远矣，初出河东王屋曰沇水[39]，注秦泽，潜行地中，复出共山[40]，始曰济。故禹书曰：道沇水东之，逾温，逾坟城，入于河[41]。溢于荥，洑于曹沂之间，乃出于陶丘北，会于汶，过历下泺水之北，遂东流[42]。且济之为渎[43]，与江、淮、河等大而均尊。独济水所行道，障于太行，限于大河，终能独达于海，不然则无以谓之渎矣。江、淮、河行地上，水性之常也；济或洑于地中，水性之变者也。"予爱其论水之变与常，有当于予心者，故并录之。珍珠泉今为张舍人园亭，二十年前，吾希颜兄尝有诗[44]。至泉上，则知诗之工矣。凡济南名泉七十有二，爆流为上，金线次之，珍珠又次之，若玉环、金虎、黑虎、柳絮、皇华、无忧、洗钵及水晶簟，非不佳，然亦不能与三泉侔矣。

此游至爆流者六、七，宿灵泉庵者三，泛大明湖者再。

遂东入水栅[45]。栅之水名绣江，发源长白山下，周围三四十里，府参佐张子钧、张飞卿舣予绣江亭，漾舟荷花中十余里，乐府皆京国之旧[46]。剧谈豪饮，抵暮乃罢。留五日而还。道出王舍人庄。道旁一石刻云：隋开皇丙午十二月铅珍墓志[47]。珍，巴郡武昌人[48]，学通三家，优游田里，以寿卒。志文鄙陋，字以巴为已，盖周隋以来俗书传习之弊。其云葬岷山之西者[49]，知西南小丘为岷山也。以岁计之，隋开皇六年丙午，至今甲午[50]，碑石出圹中[51]，盖十周天余一大衍数也[52]。道南有仁宗时侍从龙图张侍郎揆读书堂[53]。读书堂三字东坡所书，并范纯粹律诗[54],俱有石刻。掞字叔文,自题:仕宦之后,每以王事至某家,则必会乡邻甥侄,尽醉极欢而罢,各以岁月为识。叔文有文誉,仕亦达[55],然以荣利之故,终身至其家三而已。名宦之役人如此,可为一叹也。

　　至济南,又留二日,泛大明,待杜子不至[56]。明日,行齐河道中,小雨后,太山峰岭历历可数,两旁小山间见层出[57]。云烟出没,顾揖不暇[58]。恨无佳句为摹写之耳。

　　前后所得诗凡十五首,并诸公唱酬,附于左。

【注释】

　　[1]掖县:今山东莱州。

　　[2]河朔:谓归隐故乡忻州。

　　[3]李辅之:名天翼,固安(今属河北)人。金贞祐二年(1214)进士,历荥阳、长社、开封县令。迁右警巡使,后辟济南漕司从事。死于非命。

　　[4]杜仲梁(约1201—1283):名仁杰,号止轩。济南长清(今山东济南西南)。由金入元,屡召不仕。性善谑,才学宏博。与元好问相契,有诗文相酬。

　　[5]太山:即泰山。

　　[6]克:能够。

　　[7]历下亭:济南名亭之一,因其南临历山(千佛山),故名。历下亭位于大明湖中最大的湖中岛上,岛面积约4 000余平方米。因历下亭名闻遐迩,人们习惯称小岛及其上建筑为历下亭。此亭初建于北魏,唐初始称"历下亭"。

　　[8]丧乱:谓金末以来的战乱。

　　[9]南都:谓金朝都城汴京(今河南开封)。金宣宗贞祐元年(1213),金由中都(今北京)迁都汴京。隆德故宫:金汴京宫殿名。

　　[10]几:近靠,挨着。

　　[11]匡山:位于济南市西北,山形如筐。李白曾读书于此。

　　[12]药山:又名卢山、齐山、云山。山上出阳起石,可入药,故名。

　　[13]北水门:位于济南北城之下。参见本书《齐州北水门记》。

　　[14]邹平:今山东邹平县,位于济南市东偏北。

　　[15]范文正:范仲淹谥号。

　　[16]黉堂:古代的学校。黉,音 hōng。

　　[17]闵子骞:孔丘弟子。名损,以德行称。

　　[18]大佛头岭:又名佛慧山、大佛山。在今山东历城县,距济南3.5公里。唐开元年间建开元寺。北宋景祐二年开凿石佛,高7.8米。

　　[19]千佛山:古名历山,位于济南市南2.5公里。隋初遍镌佛像,故称。

　　[20]渚:水中小块陆地。

　　[21]兀然:谓山光秃无树。

　　[22]爆流泉:又名趵突泉、槛泉。济南七十二泉之首。

　　[23]泺水:位于济南市西南,源出趵突泉,东流为小清河。

　　[24]渴马崖:即梯子崖。位于济南市东南。洑:音 fú,水流回旋貌。

　　[25]胫:小腿。

　　[26]《诗》义:《诗经·大雅·瞻》:"沸槛泉,惟其深矣。"《诗经·小雅·采菽》:"沸槛泉,言

采其芹。"槛泉:谓喷涌而出的泉水,故瀑流泉又名槛泉。

[27] 曾南丰:曾巩。曾巩,建昌南丰(今属江西)人。世称"南丰先生"。

[28] 夷犹:谓徘徊回漩。

[29] 款曲:殷情诚挚的心情。句谓应酬招待,周全细致。

[30] 少日:幼时。

[31] 约水:拦水,以控制流量。

[32] 裴回:即徘徊。

[33] 投:谓指。

[34] 庑:正房对面和两侧的廊屋。

[35] 江:指长江。中泠水:即中泠泉水。泉在镇江西北金山之西。旧在江中,有"天下第一泉"之称。

[36] 铢:古代重量单位,二十四铢为一两。水中矿物质多则比重大。

[37] 瀹:音 yuè,浸渍。此谓煮。

[38] 陆羽:字鸿渐,竟陵(今湖北天门市)人,唐人,嗜茶,有《茶经》。所第:所排的次序。

[39] 王屋:在山西阳城、垣曲两县间,济水发源地。

[40] 共山:在河南济源北。

[41] 道:引导。温:县名,今属河南。坟城:当作"隤城"。隤城:在今河南获嘉县西北。隤,音 tuí。

[42] 荥:今河南荥阳。曹:今河北定陶西北。濮:今山东范县西南。汶:河名。在山东省中部,源出莱芜原山,注东平湖后入黄河。

[43] 渎:独流入海的河称之。古称江、淮、河、济为"四渎"。

[44] 希颜:雷渊,字希颜,金浑源(今属山西)人。登进士,兴定(1217—1222)末拜监察御史,弹劾不避权贵。卒翰林编修。写有《珍珠泉诗》:"大地万宝藏,玄冥不敢私。抉开清玉镡,浑浑流珠玑……"

[45] 水栅:谓水上的竹木栅栏。

[46] 京国:京城。

[47] 开皇丙午:开皇,隋文帝杨坚年号。丙午:586 年。

[48] 武昌:武昌州,地约今四川宜宾一带。

[49] 庖山:疑为"鲍山"。鲍山在今济南市东,其下有鲍叔牙食邑。

[50] 甲午:1234 年。

[51] 圹:墓穴。

[52] 十周天:即十甲子,600 年。一大衍数:49 年。开皇六年至天兴三年甲午,恰为649 年。

[53] 仁宗:宋仁宗赵祯。张掞:字文裕,北宋齐州历城人,官龙图阁直学士,户部侍郎。济南东 30 里处有其读书堂。

[54] 范纯粹:字德孺,吴县(今江苏苏州)人。范仲淹第四子。徽宗时以徽猷阁待制致仕,卒年七十二。

[55] 达:显达。

[56] 杜子:杜仲梁。

[57] 间见层出:前后相间,错综而出。

[58] 顾揖不暇:谓应接不暇。